教育部高等农林院校理科基础课程教学指导委员会推荐示范教材

普通高等教育农业部“十三五”规划教材

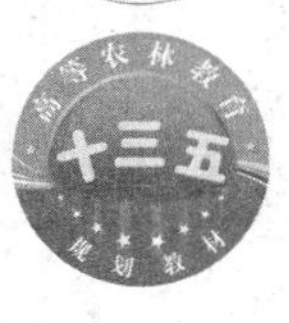

高等农林教育“十三五”规划教材

普通化学

General Chemistry

第 2 版

杜慧玲　阿　娟　主编

中国农业大学出版社

·北京·

内容简介

本书是在教育部高等农林院校理科基础课程教学指导委员会推荐示范教材《普通化学》的基础上修订而成的，该书保持了第1版教材的基本框架和主要内容。全书共分为5部分12章，主要以化学物质的存在状态、物质的微观结构、物质化学变化为主线，详细讲述了化学的基本原理、规律及应用，内容包括化学热力学与动力学基础、原子结构、分子结构和配合物结构以及四大平衡等。

为了加强学生对化学学科的全面认识，了解化学对于人类社会的作用和贡献，本书在内容安排上融入了与生命科学、环境科学、材料科学等有关的一些化学成就，注重体现化学与农业等各专业的联系及应用，以激发学生学习的兴趣，对身边发生的化学现象从知其然到知其所以然。

与本书配套的还有《普通化学学习指导》及多媒体课件。

本书可作为高等农、林、牧、水产类各专业本科生普通化学教材。

图书在版编目(CIP)数据

普通化学/杜慧玲，阿娟主编. —2版. —北京：中国农业大学出版社，2017.7(2021.8重印)
ISBN 978-7-5655-1831-7

Ⅰ.①普… Ⅱ.①杜… ②阿… Ⅲ.①普通化学-高等学校-教材 Ⅳ.①O6

中国版本图书馆CIP数据核字(2017)第129201号

书　名 普通化学　第2版
作　者 杜慧玲　阿　娟　主编

策划编辑	梁爱荣　潘晓丽	**责任编辑**	韩元凤
封面设计	郑　川	**责任校对**	王晓凤
出版发行	中国农业大学出版社		
社　址	北京市海淀区圆明园西路2号	**邮政编码**	100193
电　话	发行部 010-62731190，2620		读者服务部 010-62732336
	编辑部 010-62732617，2618		出　版　部 010-62733440
网　址	http://www.cau.edu.cn/caup	**E-mail**	cbsszs@cau.edu.cn
经　销	新华书店		
印　刷	涿州市星河印刷有限公司		
版　次	2017年8月第2版　　2021年8月第3次印刷		
规　格	787×1 092　　16开本　　19印张　　470千字　　彩插1		
定　价	42.00元		

教育部高等农林院校理科基础课程教学指导委员会
推荐示范教材编审指导委员会

主　任　江树人

副主任　杜忠复　程备久

委　员（以姓氏笔画为序）

王来生　王国栋　方炎明　李宝华　张文杰　张良云
杨婉身　吴　坚　陈长水　周训芳　周志强　高孟宁
戚大伟　梁保松　曹　阳　焦群英　傅承新　林家栋

教育部高等农林院校理科基础课程教学指导委员会
推荐化学类示范教材编审指导委员会

主　任　周志强

委　员（以姓氏笔画为序）

王　志　王俊儒　兰叶青　叶　非　刘文丛　李　斌
陈长水　杜凤沛　周　杰　庞素娟　赵士铎　贾之慎
廖蓉苏

第 2 版编审委员会

主　　编　杜慧玲　阿　娟

副 主 编　郭继虎　敖特根　胡晓娟　刘青山
韩春平　陈媛梅　宋祖伟

编写人员　（按姓氏拼音排序）
阿　娟（内蒙古农业大学）
敖特根（内蒙古农业大学）
陈媛梅（北京林业大学）
丁立军（内蒙古农业大学）
杜慧玲（山西农业大学）
郭　晨（东北农业大学）
郭继虎（山西农业大学）
韩春平（内蒙古民族大学）
胡晓娟（河南农业大学）
梁爱琴（青岛农业大学）
刘青山（沈阳农业大学）
邵铁华（东北农业大学）
宋祖伟（青岛农业大学）
张天宝（山西农业大学）
郑其格（沈阳农业大学）

主　　审　赵士铎（中国农业大学）

第 1 版编审委员会

主　　编　孙　英　卜平宇

副 主 编　（按姓氏拼音排序）

敖特根　陈媛梅　杜慧玲　付　颖　韩春平　胡晓娟
李子荣　曲宝涵　王红梅　赵海香　赵茂俊

编写人员　（按姓氏拼音排序）

阿　娟　敖特根　卜平宇　陈媛梅　程年寿　丁立军
杜慧玲　杜士杰　付　颖　高　爽　郭继虎　韩春平
胡晓娟　惠　妮　李子荣　孟　磊　曲宝涵　孙　英
王红梅　张　莉　赵海香　赵茂俊　郑其格

主　　审　赵士铎

出版说明

在教育部高教司农林医药处的关怀指导下，由教育部高等农林院校理科基础课程教学指导委员会(以下简称“基础课教指委”)推荐的本科农林类专业数学、物理、化学基础课程系列示范性教材现在与广大师生见面了。这是近些年全国高等农林院校为贯彻落实“质量工程”有关精神，广大一线教师深化改革，积极探索加强基础、注重应用、提高能力、培养高素质本科人才的立项研究成果，是具体体现“基础课教指委”组织编制的相关课程教学基本要求的物化成果。其目的在于引导深化高等农林教育教学改革，推动各农林院校紧密联系教学实际和培养人才需求，创建具有特色的数理化精品课程和精品教材，大力提高教学质量。

课程教学基本要求是高等学校制定相应课程教学计划和教学大纲的基本依据，也是规范教学和检查教学质量的依据，同时还是编写课程教材的依据。“基础课教指委”在教育部高教司农林医药处的统一部署下，经过批准立项，于2007年底开始组织农林院校有关数学、物理、化学基础课程专家成立专题研究组，研究编制农林类专业相关基础课程的教学基本要求，经过多次研讨和广泛征求全国农林院校一线教师意见，于2009年4月完成教学基本要求的编制工作，由“基础课教指委”审定并报教育部农林医药处审批。

为了配合农林类专业数理化基础课程教学基本要求的试行，“基础课教指委”统一规划了名为“教育部高等农林院校理科基础课程教学指导委员会推荐示范教材”(以下简称“推荐示范教材”)。“推荐示范教材”由“基础课教指委”统一组织编写出版，不仅确保教材的高质量，同时也使其具有比较鲜明的特色。

一、“推荐示范教材”与教学基本要求并行 教育部专门立项研究制定农林类专业理科基础课程教学基本要求，旨在总结农林类专业理科基础课程教育教学改革经验，规范农林类专业理科基础课程教学工作，全面提高教育教学质量。此次农林类专业数理化基础课程教学基本要求的研制，是迄今为止参与院校和教师最多、研讨最为深入、时间最长的一次教学研讨过程，使教学基本要求的制定具有扎实的基础，使其具有很强的针对性和指导性。通过“推荐示范教材”的使用推动教学基本要求的试行，既体现了“基础课教指委”对推行教学基本要求的决心，又体现了对“推荐示范教材”的重视。

二、规范课程教学与突出农林特色兼备 长期以来各高等农林院校数理化基础课程在教学计划安排和教学内容上存在着较大的趋同性和盲目性，课程定位不准，教学不够规范，必须科学地制定课程教学基本要求。同时由于农林学科的特点和专业培养目标、培养规格的不同，对相关数理化基础课程要求必须突出农林类专业特色。这次编制的相关课程教学基本要求最大限度地体现了各校在此方面的探索成果，“推荐示范教材”比较充分反映了农林类专业教学改革的新成果。

三、教材内容拓展与考研统一要求接轨 2008 年教育部实行了农学门类硕士研究生统一入学考试制度。这一制度的实行，促使农林类专业理科基础课程教学要求作必要的调整。“推荐示范教材”充分考虑了这一点，各门相关课程教材在内容上和深度上都密切配合这一考试制度的实行。

四、多种辅助教材与课程基本教材相配 为便于导教导学导考，我们以提供整体解决方案的模式，不仅提供课程主教材，还将逐步提供教学辅导书和教学课件等辅助教材，以丰富的教学资源充分满足教师和学生的需求，提高教学效果。

乘着即将编制国家级“十二五”规划教材建设项目之机，“基础课教指委”计划将“推荐示范教材”整体运行，以教材的高质量和新型高效的运行模式，力推本套教材列入“十二五”国家级规划教材项目。

“推荐示范教材”的编写和出版是一种尝试，赢得了许多院校和老师的参与和支持。在此，我们衷心地感谢积极参与的广大教师，同时真诚地希望有更多的读者参与到“推荐示范教材”的进一步建设中，为推进农林类专业理科基础课程教学改革，培养适应经济社会发展需要的基础扎实、能力强、素质高的专门人才做出更大贡献。

中国农业大学出版社

2009 年 8 月

第 2 版前言

《普通化学》自 2009 年作为教育部高等农林院校理科基础课程教学指导委员会示范教材出版以来，承蒙广大师生的肯定，被国内多所农林水院校选为教材，在普通化学教学中取得了较好效果。为大力推进高等农林院校理科基础课程教育教学改革，加强教材建设工作，努力打造高等农林院校理科基础课程教材精品，中国农业大学出版社于 2015 年 10 月 21—22 日在山西农业大学召开了“高等农林院校理科基础课程建设研讨会”。与会代表根据近年来教材的使用情况，提出了修订意见，对修订方案进行了深入的交流与研讨。本次修订是在保留第 1 版的整体风格和特色的基础上，将以下几方面的修改作为重点：

(1)结合教材使用的反馈信息和各参编院校的成功教改经验，对部分内容进行更新和整合。

(2)根据本学科及相关学科的研究进展和最新成就，与时俱进，更新部分内容。

(3)对习题进行修改和补充。

(4)对一些概念的定义进行修订，阐述更加准确。

(5)对教材中部分内容、文字做了适当的调整和修改、润色，使全书的知识体系更加科学、合理，语言表述更加准确、通顺，增强了系统性和可读性，更加符合认知规律。

参与本次修订的学校和人员有：北京林业大学陈媛梅(第 2 章)，东北农业大学郭晨、邵铁华(第 4 章)，河南农业大学胡晓娟(第 8 章)，内蒙古农业大学敖特根、阿娟、丁立军(第 3 章)，内蒙古民族大学韩春平(第 6、7 章)，青岛农业大学宋祖伟(第 12 章)、梁爱琴(第 1 章)，山西农业大学杜慧玲(第 11 章、附录)、郭继虎(第 10 章)、张天宝(第 5 章)，沈阳农业大学刘青山、郑其格(第 9 章)。

全书由杜慧玲、郭继虎修改、统稿完成。中国农业大学的赵士铎教授对书稿进行把关、审定，为本书的出版付出了很多精力，在此对赵老师给予悉心指导和帮助表示衷心感谢！在本书修订过程中，各参编院校、中国农业大学出版社和山西农业大学教务处给予了大力支持，在此一并表示感谢！

薄薄的一本教科书难以囊括科学发展的全部。我们希望这部教材能够对我国高等农林院校的化学基础课教学改革起到积极的推动作用。此书适宜于教学时数为 50～70 的高等农林院校普通化学课程使用。

由于编者水平所限，书中难免有不足和疏漏，恳请同行专家和本书使用者多提宝贵意见。

编　者

2016 年 8 月

第 1 版前言

普通化学(General Chemistry)是高等农业、林业、牧业、水产类院校本科生的一门概论性的重要基础课,也是一门承前启后的重要化学理论基础课。它的任务是在学生中学阶段掌握的化学知识的基础上,为后续化学课程和专业课程提供必备的化学基础知识。

2008 年 11 月,教育部高等农林院校理科基础课程教学指导委员会(以下简称"农林基础教学指导委员会")在北京召开的会议上重新讨论了综合性大学与高等农林院校普通化学的课程内容与教学基本要求,提出了"强化基础、改革创新、示范教材"的建设思路,据此,"农林基础教学指导委员会"组织了一批相关高等农林院校长期工作在教学与科研一线的骨干教师编写了这本示范教材。

根据普通化学在各高等农林院校教学计划中的地位和设课目的,本书总体分为 5 个部分,主要以化学物质为主线讲述物质的存在状态、物质的微观结构、物质化学变化的基本原理及其应用。第 1 部分以物质的状态为主题,对中学化学及物理的有关知识进行归纳和延伸。第 2 部分介绍物质的微观结构与性质,使学生了解微观粒子的基本特征和原子结构,化学键理论与分子结构、性质的关系。第 3 部分在讲述化学反应基本原理的基础上,使学生对宏观化学反应过程中的能量关系,化学反应方向及限度,反应速率等问题有所了解,之后在第 4 部分能利用这些宏观规律来认识化学变化,学会用化学平衡的观点来处理实际问题,并结合元素周期律对一些农业领域常见的元素及其化合物的结构、组成、性质及相应的变化作一些介绍,引导学生运用化学反应原理,并联系结构化学的知识,从物质的组成结构上理解和掌握元素性质及其变化规律。本书充分考虑农林各专业的培养需求以及农科生源的实际水平的个性及其延伸,为了加强学生对化学学科的全面认识,在第 5 部分注意融入化学对于人类社会的作用和贡献,体现化学与农业等各专业的联系及应用,以提高学生学习兴趣,使学生对身边发生的化学现象从知其然到知其所以然,并对化学的基本原理和知识有进一步的了解和认识。教师可根据授课需求在几个模块和顺序上作灵活处理。每章末特配有"本章小结"和"习题",以利于学生对课程内容的理解,掌握重点。为激发学生学习兴趣,书中穿插有化学新知识等,以利于素质教育和启迪学生的创新思维。

参加本书编写工作的有:安徽科技学院李子荣、程年寿,北京林业大学陈媛梅,河北北方学院赵海香、杜士杰,河南农业大学胡晓娟、孟磊,东北农业大学付颖、高爽,青岛农业大学曲宝涵、惠妮,山西农业大学杜慧玲、郭继虎,沈阳农业大学卜平宇、郑其格,内蒙古农业大学敖特根、阿娟、丁立军,内蒙古民族大学韩春平,四川农业大学赵茂俊,中国农业大学孙英、王红梅、张莉。这些老师长期从事普通化学一线教学,教学经验非常丰富,而且在编写过程中大家相互交流,取长补短,受益匪浅。经各位作者的不懈努力,编写工作顺利完成,教材充分体现了"交流、合作、共享"的优势。我们希望这部示范教材能够对我国高等农林院校的化学基础课教学改革起到积极的推动作用。但我们也知道，我们的工作仅仅是一种尝试，由于编者的水平所限，难免会有疏漏之处，还请同行专家和使用此书的同学不吝赐教，提出批评指正，我们万分感激，努力争取再版时改正。

全书由主编、副主编修改、统稿完成。中国农业大学的赵士铎教授对书稿进行把关、审定，为本书的出版付出了很多精力；中国农业大学出版社为本书的顺利和快速出版给予了大力的支持，在此一并表示衷心的感谢！

本书在编写过程中参考了许多相关参考书，在此对这些参考书的作者表示感谢。

编　者

2009 年 6 月于北京

目录 CONTENTS

第 3 部分　化学反应基本原理

第 4 部分　水溶液中的化学反应及其一般规律

第 1 部分

物质的状态

PART 1
STATES OF MATTER

在常温常压下，物质以气态、液态和固态三种聚集状态存在。物质状态与外界条件密切相关，不同的存在状态具有不同的特点，在一定条件下又可以相互转化。其中气体的性质比较简单，对它的研究较早，也最透彻；其次是对固体的研究，现已形成固体物理及固体化学等学科分支；由于液体的性质比较复杂，人们对它的认识还很肤浅。本部分主要讨论液体溶液和胶体。

Chapter 1 第 1 章 气体、溶液和胶体 Gas Solution and Collide

物质通常以三种不同的聚集状态存在，即气态、液态和固态。物质所处的状态与外界条件密切相关，在一定的条件下可以互相转化。溶液和胶体是物质在自然界存在的两种重要形式。溶液包括液体溶液和固体溶液，通常所讲的溶液都是指液态溶液。水溶液是最重要的液态溶液。许多化学反应都是在液态溶液中进行的。胶体是物质存在的一种状态。各种生命活动、天体现象、气象、土壤等都与胶体有着密切的联系。本章主要讨论气体、溶液和胶体溶液的重要性质。

【学习要求】

- 掌握理想气体状态方程和道尔顿分压定律。
- 熟练应用溶液的各种组成标度进行有关计算。
- 掌握稀溶液的依数性及其应用。
- 掌握胶体的性质、胶团结构和聚沉。

1.1 气体

1.1.1 理想气体状态方程

气体和我们的生活息息相关，人们最熟悉的气体莫过于空气。说到气体，人们常会想到它可以流动，可变形，假如没有限制（如容器）的话，气体可以扩散，其体积可无限膨胀。

理想气体是人们以实际气体为根据，忽略气体分子本身体积以及分子间的相互作用力抽象而成的一种人为的气体模型。实际中理想气体是不存在的，这种气体模型将实际问题简单化，反映了对真实气体行为有决定意义的重要特征，对解决实际问题有重要指导意义。在高温低压下，实际气体接近理想气体。

理想气体的压力 p、体积 V、温度 T 和物质的量 n 之间的关系符合理想气体状态方程（ideal gas equation of state），即

$$pV = nRT \tag{1-1}$$

式中：R 称摩尔气体常数，其数值和单位可由实验测得。已知在标准状况（$p=101.325\ \text{kPa}$，$T=273.15\ \text{K}$）下，理想气体的摩尔体积 $V_m=0.022\ 414\ 10\ \text{m}^3\cdot\text{mol}^{-1}$，依下式：

$$pV_m=RT \tag{1-2}$$

可得 $R=8.314\ \text{J}\cdot\text{mol}^{-1}\cdot\text{K}^{-1}$。

例 1-1 收集反应中放出的某种气体进行分析，并测得在 0℃、101.3 kPa 下，500 mL 此气体质量为 0.669 5 g；由化学分析发现该化合物中碳原子数与氢原子数之比为 1∶3。试确定该化合物的分子式。

解：设该化合物的摩尔质量为 M。依据理想气体状态方程 $pV=nRT$，可得

$$pV=\frac{m}{M}RT$$

$$M=\frac{mRT}{pV}=\frac{0.669\ 5\ \text{g}\times 8.314\ 5\ \text{kPa}\cdot\text{L}\cdot\text{mol}^{-1}\cdot\text{K}^{-1}\times 273.15\ \text{K}}{101.3\ \text{kPa}\times 500\times 10^{-3}\ \text{L}}$$
$$=30.02\ \text{g}\cdot\text{mol}^{-1}$$

由于该化合物中碳原子数与氢原子数之比为 1∶3，设该化合物的分子式为$(CH_3)_x$，则

$$M=x[M(\text{C})+3M(\text{H})]=x[12.0\ \text{g}\cdot\text{mol}^{-1}+3\times 1.01\ \text{g}\cdot\text{mol}^{-1}]$$
$$x=2$$

故该化合物的分子式为 C_2H_6。

1.1.2 理想混合气体的分压定律

气体常以混合物的形式存在。如果混合气体中的分子本身的体积和相互作用力均可忽略不计，则称之为理想气体混合物。若多种相互不发生化学反应的气体放在同一容器中，则各种气体如同单独存在时一样充满整个容器。在相同温度条件下，混合气体中各种气体单独占有混合气体的容积时所产生的压力，称为该种气体的分压力（partial press），用 p_i 表示。理想气体的分压力满足理想气体状态方程：

$$p_i=\frac{n_i}{V}RT \tag{1-3}$$

式中：n_i 表示某种组分气体的物质的量。

1801 年英国化学家道尔顿（J. Dalton）通过实验提出，混合气体的总压等于把各组分气体单独置于同一容器时所产生的分压力之和，这个规律称为道尔顿分压定律。

$$p=p_1+p_2+p_3+\cdots=\sum_i p_i \tag{1-4}$$

道尔顿分压定律只适用于理想气体，实际气体在低压和高温下，可以近似使用。

根据式(1-3)和式(1-4)可知：

$$p=\sum_i p_i=\sum_i n_i\frac{RT}{V}=n\frac{RT}{V} \tag{1-5}$$

式中：n 为混合气体总的物质的量。结合式(1-3)和式(1-5)，可得：

$$\frac{p_i}{p}=\frac{n_i}{n}$$

或

$$p_i=\frac{n_i}{n}p=x_i p \tag{1-6}$$

式中：x_i 为某组分气体的物质的量分数，可用来表示混合物中某种物质的含量。混合物中某组分的物质的量分数即为该组分的物质的量占混合物中总物质的量的分数。例如，某混合物由A、B两组分组成，它们的物质的量分别为 n_A、n_B，则A组分的物质的量分数 x_A 和B组分的物质的量分数 x_B 分别为：

$$x_A=\frac{n_A}{n_A+n_B}=\frac{n_A}{n} \qquad x_B=\frac{n_B}{n_A+n_B}=\frac{n_B}{n}$$

由于

$$n=n_A+n_B$$

所以

$$x_A+x_B=1 \tag{1-7}$$

即气体混合物中各组分的物质的量分数之和等于1。由此可见，式(1-6)表明，理想气体混合物中某组分气体的分压力等于该组分气体的物质的量分数与总压力的乘积。这是道尔顿分压定律的另一种表述形式。

道尔顿分压定律在研究有气体混合物参加的化学反应时非常重要。在实验室中常采用排水集气法收集气体(图1-1)，收集的气体中含有饱和水蒸气。在这种情况下，测出的气体压力是混合气体的总压力，即

$$p(\text{总压})=p(\text{气体})+p(\text{水蒸气})$$

所以在计算有关气体的压力或物质的量时，必须考虑水蒸气的影响。

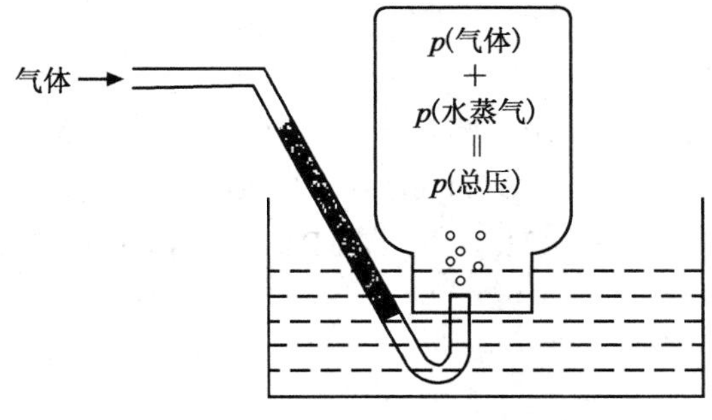

图1-1 排水集气法收集气体

例1-2 某容器中含有 NH_3、O_2、N_2 等气体的混合物。取样分析后，其中 $n(NH_3)=0.320$ mol，$n(O_2)=0.180$ mol，$n(N_2)=0.700$ mol。混合气体的总压 $p=133.0$ kPa。试计

算各组分气体的分压。

解：$n=n(NH_3)+n(O_2)+n(N_2)=0.320\ mol+0.180\ mol+0.700\ mol=1.200\ mol$

依据道尔顿分压定律 $$p_i=\frac{n_i}{n}p=x_ip$$

得 $$p(NH_3)=\frac{n(NH_3)}{n}p=\frac{0.320\ mol}{1.200\ mol}\times 133.0\ kPa=35.5\ kPa$$

同理 $$p(O_2)=\frac{n(O_2)}{n}p=\frac{0.180\ mol}{1.200\ mol}\times 133.0\ kPa=20.0\ kPa$$

$$p(N_2)=p(总)-p(NH_3)-p(O_2)=77.5\ kPa$$

例 1-3 在25℃下，将0.100 mol的O_2和0.350 mol的H_2装入3.00 L的容器中，通电后氧气和氢气反应生成水，剩下过量的氢气。求反应前后气体的总压和各组分的分压。(已知25℃下，水的饱和蒸气压为3.17 kPa)

解：反应前，根据式(1-3)，得

$$p(O_2)=\frac{n(O_2)RT}{V}=\frac{0.100\ mol\times 8.314\ kPa\cdot L\cdot mol^{-1}\cdot K^{-1}\times 298.15\ K}{3.00\ L}=82.6\ kPa$$

$$p(H_2)=\frac{n(H_2)RT}{V}=\frac{0.350\ mol\times 8.314\ kPa\cdot L\cdot mol^{-1}\cdot K^{-1}\times 298.15\ K}{3.00\ L}=289\ kPa$$

$$p=p(O_2)+p(H_2)=82.6\ kPa+289\ kPa=372\ kPa$$

通电时0.100 mol O_2只与0.200 mol H_2反应生成0.200 mol H_2O，而剩余0.150 mol H_2。液态水所占的体积与容器体积相比可忽略不计，但由此产生的饱和水蒸气却不能忽略。因此反应后

$$p(H_2)=\frac{n(H_2)RT}{V}=\frac{0.150\ mol\times 8.314\ kPa\cdot L\cdot mol^{-1}\cdot K^{-1}\times 298.15\ K}{3.00\ L}=124\ kPa$$

25℃下，水的饱和蒸气压为3.17 kPa，所以

$$p(H_2O)=3.17\ kPa$$

$$p=p(H_2O)+p(H_2)=3.17\ kPa+124\ kPa=127.17\ kPa$$

1.2 液体

液体是物质存在的另一种常见的重要状态。液体没有固定的形状和显著的膨胀性，其性质介于气体和固体之间，在某些方面接近气体，如流动性，但更多方面类似于固体，如具有确定的体积，很难被压缩等。一定温度、压力条件下，物质的气、液、固三态可以相互转化，如液体汽化(蒸发和沸腾)、气体液化(凝聚)、液体凝固、固体熔化、固体升华、气体凝华。

1.2.1 液体的饱和蒸气压

在一定条件下，液体和气体可以相互转化。蒸发是液体转化成气体的一种方式（图1-2）。一定温度下，将液体置于密闭容器中，它将蒸发，液面上方的空间被溶剂分子占据。随着上方空间里溶剂分子个数的增加，蒸气密度增加。当蒸气分子与液面撞击时，则被捕获而进入液体中，这个过程叫凝聚。当凝聚速度和蒸发速度相等时，液体上方空间的蒸气密度不再改变，气、液间达到了一种动态平衡。一定温度下，液体与其蒸气平衡时蒸气的压力称为该温度下液体的饱和蒸气压（saturated vapor pressure），简称蒸气压（vapor pressure），用符号 p^* 表示。

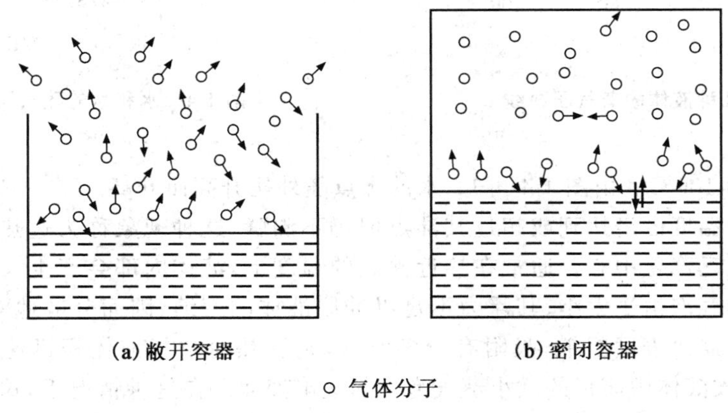

图 1-2 液体的汽化过程示意图

蒸气压是液体的重要性质，它与液体的本质和温度有关。图 1-3 为几种液体（乙醚、丙酮、乙醇和水）的蒸气压曲线，纵坐标为蒸气压，横坐标为温度，曲线表示气、液两相平衡时温度与蒸气压的关系。在相同温度下，乙醚的蒸气压最高，最易挥发，而水的蒸气压最低；各种液体的蒸气压均随温度的升高而增大。对于某一确定物质而言，蒸气压仅与温度有关。

固体中动能较大的分子也有脱离固体表面而挥发的倾向。一定温度下，固体与其蒸气达到平衡时的压力称为固体的饱和蒸气压。图 1-4 为水和冰的蒸气压曲线。在两曲线的交点处，固态物质冰的蒸气压和液态物质水的蒸气压相等。此时冰与蒸气达到平衡、水也与蒸气达到平衡，因此固态物质冰与液态物质水之间也达到平衡状态。

1.2.2 液体的沸点和凝固点

将液体加热，其蒸气压随着温度的升高而升高。当液体的蒸气压等于外界施加于液面的压力时，液体的汽化将不仅发生于液体表面，同时也发生于液体的内部，这种汽化过程称为沸腾（boiling）。液体蒸气压等于外压时的温度称为液体的沸点（boiling point）。通常情况下，液体的沸点是指其蒸气压等于 101.325 kPa 时的温度，称为正常沸点，用符号 T_b 表示。值得注意的是，沸点与外界压力有关，所以记录沸点时往往注明外界压力。例如，水在 85.326 kPa 的压力下于 95℃沸腾。如不注明压力，则通常认为外界压力为 101.325 kPa。

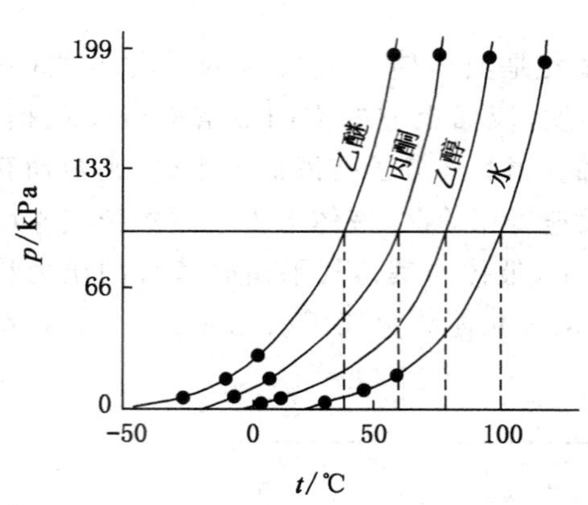

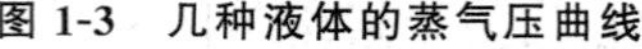
图 1-3　几种液体的蒸气压曲线

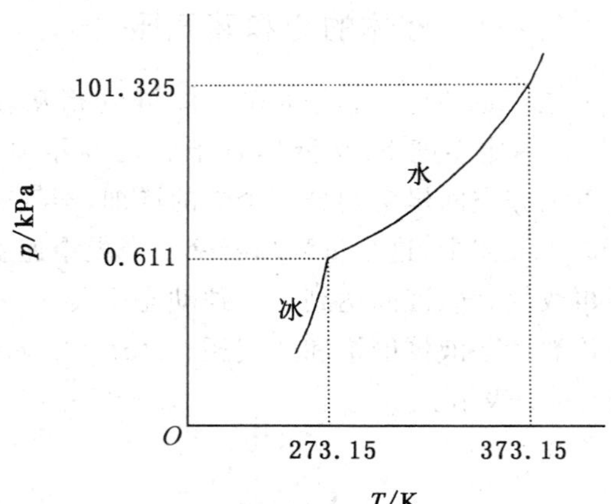

图 1-4　水和冰的蒸气压曲线

水的正常沸点为 100℃。由图 1-4 可知，水的沸点随外压升高而升高。

有时液体的温度已经达到或超过其沸点但仍不沸腾，这种现象称为过热。过热的原因在于液体内部缺乏汽化中心。通常在接近沸点的温度下，液体内部会产生大量极其细小的蒸气泡。这些蒸气泡由于太小，其浮力不足以冲脱液体的束缚，因而分散地滞留于液体中。如果装盛液体的器皿表面粗糙，吸附有较多空气，则受热时空气泡体积迅速增大并向上浮起，在上升时吸收液体中滞留的微小蒸气泡一起逸出液面。在这种情况下，这些空气泡起着汽化中心的作用，可使液体平稳地沸腾而不会过热。但在玻璃瓶中加热液体，瓶底及内壁非常光滑，极少吸附空气，不能提供汽化中心，就会造成过热，特别是当液体较黏稠时更易过热。

过热液体的内部蒸气压大大超过了外界压力，一旦有一个汽化中心形成，就会造成许多较大的气泡，这些气泡在上升过程中又会进一步吸收大量滞留的蒸气泡而使其体积急剧膨胀并携带液体冲出瓶外，这种不正常的沸腾现象称为暴沸。在蒸馏、减压蒸馏等操作中，暴沸会将未经分离的混合物冲入已被分离开的纯净物中去，造成实验失败，严重时还会冲脱仪器的连接处，使液体冲出瓶外，造成着火、中毒等实验事故。为防止暴沸，在蒸馏、回流等操作中投入碎素磁片，以其粗糙表面上吸附的空气提供汽化中心，这种碎素磁片称为沸石。在减压蒸馏中，则可通过毛细管连续地向液体中导入空气作为汽化中心。

在压力为 101.325 kPa 的空气中，固态物质与液态物质达到平衡状态时的温度称为液体的凝固点(freezing point)，用符号 T_f 表示。水的凝固点为 0℃。表 1-1 为水和冰在不同温度下的蒸气压数据。

表 1-1　水和冰在不同温度下的蒸气压

温度/℃	−60	−40	−20	0	20	40	60	100
水的蒸气压/Pa				611	2 338	7 376	19 916	101 325
冰的蒸气压/Pa	1.08	12.84	103.26	611				

蒸气压、沸点和凝固点是液体纯物质的基本特性，当将一种或多种液体纯物质混合成溶液时，这些性质也将随溶液的组成不同而发生变化。

1.3 溶液

溶液由溶质和溶剂组成，水是最常见的溶剂。本节主要介绍液体溶液中的水溶液，简称溶液。溶液不但在化学反应中，而且在生命过程和自然界中都极为重要。此外，科学研究和工农业生产也都与溶液密不可分。因此，研究溶液的性质具有重要意义。

1.3.1 溶液组成标度

溶液的性质常与溶液中溶质和溶剂的相对含量，即与溶液的组成有关。有很多种方法表示溶液的组成，化学上常用的有物质的量浓度、质量摩尔浓度、物质的量分数等。

1. B的物质的量浓度

B的物质的量除以混合物的体积，称为B的物质的量浓度(amount-of-substance concentration of B)，用c_B表示：

$$c_B=\frac{n_B}{V} \tag{1-8}$$

式中：n_B为物质B的物质的量，单位为mol；V为溶液的体积，常用单位为L；物质的量浓度的常用单位为$mol \cdot L^{-1}$。

根据SI规定，使用物质的量浓度时也必须注明物质的基本单元，其基本单元可以是分子、原子、离子、电子及其他粒子的特定组合，否则易引起混乱。

2. B的质量摩尔浓度

溶液中溶质B的物质的量除以溶剂的质量，称为B的质量摩尔浓度(molarity of B)，用b_B表示：

$$b_B=\frac{n_B}{m_A} \tag{1-9}$$

式中：n_B为物质B的物质的量，单位为mol；m_A为溶剂的质量，单位为kg；质量摩尔浓度的单位为$mol \cdot kg^{-1}$。

由于物质的质量不受温度的影响，所以溶液的质量摩尔浓度与温度无关。

例 1-4 250 g水溶液中含有40 g NaCl，计算此溶液的质量摩尔浓度。

解：$m(H_2O)=250\ g-40\ g=210\ g$。根据式(1-9)，得

$$b(NaCl)=\frac{40\ g}{58.5\ g \cdot mol^{-1}\times 210\times 10^{-3}\ kg}=3.26\ mol \cdot kg^{-1}$$

---

3. B的物质的量分数

B的物质的量与混合物的物质的量之比，称为B的物质的量分数，也称为B的摩尔分数

(mole fraction of B),用 x_B 表示:

$$x_B = \frac{n_B}{\sum_i n_A} \tag{1-10}$$

式中:n_B 为物质 B 的物质的量,单位为 mol; $\sum_i n_i$ 为混合物的总物质的量,单位为 mol;物质的量分数 x_B 的单位为 1。

对于一个两组分的溶液体系,溶质的物质的量分数 x_B 与溶剂的物质的量分数 x_A 分别为:

$$x_B = \frac{n_B}{n_A + n_B}, \quad x_A = \frac{n_A}{n_A + n_B}$$

所以

$$x_A + x_B = 1$$

对于任何一个多组分体系,各组分物质的量分数之和为 1,即

$$\sum_i x_i = 1$$

4. B 的质量分数

B 的质量与混合物质量之比,称为 B 的质量分数(mass fraction of B),用 w_B 表示:

$$w_B = \frac{m_B}{\sum_i m_i} \tag{1-11}$$

式中:m_B 为 B 的质量,单位为 kg; $\sum_i m_i$ 为混合物的质量,单位为 kg;质量分数 w_B 的单位为 1。混合系统中各组分的质量分数之和为 1,即

$$\sum_i w_i = 1$$

5. B 的质量浓度

B 的质量除以混合物的体积称为 B 的质量浓度(mass concentration of B),用 ρ_B 表示:

$$\rho_B = \frac{m_B}{V} \tag{1-12}$$

式中:m_B 为 B 的质量,SI 单位为 kg;V 为混合物的体积,常用单位为 L;质量浓度的常用单位为 $kg \cdot L^{-1}$。

6. 几种溶液组成标度之间的关系

(1)物质的量浓度与质量分数。若溶质 B 的质量分数为 w_B 的溶液密度为 ρ,则该溶液的物质的量浓度与质量分数的关系为:

$$c_B = \frac{n_B}{V} = \frac{m_B}{M_B V} = \frac{m_B}{M_B m/\rho} = \frac{\rho m_B}{M_B m} = \frac{w_B \rho}{M_B} \tag{1-13}$$

式中:m 为溶液的总质量。

(2)物质的量浓度与质量摩尔浓度。若已知溶液的密度 ρ 和溶液的质量 m，则：

$$c_B = \frac{n_B}{V} = \frac{n_B}{m/\rho} = \frac{n_B \rho}{m} \tag{1-14}$$

若该系统是一个两组分系统，且 B 组分的含量较少，则溶液的质量 m 近似等于溶剂的质量 m_A，上式近似为：

$$c_B = \frac{\rho n_B}{m} \approx \frac{\rho n_B}{m_A} = b_B \rho \tag{1-15}$$

若该溶液是稀的水溶液，则：

$$c_B\ \mathrm{mol \cdot L^{-1}} \approx b_B\ \mathrm{mol \cdot kg^{-1}}$$

例 1-5 在常温下取 NaCl 饱和溶液 10.00 mL，测得其质量为 12.003 g。将溶液蒸干，得 NaCl 固体 3.173 g。求：(1)饱和溶液中 NaCl 的质量分数；(2)饱和溶液中 NaCl 的物质的量浓度；(3)饱和溶液中 NaCl 的质量摩尔浓度；(4)饱和溶液中 NaCl 和 H_2O 的物质的量分数。

解：(1)饱和溶液中 NaCl 的质量分数为：

$$w(\mathrm{NaCl}) = \frac{m(\mathrm{NaCl})}{m(\mathrm{NaCl}) + m(\mathrm{H_2O})} = \frac{3.173\ \mathrm{g}}{12.003\ \mathrm{g}} = 0.264\ 4 = 26.44\%$$

(2)饱和溶液中 NaCl 的物质的量浓度为：

$$c(\mathrm{NaCl}) = \frac{m(\mathrm{NaCl})}{M(\mathrm{NaCl})V} = \frac{3.173\ \mathrm{g}}{58.44\ \mathrm{g \cdot mol^{-1}} \times 10.00 \times 10^{-3}\ \mathrm{L}} = 5.43\ \mathrm{mol \cdot L^{-1}}$$

(3)饱和溶液中 NaCl 的质量摩尔浓度为：

$$b(\mathrm{NaCl}) = \frac{m(\mathrm{NaCl})}{M(\mathrm{NaCl})m(\mathrm{H_2O})} = \frac{3.173\ \mathrm{g}}{58.44\ \mathrm{g \cdot mol^{-1}} \times (12.003\ \mathrm{g} - 3.173\ \mathrm{g}) \times 10^{-3}\ \mathrm{kg}}$$
$$= 6.14\ \mathrm{mol \cdot kg^{-1}}$$

(4)饱和溶液中 NaCl 和 H_2O 的物质的量分数分别为：

$$n(\mathrm{NaCl}) = \frac{m(\mathrm{NaCl})}{M(\mathrm{NaCl})} = \frac{3.173\ \mathrm{g}}{58.44\ \mathrm{g \cdot mol^{-1}}} = 0.054\ 3\ \mathrm{mol}$$

$$n(\mathrm{H_2O}) = \frac{m(\mathrm{H_2O})}{M(\mathrm{H_2O})} = \frac{12.003\ \mathrm{g} - 3.173\ \mathrm{g}}{18.00\ \mathrm{g \cdot mol^{-1}}} = 0.491\ \mathrm{mol}$$

$$x(\mathrm{NaCl}) = \frac{n(\mathrm{NaCl})}{n(\mathrm{NaCl}) + n(\mathrm{H_2O})} = \frac{0.054\ 3\ \mathrm{mol}}{0.054\ 3\ \mathrm{mol} + 0.491\ \mathrm{mol}} = 0.10$$

$$x(\mathrm{H_2O}) = 1 - x(\mathrm{NaCl}) = 1 - 0.10 = 0.90$$

例 1-6 已知浓硫酸的密度 $\rho = 1.84\ \mathrm{g \cdot mL^{-1}}$，其质量分数为 95.6%，则 1 L 浓硫酸中含有的 $c(\mathrm{H_2SO_4})$、$c\left(\frac{1}{2}\mathrm{H_2SO_4}\right)$ 各为多少？

解：已知 $\rho = 1.84\ \mathrm{kg \cdot L^{-1}}$，$w(\mathrm{H_2SO_4}) = 95.6\%$，根据式(1-13)得：

$$c(H_2SO_4)=\frac{w(H_2SO_4)\rho}{M(H_2SO_4)}=\frac{0.956\times 1.84\ \text{kg}\cdot\text{L}^{-1}}{98.0\times 10^{-3}\ \text{kg}\cdot\text{mol}^{-1}}=17.9\ \text{mol}\cdot\text{L}^{-1}$$

$$c\left(\frac{1}{2}H_2SO_4\right)=\frac{w(H_2SO_4)\rho}{M\left(\frac{1}{2}H_2SO_4\right)}=\frac{0.956\times 1.84\ \text{kg}\cdot\text{L}^{-1}}{\frac{1}{2}\times 98.0\times 10^{-3}\ \text{kg}\cdot\text{mol}^{-1}}=35.9\ \text{mol}\cdot\text{L}^{-1}$$

由此可见，对于同一溶液，由于基本单元选择不同，其物质的量浓度不同。

1.3.2 稀溶液的通性

溶质溶解在溶剂中形成溶液，溶质和溶剂本身的某些物理性质也会发生变化。这些性质可以分为两类：一类决定于溶质和溶剂本身的性质，如溶液的颜色、溶液体积的改变、溶液的相对密度、导电性等；另一类决定于溶质的浓度（溶质的质点数），而与溶质本身的性质无关。Ostwald 将后一类性质命名为“依数性”，如溶液蒸气压下降、沸点升高、凝固点下降和渗透压等。

稀溶液指溶质对溶剂作用可忽略，溶液中溶剂与纯溶剂区别仅在于摩尔分数降低。

本节将重点讨论难挥发非电解质稀溶液的依数性。

1. 稀溶液蒸气压下降

在一定温度下，任何纯溶剂都有一定的饱和蒸气压 p^*。当在纯溶剂中加入一定量的难挥发的溶质时，部分溶液表面被这种溶质分子所占据，于是溶液单位表面上进入气相的溶剂的摩尔分数降低，高能量分子的摩尔分数降低，达到平衡时溶液的蒸气压必然比纯溶剂的蒸气压低（图 1-5）。溶液蒸气压与溶剂的物质的量分数有关。溶液中由于溶质的加入而使溶液的蒸气压比纯溶剂的蒸气压低，这种现象称为溶液的蒸气压下降。

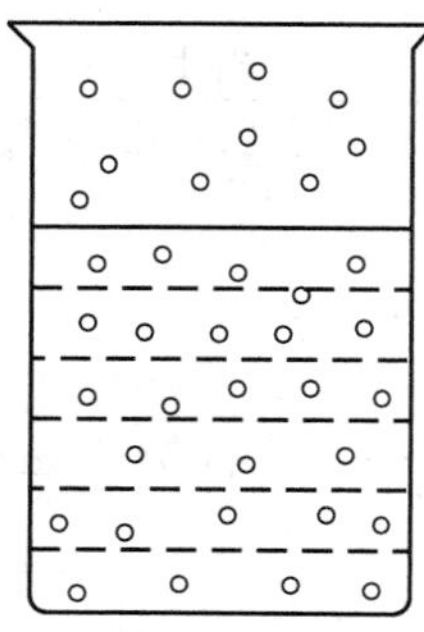

(a) 纯溶剂的蒸气压

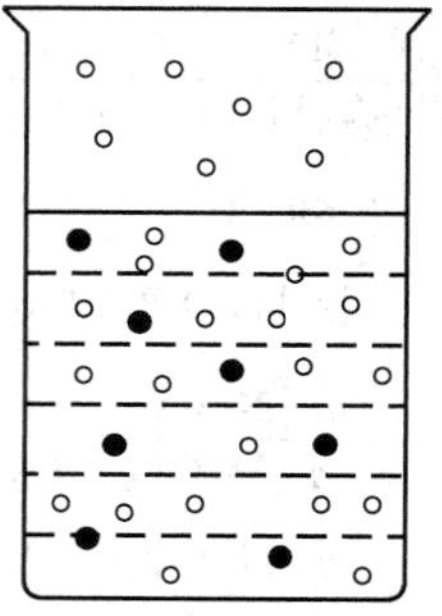

(b) 稀溶液的蒸气压

○ 溶剂分子　● 溶质分子

图 1-5　稀溶液蒸气压下降示意图

法国物理学家拉乌尔(Roult)于 1887 年提出了一条关于溶液蒸气压的规律：在一定温度下，难挥发非电解质稀溶液的蒸气压与溶液中溶剂的物质的量分数成正比，其数学表达式为：

$$p = p^* x_A \tag{1-16}$$

式中：p 为溶液的蒸气压，p^* 为溶剂的饱和蒸气压，单位均为 Pa 或 kPa；x_A 为溶剂的物质的量分数。

对于一个两组分的系统来说，有 $x_A + x_B = 1$，即 $x_A = 1 - x_B$，所以：

$$p = p^* x_A = p^*(1 - x_B) = p^* - p^* x_B$$

$$\Delta p = p^* - p = p^* x_B \tag{1-17}$$

式中：Δp 为溶液蒸气压的下降；x_B 为溶质 B 的物质的量分数。

因此，拉乌尔定律又可表述为：在一定温度下，难挥发非电解质稀溶液的蒸气压下降与溶质的物质的量分数成正比，而与溶质的本性无关。

在稀溶液中，溶质 B 的物质的量分数为：

$$x_B = \frac{n_B}{n_A + n_B} \approx \frac{n_B}{n_A} = \frac{n_B}{m_A/M_A} = \frac{n_B \times M_A}{m_A} = b_B M_A$$

即溶质 B 的物质的量分数与 B 的质量摩尔浓度成正比。故

$$\Delta p = p^* x_B = p^* b_B M_A = k b_B (k = p^* M_A) \tag{1-18}$$

所以，拉乌尔定律还可表述为：在一定温度下，难挥发非电解质稀溶液的蒸气压下降与溶质的质量摩尔浓度成正比。

若组成溶液的溶质、溶剂都有挥发性，且两者没有反应，可先分别考虑：

$$p_A = p_A^* x_A$$

$$p_B = p_B^* x_B$$

则溶液的蒸气压为 $p = p_A + p_B$。服从这个关系的溶液称为理想溶液。

若溶液浓度较大，溶质分子对溶剂分子的作用力不可忽略，溶液表面的溶质分子与周围的溶剂分子发生作用，使它们不能自由移动，也导致其蒸气压降低。虽然难挥发性溶质的浓溶液蒸气压降低明显，但是由于溶质分子对溶剂分子的作用力的影响，蒸气压与浓度的关系表现为对拉乌尔定律的偏离。

若溶质为电解质，电解质可电离产生离子，离子与离子间、离子与溶剂分子间作用复杂，因此，虽然电解质溶液的蒸气压降低比非电解质溶液明显，但是蒸气压与溶液浓度的定量关系更加复杂。

对于挥发性溶质的溶液，溶液的蒸气压等于溶剂蒸气压与溶质蒸气压之和，可能比纯溶剂的蒸气压还高。但对于易挥发非电解质溶质的稀溶液，与之平衡的蒸气中气态溶剂的分压依然服从拉乌尔定律。

图 1-6 所示的溶剂转移现象就是由于溶液的蒸气压下降所引起的。在图 1-6(a)所示的钟罩内，一个烧杯内盛有纯水，另一个烧杯内盛有蔗糖的浓溶液。由于溶液的蒸气压比纯溶剂的蒸气压低，所以钟罩内的蒸气压比浓溶液的蒸气压大，比纯水的蒸气压小。结果在浓溶液的烧杯中不断有水蒸气分子凝聚成液态水，溶液体积不断增大；在纯水的烧杯中不断有液态水蒸发为水蒸气，水的体积不断减少，最后纯水会全部转移到盛浓溶液的烧杯中，出现如

图 1-6(b)所示的终止状态。

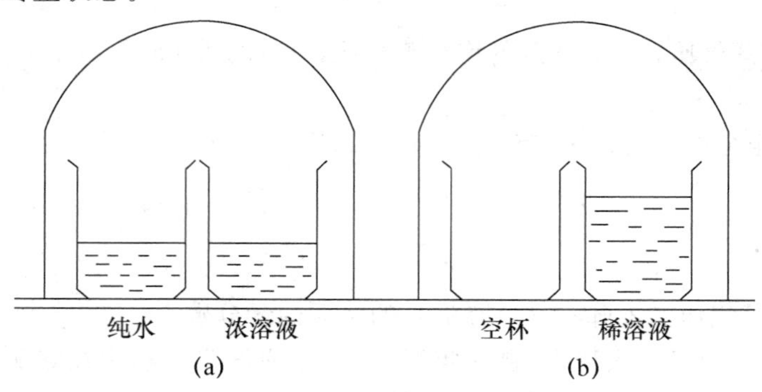

图 1-6 溶剂转移示意图

2. 稀溶液沸点升高

沸点是指液体的蒸气压等于外压时的温度。根据拉乌尔定律，在定温时当溶液中含有非挥发性溶质时，溶液的蒸气压总是比纯溶剂低，所以溶液的沸点比纯溶剂高。

当外压为 1.013×10^5 Pa 时，水的沸点是 373.15 K，称作水的正常沸点，见图 1-7 中 A 点。由于溶液的蒸气压低于纯溶剂——水的蒸气压，故在该温度下溶液还不能沸腾，必须将温度升高到 T_1(图 1-7 中 B 点)，此时溶液的蒸气压才等于外界压力，溶液才会沸腾，由此可见，溶液的沸点比纯水的沸点升高了。

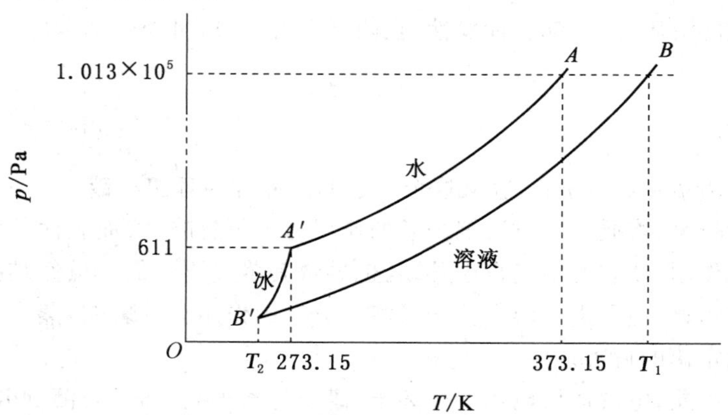

AA'— 水线，BB'—溶液线，$A'B'$—冰线

图 1-7 水、溶液和冰的蒸气压-温度曲线

通过以上分析可知，溶液沸点升高的根本原因就是溶液的蒸气压下降，而蒸气压下降只与溶液的浓度有关，而与溶质的本性无关。

根据拉乌尔定律可证明，难挥发非电解质稀溶液沸点的升高值与溶质的质量摩尔浓度成正比：

$$\Delta T_b = K_b b_B \tag{1-19}$$

式中：ΔT_b为难挥发非电解质稀溶液沸点的升高，单位为 K；K_b 为溶剂沸点升高常数，单位

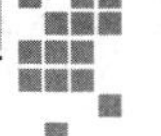

为 $K \cdot kg \cdot mol^{-1}$。

沸点升高常数 K_b 只与溶剂有关，而与溶质无关。一些常用溶剂的 K_b 可从表 1-2 中查得。若已知溶剂的 K_b 值，就可以用沸点升高值 ΔT_b 求溶质的摩尔质量 M。

表 1-2 常用溶剂的 K_b 和 K_f 值

溶剂	沸点/K	$K_b/(K \cdot kg \cdot mol^{-1})$	凝固点/K	$K_f/(K \cdot kg \cdot mol^{-1})$
水	373.15	0.52	273.15	1.86
苯	353.25	2.53	278.63	5.12
氯仿	335.45	3.82	209.65	4.68
硝基苯	484.05	5.24	278.82	8.1
乙醇	351.65	1.22	158.35	1.99
四氯化碳	349.55	5.03	250.15	29.8
环己烷	353.95	2.79	279.45	20.2
樟脑	481.05	5.95	451.05	40.0
醋酸	391.65	3.07	289.75	3.90
萘	491.15	5.65	353.35	6.90

3. 凝固点下降

纯液体和它的固相平衡时的温度称作该液体的正常凝固点；对于溶液，开始凝固时析出的是固体溶剂，其凝固点是指溶液的蒸气压与固体溶剂蒸气压相等的温度。

图 1-7 中，冰线和水线的交点 A' 处，冰和水的饱和蒸气压相等，约为 611 Pa，此时的温度 273.15 K 即为水的凝固点或冰点。在该温度下，溶液的饱和蒸气压低于冰的饱和蒸气压，只有降温到 T_2 时，冰线和溶液线相交于 B' 点，此时冰的饱和蒸气压和溶液的饱和蒸气压相等，溶液开始结冰，达到凝固点，但它比纯水的凝固点下降了 ΔT_f。

凝固点下降的根本原因就是溶液的蒸气压下降，而蒸气压下降只与溶液的浓度有关，与溶质的本性无关。

非电解质稀溶液凝固点下降与溶质的质量摩尔浓度成正比：

$$\Delta T_f = K_f b_B \tag{1-20}$$

式中：ΔT_f 为溶液的凝固点下降，单位为 K；K_f 为溶剂凝固点下降常数，单位为 $K \cdot kg \cdot mol^{-1}$。

凝固点下降常数 K_f 只与溶剂有关，而与溶质无关。一些常用溶剂的 K_f 可从表 1-2 中查得。

与纯溶剂不同，溶液在沸腾和凝结过程中沸点和凝固点不能保持恒定。由于溶液在沸腾和凝固过程中，浓度不断增大，所以溶液的沸点不断升高，凝固点不断下降，直至溶液达到饱和为止。

我们常常根据难挥发、非电解质稀溶液沸点升高和非电解质稀溶液凝固点下降这两个依数性测定非电解质物质的摩尔质量。但因同种溶剂的凝固点下降常数总是大于沸点升高常数，凝固现象明显易观察，同时也适用于挥发性溶质溶液，所以利用凝固点下降来测定物质的摩尔质量较沸点升高法应用更为广泛，准确度也较高。

例 1-7 将 4.50 g 某物质溶于 30.0 g 水中，使凝固点下降 1.5 K，计算该物质的摩尔质量。已知水的 $K_f=1.86\ K \cdot kg \cdot mol^{-1}$。

解：因为 $\Delta T_f=K_f b_B=K_f \dfrac{m_B}{M_B \times m_A}$，所以

$$M_B=K_f \frac{m_B}{\Delta T_f \times m_A}=\frac{1.86\ K \cdot kg \cdot mol^{-1} \times 4.50\ g}{1.5\ K \times 30.0 \times 10^{-3} kg}=186\ g \cdot mol^{-1}$$

该物质的摩尔质量为 $186\ g \cdot mol^{-1}$。

在生产和科学实验中，溶液的凝固点下降这一性质得到广泛应用。例如，冰和盐混合物常用作制冷剂。冰的表面总附有少量水，当撒上盐后，盐溶解在水中形成溶液，由于溶液蒸气压下降，使其低于冰的蒸气压，冰就要熔化。随着冰的熔化，要吸收大量的热，于是冰盐混合物的温度就降低。用氯化钠和冰，温度最低可降到－22℃；用氯化钙和冰，温度最低可降到－55℃；用氯化钙、冰和丙酮的混合物，温度可以降低到－70℃以下。因此，盐和冰混合而成的冷冻剂广泛应用于水产品和食品的保鲜和运输。科学研究表明，溶液蒸气压下降及凝固点降低还与植物的抗旱性和抗寒性有关。当植物所处的环境温度发生较大改变时，植物细胞中的有机体就会产生大量的可溶性碳水化合物来提高细胞液的浓度。细胞液浓度越大，其凝固点下降越大，使细胞液能在较低的温度环境中不结冰，表现出一定的抗寒能力。由于细胞液浓度增加，细胞液的蒸气压下降较大，使得细胞的水分蒸发减少，因此表现出抗旱能力。

4. 溶液的渗透压

我们可以做一个实验，在一个萝卜上插入一根玻璃管，在管中放入一点水到看出水面为止，然后将这个萝卜浸入水中，不久玻璃管中的水面开始上升，一直到某一高度后才停止。水面的上升是水透过萝卜皮浸入萝卜中的结果，这种现象叫作渗透现象。那些只允许溶剂分子通过而溶质不能通过的膜状物质称半透膜，如细胞膜、萝卜皮、肠衣、牛皮纸、无机膜、有机膜等。

渗透现象为什么会发生？到一定程度停止了吗？这可以用图 1-8 渗透压示意图加以解释。

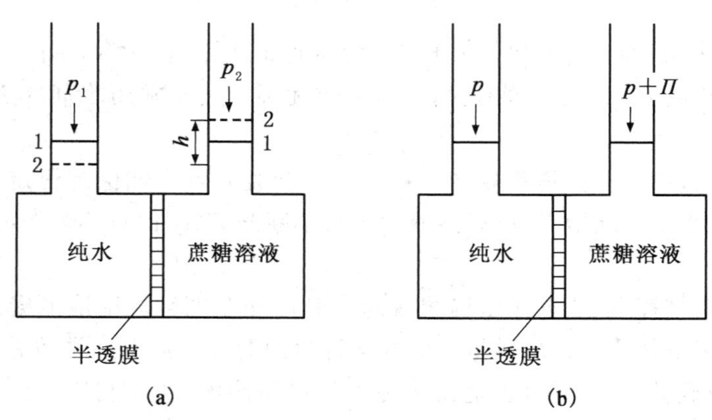

图 1-8 渗透压示意图

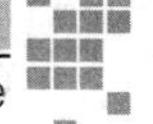

图 1-8 所示，是一个连通器，两边分别装有纯水和蔗糖溶液，中间用半透膜将它们隔开。开始时，使连通器两边液面高度相等。经过一段时间后，蔗糖溶液的液面会升高，纯水的液面下降，当蔗糖液面比纯水液面高出 h 时，液面高度不再发生变化。这是因为半透膜只允许溶剂水分子通过而不允许溶质蔗糖分子通过。这样，由于纯水中水分子比蔗糖溶液中水分子的浓度大，因此纯水中的水分子通过半透膜进入蔗糖溶液的速率要比蔗糖溶液中的水分子通过半透膜进入水中的速率快，所以蔗糖溶液液面升高。这种溶剂分子通过半透膜单向扩散的现象称为渗透(osmosis)。随着蔗糖溶液液面的升高，液柱的静压力增大，使蔗糖溶液中水分子通过半透膜进入水中的速率加快。当液面高度达到一定值时，液柱产生的压力使水分子从两个相反方向通过半透膜的速率相等，此时渗透达到平衡。同样，如果我们对蔗糖溶液施加一额外压力，阻止渗透作用发生，使渗透作用达到平衡，这个额外施加的压力就是该溶液的渗透压(osmotic pressure)，用符号 Π 表示。必须注意，渗透压只是当溶液与溶剂被半透膜分隔开时才会产生。当然，如果半透膜内外是两种不同浓度的溶液，则稀、浓溶液之间同样能够产生渗透作用。渗透压相等的溶液称为等渗溶液。对于渗透压不等的溶液，高者为高渗溶液，低者为低渗溶液。

1886 年，荷兰物理学家范特荷夫(J. H. Van't Hoff)总结出稀溶液的渗透压与溶液浓度和温度的关系为：

$$\Pi = c_B RT \tag{1-21}$$

式中：Π 为渗透压；R 为摩尔气体常数；c_B 为物质的量浓度。

非电解质稀溶液的渗透压与溶液的物质的量浓度及温度成正比，而与溶质的本性无关，这一结论叫作范特荷夫定律。

当以水为溶剂，溶液很稀时，$c_B\ \text{mol}\cdot\text{L}^{-1} \approx b_B\ \text{mol}\cdot\text{kg}^{-1}$，所以式(1-21)也可写成：

$$\Pi \approx b_B RT \tag{1-22}$$

如果外加在蔗糖溶液上的压力超过渗透压，则反而会使蔗糖溶液中的水向纯水的方向扩散，使水的体积增加，这个过程叫作反渗透(reverse osmosis)。

例 1-8　溶解 10.0 g 血红素于水中，配成 100 mL 溶液，25℃测得其渗透压为 3.66 kPa，计算：(1)血红素的摩尔质量；(2)此溶液的凝固点较纯水的下降多少？

解：(1)设血红素的摩尔质量为 M，由 $\Pi = c_B RT$ 得：

$$M = \frac{m_B RT}{\Pi V} = \frac{10.0\ \text{g} \times 8.314\ \text{Pa}\cdot\text{m}^3\cdot\text{mol}^{-1}\cdot\text{K}^{-1} \times 298.15\ \text{K}}{3.66\times10^3\ \text{Pa} \times 100\times10^{-6}\ \text{m}^3}$$
$$= 6.77\times10^4\ \text{g}\cdot\text{mol}^{-1}$$

即血红素的摩尔质量为 $6.77\times10^4\ \text{g}\cdot\text{mol}^{-1}$。

(2)查表 1-2 知水的 $K_f = 1.86\ \text{K}\cdot\text{kg}\cdot\text{mol}^{-1}$，稀溶液中

$$c_B = \frac{m}{MV} = \frac{10.0\ \text{g}}{6.77\times10^4\ \text{g}\cdot\text{mol}^{-1} \times 0.1\ \text{L}} = 1.48\times10^{-3}\ \text{mol}\cdot\text{L}^{-1}$$

所以 $$b_B \approx 1.48\times10^{-3}\ \text{mol}\cdot\text{kg}^{-1}$$

$$\Delta T_f = K_f b_B = 1.86\ \text{K}\cdot\text{kg}\cdot\text{mol}^{-1}\times1.48\times10^{-3}\ \text{mol}\cdot\text{kg}^{-1} = 2.75\times10^{-3}\ \text{K}$$

此溶液的凝固点较纯水的仅下降了 2.75×10^{-3} K。

渗透现象与动物及人的生理活动也密切相关。生物体中的细胞液和体液都是水溶液，它们具有一定的渗透压，而且生物体内的绝大部分膜都是半透膜，因此渗透压的大小与生物的生存和发展有着密切的关系。例如，将淡水鱼放入海水中，由于其细胞液盐浓度较低，渗透压较小，在海水中就会因细胞大量失水而死亡。在人体内正常体温(37℃)时，血液的渗透压约为780 kPa。因此，在向人体肌肉注射或静脉输液时，应使注射液的渗透压与人体内血液的渗透压基本相等，如使用质量分数为0.9%的生理盐水或质量分数为5%的葡萄糖溶液，否则，将引起血管肿胀或萎缩而产生严重后果。植物也一样，植物细胞的细胞质和细胞液间保持着渗透压平衡。细胞液的渗透压限定细胞质的含水量，从而影响细胞质黏性等物理化学性质。此外，渗透压还能使之产生膨胀压以调节细胞的生长和膨胀运动。细胞具有调节渗透压的作用，称为渗透压调节(osmoregulation)。就如动物体液那样，浸渍组织的内环境的渗透压，也具有很大的生理影响。如在植物的根部施肥过多或生长于盐碱地中，就会造成植物细胞脱水而枯萎。

工业上利用反渗透技术可以进行海水淡化和污水处理。另外，对于某些不适合在高温条件下浓缩的物质，可以利用反渗透的方法进行浓缩，如速溶咖啡和速溶茶的制造。

由稀溶液性质的讨论可总结出稀溶液依数性定律：难挥发非电解质稀溶液的通性(蒸气压下降、沸点上升、凝固点下降及渗透压)与一定量溶剂中溶解的溶质的物质的量成正比，与溶质的本性无关。非电解质溶液只有当浓度很小时才符合稀溶液依数性定律。当溶液浓度较大时，溶质分子之间以及溶剂分子与溶质分子之间的相互作用增强，使得溶液的行为偏离稀溶液依数性定律的定量关系式。例如，0.1 $\text{mol}\cdot\text{L}^{-1}$ 甘油水溶液的蒸气压下降、沸点上升、凝固点下降及渗透压与1.0 $\text{mol}\cdot\text{L}^{-1}$ 甘油水溶液相比，前者的蒸气压、凝固点比后者高，沸点比后者低，渗透压比后者小。当定性而不是定量地比较溶液的上述性质时，可依据浓度的相对大小判断。然而对于电解质溶液，情况远比非电解质溶液复杂。通常可以根据溶液中溶质的粒子总数来比较不同溶液的蒸气压、沸点、凝固点和渗透压的大小。

5. 电解质溶液的依数性

电解质溶液也存在蒸气压下降、沸点升高、凝固点降低和渗透压等性质，其实验测得的值与理论值偏差很大，必须予以校正。将实验测定的电解质溶液的凝固点下降数据与按照稀溶液的依数性定律得出的计算值进行比较，如表1-3所示。

表1-3　某些电解质溶液凝固点下降值

浓度/b_B	实验测定值						理论计算值
	NaCl	$MgSO_4$	K_2SO_4	HCl	HAc	H_2SO_4	
0.100	0.348	0.264	0.458	0.355	0.188	0.413	0.186
0.050	0.176	0.133	0.239	0.179	0.094 9	0.216	0.093 0

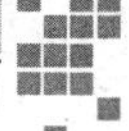

续表 1-3

浓度/b_B	实验测定值						理论计算值
	NaCl	$MgSO_4$	K_2SO_4	HCl	HAc	H_2SO_4	
0.010	0.035 9	0.030 1	0.051 5	0.036 6	0.019 5	0.048 2	0.018 6
0.005	0.018 0	0.015 7	0.026 6	0.018 5	0.009 86	0.025 3	0.009 30

因此，范特荷夫建议在稀溶液的依数性定律公式中引入校正系数 i，可以估算电解质溶液的依数性，

$$i=\frac{\Pi'}{\Pi}=\frac{\Delta p'}{\Delta p}=\frac{\Delta T_b'}{\Delta T_b}=\frac{\Delta T_f'}{\Delta T_f} \tag{1-23}$$

式中，Π'，$\Delta p'$，$\Delta T_b'$，$\Delta T_f'$ 为电解质溶液的依数性；Π，Δp，ΔT_b，ΔT_f 为与电解质溶液同浓度的非电解质溶液的依数性；i 称为范特荷夫校正系数，i 的理论极限值如表 1-4 所示。

表 1-4　范特荷夫校正系数 i 的理论极限值

电解质类型	1∶1	1∶2	1∶3
电解质实例	NaCl、$MgSO_4$	K_2SO_4、$Mg(NO_3)_2$	$Al(OH)_3$、Na_3PO_4
i 的理论极限值	2	3	4

例 1-9　请将下列质量摩尔浓度相等的水溶液按凝固点由高到低的顺序排列。

$MgSO_4$、$C_6H_{12}O_6$、K_2SO_4、CH_3COOH、Na_3PO_4

解：由稀溶液的依数性和范特荷夫校正系数可以得出各溶液的凝固点降低值 ΔT_f 由高到低的顺序为：Na_3PO_4、K_2SO_4、$MgSO_4$、CH_3COOH、$C_6H_{12}O_6$。

所以各溶液凝固点由高到低的顺序为：$C_6H_{12}O_6$、CH_3COOH、$MgSO_4$、K_2SO_4、Na_3PO_4。

1.4　胶体溶液

在工农业生产实践、科学研究和日常生活中，胶体有着十分重要的意义。冶金工业的选矿、国防工业上某些火药、炸药的制备，石油工业中原油的脱水、土壤的形成与改良、农药合成、食品加工等过程、材料制备领域中溶胶－凝胶技术的应用等，都离不开胶体化学的现代理论和知识。动植物的组织、骨架及其各种生命现象，也都与胶体有着紧密的联系。

本节主要阐明胶体溶液的基本特征和性质，重点讨论胶团结构和溶胶的聚沉。

1.4.1　分散系

一种或几种物质以极细小的粒子分散在另一种物质中所形成的系统，称为分散系。被分散的物质称为分散质，容纳分散质的连续的物质称为分散剂。

分散质、分散剂的聚集状态，分散质粒子的大小，都会显著影响分散系的性质。分散系的分类、性质如表 1-5 和表 1-6 所示。

表 1-5　分散系分类

按分散质和分散剂聚集状态分类	分散质	固	液	气	固	液	气	固	液	气
	分散剂	液	液	液	固	固	固	气	气	气
	分散系名称	溶胶 悬浊液	乳状液	泡沫	固溶胶	凝胶	固体 泡沫	固气 溶胶	液气 溶胶	混合气
	实例	Au 溶胶、泥浆	豆浆、牛奶、石油	汽水、肥皂泡沫	红宝石、合金	硅胶、肌肉、毛发	海绵、木炭	烟、灰尘	云、雾	煤气、空气

表 1-6　分散系分类及性质

按分散质粒子直径分类	类型	分子、离子分散系	胶体分散系		粗分散系
	粒子直径/nm	<1	1～100		>100
	分散系名称	真溶液 (单相系统)	高分子溶液 (单相系统)	胶体溶液 (多相系统)	乳状液;悬浊液 (多相系统)
	实例	蔗糖溶液、 食盐溶液	淀粉溶液、 蛋白质溶液	硫化砷、碘化银、 金溶胶	牛奶、 泥浆
	主要特征	稳定,扩散快,能透过滤纸及半透膜,对光散射极弱。	稳定,扩散慢,能透过滤纸及半透膜,对光散射极弱,黏度大。	稳定,扩散慢,能透过滤纸,不能透过半透膜,光散射强。	稳定,扩散慢,不能透过滤纸及半透膜,无光散射。

由表 1-6 可知,胶体溶液(即液溶胶)属于胶体分散系,其分散质粒子是由许多分子组成的、难溶于分散剂的聚集体,大小为 1～100 nm。溶胶属于多相系统,分散质和分散剂之间的亲和力不强,它们之间存在界面,很容易吸附小颗粒(分子、离子、基团等)来降低能量、增加稳定性。

1.4.2　溶胶的性质

分散度高和多相共存的特点,使得溶胶具有特殊的光学、电学、动力学性质。

1. 光学性质

将一束聚光光束照射到胶体时,在与光束垂直的方向上可以观察到一个发光的圆锥体,这种现象称为丁铎尔(J. Tyndall)效应,如图 1-9 所示。

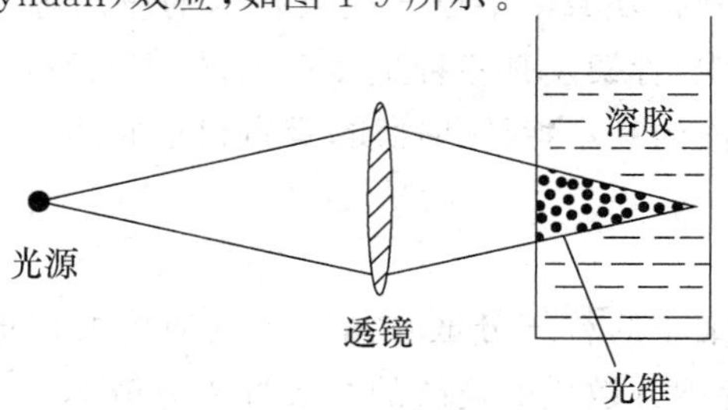

图 1-9　丁铎尔效应示意图

在光的传播过程中，当光线照射到大小不同的分散相粒子时，如果粒子远远大于入射光波长，入射光被反射；如果粒子小于入射光波长，则发生光的散射，这时观察到的是光波环绕微粒而向其四周放射的光，称为散射光或乳光。

溶胶粒子的直径小于可见光波长(400～760 nm)，可见光透过溶胶时会产生明显的散射作用，产生胶体溶液特有的丁铎尔效应。

悬浊液或乳状液粒子的直径达 1 000～5 000 nm，远大于可见光波长，入射光在粒子表面主要发生反射，因此有浑浊感。

真溶液的分子或离子虽然小于可见光波长，但因散射光的强度随散射粒子体积的减小而明显减弱，基本上发生的是光的透射作用，因此溶液呈透明状态。

2. 动力学性质

在显微镜下观察，会发现悬浮在液面上的花粉、煤、化石、金属等的粉末在不断地做不规则的运动，微粒的这种行为称作布朗(R. Brown)运动，如图 1-10 所示。

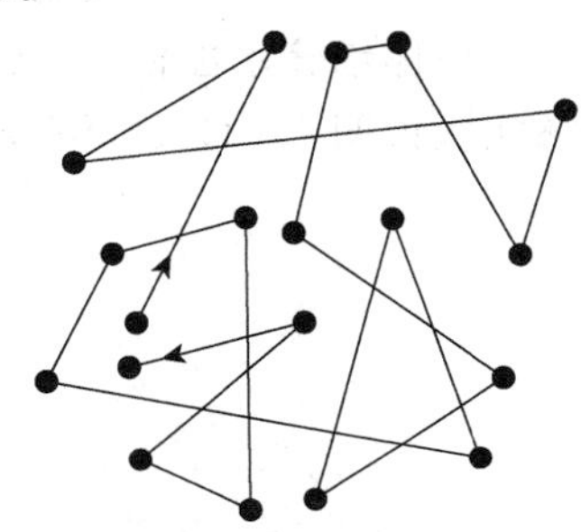

图 1-10 布朗运动

布朗运动是分散质粒子本身热运动和分散剂对它不均匀撞击的总结果。对于溶胶粒子，除了本身的热运动，分散介质分子的热运动也会不断地由各个方向、以不同大小的力同时撞击溶胶粒子。由于受到的力不平衡，所以溶胶粒子时刻以不同的速率、沿着不同的方向作无秩序运动。

相对而言，粗分散系中较大的分散质颗粒，瞬间受到不同方向上的撞击次数要远远多于较小的溶胶粒子，结果可以互相抵消，并且质量大的颗粒惯性较大，因此运动非常细小而不容易观察到布朗运动。当半径大于 5 mm 时，布朗运动基本消失。对于真溶液，由于粒子太小，具有高速的热运动，因此也观察不到布朗运动。

近代电子显微镜的发展，把观察和研究胶体的技术提高到了一个新的水平，用电子显微镜观察溶胶粒子就像在可见光下看粗分散系的粒子一样，能清楚地看到溶胶粒子的形状、大小和介质中的分布及运动情况。

胶粒大小介于真溶液与粗分散体系之间，因此，胶体溶液与真溶液不同，具有一定的黏度，其胶粒的扩散速度小，能穿过滤纸而不能透过半透膜等。提纯胶体可应用透析与电渗析，分离胶粒可应用超速离心法等。

3. 电学性质

溶胶的电学性质表现在胶粒具有电动现象，即电泳和电渗。

在外电场作用下，分散质粒子在分散剂中定向移动的现象称为电泳。通过电泳实验，可以判断溶胶粒子所带的电性，可以获得胶粒的结构、大小和形状等有关信息。

电泳实验装置如图 1-11 所示。接通电源之前，U 型电泳仪内红棕色 $Fe(OH)_3$ 溶胶左右液面相平，并且与上方无色 NaCl 溶液之间存在有明显的界面。通电一段时间，可以看到右侧(负极)红棕色 $Fe(OH)_3$ 溶胶的界面上升，而左侧(正极)

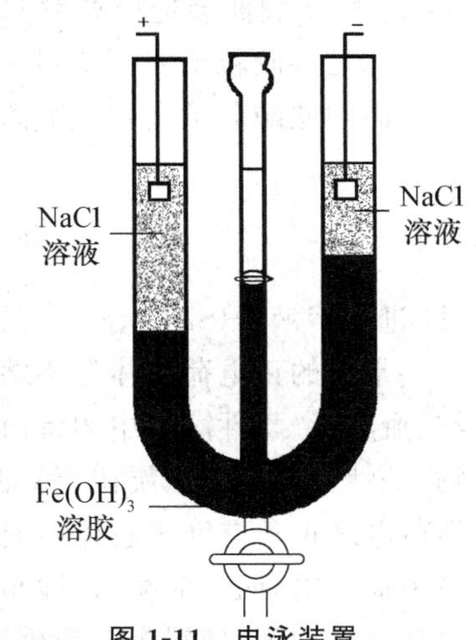

图 1-11 电泳装置

界面下降。这表明在电场作用下，$Fe(OH)_3$ 溶胶粒子向负极移动，说明 $Fe(OH)_3$ 溶胶胶粒是带正电的，称之为正溶胶。如果在电泳仪中装入黄色的 As_2S_3 溶胶，通电后，发现黄色界面向正极上升，这表明 As_2S_3 胶粒带负电荷，称之为负溶胶。

带电粒子的大小、形状，粒子表面电荷的数目，分散介质中电解质的种类、离子强度、pH 和黏度，温度和外加电压等，都是影响电泳的因素。

与电泳不同，使溶胶粒子固定不动，分散剂在外电场作用下作定向移动的现象称为电渗。通过电渗实验，可以测定分散介质所带电荷的电性，进而判断溶胶粒子所带电荷的电性。

电渗实验如图 1-12 所示(以 $Fe(OH)_3$ 溶胶为例)。电渗管中的隔膜可由素瓷片、凝胶、玻璃纤维等多孔性物质制成。将 $Fe(OH)_3$ 溶胶放入隔膜中间，在左、右两室中充满水，并使左右两侧细管水位相等，接通电源通电一段时间后，发现右侧管液面比左侧管液面要高。电渗实验说明 $Fe(OH)_3$ 溶胶中分散剂带负电，向正极移动。

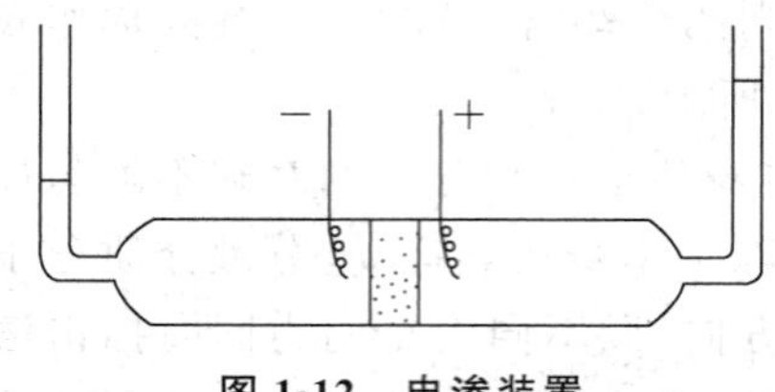

图 1-12　电渗装置

电渗技术在溶胶净化、海水淡化、泥炭和染料的干燥等领域已经获得了实际应用。

溶胶的电动现象表明溶胶粒子是带电的。带电的原因主要有两点：

一是吸附作用。溶胶的分散度高，比表面积巨大，溶胶粒子表面会选择吸附分散剂中的某种离子而带有一定电荷。例如，As_2S_3 溶胶的制备反应为：

$$2H_3AsO_3 + 3H_2S = As_2S_3 + 6H_2O$$

溶液中过量的 H_2S 解离产生 HS^-：

$$H_2S = H^+ + HS^-$$

As_2S_3 粒子表面会选择吸附 HS^-，使 As_2S_3 溶胶带负电荷。

二是溶胶粒子表面基团的解离作用。例如，硅酸溶胶粒子由许多硅酸分子缩合而成，粒子表面的硅酸分子会发生解离：

$$H_2SiO_3 = HSiO_3^- + H^+$$
$$HSiO_3^- = SiO_3{}^{2-} + H^+$$

H^+ 进入溶液，$HSiO_3^-$、SiO_3^{2-} 留在粒子表面，使硅胶带负电。

常见的正电荷胶体有不溶氢氧化物、金属氧化物、碱性染料(龙胆紫、亚甲蓝等)、汞溴红、血红素、酸性溶液中的蛋白质等。常见的负电荷胶体有金属及金属硫化物、非金属氧化物、酸性染料(苋红、靛蓝等)、西黄芪胶、羧甲基纤维素钠、碱性溶液中的蛋白质等。了解胶体荷电之正负有助于胶体溶液型药剂的合理制备，如胃蛋白酶合剂中的胃蛋白酶，在酸性环境中荷正电，而一般滤纸、纱布等纤维性滤材是荷负电，则在制备该合剂时，应该避免滤过，以免电性中和，使胃蛋白酶析出在滤纸上而降低药效。

1.4.3　胶团结构

溶胶之所以具有丁铎尔效应、布朗运动、电泳和电渗的基本性质，缘于胶粒的粒径和特殊的结构，我们以 $Fe(OH)_3$ 溶胶的形成来说明溶胶的胶团结构(图 1-13)。

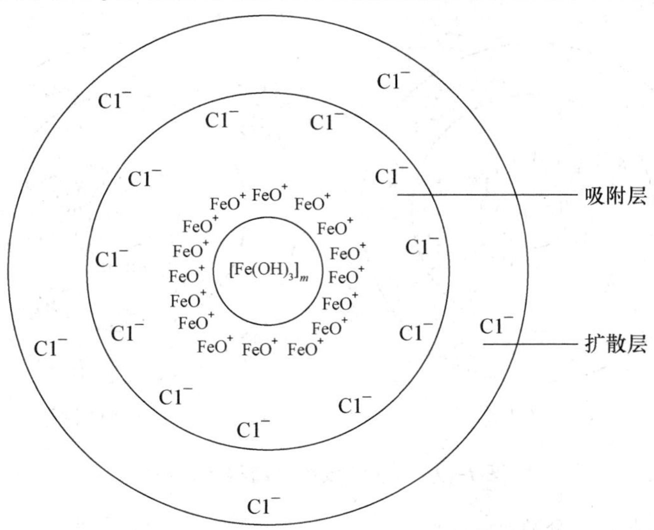

图 1-13　$Fe(OH)_3$ 溶胶胶团结构示意图

$Fe(OH)_3$ 溶胶是由 $FeCl_3$ 水解而得，部分水解生成 $Fe(OH)_3$ 和 HCl 反应得 FeOCl 化合物，而后解离得 FeO^+、Cl^- 等，相关反应式如下：

$$FeCl_3 + 3H_2O = Fe(OH)_3 + 3HCl$$

$$Fe(OH)_3 + HCl = FeOCl + 2H_2O$$

$$FeOCl = FeO^+ + Cl^-$$

大量的 $Fe(OH)_3$ 分子聚集在一起，形成大小在 1～100 nm 的固体分子集团，称为胶核。$Fe(OH)_3$ 胶核具有很大的表面积和表面能，在溶液中选择吸附与自身组成相关的 FeO^+，称为电位离子，使胶核表面带上正电荷，其又大量吸引带相反电荷的 Cl^-，称为反离子。电位离子和一部分紧密吸附的反离子构成了吸附层，胶核和吸附层的整体称为胶粒，电泳时发生移动的就是胶粒。胶粒中反离子数比电位离子数少，因此胶粒所带电荷与电位离子的符号相同。其余的反离子则分散在溶液中，构成扩散层，胶粒和扩散层的整体称为胶团。胶团内反离子和电位离子的电荷总数相等，因此胶团是电中性的。

$Fe(OH)_3$ 溶胶的胶团结构也可以用胶团结构式表示如下：

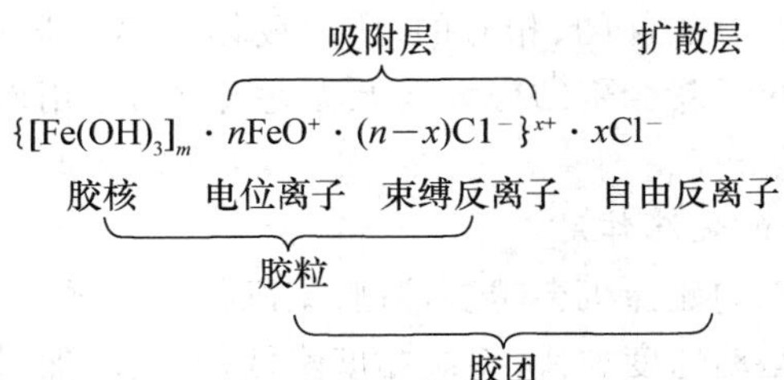

式中：m 为形成胶核物质的分子数，数值很大，通常在 10^3 左右；n 为吸附在胶核表面的电位离子数；x 为扩散层的反离子数；$(n-x)$ 为吸附层的反离子数。

又如，用 $AgNO_3$ 溶液与 KI 溶液反应，可以制备出两种类型的 AgI 溶胶，其胶团结构示意图见图 1-14。

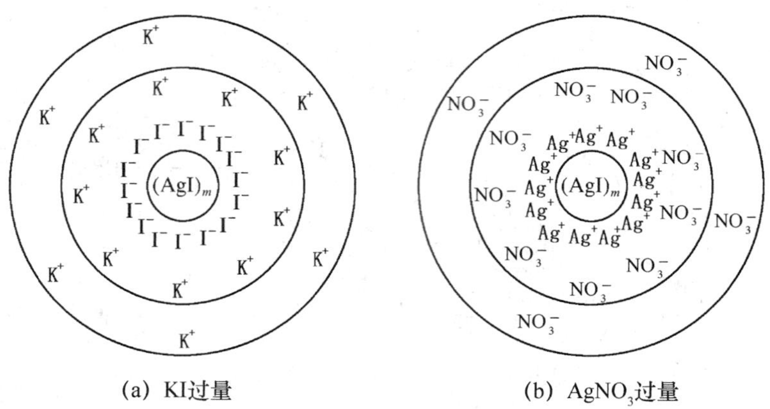

(a) KI过量　　(b) $AgNO_3$过量

图 1-14　AgI 溶胶胶团结构示意图

其对应的胶团结构式分别为：

(a)KI 过量：$[(AgI)_m \cdot nI^- \cdot (n-x)K^+]^{x-} \cdot xK^+$

(b)$AgNO_3$ 过量：$[(AgI)_m \cdot nAg^+ \cdot (n-x)NO_3^-]^{x+} \cdot xNO_3^-$

1.4.4　溶胶的聚沉

分散度高和多相共存的特点决定了溶胶有自发聚结而沉淀的倾向。事实上，溶胶的某些性质如分散相浓度、颗粒大小、系统黏度和密度等有一定程度的不变性，即溶胶还具有一定的稳定性，表现为动力学稳定性和聚结稳定性。

动力学稳定性是指溶胶粒子不会在重力作用下从分散剂中分离出来。布朗运动导致溶胶粒子可以自发地从粒子浓度大的区域向粒子浓度小的区域扩散，在一定程度上抵消了重力作用而引起的沉降，因此能够保持悬浮状态，使溶胶具有一定的稳定性。

聚集稳定性是指溶胶在放置过程中，不发生分散质粒子的相互聚集。溶胶的聚集稳定性主要决定于溶胶的胶团结构。由于同一溶胶粒子带有同性的电荷，同号电荷之间的相互排斥作用，阻止了溶胶粒子的靠近。此外，胶团中的电位离子和反离子都能发生溶剂化作用，在各自的表面形成具有一定强度和弹性的溶剂化膜，阻止了溶胶粒子之间的直接接触。基于以上两种原因，溶胶能够放置一定的时间而不发生聚沉。

溶胶的稳定是暂时的、有条件的、相对的，所以胶体是热力学不稳定体系。只要破坏了溶胶稳定性的因素，溶胶粒子就会聚结变大至无法克服重力作用而从分散剂中分离和沉降，这个过程称为溶胶的聚沉。

1. 浓度与温度对溶胶的聚沉作用

溶胶的浓度越高，胶粒的碰撞机会越多，溶胶聚沉作用增强。

对溶胶加热，胶粒的运动速度加快，系统黏度降低，不仅增加了胶粒相互碰撞的机会，同

时降低了胶核对电位离子的吸附能力,减少了胶粒所带的电荷,使胶粒之间碰撞凝结聚沉的可能性大大增加。

2. 电解质对溶胶的聚沉作用

溶胶中加入电解质后,反离子的浓度增大,被电位离子吸引进入吸附层的反离子数目也会增多,胶粒带电减少,扩散层变薄。其结果是胶粒之间的电荷排斥力减小,胶粒失去了带电的保护作用。同时,加入的电解质有很强的溶剂化作用,可以夺取胶粒表面溶剂化膜中的溶剂分子,破坏胶粒的溶剂化膜,使其失去溶剂化膜的保护,因而溶胶在碰撞过程中会相互结合成大颗粒而聚沉。

电解质对溶胶的聚沉作用与电解质的性质、浓度、胶粒所带电荷的电性有关。通常用聚沉值来比较不同电解质对溶胶的聚沉能力大小,其定义为"使一定量的溶胶在一定时间内完全聚沉所需的电解质的最低浓度($mmol \cdot L^{-1}$)"。

电解质对溶胶的聚沉规律主要有以下几点:

(1)电解质负离子对正溶胶的聚沉起主要作用,正离子对负溶胶的聚沉起主要作用,其聚沉能力则随着电解质反离子价数的升高而显著增加。

(2)同价离子的聚沉能力随水化离子半径的增大而减小。例如,对于负溶胶,一价阳离子硝酸盐的聚沉能力次序为 $H^+ > Cs^+ > Rb^+ > NH_4^+ > K^+ > Na^+ > Li^+$;对于正溶胶,一价阴离子的钾盐的聚沉能力次序为 $F^- > Cl^- > Br^- > NO_3^- > I^-$。以上聚沉能力的次序称为感胶离子序,由实验测定。

(3)有机离子都有非常强的聚沉能力。

3. 溶胶的相互聚沉作用

电性相反的两种溶胶以适当比例相互混合时,会发生相互聚沉。只有当溶胶粒子所带的电荷量相等时,这两种溶胶的电荷才能完全中和而完全聚沉,否则只有部分聚沉,甚至不聚沉。

土壤中存在着 $Fe(OH)_3$、$Al(OH)_3$ 等正溶胶和硅酸、黏土、腐殖质等负溶胶,这些正负溶胶的相互聚沉,对土壤团粒结构的形成起着一定的作用。

例 1-10 对氢氧化铁胶体溶液,K_2SO_4 和 KCl 的聚沉值相比,哪个较小?

解:氢氧化铁胶体溶液为正溶胶,加入电解质引起聚沉,起作用的离子主要是负离子,离子带电荷越多聚沉能力越大,聚沉值越小,所以 K_2SO_4 的聚沉值较小。

1.5 高分子溶液

橡胶、动物胶、植物胶、蛋白质、淀粉等高分子化合物溶于水或其他溶剂中形成均匀、稳定的均相分散系,称为高分子溶液,是热力学稳定体系。分散质高分子化合物的粒径达胶粒大小 1～100 nm,属于胶体分散系,但丁铎尔效应不明显,高分子溶液不带电荷,加入少量电解质无影响,加入多时引起盐析,具有较大的黏度和渗透压。

高分子化合物的溶解比小分子化合物慢,溶解过程分为溶胀和分散两个阶段。不少高分子化合物如蛋白质、动物胶汁（阿胶、鹿角胶、明胶及骨胶等）的分子结构中含有许多亲水基团，与水分子有很强的亲和力，分子周围形成一层水合膜，这是高分子溶液具有稳定性的主要原因，即高度的溶剂化，因此高分子水溶液也称为亲水胶体溶液。酶的水溶液（胃蛋白酶、胰蛋白酶、溶菌酶、尿激酶等）及其他含蛋白质的生化制剂、植物中纤维素衍生物、天然的多糖类、黏液质及树胶、人工合成的右旋糖酐、聚乙烯吡咯烷酮等遇水后所形成的胶体溶液均属此类。

高分子化合物中随着非极性基因数目的增多，胶体的亲水性能降低，而对半极性溶剂及非极性溶剂的亲和力增加。胶体质点分散在这些溶剂中形成的溶液称为亲液胶体溶液或高分子非水溶液，如玉米朊乙醇溶液或丙酮溶液。

1. 高分子对溶胶的保护作用、敏化作用和絮凝作用

在溶胶中加入足量的高分子化合物后，能显著降低溶胶对电解质的敏感性，提高溶胶的稳定性。高分子化合物的这种作用称为对溶胶的保护作用。产生保护作用的原因是溶剂化了的线状高分子被吸附在胶粒表面，使胶粒表面多出一层溶剂化保护膜，从而提高了溶胶的稳定性。健康人体血液中含有的难溶盐如 $MgCO_3$，$Ca_3(PO_4)_2$ 等都是以胶体状态存在的，这些胶粒都被血清蛋白等高分子保护着。人体患病时，保护物质含量减少，溶胶稳定性下降而在身体的某些部位发生聚沉，容易形成各种结石。

在溶胶中加入少量的高分子化合物后，反而使溶胶对电解质的敏感性大大增加，降低了其稳定性，这种现象称为高分子的敏化作用。产生敏化作用的原因是加入的高分子化合物量太少，不足以包住胶粒，反而使大量的胶粒吸附在高分子的表面，使胶粒间可以互相“桥联”变大而易于聚沉。

某些高分子化合物（如聚丙烯酰胺、聚氧乙烯等）直接导致溶胶聚沉的现象，称为高分子的絮凝作用。这些高分子化合物称为絮凝剂。和无机聚沉剂相比，高分子絮凝剂的絮凝效率高，一般在 1 kg 溶胶中加入几毫克絮凝剂就有明显的絮凝作用；其次，它的絮凝速率快，絮块大，很短的时间内就可聚沉完全；第三，它的选择性好，在适当的条件下可以有选择地絮凝。因此，高分子絮凝剂在工农业生产中有广泛的应用。作为高效污水处理剂，可用于工业污水的净化处理；作为土壤改良剂，可提高土壤团集化程度，改善土壤的导水性和通气性；利用絮凝剂的选择性，可以回收贵重矿泥。

2. 高分子溶液的盐析

高分子溶液的盐析是指在高分子（水）溶液中加入无机盐类而使某种高分子物质溶解度降低而析出的过程。盐析过程是可逆的，盐析后所得沉淀采用透析等方法排除电解质后可使其恢复为高分子溶液。盐析一般需要大量无机盐，氯化钠、硫酸钠、硫酸镁、硫酸铵等常用作盐析的无机盐。

高分子溶液具有稳定性的主要原因是分子结构中的亲水基团与水分子的亲和力使分子周围形成一层水合膜，阻碍了粒子的相互聚结。因此破坏水化层就能引起高分子溶液的不稳定。在高分子溶液中添加少量电解质时，不会盐析，若加入大量电解质，由于电解质离子本身强烈的水化性质，脱掉了高分子的水化层，则很容易发生凝结而析出沉淀。如在乙酸的酯化反应中加入饱和碳酸钠溶液，中和乙酸，除去乙醇，降低乙酸乙酯在水中的溶解度，使其分层现象更明显。再如蛋白质溶液中加入某些无机盐溶液后，高浓度的盐溶液中的异性离

子中和了蛋白质颗粒的表面电荷，进而破坏了蛋白质颗粒表面的水化层，失去了蛋白质胶体溶液的稳定因素，降低了溶解度，使蛋白质从水溶液中沉淀出来。盐析所得蛋白质加水稀释尚可复溶。根据各种蛋白质的颗粒大小、亲水性程度不同，在盐析时需要盐的浓度也不一致。因此，调节盐的浓度，可使溶液中的几种蛋白质分段析出，临床检验中常用此法来分离和纯化蛋白质。

□ 本章小结

1. 理想气体

理想气体是高温低压下实际气体的抽象模型。理想气体的分子本身没有体积，分子间没有相互作用力，并严格遵守理想气体状态方程。

在相同温度条件下，混合理想气体中各种气体单独占有混合气体的容积时所产生的压力之和等于混合气体的总压，称之为道尔顿分压定律。

2. 溶液

化学上常使用的溶液组成标度有：物质的量浓度 c_B、质量摩尔浓度 b_B、物质的量分数 x_B、质量分数 w_B、质量浓度 ρ_B 等。

难挥发非电解质稀溶液蒸气压下降、沸点升高、凝固点下降和渗透压与溶质浓度成正比，而与溶质的本性无关，称为稀溶液的依数性。

3. 胶体

溶胶属于胶体分散系。以 $Fe(OH)_3$溶胶为例，胶团结构为：

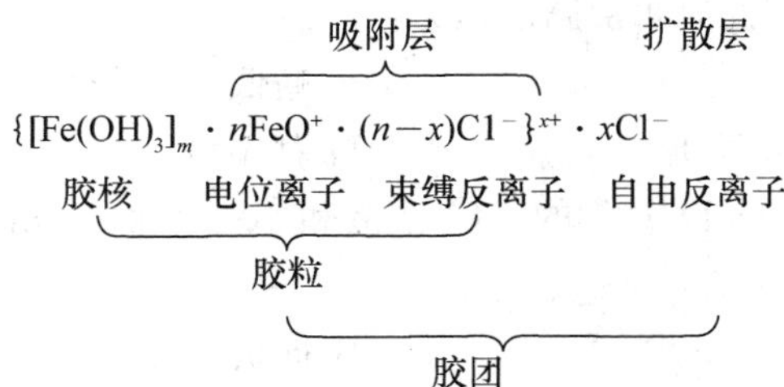

溶胶是多相的热力学不稳定体系。电解质对溶胶的有明显的聚沉作用，可用聚沉值来比较各种电解质对溶胶聚沉能力的大小，聚沉值越小，其聚沉能力就越大。

4. 高分子溶液

高分子溶液属于胶体分散系，是单相的热力学稳定体系。由于高度的溶剂化作用，高分子溶液很稳定。高分子化合物对溶胶有保护、敏化和絮凝作用。

高分子溶液的盐析是指在高分子(水)溶液中加入无机盐类而使某种高分子物质溶解度降低而析出的过程。盐析过程是可逆的，盐析一般需要大量无机盐。

□ 习　题

1-1　何谓理想气体？试述摩尔气体常数的常用值及单位。

1-2 常用的溶液组成标度是如何定义的？它们之间的关系如何？

1-3 道尔顿分压定律的适用条件是什么？

1-4 稀溶液的依数性包括哪些？引起这些性质的原因是什么？电解质溶液是否具有依数性，拉乌尔定律能否直接计算电解质溶液的依数性？

1-5 对于易挥发非电解质稀溶液，溶液的蒸气压是否一定降低？为什么？

1-6 溶胶为什么具有相对稳定性？

1-7 解释下列现象：

(1)海水鱼和淡水鱼互换生存环境会死亡；

(2)盐碱地上种植作物难以生长；

(3)下雪天在街道上撒盐；

(4)海水较河水难结冰；

(5)溶液蒸发过程中沸点不断变化；

(6)解释明矾为什么能够净水？江河入海口为什么会形成三角洲？

1-8 解释下列术语：

(1)理想气体；(2)渗透；(3)反渗透；(4)依数性。

1-9 将下列水溶液按照凝固点高低顺序排列：

$b(NaCl) = 1.0\ mol \cdot kg^{-1}$ 的氯化钠溶液、$b(H_2SO_4) = 1.0\ mol \cdot kg^{-1}$ 的硫酸溶液、b(葡萄糖) $= 1.0\ mol \cdot kg^{-1}$ 的葡萄糖溶液、$b(CaCl_2) = 0.1\ mol \cdot kg^{-1}$ 的氯化钙溶液、b(蔗糖) $= 0.1\ mol \cdot kg^{-1}$ 的蔗糖溶液、$b(KCl) = 0.1\ mol \cdot kg^{-1}$ 的氯化钾溶液、$b(HAc) = 0.1\ mol \cdot kg^{-1}$ 的醋酸溶液

1-10 101℃水沸腾，则此时水沸腾的压力：

A. 1个大气压　　B. 略低于1个大气压

C. 略高于1个大气压　　D. 都不对

1-11 以 30 mL 0.01 $mol \cdot L^{-1}$ 的 KCl 溶液和 10 mL 0.02 $mol \cdot L^{-1}$ $AgNO_3$ 溶液混合制备溶胶，胶粒电泳方向是：

A. 向正极移动　　B. 向负极移动

C. 因温度而异　　D. 因电压不同而异

1-12 将带正电的 $Fe(OH)_3$ 溶胶与带负电的 Sb_2S_3 溶胶混合，结果是：

A. 发生聚沉　　B. 不聚沉

C. 聚沉与否取决于搅拌速度　　D. 聚沉与否取决于正负电量是否接近相等

1-13 溶胶能稳定存在的一个重要因素是：

A. 胶粒带有相同电荷　　B. 胶粒大小相同

C. 胶粒光学性质相同　　D. 胶团结构相同

1-14 在17℃、99.3 kPa 的气压下，用排水法收集氮气 150 mL。求在标准状况下该气体经干燥后的体积。

1-15 丁烷(C_4H_{10})是一种易液化的气体燃料。计算在23℃、90.6 kPa下，丁烷气体的密度。

1-16 某气体在 293 K、9.97×10^4 Pa 时占有体积 0.19 L，其质量为 0.132 g。试求这种气

体的摩尔质量。它可能是何种气体？

1-17 在 273 K 时，将同一初压的 4.0 L N_2 和 1.0 L O_2 压缩到一个容积为 2 L 的真空容器中，混合气体的总压为 3.26×10^5 Pa。试求：

(1)两种气体的初压；(2)混合气体中各组分气体的分压；(3)各气体的物质的量。

1-18 将 7.00 g 草酸($H_2C_2O_4 \cdot 2H_2O$)溶于 93.0 g 水，所得溶液的密度为 1.025 g·mL^{-1}。求：(1)$w(H_2C_2O_4)$；(2)$\rho(H_2C_2O_4)$；(3)$c(H_2C_2O_4)$；(4)$b(H_2C_2O_4)$；(5)$x(H_2C_2O_4)$。

1-19 在实验室中用排水取气法收集制取氢气，在 23℃及 100 kPa 下，收集了 370 mL 气体。试求：(1)23℃该气体中氢气的分压；(2)氢气的物质的量。

1-20 将 1.0 g 的葡萄糖 $C_6H_{12}O_6$ 和 1.0 g 甘油 $C_3H_8O_6$ 分别溶于 100 g 水中，问所得溶液的凝固点各为多少？若将 0.01 mol 葡萄糖和 0.01 mol 甘油分别溶于 100 g 水中，问所得溶液的凝固点是否相同？

1-21 将 0.115 g 奎宁溶于 1.36 g 樟脑中，该溶液凝固点为 169.60℃。计算奎宁的摩尔质量。

1-22 有一糖水溶液，在 101.3 kPa 下，它的沸点升高了 1.02 K，问它的凝固点是多少？

1-23 静脉注射液必须与血浆有相同的渗透压，根据正常输液盐水中 NaCl 的含量为 900 mg/100 mL(盐水)，计算：

(1)盐水中 NaCl 物质的量浓度；(2)在人体温度(37℃)下，盐水的渗透压；

(3)要配制具有相同渗透压的葡萄糖($C_6H_{12}O_6$)溶液 200 mL，需要多少克葡萄糖？

1-24 101 mg 胰岛素溶于 10.0 mL 水，该溶液在 25℃的渗透压是 4.34 kPa，计算该溶液的凝固点和胰岛素的摩尔质量。

1-25 树干内部树汁的上升是由于渗透作用，设树汁是浓度为 0.20 mol·L^{-1} 的溶液，在树汁半透膜外部的水中含非电解质浓度为 0.01 mol·L^{-1}，试估算 25℃，树汁能够上升的高度。

1-26 硫化砷溶胶是由 H_3AsO_3 和 H_2S 溶液作用而制得的，试写出硫化砷胶体的胶团结构式(电位离子为 HS^-)．试比较 NaCl、$MgCl_2$、$AlCl_3$ 三种电解质对该溶胶的聚沉能力，并说明原因。

1-27 试比较 $MgSO_4$，$K_3[Fe(CN)_6]$ 和 $AlCl_3$ 三种电解质在下列两种情况下聚沉值的大小：

(1)$c(AgNO_3)=0.001$ mol·L^{-1} 的硝酸银溶液和 $c(KBr)=0.01$ mol·L^{-1} 的溴化钾溶液等体积混合制成的 AgBr 溶胶。

(2)$c(AgNO_3)=0.01$ mol·L^{-1}的硝酸银溶液和 $c(KBr)=0.001$ mol·L^{-1}的溴化钾溶液等体积混合制成的 AgBr 溶胶。

1-28 混合等体积 $c(AgNO_3)=0.008$ mol·L^{-1} 的硝酸银溶液和 $c(K_2CrO_4)=0.003$ mol·L^{-1} 的铬酸钾溶液，制得 Ag_2CrO_4 溶胶。写出该溶胶的胶团结构，并注明各部分的名称。

第 2 部分

物质结构基础

PART 2
BASIC STRUCTURE
OF MATTER

广义而言，物质是由分子构成的，分子是由原子构成的，原子是构成物质的基本单元。众多的物质世界仅由100多种元素构成。原子通过化学键构成分子，在原子形成分子时，原子与原子通过核外电子运动状态的变化而形成化学键，原子核不发生变化。因此，要从根本上阐明物质发生化学变化的本质，就必须从微观的角度来研究物质，掌握物质的内部组成和结构。本部分分为两章，在初步揭示原子的结构后，说明元素性质的周期性变化规律，并在此基础上，进一步讨论原子结合成分子或晶体的方式。

Chapter 2 第 2 章

原子结构与元素周期律

Atomic Structure and Element Periodicity

原子是构成物质的基本单元。为了更好地认识、掌握物质的性质和化学反应的规律，就要从研究原子的结构入手。本章从原子的结构入手，就原子核外电子的特征和运动规律、原子核外电子的排布以及元素周期表和元素性质的周期性变化规律进行讨论。

【学习要求】

- 了解氢原子光谱和能级的概念，了解微观粒子运动状态。
- 理解波函数、原子轨道、概率和概率密度、电子云等概念，熟悉四个量子数的名称、符号、取值和意义；熟悉 s、p、d 原子轨道与电子云的形状和空间的伸展方向。
- 掌握多电子原子轨道近似能级图和核外电子排布及周期系。
- 掌握原子半径、元素的电离能、元素的电子亲和能和原子电负性的变化规律。

2.1 原子与原子结构理论的发展

2.1.1 原子的组成

比原子核更小的微观粒子（micro-particles）称为亚原子粒子，简称粒子。组成原子（atom）的质子、中子、电子，以及正电子、α 粒子、β 粒子和 γ 粒子都是亚原子粒子。

质子和中子都是由更小的粒子，即夸克（quark）组成的，但根据现有的理论还不能预言（当然更不用说从实验上证明）电子是可分的。

电子（electron）是最早发现的亚原子粒子，在已知粒子中电子最轻，质量只有 9.11×10^{-31} kg，约为氢原子的 1/1 837。每个电子带有一个单位的负电荷。一个单位的负电荷等于 4.8×10^{-19} 静电单位或 1.6×10^{-19} C。

每个质子（proton）带一个单位正电荷，质量是电子质量的 1 837 倍，为 $1.672\ 6\times10^{-27}$ kg。质子由两个上夸克和一个下夸克组成。

同种元素的原子具有相同质子数。

原子序数＝质子数＝核电荷数＝核外电子数

中子（neutron）与质子的大小相近，数量级大约为 2.5×10^{-15} m。中子是原子中质量最大的亚原子粒子，自由中子的质量是电子质量的 1 839 倍，大约为 $1.692\ 9\times10^{-27}$ kg。

中子由一个上夸克和两个下夸克组成，两种夸克的电荷相互抵消，所以中子不显电性。

同种元素的原子中，中子数不一定相等。具有不同中子数的同种元素被称为同位素。中子数决定了一个原子的稳定程度，一些元素的同位素能够自发进行放射性衰变。

原子核(nucleus)又叫核子，由原子中所有的质子和中子组成。核子半径大约是 105 fm，远远小于原子的半径。

当一个原子核的质子数和中子数不相同时，该原子核易发生放射性衰变，直至质子数和中子数更加接近。因此，质子数和中子数相同或接近的原子核不容易衰变。随着原子序数的逐步增加，中子和质子之比增加，逐渐趋于 1.5。

原子核中的质子数和中子数也是可以变化的。当多个粒子聚集形成更重的原子核时，就会发生核聚变，聚变过程需要极高的能量。与此相反的过程是核裂变，在核裂变中，一个核通常是经过放射性衰变分裂成为两个更小的核。

1963 年，美国科学家盖尔曼提出质子和中子是由夸克组成的假说，在此基础上日本的小林和益川教授又于 1973 年提出完整的夸克模型。夸克共有 6 类，见表 2-1。

表 2-1　夸克的分类

名 称	下夸克	上夸克	奇夸克	粲夸克	底夸克	顶夸克
符 号	d	u	s	c	b	t
电 荷	−1/3	+2/3	−1/3	+2/3	−1/3	+2/3
质 量	约为质子的 1/100 或 1/200					质子的 200 倍

2.1.2　原子结构理论的发展

人们对原子组成和核外电子运动特性的认识，随着社会进步和科学技术的发展在不断深入，原子结构模型也不断发展。从近代原子结构理论到量子力学模型，正是 2 000 多年以来大批的哲学家和科学家不断探索的结晶。

古希腊哲学家德莫克利特就认为，原子是组成宇宙万物的极微小的、硬的、不可穿透的、不可分割的粒子。英国化学家道尔顿(J. Dalton)被称为原子之父，他在 1803 年提出了原子学说，认为原子是组成一切元素的不能再分割、不能毁灭的最小粒子。之后，相继发现了元素周期律(1869 年)、氢原子光谱规律(1890 年)、放射性(1896 年)、电子(1897 年)、原子核(1911 年)等。1911 年英国物理学家卢瑟福(E. Rutherford)提出了原子的行星模型，1913 年丹麦物理学家玻尔(N. Bohr)提出了玻尔原子理论。1924 年法国物理学家德布罗意(L. de Broglie)提出了微粒的波粒二象性假定。在此基础上，1925—1927 年德国物理学家海森堡(W. Heisenberg)和奥地利物理学家薛定谔(E. Schrödinger)创立了量子力学模型。

量子力学模型建立在对电子运动特性的正确认识的基础之上。由于原子中电子的质量极小(9.11×10^{-31} kg)、运动速度极快($10^4\sim10^7$ $m\cdot s^{-1}$)、运动范围极小(直径约为 10^{-10} m)，决定了电子的运动具有许多与宏观物体不同的特性，其中最主要的是量子化特征和波粒二象性。

2.2 微观粒子运动的特殊性

2.2.1 微观粒子的量子化特征

1900 年,为了解释黑体辐射,普朗克(M. Planck)提出了能量量子化概念,即光子的能量 E 与频率 ν 关系为:

$$E = h\nu \tag{2-1}$$

这个关系式称为普朗克方程,式中 $h = 6.626 \times 10^{-34}$ J·s,叫普朗克常量(Planck constant)。

普朗克方程阐明了黑体吸收或发射辐射的能量必须是不连续的,即量子化的。一定频率的光子辐射能量的最小单元为 $h\nu$。

质子、中子、电子、原子、分子和离子等统称为微观粒子,简称粒子或微粒。微观粒子的能量也是量子化的,能量按 $h\nu$ 的整数倍(即 $nh\nu, n = 1,2,3,\cdots$)一份一份地吸收或释放出光能(对应的光的频率为 ν)。

后来发现,微观粒子的物理量(如能量、动量、质量、电荷等)及变化都具有不连续性(discontinuous),都是某一个基本单元的整数倍。

普朗克方程的提出被认为是量子论的开端。普朗克因此获得 1918 年诺贝尔物理学奖。

2.2.2 微观粒子的波粒二象性

1. 光的二象性

光的干涉、衍射现象,证明光具有波动性;光电效应中,体现了光的微粒性。光既有波动性又有微粒性,称为光波粒二象性(wave-particle duality)。表征光的波动性的波长 λ 和表征光的微粒性的动量 P,由 Planck 常数 h 将其相互联系起来,即 $P = \dfrac{h}{\lambda}$ 。

2. 电子的波粒二象性

1924 年,法国物理学家德布罗意在光的波粒二象性的启发下,大胆提出了电子等微观粒子也具有波粒二象性的假设,认为电子、原子等微观粒子和光子一样,也具有波的性质。

德布罗意指出:质量为 m,运动速度为 v 的微观粒子具有的波长为 λ,满足下列关系式:

$$\lambda = \frac{h}{P} = \frac{h}{mv} \tag{2-2}$$

1927 年,美国物理学家戴维逊(C. J. Davisson)和革末(L. H. Germer)用电子束单晶衍射法,汤姆逊(G. P. Thomson)用薄膜透射法,得到了一系列明暗相间的衍射环纹(图 2-1)。电子衍射实验证实了德布罗意的假设——电子具有波粒二象性。之后的研究发现,中子、质子、原子、分子等粒子都能产生衍射环纹,都具有波动性。

2.2.3 海森堡测不准原理

对于宏观物体,在运动过程中的某一瞬间,其位置和动量可以同时准确确定。但对于具有波粒二象性的微观粒子,人们不可能同时准确地测定它的空间位置和动量。1927 年,德

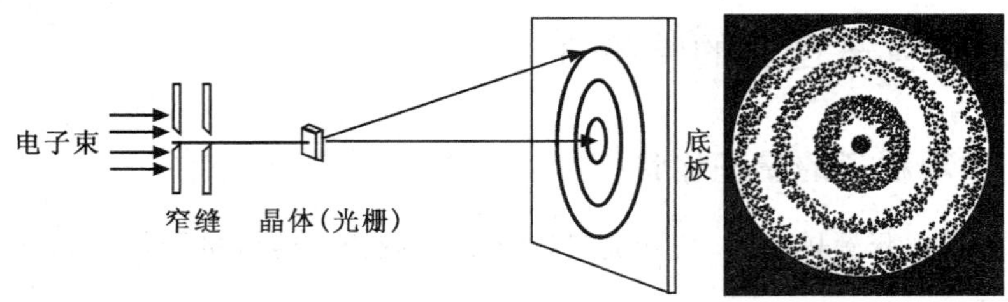

图 2-1 电子衍射实验示意图

国物理学家海森堡(W. Heisenberg)提出了量子力学中的一个重要关系式——测不准关系，这个关系称为海森堡测不准原理(uncertainty principle)，其数学表达式为：

$$\Delta x \cdot \Delta P_x \geqslant \frac{h}{2\pi} \tag{2-3}$$

式中：Δx 为粒子在 x 方向上的位置不准量；ΔP_x 为粒子的动量在 x 方向上的不准量。

测不准关系式的含义是：我们用位置和动量两个物理量来描述微观粒子的运动时，只能达到一定的近似程度，即粒子在某一方向上位置的不准量和在此方向上动量的不准量的乘积一定大于或等于常数 $\frac{h}{2\pi}$。这说明粒子位置测得越准确(Δx 越小)，则测得其相应的动量越不准确(ΔP_x 越大)，反之亦然。

测不准原理表明微观粒子的运动不符合经典牛顿力学的规律，不能用确定轨道描述微观粒子的运动特性。仅就微观粒子的粒子性无法全面、正确描述其运动状态，要用量子力学描述微观粒子的运动规律。微观粒子运动的特殊性规律是由微观粒子的本质决定的。

2.2.4 波粒二象性的统计解释

通过电子衍射实验人们发现，电子流强弱不同，得到电子衍射图像的时间不同。如果用较强的电子流，可在较短的时间得到电子衍射图像，如果用较弱的电子流，也可得到同样的衍射图像，但需要较长的时间。若电子流很弱，弱到电子一个一个地通过小孔到达底片，每个电子到达后，都只会在底片上留下一个感光点。当感光点不是很多的时候，这些点并不能完全重合，从底片上看不出电子落点具有规律性。这说明单个或少量的电子并不能表现出波动性，某一个电子经过小孔后，究竟落在底片的哪个位置上，是无法准确预言的；但是，只要衍射时间足够长，大量感光点在底片上同样会形成一张完整的衍射图像，显示了电子的波动性。

由此可见，电子等微观粒子运动的波动性，是大量微观粒子运动的统计性规律的表现：

衍射图案中衍射强度大的地方，电子在该点处出现概率大，即概率密度大，在衍射环纹上表现为暗纹；反之，衍射强度小的地方，则电子在该点处出现的概率小，在衍射环纹上表现为亮纹。所以，衍射强度和电子在该点处出现的概率密切相关。

根据微观粒子波粒二象性的统计解释，人们建立了一种全新的力学体系——量子力学，用来对微观粒子的运动状态进行研究。

2.3 核外电子运动状态的描述

2.3.1 薛定谔方程

在微观领域内，具有波动性的粒子要用波函数 ψ 来描述。波函数和它描述的粒子在空间某范围内出现的概率有关，当然它应是 x,y,z 三变量的函数。一个微观粒子在空间某范围内出现的概率直接与它所处的环境有关，尤其与它在这种环境中的总能量 E 及势能 V 更为密切，并且粒子本身的质量 m 也是至关重要的决定因素。1926 年奥地利物理学家薛定谔建立了氢原子的波动方程，一般称为薛定谔方程：

$$\frac{\partial^2\psi}{\partial x^2}+\frac{\partial^2\psi}{\partial y^2}+\frac{\partial^2\psi}{\partial z^2}+\frac{8\pi^2 m}{h^2}(E-V)\psi=0 \tag{2-4}$$

式中：ψ 为描述电子运动状态的函数，称为波函数；h 为普朗克常数；E 为电子的总能量；V 为电子的势能；x,y,z 为电子空间位置的三维直角坐标。

在薛定谔方程中，既有描述电子微粒性的物理量 m,E,V，也有描述电子波动性的波函数 ψ，因此，该方程能够正确描述电子的运动状态。

薛定谔方程是 x,y,z 三个坐标变量的二阶偏微分方程。为了便于求解，将直角坐标(x,y,z)转换成了球坐标(r,θ,φ)，转换关系如图 2-2 所示。获得薛定谔方程的解为波函数 $\psi_{n,l,m}(r,\theta,\varphi)$，$n,l,m$ 为三个常数项。

三维直角坐标系中变量与球坐标系中变量的关系式：

$$x=r\sin\theta\cos\varphi$$
$$y=r\sin\theta\sin\varphi$$
$$z=r\cos\theta$$
$$r=\sqrt{x^2+y^2+z^2}$$

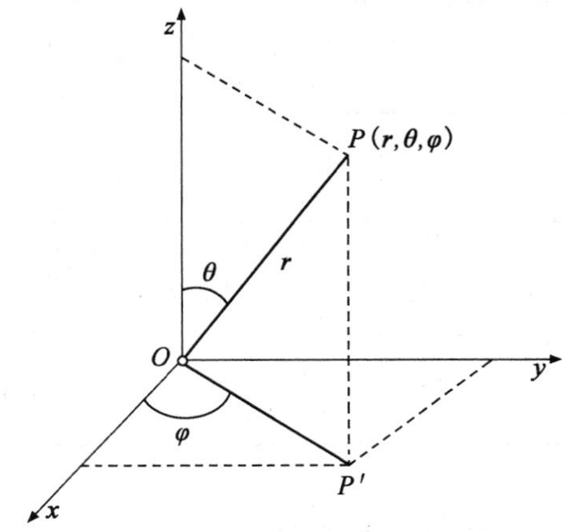

图 2-2 直角坐标与球坐标的关系

坐标变换之后要分离变量，即将一个含有三个变量的方程化为三个只含一个变量的方程，以便求解。令

$$\psi(r,\theta,\varphi)=R(r)\cdot Y(\theta,\varphi) \tag{2-5}$$

式中，$R(r)$称为波函数 ψ 的径向部分，$Y(\theta,\varphi)$称为波函数 ψ 的角度部分。再令

$$Y(\theta,\varphi)=\Theta(\theta)\cdot\Phi(\varphi) \tag{2-6}$$

即

$$\psi(r,\theta,\varphi)=R(r)\cdot\Theta(\theta)\cdot\Phi(\varphi) \tag{2-7}$$

在解 $R(r)$方程的过程中，为了保证解的合理性，需要引入量子参数 n，n 为自然数，即 $n=1,2,3,4,\cdots$

在解 $\Theta(\theta)$ 方程的过程中，需要引入量子参数 l，l 需满足条件

$$l = 0,1,2,\cdots,n-l\text{，共可取 } n \text{ 个值。}$$

在解 $\Phi(\varphi)$ 方程的过程中，需要引入量子参数 m，m 需满足条件

$$m = 0,\pm1,\pm2,\cdots,\pm l\text{，共可取 } 2l+1 \text{ 个值。}$$

可见，量子数之间有一定的制约关系：n 的取值规定了 l 的取值范围，l 又规定了 m 的取值范围。

在求解薛定谔方程的过程中，每赋予 n,l,m 一组合理的值，就可以得到一个相应的波函数 $\psi_{n,l,m}(r,\theta,\varphi)$ 的数学表达式，见表 2-2。从表 2-2 可以看出，不同的一组量子数对应着不同的波函数表达式。因为波函数是描述电子空间运动状态的函数式，因此也可以说 n,l,m 这三个量子数规定了电子的空间运动状态。波函数也称为"原子轨道"。不过要注意，这里的轨道不是电子运动的轨迹，而是电子在核外可能存在的状态。

表 2-2　氢原子的一些波函数和能量(a_0=53 pm)

空间状态		$\psi_{n,l,m}(r,\theta,\varphi)$	$R_n(r)$	$Y_{l,m}(\theta,\varphi)$	能量/J
$\psi_{1,0,0}$		$\sqrt{\frac{1}{\pi a_0^3}}\,e^{-r/a_0}$	$2\sqrt{\frac{1}{a_0^3}}\,e^{-r/a_0}$	$\sqrt{\frac{1}{4\pi}}$	-2.179×10^{-18}
$\psi_{2,0,0}$		$\frac{1}{4}\sqrt{\frac{1}{2\pi a_0^3}}\left(2-\frac{r}{a_0}\right)e^{-r/2a_0}$	$\sqrt{\frac{1}{8a_0^3}}\left(2-\frac{r}{a_0}\right)e^{-r/2a_0}$		-5.447×10^{-19}
$\psi_{2,1,0}$		$\frac{1}{4}\sqrt{\frac{1}{2\pi a_0^3}}\left(\frac{r}{a_0}\right)e^{-r/2a_0}\cos\theta$	$\sqrt{\frac{1}{24a_0^3}}\left(\frac{r}{a_0}\right)e^{-r/2a_0}$	$\sqrt{\frac{3}{4\pi}}\cos\theta$	
$\psi_{2,1,\pm1}$ 或	$2p_x$	$\frac{1}{4}\sqrt{\frac{1}{2\pi a_0^3}}\left(\frac{r}{a_0}\right)e^{-r/2a_0}\sin\theta\cos\varphi$		$\sqrt{\frac{3}{4\pi}}\sin\theta\cos\varphi$	
	$2p_y$	$\frac{1}{4}\sqrt{\frac{1}{2\pi a_0^3}}\left(\frac{r}{a_0}\right)e^{-r/2a_0}\sin\theta\sin\varphi$		$\sqrt{\frac{3}{4\pi}}\sin\theta\sin\varphi$	

2.3.2　四个量子数

解薛定谔方程可以得到描述电子在三维空间运动状态的三个量子数 n,l,m。但根据实验和理论的研究证明，除了求解薛定谔方程的过程中直接引入的这三个量子数之外，还需要一个描述电子自旋特征的量子数 m_s。每一组特定的四个量子数确定一个电子的运动状态，各个量子数对所描述的电子的能量，原子轨道或电子云的形状和空间伸展方向，以及多电子原子核外电子的排布是非常重要的。

1. 主量子数

主量子数(principal quantum number)用 n 表示，取值为正整数，即 $n=1,2,3,4,5,6,7,\cdots$，各取值相应的光谱符号为 K，L，M，N，O，P，Q，…，主量子数取值相同的一组原子轨道为一个电子层，如 $n=1$，为第一电子层，即 K 层；$n=2$ 为第二电子层，即 L 层……

主量子数 n 确定了电子层，n 的大小表明了电子出现概率最大处离核的远近，即原子轨

道离核的远近，还说明了原子轨道能量的高低。n 取值越大，电子出现概率最大处离核越远，能量越高；反之，则离核越近，能量越低。

对单电子原子体系（如氢原子和类氢离子），其原子轨道的能量仅取决于主量子数，主量子数相同的原子轨道的能量相等；对多电子原子体系，原子轨道的能量同时受到主量子数和角量子数的影响。

2. 角量子数

角量子数（angular quantum number）也叫副量子数，用 l 表示，取值为 $l=0,1,2,3,\cdots,n-l$，相应的光谱符号分别为 s，p，d，f，g，h，…。同一电子层中，角量子数取值相同的一组原子轨道构成一个电子亚层，$l=0$，表示 s 亚层，$l=1$，表示 p 亚层，…

角量子数 l 的取值和取值个数是由主量子数决定的，如 $n=1$ 时，$l=0$，只有唯一的一个值；$n=2$ 时，$l=0,1$，有两个取值（表 2-3）。可见，角量子数的取值个数等于主量子数的值，即对于一个确定的值 n，l 共有 n 个取值。一个电子层中含有的电子亚层数等于该电子层所对应的主量子数 n 的取值，如 $n=2$ 时，有 s 和 p 两个电子亚层（图 2-3）。

表 2-3　n 和 l 的取值

n	l	亚层
1	0	1s
2	0，1	2s，2p
3	0，1，2	3s，3p，3d
…	0～$(n-1)$（共 n 个值）	（n 个亚层）

角量子数表明了原子轨道角动量的大小，还体现了原子轨道在空间各个方向上的伸展情况，即决定了原子轨道的形状。l 的取值不同，原子轨道的形状也不同。角量子数还影响多电子原子轨道的能量。

3. 磁量子数

磁量子数（magnetic quantum number）用 m 表示，取值为 $m=0,\pm1,\pm2,\cdots,\pm l$。$m$ 的取值和取值个数由角量子数 l 确定，在一个电子亚层中，磁量子数的取值个数为 $2l+1$。例如，$l=1$，$m=0,\pm1$，共三个值。

磁量子数与原子轨道的能量无关，它表示电子绕核运动的角动量在空间给定方向上的分量，即磁量子数确定的是原子轨道在空间的方位。

一个磁量子数的取值决定原子轨道的一种伸展方向，一种伸展方向就是一个原子轨道，因此，一个电子亚层中的原子轨道数与磁量子数的取值个数相同，即一个电子亚层中有 $2l+1$ 个原子轨道。例如，$l=1$，此时，$m=-1$、0、$+1$，有三个取值，说明该亚层中有三个 p 轨道，它们分别沿着 x 轴、y 轴和 z 轴三个方向伸展。

在 $l\geqslant1$ 的电子亚层中，通常各原子轨道的能量相等，这种能量相等的原子轨道称为简并轨道（等价轨道），简并轨道的数目称为简并度。

单电子原子体系与多电子原子体系简并轨道的情况不相同。由于单电子原子体系的原子轨道能量只决定于主量子数，所以，主量子数相同，同一电子层中各轨道的能量都相等，都是简并轨道。在多电子原子中，同一电子层中，l 不同的电子亚层中的轨道能量不同；n，l 都

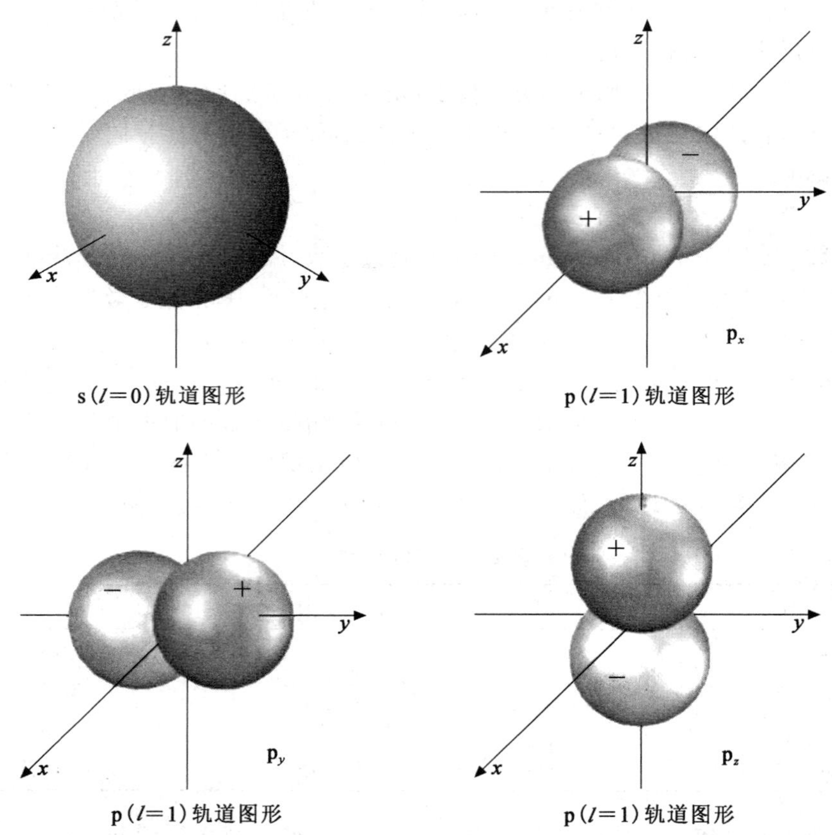

s(l=0)轨道图形　p(l=1)轨道图形　p(l=1)轨道图形　p(l=1)轨道图形

图 2-3　s、p 轨道图形

相同的轨道为简并轨道，简并度为 $2l+1$。

例 2-1　H 原子和 Cu 原子中 $n=3$ 的电子层中，有哪些原子轨道？哪些是简并轨道？简并度分别是多少？

解：$n=3$ 的电子层中，原子轨道有 3s,3p,3d。

H 原子为单电子原子体系，3s,3p,3d 都是简并轨道，简并度为 9。

Cu 原子为多电子原子体系，3p 亚层为简并轨道，简并度为 3；3d 亚层为简并轨道，简并度为 5。

4. 自旋量子数

原子发射光谱经精密光谱仪分光后，一条谱线分裂成频率非常相近的几条谱线，用电子的轨道运动(n,l,m)无法解释这种光谱的精细结构。高分辨率光谱实验揭示，核外电子还存在着另外的量子化运动，这就是自旋运动。

1925 年，乌伦贝克(Uhlenbeck)和歌德希密特(Goudsmit)提出了电子具有自旋运动的

假设，认为电子除了绕核运动之外，还有自旋运动，具有自旋角动量。电子的自旋只有顺时针和逆时针两种状态，通常用“↑”和“↓”表示。

为了描述电子的自旋运动，引入了自旋磁量子数(spin m. q. n.)，用 m_s 来表示。m_s 的取值只有 $+1/2$ 和 $-1/2$。

当两个电子的自旋磁量子数取值相同时，称为自旋平行，用两个同向的箭头“↑↑”或“↓↓”来形象地表示；若两个电子的自旋磁量子数取值不同，则称为自旋反平行，用两个反方向的箭头“↑↓”来表示。每个轨道最多可以容纳两个电子，且自旋反平行较为稳定，记为“↑↓”。

值得注意的是，电子的自旋运动不是电子绕自身轴的自旋，它仅仅表示电子运动的两种相反的状态。

主量子数为 1～4 的原子轨道及量子数的取值见表 2-4。

表 2-4 量子数与电子的运动状态

主量子数 n	1	2		3			4			
电子层符号	K	L		M			N			
角量子数 l	0	0	1	0	1	2	0	1	2	3
电子亚层符号	s	s	p	s	p	d	s	p	d	f
磁量子数 m	0	0	0,±1	0	0,±1	0,±1,±2	0	0,±1	0,±1,±2	0,±1,±2,±3
轨道空间取向数	1	1	3	1	3	5	1	3	5	7
电子层中轨道总数	1	4		9			16			

综上所述，确定一个原子轨道，需要 n,l,m 三个量子数；确定一个原子轨道的能量时，单电子原子体系只需要一个量子数 n，多电子原子体系需要 n,l 两个量子数；m_s 说明了电子的自旋运动状态。在现代原子结构理论中，四个量子数 n,l,m,m_s 的取值共同确定了核外某个电子的运动状态。

2.3.3 原子轨道的角度分布图

波函数(原子轨道)的角度分布图，是指角度波函数 $Y_{l,m}(\theta,\varphi)$ 随角度 θ,φ 变化的图形。角度分布图的作图方法是：

(1)将 θ,φ 代入角度波函数 $Y_{l,m}(\theta,\varphi)$，计算出相应的 Y 值。

(2)沿(θ,φ)方向，从坐标原点引出直线，截取长度等于相应的角度波函数 $Y_{l,m}(\theta,\varphi)$ 值的线段。

(3)连接所有线段的末端点，得到的空间曲面图就是原子轨道的角度分布图。如图 2-4 所示为 s,p,d 轨道的角度分布剖面正视图。

原子轨道的角度分布图只与量子数 l,m 有关。l 决定了原子轨道角度分布图的形状，m 决定了其空间伸展方向。原子轨道的角度分布图说明了极大值出现在空间的方位以及波函数在空间各方向的正负值，这对于在后面讨论共价键的形成具有重要作用。

这里的角度分布图形不是原子轨道的实际形状，它没有考虑波函数的径向分布。

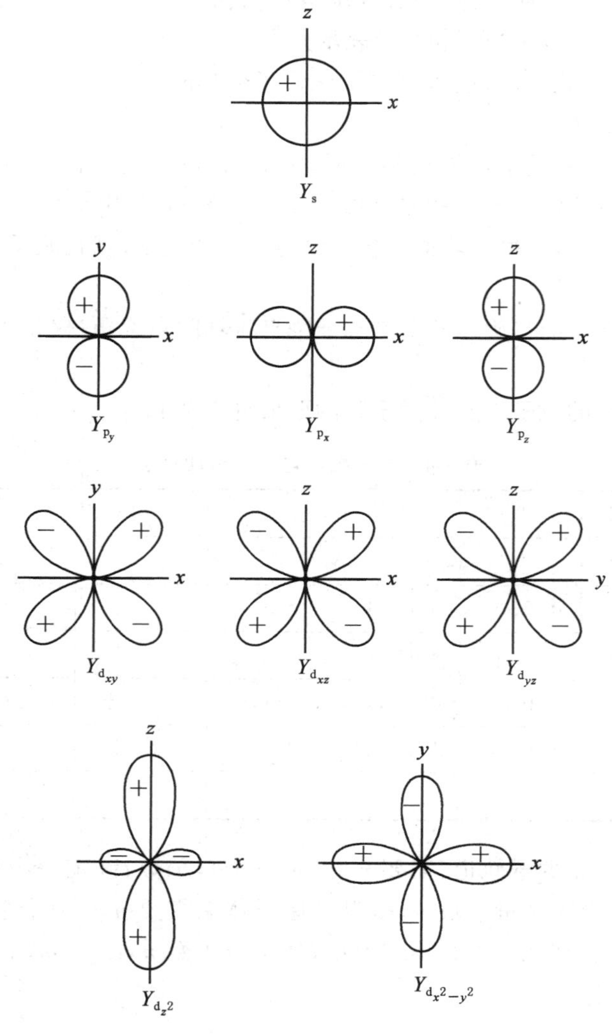

图 2-4　角度分布图

2.3.4　电子云

一般用求解薛定谔方程得到的波函数 ψ 的平方 $|\psi|^2$ 表示电子在核外空间某单位微体积内出现的概率，即电子出现的概率密度。

为了形象地表示核外电子的概率密度分布，习惯用小黑点分布的疏密来表示电子出现概率密度的相对大小。小黑点较密的地方，表示概率密度较大，单位体积内电子出现的机会多。用这种方法来描述电子在核外出现的概率密度分布所得的空间图像称电子云。图 2-5 是基态氢原子 1s 电子

图 2-5　基态氢原子的 1s 电子云示意图

云示意图。因此，电子云是原子中电子概率密度 $|\psi|^2$ 分布的具体形象。当然，电子云只不过是一种形象化的描绘。

将 $|\psi|^2$ 的角度分布部分即 $|Y|^2$ 随 θ,φ 变化作图，所得图像就称为电子云角度分布图(图 2-6)。这种图形只能表示出电子在空间不同角度出现的概率密度大小，并不能表示电子出现的概率密度与离核远近的关系。它们和相应的原子轨道角度分布图的形状基本相似，但有两点区别：①原子轨道角度分布有正、负号之分，而电子云角度分布均为正值。②电子云角度分布要比原子轨道的角度分布"瘦"一些，因为 $|Y|$ 值小于 1，所以 $|Y|^2$ 值更小些。

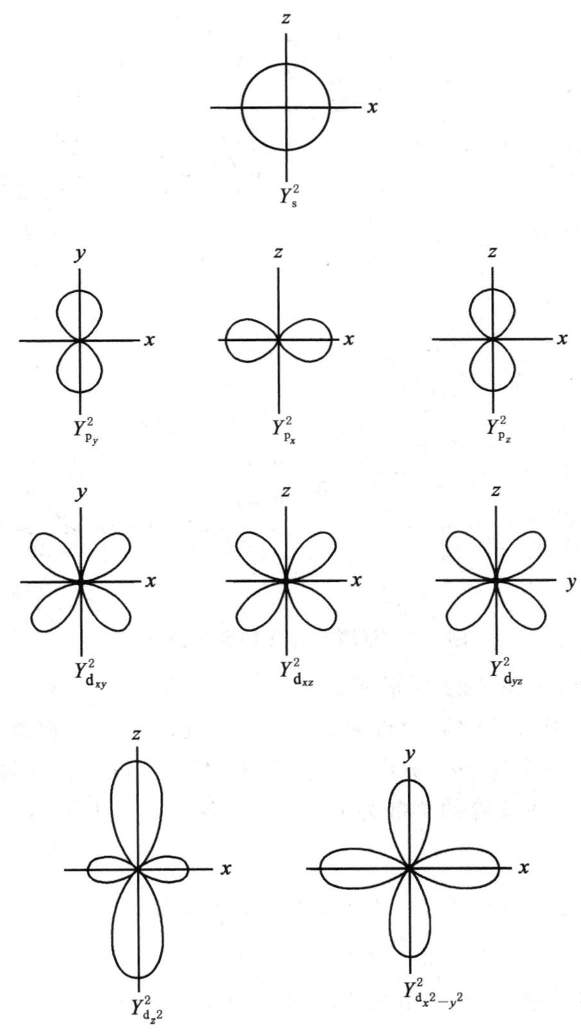

图 2-6 电子云角度分布图

2.3.5 径向分布图

为了表示离核 r 处电子在薄球壳($r+\mathrm{d}r$)的体积微元内出现的概率随半径 r 变化的情

况，引入径向分布函数 $D(r)$：

$$D(r) = r^2R^2(r)$$

则半径为 r，厚度为 dr 的薄球壳体积微元内电子出现的概率与径向分布函数 $D(r)$ 有关，以 $D(r)$ 对 r 作图就可得到电子云的径向分布图（图 2-7）。

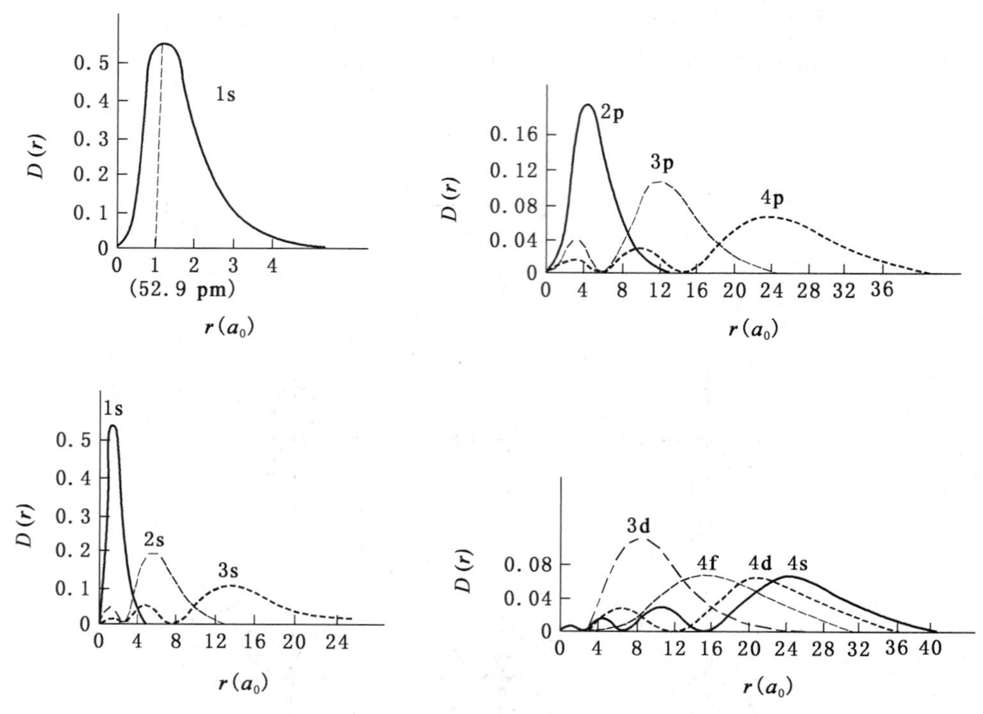

图 2-7　氢原子的几种径向分布图

从图 2-7 可以看出，氢原子的 1s 轨道，在 $r = 52.9$ pm 处出现了最大值，这正好就是玻尔半径 a_0。因此，从量子力学的概念理解，玻尔半径就是电子出现概率最大球壳离核的距离。1s 有一个峰，2s 有两个峰 ……ns 有 n 个峰，2p 有一个峰，3p 有两个峰 …… 由此可见，电子径向分布图中，每个轨道峰的个数为 $n - l$ 个；各轨道最大峰离核的远近与轨道能量高低密切相关：

$$E_{1s} < E_{2s} < E_{3s} < \cdots < E_{ns}$$
$$E_{2p} < E_{3p} < E_{4p} < \cdots < E_{np}$$

即 n 值越大，轨道的能量越高，电子出现概率最大的区域离核越远。

2.3.6　多电子原子轨道的能级

在多电子原子中，由于其他电子对所研究的电子有十分复杂的作用，多电子原子的薛定谔方程很难建立，且无法精确求解。可使用一种近似的方法——中心势场模型，把所有其他电子对所研究的某一电子的斥力看作是球对称的，并且减弱（屏蔽）了原子核的正电场对该指定电子的作用。如此，指定电子可看作只受一个处于原子中心的正电荷的作用，类似于单

电子原子中的情况。因此，可对薛定谔方程近似求解，所得结果与单电子原子有很多相似之处，但轨道能级发生了变化。

1. 屏蔽效应对轨道能级的影响

利用中心势场模型建立薛定谔方程，求解方程得到轨道能级计算式：

$$E_{n,l}=-13.6\,\frac{(Z^*)^2}{n^2}\ \text{eV}=-2.179\times10^{-18}\,\frac{(Z^*)^2}{n^2}\ \text{J}$$

式中，Z^* 表示指定电子实际受到的、发自原子中心的正电荷，称为有效核电荷。由于屏蔽作用，有效核电荷要小于核电荷：$Z^*=Z-\sigma$，σ 代表屏蔽造成的核电荷数减少或被抵消的部分，称为屏蔽常数。σ 越大，表明指定电子受其他电子的屏蔽作用越大，轨道能量越高。粗略地说，越是内层的电子，对外层电子的屏蔽作用越大，同层电子间的屏蔽作用较小，外层电子对内层电子的作用不必考虑。从径向分布图可以看出，l 值相同、n 值不同的轨道中，n 值越大电子出现概率最大的区域离核越远，所受屏蔽作用越强，能量越高，即同一原子中：

$$E_{1s}<E_{2s}<E_{3s}<\cdots$$
$$E_{2p}<E_{3p}<E_{4p}<\cdots$$
$$E_{3d}<E_{4d}<E_{5d}<\cdots$$
$$\vdots$$

主量子数 n 相同、角量子数 l 不同的轨道能级在单电子原子中是相同的，属简并轨道；而在多电子原子中，则随着 l 值的增大轨道能量升高，这是由电子运动的径向特点所决定的。

2. 钻穿效应对轨道能级的影响

多电子原子中的钻穿效应，可以借用氢原子的径向分布函数图来粗略加以解释。由图 2-7 可见，3s，3p 和 3d 轨道的径向分布有很大差别。3s 有 3 个峰，其中最小的峰离核最近，这表明 3s 电子能穿透内层电子空间而靠近原子核。3p 有 2 个峰，最小峰与核的距离比 3s 最小峰要远一些，这说明 3p 电子钻穿作用小于 3s。同理 3d 电子钻穿作用更小。钻穿作用的大小对轨道能量有明显的影响。不难理解，电子钻得越深，受其他电子屏蔽的作用越小，受核的吸引力越强，因而能量越低。由于电子钻穿作用的不同导致 n 相同而 l 不同的轨道能级发生分裂的现象，称为钻穿效应。钻穿效应使得同一原子中：

$$E_{2s}<E_{2p}$$
$$E_{3s}<E_{3p}<E_{3d}$$
$$E_{4s}<E_{4p}<E_{4d}<E_{4f}$$
$$\vdots$$

钻穿效应使得多电子原子中同一电子层不同亚层的轨道发生“能级分裂”，即主量子数相同而角量子数不同的轨道能量不同。所以在多电子原子中，n 相同、l 也相同的原子轨道才是简并轨道。显然，由于屏蔽效应和钻穿效应的存在，多电子原子的轨道能级也不像单电子原子那么简单。

3. 原子轨道的能级交错

多电子原子中电子的能量要由 n 和 l 两个量子数决定。在多电子原子中，因为屏蔽效应和钻穿效应的影响，存在着能级交错的现象。

原子中各原子轨道能级的高低主要是根据光谱实验测定的，原子轨道能级的相对高低情况如果用图示法近似表示，可以得到所谓的近似能级图。1939 年，美国化学家鲍林(L. Pauling)根据光谱实验的结果，总结出多电子原子中各轨道能级相对高低的情况，并用图近似地表示出来(图 2-8)。

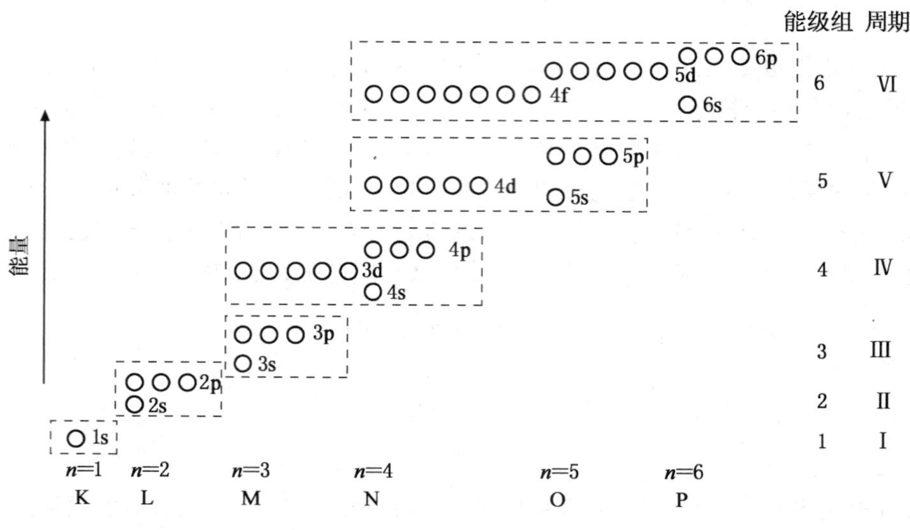

图 2-8 原子轨道近似能级图

近似能级图按照能量由低到高的顺序排列，并将能量近似的能级划归一组，称为能级组，以虚线长方形框起来。相邻能级组之间能量相差比较大。每个能级组(除第一能级组外)都从 s 能级开始，于 p 能级终止。从图 2-8 可以看出：

第一，同一原子中的同一电子层内，各亚层之间的能量次序为：

$$E_{ns} < E_{np} < E_{nd} < E_{nf}$$

第二，同一原子中的不同电子层内，相同类型亚层的能量次序为：

$$E_{1s} < E_{2s} < E_{3s} < \cdots$$

第三，同一原子中的第三层以上的电子层中，不同类型的亚层之间，在能级组中常出现能级交错现象。例如：

$$E_{4s} < E_{3d} < E_{4p};E_{5s} < E_{4d} < E_{5p};E_{6s} < E_{4f} < E_{5d} < E_{6p}$$

必须指出，鲍林近似能级图反映了多电子原子中原子轨道能量的近似高低，不能认为所有元素原子中能级高低都是一成不变的，更不能用它来比较不同元素原子轨道能级的相对高低。

2.3.7 基态多电子原子的电子排布及规则

原子可有多种状态，其中能量最低的状态称为基态，而除基态以外的状态都称为激发

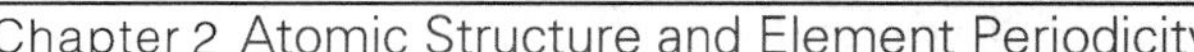

态。在外界辐射的作用下，原子可由低能态跃迁至高能态，这一过程称为激发。

多电子原子体系处于基态时，原子核外电子的排布必须遵循三个基本规则：

1. 保利不相容原理

1925 年，奥地利化学家保利(W. Pauli)根据光谱实验事实总结得出：在同一原子中，没有运动状态完全相同的电子，或者说是在同一原子中，没有四个量子数完全相同的电子。这就是保利不相容原理(Pauli exclusion principle)。

根据四个量子数的取值规则及保利不相容原理推断：在一个原子轨道中最多只能容纳两个自旋状态相反的电子；在一个电子亚层中最多可以填充 $2(2l+1)$ 个电子，如对于 d 亚层($l=2$)，最多可填充 $2(2\times2+1)=10$ 个电子；在一个电子层中最多可以填充 $2n^2$ 个电子，如当 $n=2$ 时，最多可填充 $2\times2^2=8$ 个电子。

2. 能量最低原理

基态多电子原子的核外电子填充在原子轨道上时，在不违背保利不相容原理的前提下，总是尽量使得整个原子体系的能量最低，原子处于最稳定的状态。根据能量最低原理，核外电子按照近似能级图中原子轨道的能量顺序依次从低到高填充。

3. 洪特规则

1925 年，德国科学家洪特(F. Hund)根据光谱数据总结出：电子在填充 n，l 相同的简并轨道(能量相等的轨道)时，总是尽可能以自旋平行的方式分别填充进不同的简并轨道。这就是洪特规则(Hund's rule)。例如，C 原子核外电子排布为：

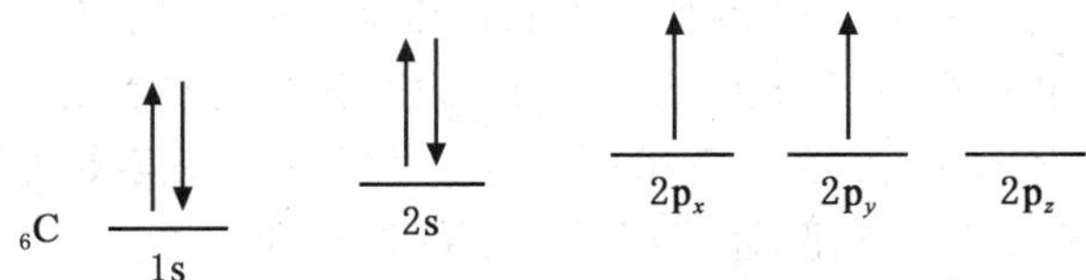

当一个原子轨道已经被一个电子占有后，另一个电子要继续填入该轨道时，就必然要克服先填入的那个电子的排斥作用力，从而使整个体系的能量升高，这种克服两电子之间的排斥力而使其在原子轨道中成对所需要的额外的能量叫作电子成对能。当电子单独填充进入简并轨道时，避免电子成对，有利于降低整个原子体系的能量。

另外，当某组简并轨道的电子处于全充满(如 p^6，d^{10}，f^{14})、半充满(如 p^3，d^5，f^7)和全空(如 p^0，d^0，f^0)时，能量是最低的，原子体系最稳定。因此，电子填充时总是优先形成这类排布。这称为洪特规则的特例。

由此可见，洪特规则实际上是能量最低原理的补充。

基态多电子原子核外电子的排布，就是将原子中所有的电子按照上述三个规则分布到各个原子轨道上，也称之为原子的"电子组态"(electron configuration)或"电子构型"(electron structure)。

在书写原子的电子组态时，主量子数直接采用数字、角量子数用相应的光谱符号表示，然后根据电子填充的三个基本规则，依次将电子填充在近似能级图中的轨道上；把各原子轨道上填充的电子数写在角量子数对应的光谱符号右上角；最后按照主量子数、角量子数依次增大的顺序重新排列各原子轨道。

例 2-2 写出 Na、Cu 的电子组态。

解：Na：$1s^2 2s^2 2p^6 3s^1$。

Cu：(1)填充电子：$1s^2 2s^2 2p^6 3s^2 3p^6 4s^1 3d^{10}$。

(2)调整后的电子组态：$1s^2 2s^2 2p^6 3s^2 3p^6 3d^{10} 4s^1$。

Cu 原子核外电子排布是一个洪特规则的特例，与其类似的还有 Cr、Ag 等原子。

基态时原子核外电子的排布式中，把最外能级组上的电子排布式称为最外电子构型，或价电子组态，或价电子构型。例如，Na、Cu 的价电子构型分别为 $3s^1$ 和 $3d^{10}4s^1$。

除去价电子组态后，剩下的那部分原子实体称为原子实。从第二周期开始，每一周期元素原子的电子组态的前面部分正好与前一周期最后一个稀有气体元素原子的电子组态相同，这部分就称为原子实。

书写电子组态时可将原子实符号部分用对应的稀有气体的元素符号加一个方括号来代替。对于电子数较多的原子，其电子排布式的书写用原子实来表示更简洁。例如，上面的 Na、Cu 的电子组态还可分别表示为：

Na：[Ne]$3s^1$　　　　Cu：[Ar]$3d^{10}4s^1$

根据原子轨道能级顺序和基态原子电子排布三原则，可得到绝大多数基态原子的电子构型(表 2-5)。

应注意，理论上得到的电子排布必须经过光谱实验来检验其正确性。事实证明，对绝大部分原子，理论得到的电子排布式与实验结果相一致。但也有少数原子，理论得到的电子排布式与实验结果不相符合，如 41 号铌(Nb)元素、45 号铑(Rh)元素、46 号钯(Pd)元素等。这些事实说明现有理论还有某些不足，还需要进一步的发展和完善。

2.4 原子结构与元素周期律

研究基态原子核外电子排布发现，随着核电荷的递增，原子核外电子排布呈现周期性的变化，即原子结构呈现周期性变化。正是这种规律性导致了元素性质周期性的变化。

2.4.1 元素周期表

元素周期表是元素周期律的具体表现形式。元素周期表有多种形式，现在常用的是长式周期表。长式周期表(见插页元素周期表)分为 7 行、18 列。每行称为一个周期。表中 18 列分为 16 个族(第Ⅷ族为 3 列)：7 个主族(ⅠA 至ⅦA)和 7 个副族(ⅠB 至ⅦB)、第Ⅷ族和零族。表下方列出内过渡元素镧系和锕系元素。

1. 周期

周期表共分 7 个周期：第一周期只有 2 种元素，为特短周期；第二周期和第三周期各有 8 种元素，为短周期；第四周期和第五周期各有 18 种元素，为长周期；第六周期和第七周期各有 32 种元素，为特长周期。由元素周期表可知，各周期的元素数目与其对应的能级组中的

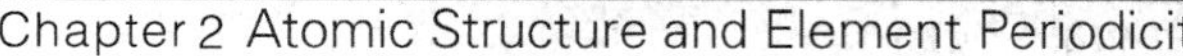

表 2-5 基态原子内电子的排布

原子序数	元素名称	元素符号	电子层结构	原子序数	元素名称	元素符号	电子层结构	原子序数	元素名称	元素符号	电子层结构
1	氢	H	$1s^1$	44	钌	Ru	$[Kr]4d^7 5s^1$	87	钫	Fr	$[Rn]7s^1$
2	氦	He	$1s^2$	45	铑	Rh	$[Kr]4d^8 5s^1$	88	镭	Ra	$[Rn]7s^2$
3	锂	Li	$[He]2s^1$	46	钯	Pd	$[Kr]4d^{10}$	89	锕	Ac	$[Rn]6d^1 7s^2$
4	铍	Be	$[He]2s^2$	47	银	Ag	$[Kr]4d^{10} 5s^1$	90	钍	Th	$[Rn]6d^2 7s^2$
5	硼	B	$[He]2s^2 2p^1$	48	镉	Cd	$[Kr]4d^{10} 5s^2$	91	镤	Pa	$[Rn]5f^1 6d^2 7s^2$
6	碳	C	$[He]2s^2 2p^2$	49	铟	In	$[Kr]4d^{10} 5s^2 5p^1$	92	铀	U	$[Rn]5f^3 6d^1 7s^2$
7	氮	N	$[He]2s^2 2p^3$	50	锡	Sn	$[Kr]4d^{10} 5s^2 5p^2$	93	镎	Np	$[Rn]5f^4 6d^1 7s^2$
8	氧	O	$[He]2s^2 2p^4$	51	锑	Sb	$[Kr]4d^{10} 5s^2 5p^3$	94	钚	Pu	$[Rn]5f^6 7s^2$
9	氟	F	$[He]2s^2 2p^5$	52	碲	Te	$[Kr]4d^{10} 5s^2 5p^4$	95	镅	Am	$[Rn]5f^7 7s^2$
10	氖	Ne	$[He]2s^2 2p^6$	53	碘	I	$[Kr]4d^{10} 5s^2 5p^5$	96	锔	Cm	$[Rn]5f^7 6d^1 7s^2$
11	钠	Na	$[Ne]3s^1$	54	氙	Xe	$[Kr]4d^{10} 5s^2 5p^6$	97	锫	Bk	$[Rn]5f^9 7s^2$
12	镁	Mg	$[Ne]3s^2$	55	铯	Cs	$[Xe]6s^1$	98	锎	Cf	$[Rn]5f^{10} 7s^2$
13	铝	Al	$[Ne]3s^2 3p^1$	56	钡	Ba	$[Xe]6s^2$	99	锿	Es	$[Rn]5f^{11} 7s^2$
14	硅	Si	$[Ne]3s^2 3p^2$	57	镧	La	$[Xe]5d^1 6s^2$	100	镄	Fm	$[Rn]5f^{12} 7s^2$
15	磷	P	$[Ne]3s^2 3p^3$	58	铈	Ce	$[Xe]4f^1 5d^1 6s^2$	101	钔	Md	$[Rn]5f^{13} 7s^2$
16	硫	S	$[Ne]3s^2 3p^4$	59	镨	Pr	$[Xe]4f^3 6s^2$	102	锘	No	$[Rn]5f^{14} 7s^2$
17	氯	Cl	$[Ne]3s^2 3p^5$	60	钕	Nd	$[Xe]4f^4 6s^2$	103	铹	Lr	$[Rn]5f^{14} 6d^1 7s^2$
18	氩	Ar	$[Ne]3s^2 3p^6$	61	钷	Pm	$[Xe]4f^5 6s^2$	104		Rf	$[Rn]5f^{14} 6d^2 7s^2$
19	钾	K	$[Ar]4s^1$	62	钐	Sm	$[Xe]4f^6 6s^2$	105		Db	$[Rn]5f^{14} 6d^3 7s^2$
20	钙	Ca	$[Ar]4s^2$	63	铕	Eu	$[Xe]4f^7 6s^2$	106		Sg	$[Rn]5f^{14} 6d^4 7s^2$
21	钪	Sc	$[Ar]3d^1 4s^2$	64	钆	Gd	$[Xe]4f^7 5d^1 6s^2$	107		Bh	$[Rn]5f^{14} 6d^5 7s^2$
22	钛	Ti	$[Ar]3d^2 4s^2$	65	铽	Tb	$[Xe]4f^9 6s^2$	108		Hs	$[Rn]5f^{14} 6d^6 7s^2$
23	钒	V	$[Ar]3d^3 4s^2$	66	镝	Dy	$[Xe]4f^{10} 6s^2$	109		Mt	$[Rn]5f^{14} 6d^7 7s^2$
24	铬	Cr	$[Ar]3d^5 4s^1$	67	钬	Ho	$[Xe]4f^{11} 6s^2$				
25	锰	Mn	$[Ar]3d^5 4s^2$	68	铒	Er	$[Xe]4f^{12} 6s^2$				
26	铁	Fe	$[Ar]3d^6 4s^2$	69	铥	Tm	$[Xe]4f^{13} 6s^2$				
27	钴	Co	$[Ar]3d^7 4s^2$	70	镱	Yb	$[Xe]4f^{14} 6s^2$				
28	镍	Ni	$[Ar]3d^8 4s^2$	71	镥	Lu	$[Xe]4f^{14} 5d^1 6s^2$				
29	铜	Cu	$[Ar]3d^{10} 4s^1$	72	铪	Hf	$[Xe]4f^{14} 5d^2 6s^2$				
30	锌	Zn	$[Ar]3d^{10} 4s^2$	73	钽	Ta	$[Xe]4f^{14} 5d^3 6s^2$				
31	镓	Ga	$[Ar]3d^{10} 4s^2 4p^1$	74	钨	W	$[Xe]4f^{14} 5d^4 6s^2$				
32	锗	Ge	$[Ar]3d^{10} 4s^2 4p^2$	75	铼	Re	$[Xe]4f^{14} 5d^5 6s^2$				
33	砷	As	$[Ar]3d^{10} 4s^2 4p^3$	76	锇	Os	$[Xe]4f^{14} 5d^6 6s^2$				
34	硒	Se	$[Ar]3d^{10} 4s^2 4p^4$	77	铱	Ir	$[Xe]4f^{14} 5d^7 6s^2$				
35	溴	Br	$[Ar]3d^{10} 4s^2 4p^5$	78	铂	Pt	$[Xe]4f^{14} 5d^9 6s^1$				
36	氪	Kr	$[Ar]3d^{10} 4s^2 4p^6$	79	金	Au	$[Xe]4f^{14} 5d^{10} 6s^1$				
37	铷	Rb	$[Kr]5s^1$	80	汞	Hg	$[Xe]4f^{14} 5d^{10} 6s^2$				
38	锶	Sr	$[Kr]5s^2$	81	铊	Tl	$[Xe]4f^{14} 5d^{10} 6s^2 6p^1$				
39	钇	Y	$[Kr]4d^1 5s^2$	82	铅	Pb	$[Xe]4f^{14} 5d^{10} 6s^2 6p^2$				
40	锆	Zr	$[Kr]4d^2 5s^2$	83	铋	Bi	$[Xe]4f^{14} 5d^{10} 6s^2 6p^3$				
41	铌	Nb	$[Kr]4d^3 5s^2$	84	钋	Po	$[Xe]4f^{14} 5d^{10} 6s^2 6p^4$				
42	钼	Mo	$[Kr]4d^5 5s^1$	85	砹	At	$[Xe]4f^{14} 5d^{10} 6s^2 6p^5$				
43	锝	Tc	$[Kr]4d^5 5s^2$	86	氡	Rn	$[Xe]4f^{14} 5d^{10} 6s^2 6p^6$				

注:表中虚线内是过渡元素,实线内是内过渡元素——镧系和锕系元素。

电子数目相一致，即每建立一个新的能级组，就出现一个新的周期。周期数即为能级组数或核外电子层数。各周期的元素数目等于该能级组中各轨道所能容纳的电子总数。

每一周期中的元素随着原子序数的递增，总是从活泼的碱金属开始(第一周期例外)，逐渐过渡到稀有气体为止。对应于其电子结构的能级组则总是从 ns^1 开始至 ns^2np^6 结束，如此周期性地重复出现。在长周期或特长周期中，其电子层结构还夹着 $(n-1)d$ 或 $(n-2)f$，出现了过渡金属和镧系、锕系元素。

可见，元素划分为周期的本质在于能级组的划分，元素性质周期性的变化是原子核外电子层结构周期性变化的反映。

2. 族和区

元素原子的价电子层结构决定该元素在周期表中所处的族。原子的价电子是原子参加化学反应时能够用于成键的电子。主族元素ⅠA－ⅦA 的价电子数等于最外层 s 电子和 p 电子的总数。稀有气体根据习惯称为零族。副族元素，ⅠB 和ⅡB 族元素的价电子数等于最外层 s 电子的数目，ⅢB 至ⅦB 族元素的价电子数等于最外层 s 和次外层 d 层中的电子总数。将最外层 s 和次外层 d 层中的电子总数在 8～10 的元素称为Ⅷ族。同一族中的各元素，从上到下电子层数不同，但价电子构型和价电子数相同。

根据元素原子价电子层结构的不同，可以把周期表中的元素所在的位置分成 s、p、d、ds 和 f 五个区(图 2-9)。

2015 年 12 月 30 日，国际纯粹与应用化学联合会(IUPAC)宣布，第 113，115，117，118 号元素存在；2016 年 6 月 8 日正式宣布，将合成化学元素第 113 号命名为 Nihonium，元素符号为 Nh，115 号命名为 Moscovium，元素符号 Mc，117 号命名为 Tennessine，元素符号 Ts，118 号命名为 Oganesson，元素符号 Og，并且提名为化学新元素加入元素周期表。自此，周期表的第 7 行就完整了。2017 年 5 月 9 日中国科学院、国家语言文字工作委员会正式给出了 113 号、115 号、117 号、118 号元素的中文名字，分别为鉨、镆、鿬、鿫。

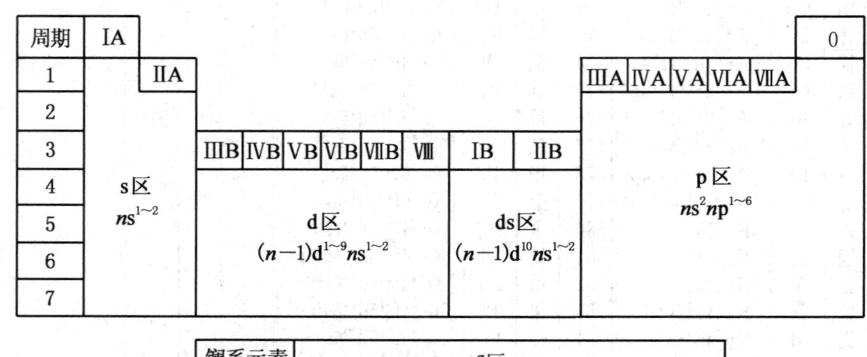

图 2-9　元素的价电子构型与元素的分区、族

2.4.2 元素基本性质的周期性

描述元素原子的一些基本性质的物理量称为原子参数，包括原子半径、元素电离能、元素电子亲和能、原子电负性等。由于元素周期表中元素原子的核外电子排布呈现出周期性的变化规律，导致其原子参数也呈现出周期性的变化规律。

1. 原子半径(r)

在原子与原子互相作用成键时，原子核间总会保持一定的平衡距离，这种平衡距离与原子本身的大小和原子之间的结合力有关。所以，通常将原子半径定义为接触半径，即将单质分子或晶体中相邻原子核间平均距离的一半定义为该原子的半径。

原子间结合力不同，原子半径不同。原子半径分为共价半径(covalent radius)、金属半径(metallic radius)和范德华半径(Van der Waals radius)。如果原子间的结合力为共价键，则称为共价半径，一般 p 区的非金属元素的原子半径为共价半径；结合力为金属键时，称为金属半径，金属原子的半径就是金属半径；如果原子间仅仅靠微弱的分子间力(范德华力)相结合，所得半径就称为范德华半径，只有稀有气体元素原子的半径为范德华半径。共价半径和金属半径如图 2-10 所示。

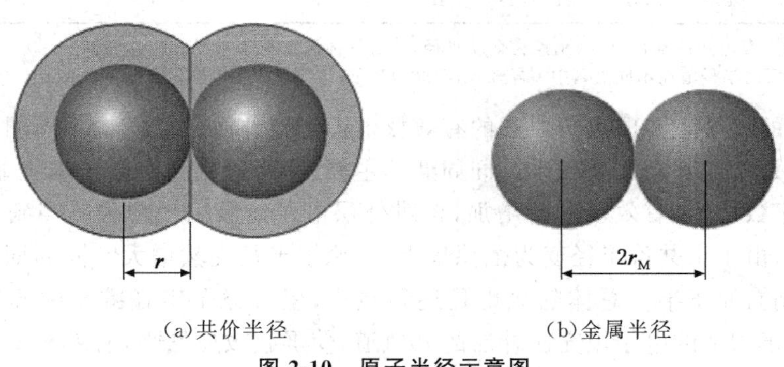

(a)共价半径　　(b)金属半径

图 2-10 原子半径示意图

在三种结合力中，通常共价键力是最强的，金属键力次之，范德华力最小，所以一般来说原子半径的大小为：共价半径<金属半径<范德华半径。一般只比较相同类型的原子半径。原子半径的数据还因测定条件、方法的不同而有一定的差异。

表 2-6 列出了元素周期表中各元素的原子半径。从表 2-6 中可以看出，最小的原子是 H；最大的原子是 Cs(或 Fr)，而且原子半径的尺寸远远小于可见光的波长(400～700 nm)，所以不能够通过光学显微镜来观测它们。然而，使用扫描隧道显微镜(scanning tunneling microscope，STM)能够观察到单个原子。

表 2-6 元素的原子半径 r　　pm

H							He
37.1							122
Li	Be	B	C	N	O	F	Ne

152	111.3											88	77	70	66	64	160
Na	Mg											Al	Si	P	S	Cl	Ar
186	160											143.1	117	110	104	99	191
K	Ca	Sc	Ti	V	Cr	Mn	Fe	Co	Ni	Cu	Zn	Ga	Ge	As	Se	Br	Kr
227.2	197.3	160.6	144.8	132.1	124.9	124	124.1	125.3	124.6	127.8	133.2	122.1	122.5	121	117	114.2	198
Rb	Sr	Y	Zr	Nb	Mo	Tc	Ru	Rh	Pd	Ag	Cd	In	Sn	Sb	Te	I	Xe
247.5	215.1	181	160	142.9	136.2	135.8	132.5	134.5	137.6	144.4	148.9	162.6	140.5	141	137	133.3	217
Cs	Ba	La	Hf	Ta	W	Re	Os	Ir	Pt	Au	Hg	Tl	Pb	Bi	Po	At	Rn
265.4	217.3		156.4	143	137.0	137.0	134	135.7	138	144.2	160	170.4	175.0	154.7	167	145	
Fr	Ra	Ac															
270	220																

镧系	La	Ce	Pr	Nd	Pm	Sm	Eu	Gd	Tb	Dy	Ho	Er	Tm	Yb	Lu
	187.7	182.5	182.8	182.1	181.0	180.2	204.2	180.2	178.2	177.3	176.6	175.7	174.6	194.0	173.4
锕系	Ac	Th	Pa	U	Np	Pu	Am	Cm	Bk	Cf	Es	Fm	Md	No	Lr
	187.8	179.8	160.6	138.5	131	151	184								

注:(1)非金属元素为共价半径,金属元素为金属半径,稀有气体为范德华半径。

(2)许多元素的半径值在不同书籍中差异较大,其原因如下:①原子半径的测定方法不同;②原子半径的种类不同。

原子半径的大小主要取决于原子的有效核电荷和核外电子层结构。同周期元素的原子半径总体趋势是从左到右逐渐减小。同周期的主族元素,从左到右原子半径显著减小,原因是:随着原子序数增加,有效核电荷增加,核对外层电子的吸引力增强。当到最后一族的稀有气体元素时,由于由共价半径变为范德华半径,原子半径突然增大。同周期的副族和第Ⅷ族元素,从左到右原子半径总体趋势也是逐渐减小,但其原子半径减小的幅度比主族元素小,原因是:由于增加的电子填充次外层的 d 轨道,使屏蔽效应增强,有效核电荷增加的幅度较小。

同一主族元素原子半径从上到下逐渐增大。因为从上到下,原子的电子层数增多起主要作用,所以半径增大。副族元素的原子半径从上到下递变不是很明显;第一过渡系到第二过渡系的递变较明显;而第二过渡系到第三过渡系基本没变,这是由于镧系收缩的结果。

镧系元素从 La 到 Lu 整个系列的原子半径缓慢减小的现象称为镧系收缩(lanthanide contraction)。对镧系和锕系元素,由于增加的电子填充倒数第三层的$(n-2)$f 轨道,它对最外层电子的屏蔽作用更大,使原子的有效核电荷增加得非常少,因此,随着原子序数的增加,镧系元素原子半径缓慢减小。由于镧系收缩,镧系以后的各元素如 Hf、Ta、W 等原子半径也相应缩小,致使它们的半径与上一个周期的同族元素 Zr、Nb、Mo 非常接近,使其性质也十分相似,在自然界中常共生在一起,很难分离。这种现象叫作镧系收缩效应。

2. 元素电离能(I)

气态基态原子 M 失去 1 个电子,成为气态 1 价正离子 M^+ 时的能量变化称为该元素的第一电离能(ionization energy),用 I_1 表示,SI 单位为 $J \cdot mol^{-1}$。

$$M(g) \rightarrow M^{+}(g) + e^{-} \qquad I_1$$

气态1价正离子M^{+}再失去1个电子，变成气态2价正离子M^{2+}时，所需的能量称为该元素的第二电离能，用I_2来表示。

$$M^{+}(g) \rightarrow M^{2+}(g) + e^{-} \qquad I_2$$

依此类推，一个原子有多少个电子，理论上就有多少个电离能。例如：

$$Mg(g) \rightarrow Mg^{+}(g) + e^{-} \qquad I_1 = 730\ J \cdot mol^{-1}$$
$$Mg^{+}(g) \rightarrow Mg^{2+}(g) + e^{-} \qquad I_2 = 1\ 450\ J \cdot mol^{-1}$$
$$Mg^{2+}(g) \rightarrow Mg^{3+}(g) + e^{-} \qquad I_3 = 7\ 740\ J \cdot mol^{-1}$$

对同一元素的原子，$I_1 < I_2 < I_3 < \cdots$这是由于核电荷不变，失去的电子越多，有效核电荷增加越多，核对外层电子的吸引力越大，剩下的电子就越不容易失去。所以同一元素原子各级电离能的大小可以说明原子核外电子的分层排布以及元素通常情况下容易呈现的价态。

如果没有特别说明，通常所说的电离能是指第一电离能(I_1)。不同的元素，一般只比较其第一电离能(I_1)的大小。

电离能的大小表示元素气态基态原子失去电子的难易程度。它也体现了元素金属性的强弱，电离能越小，气态原子越容易失去电子，元素金属性越强，反之非金属性越强。电离能可由实验测得，第一电离能(I_1)数据见表2-7和图2-11。

表 2-7 各元素原子的第一电离能 I_1 kJ · mol⁻¹

H																	He
1 312																	2 372
Li	Be											B	C	N	O	F	Ne
519	900											799	1 096	1 401	1 310	1 680	2 080
Na	Mg											Al	Si	P	S	Cl	Ar
494	736											577	786	1 060	1 000	1 260	1 520
K	Ca	Sc	Ti	V	Cr	Mn	Fe	Co	Ni	Cu	Zn	Ga	Ge	As	Se	Br	Kr
418	590	632	661	648	653	716	762	757	736	745	908	577	762	966	941	1 140	1 350
Rb	Sr	Y	Zr	Nb	Mo	Tc	Ru	Rh	Pd	Ag	Cd	In	Sn	Sb	Te	I	Xe
402	548	636	669	653	694	699	724	745	803	732	866	556	707	833	870	1 010	1 170
Cs	Ba	La	Hf	Ta	W	Re	Os	Ir	Pt	Au	Hg	Tl	Pb	Bi	Po	At	Rn
376	502		531	760	779	762	841	887	866	891	1 010	590	716	703	812	920	1 040

镧系	La	Ce	Pr	Nd	Pm	Sm	Eu	Gd	Tb	Dy	Ho	Er	Tm	Yb	Lu
	540	528	523	530	536	543	547	592	564	572	581	589	597	603	524
锕系	Ac	Th	Pa	U	Np	Pu	Am	Cm	Bk	Cf	Es	Fm	Md	No	Lr
		590	570	590	600	585	578	581	601	608	619	627	635	642	

影响元素第一电离能大小的主要因素是原子的有效核电荷、原子半径以及原子的电子组态。

从图 2-11 可见，同一周期的元素，从左到右第一电离能的总体变化趋势是逐渐增大，每周期的最后一个元素稀有气体元素的第一电离能最大。这一规律对主族元素比较明显，副族元素不太明显。这是由于同一周期元素，从左到右电子层没有变化，有效核电荷逐渐增加，原子半径逐渐减小，核对外层电子的吸引力增强的结果。

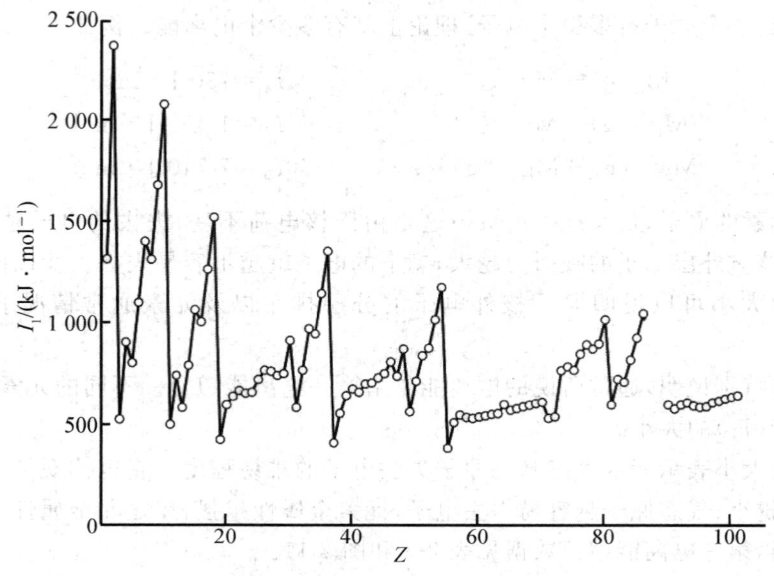

图 2-11 电离能的变化趋势

在主族元素第一电离能的规律性变化中，还出现了一些波动，如 I_1(Be)＞I_1(B)，I_1(N)＞I_1(O)，I_1(Mg)＞I_1(Al)，I_1(P)＞I_1(S)。因为根据洪特规则，当外层电子构型为全充满、半充满或全空时，原子体系的能量最低，相对较稳定，处于相对稳定电子构型的原子难失去电子，第一电离能大；但若失去电子后能形成相对稳定电子构型，原子就容易失去电子，第一电离能小。

同一族的元素，自上而下第一电离能的总体变化趋势是逐渐减小的。这是因为从上到下电子层数增加，原子半径变大，核对外层电子的吸引力减弱。这一规律对主族元素明显，副族元素不太明显。

3. 元素电子亲和能(A)

基态气态原子 X 获得 1 个电子，变成气态 1 价负离子 X^- 时的能量变化称为该原子的第一电子亲和能(electron affinity)，用 A_1 表示，依此类推，同样有 A_2，A_3，…

$$X(g) + e^- \rightarrow X^-(g) \qquad A_1$$
$$X^-(g) + e^- \rightarrow X^{2-}(g) \qquad A_2$$
$$X^{2-}(g) + e^- \rightarrow X^{3-}(g) \qquad A_3$$
$$\vdots \qquad\qquad \vdots$$

第一电子亲和能既有正值也有负值。正值说明元素原子获得电子时需要吸收能量，负

值说明元素原子获得电子时要放出能量。通常，无特殊说明时，电子亲和能指第一电子亲和能(A_1)。第二(及以上)电子亲和能对于任何元素均为正值，且基本无意义。

电子亲和能的大小说明元素原子获得电子能力的大小。电子亲和能的代数值越小，说明该原子获得电子的能力越强，元素的非金属性越强，金属性越弱；反之，说明原子越难以结合电子，金属性越强，非金属性越弱。非金属元素(除稀有气体外)的第一电子亲和能总是负值，而金属元素的第一电子亲和能一般为较小的负值或正值。部分主族元素的第一电子亲和能数据见表 2-8。

表 2-8 主族元素的第一电子亲和能 A_1 kJ·mol^{-1}

H							He
−72.7							+48.2
Li	Be	B	C	N	O	F	Ne
−59.6	+48.2	−26.7	−121.9	+6.75	−141.0	−328.0	+115.8
Na	Mg	Al	Si	P	S	Cl	Ar
−52.9	+38.6	−42.5	−133.6	−72.1	−200.4	−349.0	+96.5
K	Ca	Ga	Ge	As	Se	Br	Kr
−48.4	+28.9	−28.9	−115.8	−78.2	−195.0	−324.7	+96.5
Rb	Sr	In	Sn	Sb	Te	I	Xe
−46.9	+28.9	−28.9	−115.8	−103.2	−190.2	−295.1	+77.2

注：数据依据 Hotop H，Linederger W C，J. Phys. Chem. Ref. Data，14，731(1985)。

影响元素电子亲和能的主要因素是原子半径和有效核电荷的大小及构型。在同一周期中，从左至右，电子亲和能的绝对值逐渐增大(代数值逐渐减小)；在同一族中，从上到下，电子亲和能的绝对值逐渐减小(代数值逐渐增大)。

由于电子亲和能的测定较困难，准确性也不高，实测数据很少，不同文献的电子亲和能大小相差较大，所以电子亲和能的应用并不广泛。

4. *原子的电负性(χ)*

1926 年，美国化学家鲍林(L. Pauling)提出了电负性的概念。元素的电负性(electronegativity)是指元素的原子在分子中吸引成键电子的能力，用 χ 表示。χ 的数值越大说明该元素原子在分子中吸引成键电子的能力越强；χ 的数值越小，则说明其吸引成键电子的能力越弱。

电负性是一个相对的数值，选择的标准和计算方法不同时，电负性的数值不同。常用的是鲍林电负性数据，见表 2-9。鲍林以最活泼的非金属元素氟(F)和最活泼的金属锂(Li)为标准，假定氟电负性为 4.0，锂的电负性为 1.0，再根据键能和成键元素电负性的关系，计算出其他元素的电负性。

表 2-9 元素的电负性 χ

H						
2.1						
Li	Be	B	C	N	O	F
1.0	1.5	2.0	2.5	3.0	3.5	4.0

续表 2-9

Na	Mg											Al	Si	P	S	Cl
0.9	1.2											1.5	1.8	2.1	2.5	3.0
K	Ca	Sc	Ti	V	Cr	Mn	Fe	Co	Ni	Cu	Zn	Ga	Ge	As	Se	Br
0.8	1.0	1.3	1.5	1.6	1.6	1.5	1.8	1.8	1.8	1.9	1.6	1.6	1.8	2.0	2.4	2.8
Rb	Sr	Y	Zr	Nb	Mo	Tc	Ru	Rh	Pd	Ag	Cd	In	Sn	Sb	Te	I
0.8	1.0	1.2	1.4	1.6	1.8	1.9	2.2	2.2	2.2	1.9	1.7	1.7	1.8	1.9	2.1	2.5
Cs	Ba	La	Hf	Ta	W	Re	Os	Ir	Pt	Au	Hg	Tl	Pb	Bi	Po	At
0.8	0.9	1.1	1.6	1.5	2.4	1.9	2.2	2.2	2.2	2.4	1.9	1.8	1.8	1.9	2.0	2.2
Fr	Ra	Ac														
0.7	0.9	1.1														

Lanthanides：1.1～1.3，Actinides：1.3～1.5。

注：引自 L. Pauling. The nature of the chemical bong. 3rd edition. Cornell University，Ithaca，NY，1960，93。

除了鲍林电负性数据外，还有其他两种常用电负性数据：一种是密立根从电离能和电子亲和能计算的绝对电负性；另一种是阿莱提出的建立在核和成键原子的电子静电作用基础上的电负性。

原子的电负性也呈现周期性的变化：同一周期从左至右，有效核电荷递增，原子半径递减，原子对电子的吸引能力渐强，因而电负性值递增，但副族元素的规律性稍差。同一主族中，同族元素从上到下，随着原子半径的增大，元素电负性值递减。总体而言，周期表右上方的典型非金属元素的原子都有较大电负性，氟的电负性最大(4.0)；周期表左下方的金属元素原子电负性都较小，铯和钫是电负性最小的原子(0.7)。

原子的电负性综合说明了元素原子得失电子的能力，通常用电负性近似作为划分金属元素和非金属元素的界线，电负性＜2.0 的元素为金属元素，电负性＞2.0 的元素为非金属元素。因此，电负性的大小可以衡量元素金属性与非金属性的强弱。

电负性还可以用来判断化合物中元素的正负化合价和化学键的类型。两成键原子中，电负性较大的元素对成键电子吸引较强，表现为负化合价，而电负性较小者表现为正化合价。在形成共价键时，共用电子对偏向电负性较强的原子，成为极性共价键，电负性差越大，键的极性越强。当化学键两端原子的电负性相差很大时(例如大于 1.7)，所形成的键则以离子性为主。

□ 本章小结

与宏观物质不同，微观粒子具有量子化特征，且微观粒子(电子、原子、中子等)既具波动性，又具粒子性，即具有波粒二象性。原子发射光谱实验证明了微观粒子能量的量子化，电子衍射实验证明了微观粒子具有波动性。

微观粒子在空间的运动状态不能像经典力学中处理宏观物体一样用确定的轨道来描述，需用量子力学对电子等微观粒子运动状态进行研究。量子力学中，用波函数 ψ 来描述电子的运动状态，并用 $|\psi|^2$ 代表电子在核外空间各处的概率密度。三个量子数 n,l,m 确定一

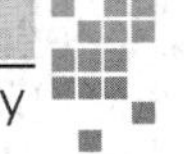

条原子轨道，四个量子数 n,l,m,m_s 确定一个电子的运动状态。

单电子原子中，轨道能量仅由主量子数 n 决定，即 n 相同的轨道能量相同，称为简并轨道。多电子原子中，由于电子间的屏蔽作用，使 n 相同但 l 不同的轨道发生能级分裂，所以只有 n 相同且 l 也相同的轨道才是简并轨道。

基态多电子原子核外电子的排布遵循能量最低原理、保利不相容原理、洪特规则。可按近似能级图填充电子。

元素原子的电子结构的周期性变化，导致元素的性质如元素的电离能、电子亲和能、原子的电负性呈周期性变化。影响元素性质的结构因素有价层电子构型、原子半径和有效核电荷。

□ 习　　题

2-1　与宏观物体比较，微观粒子具有哪些特征？

2-2　现代量子力学理论如何描述电子的运动状态？

2-3　电子等微观粒子所遵从的运动规律是什么？

2-4　描述原子核外电子运动状态的量子数有哪些？它们的取值和物理意义分别是什么？

2-5　波函数的角度分布图和电子云的角度分布图有哪些异同？

2-6　什么是屏蔽效应和钻穿效应？它们对原子轨道能量有何影响？

2-7　多电子原子体系，基态时核外电子的排布遵循哪些规则？

2-8　如何划分周期表中周期和族？s，p，d，ds，f 区元素的原子结构有何特点？

2-9　简述元素原子的原子半径、第一电离能、第一电子亲和能和原子的电负性的周期性变化规律。

2-10　下列各组量子数是否合理？如果不合理，请更正。

(1) $n=3,l=1,m=0$；　　(2) $n=2,l=2,m=-1$；

(3) $n=2,l=0,m=-1$；　　(4) $n=3,l=3,m=-3$。

2-11　在下列各____处填上合理的量子数：

(1) $n\geqslant$____，$l=3,m=0,m_s=+1/2$；

(2) $n=2,l=1,m=0,m_s=$____；

(3) $n=3,l=0,m=$____，$m_s=-1/2$；

(4) $n=2,l=$____，$m=-1,m_s=-1/2$。

2-12　填空

(1)在 C 和 N 中，第一电离能较大的是________；在 O 和 S 中，第一电离能较小的是________。

(2)在 Si 和 C 中，电负性较大的是________；在 Cu 和 Ag 中，电负性较小的是________。

2-13　比较氢原子、氦原子的 1s，2s，2p 能级的高低。

2-14 判断下列各原子的电子组态是否正确，如果正确，那么是基态，还是激发态？

(1)$1s^2 2s^2 3p^1$；　　(2)$1s^2 2s^2 2p^4 3s^1$；

(3)$1s^2 2s^2 2p^7$；　　(4)$1s^2 2s^2 2p^6 3s^2 3p^5$。

2-15 写出第 33 号元素基态原子的核外电子排布，并用四个量子数表示其中各价电子。

2-16 写出原子序数分别为 24、47 的两种元素基态原子的电子排布，并判断它们在周期表中的位置（指出所在的区、周期和族）。

2-17 写出 Cr、Fe、I 基态原子的电子组态。

Chapter 3 第3章

分子结构

Gas and Solution

分子是保持物质化学性质的最小微粒，是物质参与化学反应的基本单元，其性质决定于分子的内部结构。分子结构包括化学键和分子的空间构型两方面内容，前者说明原子是怎样结合起来构成分子的，后者则说明分子的空间形状及分子间如何相互作用。研究化学键及分子间力，对于研究物质的宏观性质和化学反应规律具有十分重要的意义。

本章将在原子结构的基础上，重点讨论分子的形成过程及有关化学键理论。

【学习要求】

- 了解离子键理论的要点和离子晶体晶格能的概念，理解同类型离子晶体中离子半径、离子电荷对晶格能及离子晶体重要物理性质的影响。
- 了解共价键理论和轨道杂化理论要点，了解杂化轨道与分子空间构型的关系，能正确判断简单分子的空间构型。
- 了解分子间力、氢键及其对物质重要性质的影响。
- 初步了解物质的微观结构与性质的关系。

3.1 离子键理论

1916年，德国化学家科塞尔(W. Kossel)根据稀有气体具有较稳定结构的事实提出了离子键理论，对诸如NaCl、MgO这类离子型化合物的众多性质和特性做出了比较圆满的解释。

3.1.1 离子键的形成

科塞尔的离子键理论认为：

(1)当电负性很小的活泼金属原子和电负性很大的活泼非金属原子，如Na原子与Cl原子相遇时，前者易失去外层电子形成正离子，后者易得到电子形成负离子。

(2)Na^+与Cl^-由于静电吸引而相互靠拢，体系能量降低。当Na^+与Cl^-的核间距离达到R_0时，体系出现能量最低点，这时正、负离子牢固地结合在一起，即形成了稳定的化学键和晶体。这种正、负离子间通过静电引力形成的化学键叫作离子键(图 3-1)。

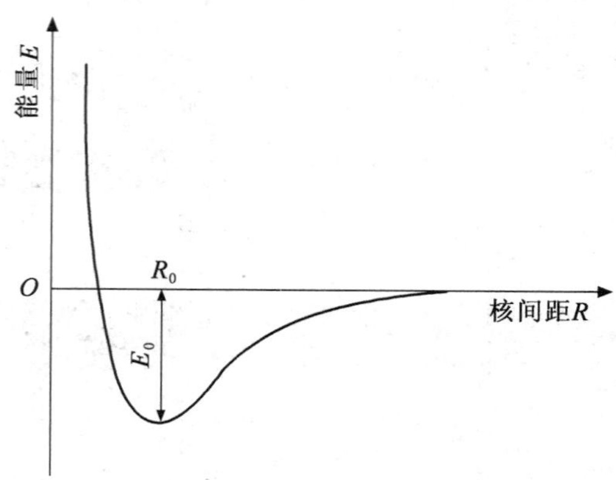

图 3-1　离子键形成的能量曲线

以 NaCl 的形成来简单表示离子键的形成过程如下：

$$nNa(3s^1)\xrightarrow{-ne^-} nNa^+(2s^2 2p^6) \searrow$$
$$\qquad\qquad\qquad\qquad\qquad\qquad NaCl$$
$$nCl(3s^2 3p^5)\xrightarrow{+ne^-} nCl^-(3s^2 3p^6) \nearrow$$

由离子键形成的化合物或晶体称为离子化合物或离子晶体。通常ⅠA、ⅡA(Be 除外)金属元素的氧化物和氟化物及某些氯化物等是典型的离子化合物。

离子键的强弱用晶格能来衡量。气态阳离子与气态阴离子结合成 1 mol 固体离子化合物时所放出的能量称为离子晶体的晶格能(U)，单位为 $kJ \cdot mol^{-1}$。阴、阳离子在相互靠近、紧密堆积、形成离子键及离子晶体过程中所放出能量的多少对离子键和离子晶体的形成以及离子键和离子晶体的稳定性具有决定性的影响。

离子键理论认为，正、负离子之间完全靠静电作用形成离子键，并不存在原子轨道的相互重叠。但近代实验证明，即使是最典型的金属离子与最典型的非金属离子的结合也不完全是纯粹的静电作用，仍有部分轨道重叠的成分，即离子键中也有部分共价性。例如，电负性最大的氟[x(F)=4.00]和电负性最小的铯[x(Cs)=0.7]所形成的离子化合物氟化铯 CsF，其离子性成分只占 92%，由于部分轨道重叠使键的共价性占 8%。显然，其他元素间形成的化学键，其共价成分自然会更高些。键的离子性与成键原子的电负性差值有关，成键的两个原子电负性差值越大，它们之间形成的键的离子性也就越大。

3.1.2　离子键的特点

1. 离子键的本质是静电作用力

在离子键模型中，将正、负离子的电荷分布近似看成球形对称的(即各方向均匀分布)。根据库仑定律可知，带有相反电荷(q^+ 和 q^-)离子之间的静电引力(F)与离子电荷和离子核间距离(R)的关系为：

$$F=\frac{\varepsilon q^{+}\cdot q^{-}}{R^{2}}$$

很显然，离子所带电荷越高或离子核间距离越小，正、负离子间吸引力越强，离子键强度越大，形成的化合物越稳定。

2. 离子键没有方向性和饱和性

由于离子的电荷分布是球形对称的，因此球形电场或点电荷在空间各个方向上吸引异性电荷离子的能力是相等的，只要空间条件许可，离子总是从各个方向上尽可能多地吸引异性电荷离子，所以离子键既没有方向性，又没有饱和性。离子晶体是由正、负离子按化学式组成比相间排列形成的“巨型分子”。与一个离子相邻的相反电荷离子的数目（即配位数），主要取决于正离子和负离子的半径比 $r_{正}/r_{负}$。例如，NaCl 是配位数为 6 类型的晶体，在不同条件下，CsCl 可形成配位数为 8 和 6 的两种不同类型的晶体等。

3.1.3　离子特征

所谓离子特征，主要指离子电荷、离子半径、离子的电子构型。离子是离子化合物的基本结构粒子，离子特征在很大程度上决定着离子键和离子化合物的性质。

1. 离子电荷

离子是带有电荷的原子或原子团。离子电荷的多少直接影响着离子键的强弱，因而也就影响了离子化合物的性质。一般来说，正、负离子所带的电荷越高，离子化合物越稳定，其晶体的熔点就越高，如碱土金属氯化物的熔点高于碱金属氯化物。

2. 离子半径

离子半径是离子的重要特征之一。同原子一样，离子半径也难以确定。通常说的离子半径是指离子在晶体中的接触半径。离子半径的大小近似地反映了离子的相对大小，主要是由核电荷对核外电子吸引的强弱所决定的。离子半径大致有如下变化规律：

对于同一元素形成的离子一般有如下规律，即 $r_{正}<r_{原子}<r_{负}$，且随着正电荷数的增大离子半径减小，如 $r(Fe^{3+})<r(Fe^{2+})<r(Fe)$。

各主族元素中，由于自上而下电子层数依次增多，具有相同电荷数的同族离子半径依次增大。

在同一周期中，当电子构型相同时，随着离子电荷数的增加，正离子半径减小，负离子半径增大，如 $r(Na^{+})>r(Mg^{2+})>r(Al^{3+})$，$r(F^{-})<r(O^{2-})<r(N^{3-})$。

周期表中处于相邻的左上方和右下方斜对角线上的正离子半径近似相等，如 $r(Li^{+})$(60 pm)$\approx r(Mg^{2+})$(65 pm)，$r(Na^{+})$(95 pm)$\approx r(Ca^{2+})$(99 pm)。

离子半径是决定离子间吸引力的重要因素之一，对离子化合物的性质有很大影响。离子半径越小，离子间的吸引力就越大，化合物的熔点也就越高。例如，MgO 和 CaO 属于 NaCl 型晶体，其正、负电荷相同，但 Mg^{2+} 与 O^{2-} 的核间距（210 pm）小于 Ca^{2+} 与 O^{2-} 的核间距（240 pm），所以 MgO 的熔点（2 852℃）比 CaO 的熔点（2 614℃）高。

3. 离子的电子构型

由表 3-1 可以看出，Na^{+} 和 Cu^{+} 的半径几乎相等，电荷数也相同，可是相应的离子化合物的性质却大不相同。究其原因可知，这是由它们的外层电子构型不同而引起的。可见，离子的外层电子结构即离子的电子构型对其化合物的性质有很大影响。

表 3-1 Na^+ 和 Cu^+ 外层电子构型对物质性质的影响

离子	半径/pm	外层电子构型	物质的性质
Na^+	95	$2s^22p^6$(8 电子)	NaCl 熔、沸点高,易溶于水
Cu^+	96	$3s^23p^63d^{10}$(18 电子)	CuCl 熔、沸点低,难溶于水

简单负离子最外层一般具有稳定的 8 电子构型,如 F^-、S^{2-} 等,而正离子情况比较复杂,价电子构型可归纳成以下几种:

(1)2 电子构型:最外层为 2 个电子,如 $Li^+(1s^2)$、$Be^{2+}(1s^2)$。

(2)8 电子构型:最外层为 8 个电子,如 $Na^+(2s^22p^6)$、$Ti^{4+}(3s^23p^6)$等。

(3)18 电子构型:最外层为 18 个电子,主要是ⅠB、ⅡB 及ⅢA－ⅦA 族元素第四周期以下最高氧化数的离子,如 $Zn^{2+}(3s^23p^63d^{10})$、$Ag^+(4s^24p^64d^{10})$、$Ga^{3+}(3s^23p^63d^{10})$等以及 Pb^{4+}、Sn^{4+} 等。

(4)18＋2 电子构型:最外层为 2 个电子,次外层为 18 个电子,如 $Pb^{2+}(5s^25p^65d^{10}6s^2)$、$Sn^{2+}(4s^24p^64d^{10}5s^2)$等 p 区低价金属正离子。

(5)9～17 电子构型:最外层为 9～17 个电子,主要是过渡金属的正离子,如 $Cu^{2+}(3s^23p^63d^9)$、$Fe^{3+}(3s^23p^63d^5)$、$Cr^{3+}(3s^23p^63d^3)$等。

总之,离子电荷、离子半径和离子的电子构型对于离子键的强弱及有关离子化合物的性质,如熔点、沸点、溶解度及化合物的颜色等都起着决定性的作用。

离子键理论成功地说明了离子化合物的形成和特征,但却不能说明相同原子如何形成单质分子,也不能说明电负性相近的元素如何形成化合物(如 H_2O、NH_3 等)。为了阐述这类分子的本质特征,提出了共价键理论。

3.2 共价键理论

由同种元素原子组成的单质分子(H_2、O_2 等)或由电负性相差不大的元素原子所组成的化合物分子(如 H_2O、NH_3 等),不能用离子键理论来解释。因为它们形成分子时,其原子不可能形成稳定的正、负离子。根据稀有气体原子最外层 8 电子稳定结构的事实,1916 年美国化学家路易斯(G. N. Lewis)提出了共价学说,建立了经典价键理论,认为分子中的相邻两个原子间可以通过共用一对或几对电子而结合成分子。共用电子对后,使彼此都可以达到稀有气体的 8 电子稳定结构,也称八隅规则。在原子间通过共用电子对结合而成的化学键称为共价键。

路易斯的共价键概念解释了一些简单非金属原子间形成分子的过程,但不能阐明共价键的本质和特征,也无法解释 PCl_5、SF_6 和 BF_3 等众多含有非 8 电子构型原子的分子结构。

1927 年,英国物理学家海特勒(W. Heitler)和德国物理学家伦敦(F. London)首次运用量子力学方法处理氢分子结构,使共价键的本质问题在现代量子力学的基础上得到了初步的解答。这是现代共价键理论的开端,后经鲍林(L. Pauling) 和斯莱脱(J. G. Slater)定性地推广到其他双原子分子或多原子分子中,发展成现代共价键理论(valance bond theory)。由于价键理论起源于路易斯的电子配对概念，因此，价键理论又称电子配对法，简称 VB 法。

3.2.1　共价键的本质和特点

1. H_2 分子的形成和共价键的本质

海特勒和伦敦用量子力学处理 H_2 分子的成键过程时，得到了两个氢原子核间距离(R)和体系能量(E)的关系曲线，如图 3-2 所示。

氢原子核外只有一个电子，基态时处于 1s 轨道。假设两个基态氢原子相距很远时彼此间的作用力可忽略不计，此种状态可作为体系的相对零点。当两个氢原子相互靠近时，体系的能量将发生变化。在这里将出现两种情况，一种是两个氢原子的电子自旋方向相同，另一种是两个氢原子的电子自旋方向相反。从理论计算和实验结果中发现，如果两个氢原子中的电子自旋方向相同，当它们相互接近时，两个 1s 原子轨道发生重叠，致使两核间电子云密度稀疏，增大了两核间排斥，体系的能量高于两个单独的氢原子能量之和，并且随着两原子的进一步靠近，核间距 R 的减小，体系的能量不断升高(图 3-2 中曲线 a)，处于不稳定状态，这种状态称为氢分子的排斥态[图 3-3(a)]，此时不能成键，即不能形成氢分子。如果两个氢原子中电子自旋方向相反，当它们相互接近时，两个 1s 原子轨道发生重叠，此时两个原子核间出现电子云密度大的区域，两个氢原子的原子核都被电子云密度大的区域吸引，体系的能量低于两个独立的氢原子能量之和，随着两个氢原子的进一步靠近，体系的能量不断降低(图 3-2 中曲线 b)，直至达到体系能量的最低点(D)。如果两个氢原子继续靠近，由于两原子的核与核间，电子云与电子云之间的排斥力突然增大，体系的能量又迅速升高，这说明电子自旋方向相反的两个氢原子核间平衡距离为 R_0(其实验值和理论值分别为 74 pm 和 87 pm)，此时体系能量降低值($D = 458\ kJ \cdot mol^{-1}$)接近于氢分子的键能($436\ kJ \cdot mol^{-1}$)。这些事实充分说明，两个氢原子在平衡距离 R_0 处形成了稳定的氢分子，这种状态称为氢分子的基态[图 3-3(b)]。

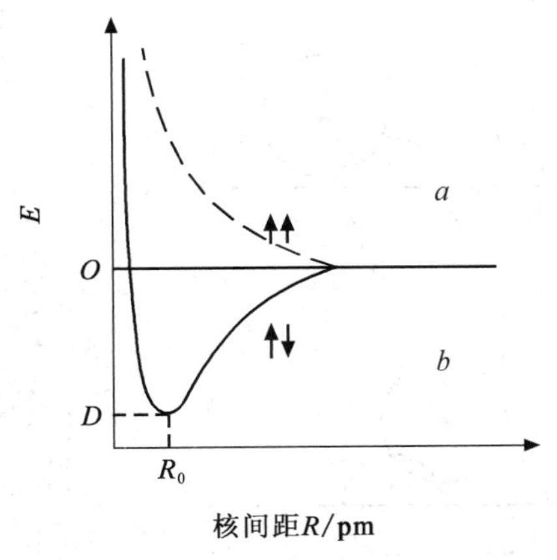

图 3-2　H_2 分子形成时的能量变化

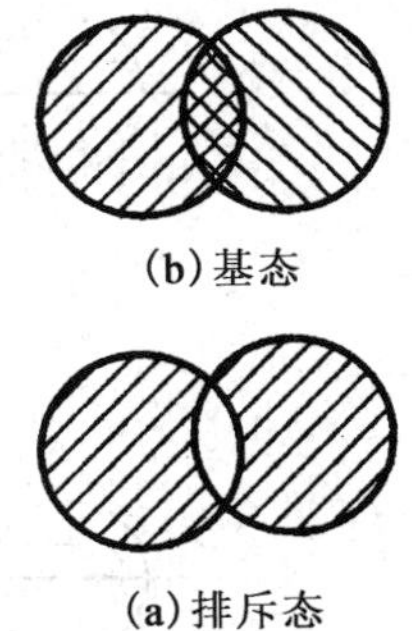

图 3-3　H_2 分子的两种状态

已知氢原子的玻尔半径为 53 pm，而实验测得的氢分子核间距为 74 pm，小于两个氢原子半径之和，这表明由氢原子形成氢分子时，两个氢原子的 1s 轨道发生重叠。由于原子轨道重叠使两核间电子出现的概率密度增大，好像在两核间构筑了一个负电荷的“桥”，降低了两核间的排斥,同时增加了两核对核间负电区的吸引,使体系能量降低,从而形成了稳定的氢分子。所以成键原子间原子轨道发生重叠,是共价键形成时的重要条件之一。由以上讨论可知,共价键的结合力是两个核对共用电子对形成的负电区的吸引,就是说共价键的本质仍是电性作用力,但这与正、负离子间的静电吸引不同。

2. 价键理论的要点

对氢分子的处理结果,推广到其他分子中形成了价键理论,简称 VB 法,也叫电子配对法。其基本理论要点为:

(1)两个原子相互靠近时,具有自旋方向相反的未成对电子可以相互配对,原子轨道重叠,核间电子云密度增大,形成稳定的共价键。

(2)两个原子结合成分子时,成键双方原子轨道发生相互重叠。原子轨道重叠总是沿着重叠程度最多的方向进行。重叠越多,两核间电子出现的概率密度越大,形成的共价键越牢固,这叫原子轨道最大重叠原理。

3. 共价键的特点

除了 s 轨道呈球形对称外,其他原子轨道如 p、d、f 等在空间都有一定的伸展方向。因此,根据原子轨道最大重叠原理,除 s 轨道与 s 轨道形成共价键时没有方向的限制外,其他原子轨道只有沿着一定的方向进行重叠才能有最大重叠。如 HCl 分子形成时,H 原子的 1s 轨道和 Cl 原子的 $2p_x$ 轨道有 4 种重叠方式,如图 3-4 所示。其中,只有 s 轨道沿 p_x 轨道的对称轴(x 轴)方向进行同号重叠才能发生最大重叠而形成稳定的共价键,如图 3-4(a)所示;图 3-4(b)中的重叠虽然有效,但不是最大重叠;图 3-4(c)中的重叠由于 s 轨道和 p 轨道的正、负重叠,实际重叠为零,是无效重叠;图 3-4(d)中,由于 s 轨道和 p 轨道正、负两部分有等同的重叠,同号和异号两部分互相抵消,实际重叠为零,也是无效重叠。因此,共价键的方向性是原子轨道最大重叠的必然结果。共价键的方向性具有重要的作用,它不仅决定了分子的空间构型,而且还影响分子的极性、对称性等。

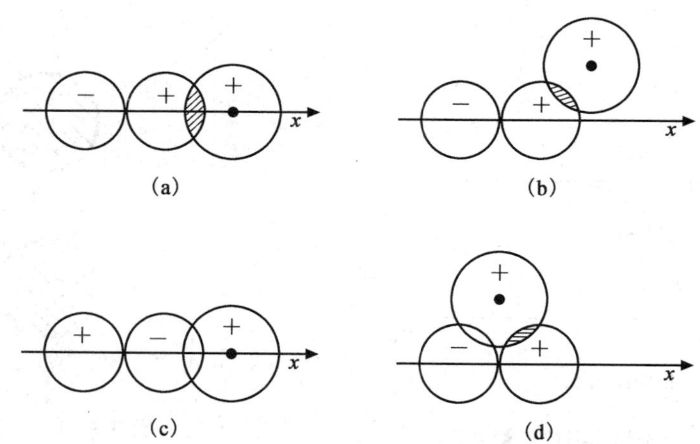

图 3-4 s 和 p_x 轨道重叠示意图

根据保利不相容原理,未成对电子配对后就不能再与其他原子的未成对电子配对。例如,当两个氢原子自旋方向相反的成单电子配对成键后,已不存在成单电子,不可能进一步

结合成 H_3。因此，形成共价键时，与一个原子相结合的其他原子的数目不是任意的，而一般受到未成对电子数目的制约，即每一种元素原子所提供的成键轨道数和形成分子时所需提供的未成对电子数(包括激发态时)是一定的，所以原子能够形成共价键的数目也就一定，这就是共价键的饱和性。

综上所述，共价键的特点是既有方向性又有饱和性。

3.2.2　共价键的类型

共价键的形成是原子轨道按一定方向相互重叠的结果。根据轨道重叠的方式及重叠部分的对称性，将共价键划分为 σ 键和 π 键。

1. 键的类型

如果两个原子轨道沿着键轴方向以“头碰头”的方式发生重叠，所形成的共价键叫作 σ 键。如 s-s 轨道重叠(H_2 分子)、s-p 轨道重叠(HCl、H_2O 分子)、p_x-p_x 轨道重叠(Cl_2、F_2 分子)都形成 σ 键，如图 3-5(a)所示。如果两个原子轨道沿键轴方向以“肩并肩”的方式重叠，则所形成的键称为 π 键，如图 3-5(b)所示。除了 p-p 轨道重叠可形成 π 键外，p-d、d-d 轨道重叠也可形成 π 键。

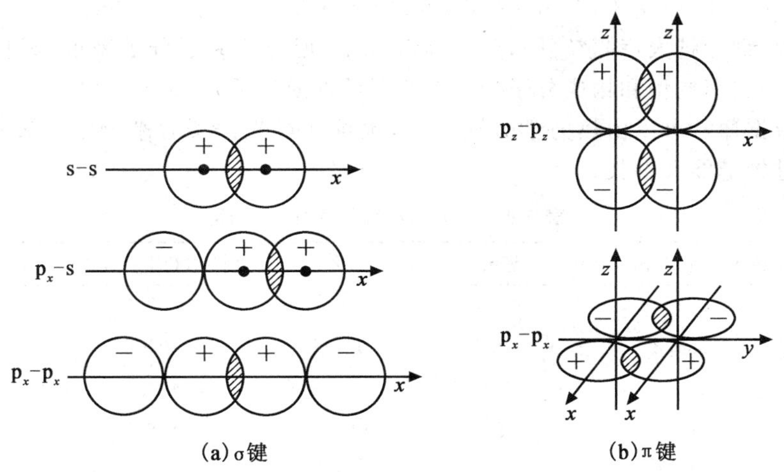

图 3-5　σ 键和 π 键的形成

2. σ 和 π 键的特点及其稳定性的比较

σ 键的特点是：重叠部分沿着键轴呈圆柱形对称。由于轴向重叠是最大重叠，电子云密集在两核中间，两核对负电区的吸引较强烈，所以 σ 键的键能较大，很牢固，化学反应中不易断裂，表现出相对不活泼性。π 键的特点是：轨道重叠部分对键轴平面呈镜面反对称，在键轴平面上电子概率密度为零，而在键轴平面上下出现两块电子云密集区，这两块电子云密集区像三明治一样把两个核夹在中间，将它们吸引在一起，产生一定的结合力。由于 π 键的轨道重叠程度较小，电子云离核较远，核对 π 电子的束缚力较小，电子流动性大，所以 π 键的稳定性比 σ 键小，化学反应中易断裂，π 电子比 σ 电子活泼，易参加化学反应。

如果两个原子间形成重键，其中必有一条 σ 键，其余为 π 键；如果只形成单键，那肯定是 σ 键。

3.2.3 键参数

表征化学键性质的某些物理量，如键能、键长、键角等统称为键参数。键参数对于研究共价键乃至分子的性质都是十分重要的。

1. 键能

键能是表征共价键强弱的物理量。在 100 kPa 和 298.15 K 下，将 1 mol 理想气态 AB 分子的化学键拆开，成为气态的 A、B 原子时所需要的能量叫作 AB 的离解能，单位 $kJ \cdot mol^{-1}$，用 $D_{(A-B)}$ 表示。对于双原子分子来说，离解能就是键能，用符号 $E_{(A-B)}$ 表示，如 H_2 分子的 $E_{(H-H)} = D_{(H-H)} = 436\ kJ \cdot mol^{-1}$。对于多原子分子来说，键能和离解能是有区别的，要断裂其中的键成为单个原子，需要多次离解，故离解能不等于键能。例如：

$NH_3(g) \rightarrow NH_2(g) + H(g) \qquad D_1 = 435\ kJ \cdot mol^{-1}$

$NH_2(g) \rightarrow NH(g) + H(g) \qquad D_2 = 397\ kJ \cdot mol^{-1}$

$NH(g) \rightarrow N(g) + H(g) \qquad D_3 = 339\ kJ \cdot mol^{-1}$

$NH_3(g) \rightarrow N(g) + 3H(g) \qquad D_{总} = 1\ 171\ kJ \cdot mol^{-1}$

$E_{(N-H)} = D_{总}/3 = 1\ 171\ kJ \cdot mol^{-1}/3 = 390\ kJ \cdot mol^{-1}$

一般来说，键能越大，键越牢固，分子就越稳定(但对多原子分子来说，其稳定性除键能外，还与分子的空间构型和构成分子的各个原子的性质有关)。

键能的数据通常可以由热力学方法计算，也可通过光谱实验来测定。表 3-2 列出了一些常见化学键的键能和键长。

表 3-2　一些化学键的键能和键长

键	键能/($kJ \cdot mol^{-1}$)	键长/pm	键	键能/($kJ \cdot mol^{-1}$)	键长/pm
H—H	436	76	Br—H	362.3	140.8
F—F	154.8	141.8	I—H	294.6	160.8
Cl—Cl	239.7	198.8	C—H	414	109
Br—Br	190.2	228.4	O—H	458.8	96
I—I	148.9	266.6	C—C	345.6	154
F—H	565±4	91.8	C═C	602±21	134
Cl—H	428	127.4	C≡C	835.1	120

2. 键长

分子中两个成键原子的核间距离叫键长。键长可通过光谱或衍射等实验方法测定，对于简单分子，也可用量子力学方法近似计算。一般来说，两个原子间形成的键，其键长越短，键能越大，键就越牢固。

3. 键角

分子中键与键的夹角叫键角。键角可通过光谱、衍射等结构实验测得，也可用量子力学方法计算。键角是反映分子空间构型的重要因素之一。例如，H_2O 分子中两个 O—H 键之间的夹角为 104°45′，所以 H_2O 分子是 V 字形结构。在 CO_2 分子中 O═C═O 键角为

180°，所以 CO_2 分子是直线型结构。因此，一般知道一个分子中的键长、键角的数据，就可以推知分子的空间构型。

3.3 杂化轨道理论

价键理论比较简明地阐明了共价键的形成过程和本质，并成功地解释了共价键的方向性和饱和性等特点。但用它进一步解释分子的空间构型时却遇到了困难，理论推测与实验数据往往不相符合。例如，根据价键理论，形成 H_2O 分子时，氧原子中 2 个相互垂直的 2p 轨道分别与 2 个氢原子中的 1s 轨道重叠，形成 2 条 σ 键，故 2 条 O—H 键的键角应为 90°；CH_4 分子的 4 条 C—H 键的性质不完全相同等。事实上，根据近代物理实验技术的测定，水分子的键角为 104°45′；CH_4 分子的 4 条 C—H 键的性质完全相同，甲烷的空间构型为正四面体。为了更好地解释分子的实际空间构型，1931 年鲍林在价键理论的基础上提出了杂化轨道理论（hybrid orbital theory），较好地解释了不能用价键理论说明的许多事实，进一步补充和发展了价键理论。

3.3.1 杂化轨道理论基本要点

（1）杂化轨道理论从电子具有波动性，波可以叠加的量子力学观点出发，认为在形成分子的过程中，由于原子间相互作用，中心原子中若干不同类型能量相近的原子轨道可以“混杂”成同样数目的一组新的原子轨道，这种重新组合的过程叫轨道杂化或叫杂化，所形成的新轨道叫杂化轨道。

（2）参与杂化的原子轨道数目与杂化后形成的杂化轨道数目相等，但相较于杂化前的原子轨道，杂化轨道的形状、伸展方向及能量都发生了变化。原子轨道杂化后，其电子云成键时轨道重叠程度增大，满足最大重叠原理，成键能力增强。例如，sp 杂化。从图 3-6 可以看出，1 个 ns 轨道和 1 个 np 轨道杂化，原子轨道重新分配能量并调整方向，形成与 ns 轨道和 np 轨道不同的 2 个 sp 杂化轨道。sp 杂化轨道一头较大，一头较小，成键时，从较大的一头与其他原子的成键轨道重叠，这样重叠的结果显然比未参加杂化前轨道间的重叠程度大，从而发挥了成键轨道的更高成键效能，并且共用电子对、孤电子对空间分布距离最远，使体系能量更低，所形成的共价键更牢固。这就是轨道杂化的原因。

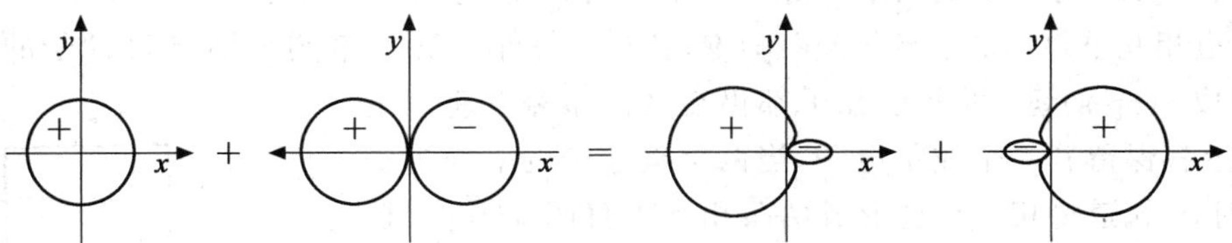

图 3-6 sp 杂化轨道角度分布和杂化过程示意图

3.3.2 杂化轨道的类型和分子空间构型

中心原子所形成的杂化轨道，沿键轴方向与其他原子的成键轨道发生重叠形成 σ 键，所

形成的 σ 键将确定分子的骨架。因此，只要知道了中心原子的杂化轨道类型，就能够判断简单分子的空间构型。常见的杂化轨道有以下几种。

1. sp 杂化及有关分子结构

由一条 ns 和一条 np 轨道杂化后，可形成两条性质相同的 sp 杂化轨道，每条轨道含 1/2s 和 1/2p 轨道成分，两条杂化轨道夹角为 180°，呈直线形。图 3-7 中描述了 $BeCl_2$ 分子

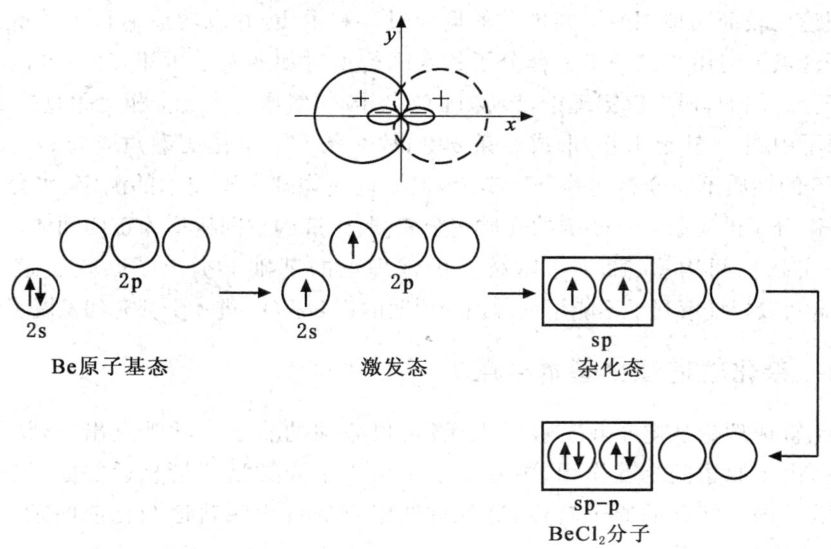

图 3-7　Be 原子的 sp 杂化和 $BeCl_2$ 分子的形成

的形成过程。杂化轨道理论认为，当 Be 原子和 Cl 原子形成 $BeCl_2$ 分子时，中心原子基态 Be 原子的一个 2s 电子被激发到 2p 轨道上，含有一个电子的 2s 轨道和含有一个电子的 2p 轨道杂化形成两条完全等同的 sp 轨道。成键时，分别用大的一头与氯原子的 3p 轨道重叠形成两条 σ(sp-p)键，构成 $BeCl_2$ 分子的直线形骨架结构。Zn、Cd、Hg 等ⅡB 族元素的最外层电子构型为 ns^2，故它们在形成某些化合物时，也以 sp 杂化成键，如 $HgCl_2$ 分子中 Hg 以 sp 杂化，所以它是直线形分子。

乙炔(C_2H_2)分子中的两个 C 原子也是采用 sp 杂化轨道成键的。两个 C 原子各拿出一条 sp 轨道相互重叠形成一条 σ(sp-sp)键；各拿出另外一条 sp 轨道分别与 H 原子的 1s 轨道重叠，形成 σ(sp-s)键；两个 C 原子都仍在其两条相互垂直的 2p 轨道上各保留着一个成单电子，当两个碳原子的 p 轨道彼此平行时，p 轨道将相互重叠形成两条相互垂直的 π(p-p)键，所以 C_2H_2 分子是直线形分子，如图 3-8 所示。

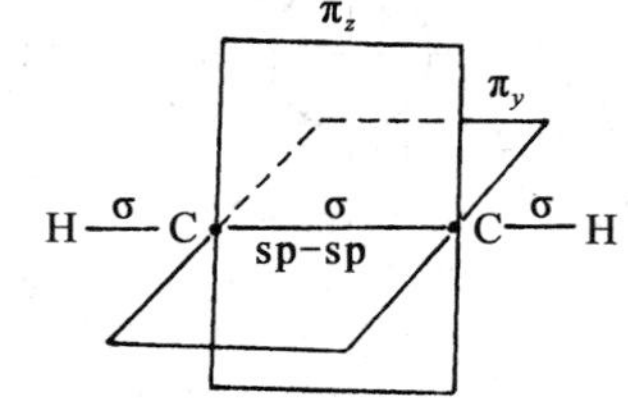

图 3-8　乙炔分子中的 σ 键和 π 键

2. sp^2 杂化及有关分子结构

一条 ns 轨道和两条 np 轨道进行的杂化过程叫 sp^2 杂化，每个轨道含 1/3s 和 2/3p 轨道成分，轨道间夹角均为 120°。如 BCl_3 分子中的 B 原子就是用 sp^2 杂化轨道与 Cl 原子成键的。基态 B 原子外层电子构型是 $2s^22p^1$，一个 2s 电子激发成 $2s^12p^12p^1$，并采用 sp^2 杂化，形成各

含一个电子的三条 sp^2 杂化轨道，它们各和一个 Cl 原子的 2p 轨道重叠形成 $\sigma(sp^2\text{-}p)$ 键，故 BCl_3 的空间构型为平面三角形(图 3-9)。

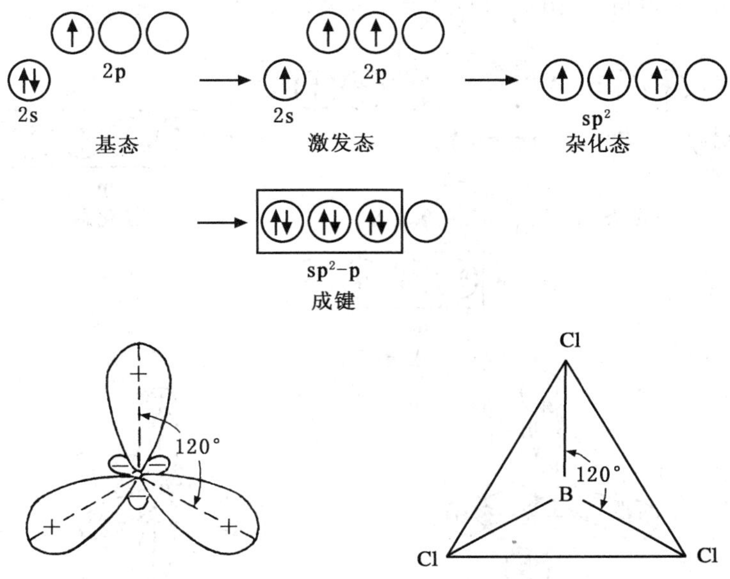

图 3-9　B 原子的 sp^2 杂化和 BCl_3 分子的形成

乙烯(C_2H_4)分子中的 C 原子也采用 sp^2 杂化轨道成键，C—H 键均为 $\sigma(sp^2\text{-}s)$ 键，C═C 的一条是 $\sigma(sp^2\text{-}sp^2)$ 键，另一条是垂直于乙烯分子平面的 $\pi(p_z\text{-}p_z)$ 键，由于 π(p-p)键的形成，碳碳键不易旋转，故乙烯分子中的六个原子都处在同一个平面上(图 3-10)，而且∠HCH 键角与由 sp^2 杂化所预料的 120°相近。BF_3、BBr_3、SO_3 分子及 CO_3^{2-}、NO_3^- 等离子的中心原子均采用 sp^2 杂化，所以这些分子或离子的骨架结构都为平面三角形。

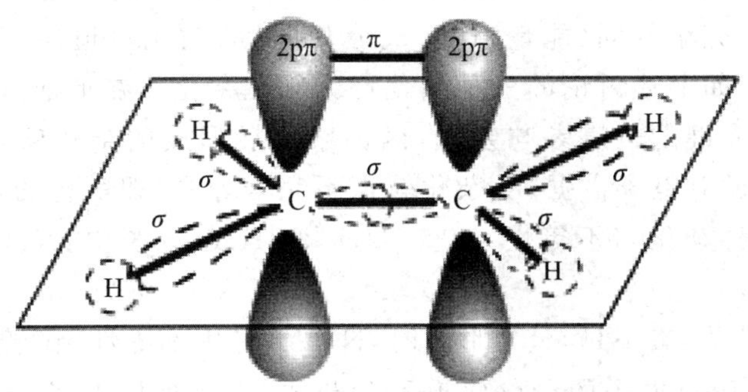

图 3-10　乙烯分子中的 σ 键和 π 键

3. sp^3 杂化及有关分子结构

由一条 ns 轨道和三条 np 轨道杂化可形成四条等同的 sp^3 杂化轨道，每条杂化轨道中含 1/4s 轨道和 3/4p 轨道成分，sp^3 杂化轨道间的夹角为 109°28′，空间构型为正四面体。例如，CH_4 分子中的 C 原子就是以四条 sp^3 杂化轨道与四个 H 原子的 1s 轨道重叠形成四条 $\sigma(sp^3\text{-}s)$键，所以 CH_4 分子的空间构型为正四面体，C 原子处在四面体的中心，四个 H 原子则在正四面体的四个顶角上(图 3-11)，这与实验测定结果完全相符。

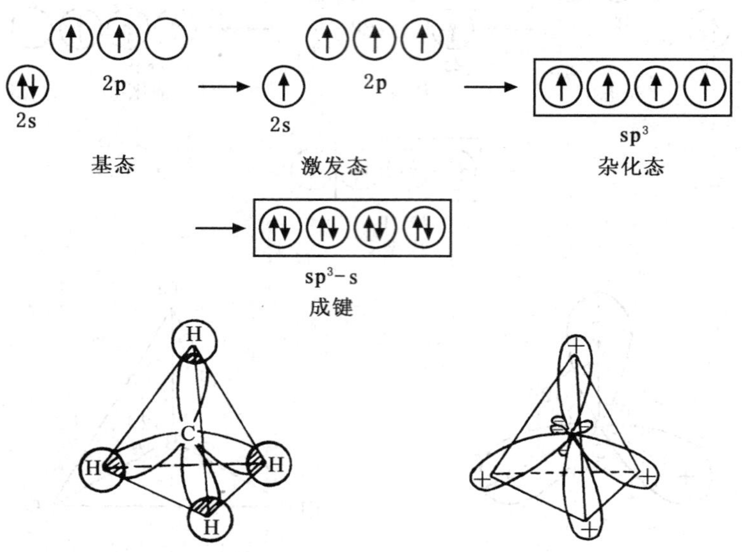

图 3-11　C 原子的 sp^3 杂化和 CH_4 分子的形成

此外，CCl_4、$SiCl_4$、SiH_4 以及 N 等的骨架均由 sp^3 杂化轨道形成的 σ 键构成，均为正四面体构型。CH_3Cl 分子中的 C 虽然也是 sp^3 杂化，但成键原子的电负性不同，其键矩不同，所以分子构型不是正四面体而变为四面体。

4. 不等性杂化及 NH_3 和 H_2O 分子的构型

杂化轨道又可分为等性和不等性杂化轨道两种。凡是不同类型的原子轨道"混杂"起来，重新组合成一组完全等同(能量相同、成分相同)的杂化轨道叫等性杂化轨道，这种杂化叫作等性杂化，如上述讨论的三种杂化均为等性杂化。在形成分子的过程中，如果含有孤对电子的不成键的轨道参与杂化，因为杂化后形成的杂化轨道中仍有一部分杂化轨道被不成键的孤对电子占据，各杂化轨道不完全等同(即所含的轨道成分、夹角、能量不完全相同)，这种杂化叫不等性杂化。NH_3 和 H_2O 分子中，N、O 原子均采用不等性杂化。

杂化轨道理论认为，在 NH_3 分子形成时，N 原子采用不等性 sp^3 杂化，形成 4 条杂化轨道。成键时，含有孤对电子的杂化轨道不参与成键，其他的 3 条 sp^3 杂化轨道中各有 1 个未成对电子，这 3 条 sp^3 杂化轨道分别与 3 个 H 原子的 s 轨道重叠形成 3 条 N—Hσ 键。由于成键轨道中的电子对属于两个原子所共有，而不成键轨道中的电子对仅属于 N 原子所有，只受 N 原子核的吸引，所以在中心原子附近，孤对电子电子云所占的空间大。因此，N—H 键在空间受到排斥，N—H 键间夹角从 109°28′被压缩至 107°18′，如图 3-12(a)所示。由于实验观察不到电子对而只能观察到原子的位置，描述分子的空间构型时不绘入孤对电子，故氨分子为三角锥形。PCl_3、PF_3、NF_3、AsH_3 及 H_3O^+ 等分子或离子的空间构型也为三角锥形。

O 原子的价电子层结构为 $2s^22p^4$，已有 2 对孤对电子。H_2O 分子中，氧原子采用 sp^3 不等性杂化。成键时，2 条各含 1 个电子的杂化轨道分别与 2 个 H 原子的 1s 轨道重叠形成 2 条 $\sigma(sp^3\text{-}s)$ 键，而 2 条含孤对电子的杂化轨道不参与成键。由于两对孤对电子对成键电子的排斥作用更强烈，使 H_2O 分子中 H—O 键间的夹角被压缩到 104°45′，分子的空间构型呈 V 字形或称角形。水分子的形成如图 3-12(b)所示。

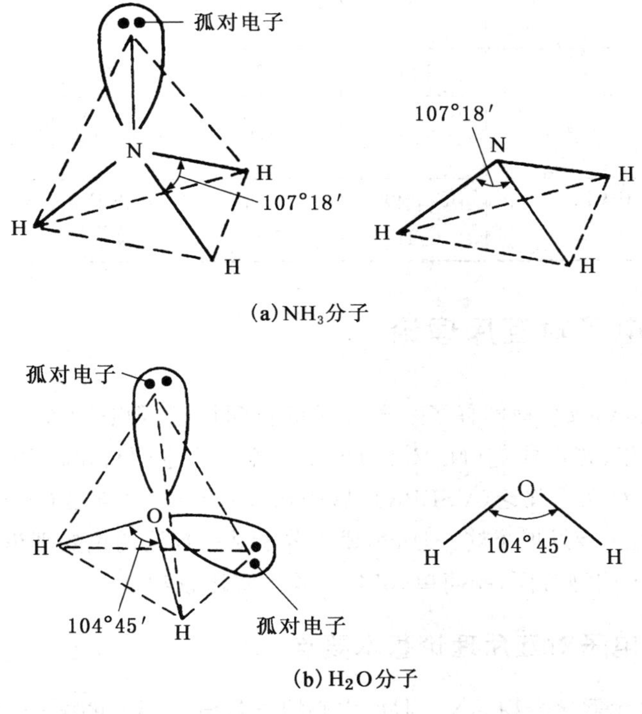

图 3-12 NH_3 分子和 H_2O 分子的空间构型

不仅有不等性 sp^3 类型的杂化，也有不等性 sp^2 杂化类型，如 SO_2 分子中 S 原子就是采用不等性 sp^2 杂化，其分子构型为角形或 V 字形。杂化轨道理论认为，S 原子采用不等性 sp^2 杂化，其中 1 条杂化轨道被孤对电子占据，其余 2 条各含 1 个电子的杂化轨道分别与 2 个 O 原子的 1 条 2p 轨道重叠形成 2 条 $\sigma(sp^2\text{-}p)$ 键，3 个原子在同一个平面上，S 原子的 1 个未参与杂化的 3p 轨道(上面有 2 个电子)和 2 个 O 原子各 1 个未参与成键的 2p 轨道(各含 1 个电子)均垂直于这个平面，这 3 条相互平行的 p 轨道形成 1 个三中心四电子大 π 键，也叫离域 π 键，一般记作 π_3^4。

关于中心原子的杂化类型与分子空间构型的关系见表 3-3。关于过渡金属元素原子(或离子)的杂化及杂化轨道问题将在配位反应一章中讨论。

表 3-3　中心原子的杂化类型与分子空间构型的关系

杂化类型	sp	sp^2		sp^3		
		等性	不等性	等性	不等性	不等性
分子构型	直线形	三角形	V 字形	正四面体	三角锥	V 字形
参与杂化的轨道	1 个 s,1 个 p	1 个 s,2 个 p		1 个 s,3 个 p		
杂化轨道数目	2	3		4		
孤对电子数(参与轨道杂化)	0	0	1	0	1	2
杂化轨道间夹角	180°	120°	<120°	109°28′	<109°28′	<109°28′
杂化轨道空间几何构型	直线形	正三角形	三角形	正四面体	四面体	四面体
实例	$BeCl_2$、CO_2、$HgCl_2$、C_2H_2	BF_3、SO_3、C_2H_4	SO_2、NO_2	CH_4、SiF_4、N	NH_3、PCl_3、H_3O^+	H_2O、OF_2

3.4　价层电子对互斥理论

杂化轨道理论虽然成功地解释了一些分子的空间构型,但它只能解释而不能预测分子的几何构型。1940 年,赛奇威克(N. V. Sidgwick)等人注意到价层电子同分子构型间的关系,提出了价层电子对互斥理论(VSEPR),后来(1957 年)吉林斯必(R. J. Gillespic)和尼荷姆(R. S. Nyholm)进一步发展了这一理论,成为分子结构理论的重要理论之一。价层电子对互斥理论在预测分子构型方面,既简单,又与实验事实比较吻合。

3.4.1　价层电子对互斥理论基本要点

(1)对于非过渡元素化合物 AX_m,假如中心原子价电子层上的电子都是成对的,而且把双键、三键或孤电子对都看成一个电子对,那么分子的空间构型取决于中心原子价层电子对数。

(2)价层电子对尽可能彼此远离,以使排斥力最小,分子更稳定。根据排斥力最小的原则,价层电子对数目与空间构型的关系如表 3-4 所示。

表 3-4　价层电子对数目与空间构型的关系

价层电子对数	2	3	4	5	6
电子对空间构型	直线形	平面三角形	四面体	三角双锥	八面体

(3)成键电子对由于受两个原子核的吸引,电子云集中在键轴的位置,而孤电子对只受中心原子核的吸引,比成键电子对更接近中心原子,占据的空间比成键电子对要大,对相邻电子对的排斥力也比较大。不同电子对间斥力大小顺序如下:

孤电子对-孤电子对>孤电子对-成键电子对>成键电子对-成键电子对

此外,电子对间的斥力还与其夹角有关,排斥力大小顺序是90°>120°>180°。也就是说,电子对间夹角越小,排斥力越大。

(4)分子中中心原子与配位原子间存在重键时,虽然π键电子不改变分子的基本形状,但因重键比单键包含的电子数目多,所占空间比单键大,排斥作用也大,所以重键键角较大。重键排斥力大小顺序为:三键>双键>单键。例如在HCHO分子中,∠HCH=118°,∠HCO=121°,偏离标准夹角(120°),其原因就是在碳氧间有双键。

3.4.2 判断分子几何构型的一般步骤及应用实例

根据VSEPR法可按以下步骤来判断分子或离子的几何构型。

(1)确定中心原子的价层电子对数。

$$价层电子对数=\frac{中心原子的价电子数+配位原子提供的价电子数\pm离子电荷数}{2}$$

作为配位原子的通常是H、S、O及卤素原子,H和卤素原子每个原子各提供一个价电子,O或S作配位原子时可认为不提供价电子。如P中,P原子的价层电子对数为=4,四对电子均为成键电子对;再如NO_2中N的价层电子对数为5/2,此时一般把单电子当作一个电子对来处理,所以NO_2中的价层相当于三对电子。

(2)根据中心原子价电子对数,对照表3-4,找出电子对间排斥力最小的电子对分布方式。

(3)确定孤电子对数,推断分子的空间构型　如果中心原子的价层电子对全是成键电子对,则每个电子对接一个配位原子,电子对在空间排斥力最小的分布方式即为分子的稳定几何结构。如CH_4分子中,C的价层电子对数为四,价层电子对的空间构型为正四面体,且四对电子全成键,所以CH_4分子的构型也是正四面体,C原子在正四面体的中心,四个H原子各占四面体的四个顶角。

例3-1　判断$BeCl_2$、BF_3、P、CH_4、PCl_5、SF_6等分子或离子的几何构型,并指出对应的杂化类型。

解:根据中心原子价层电子对数计算方法,这些分子或离子的价层电子对数依次为2、3、4、4、5、6;孤电子对数均为0,所以它们的几何构型依次为直线形、三角形、正四面体、正四面体、三角双锥、正八面体;它们分别与杂化轨道理论中的sp、sp^2、sp^3、sp^3、sp^3d、sp^3d^2杂化的分子构型对应。

例3-2　判断NH_3和H_2O分子的构型。

解:NH_3分子中,价层电子对数为四,价层电子构型为四面体,其中一个顶点被孤电子对占据,故其分子几何构型为三角锥形。又因孤电子对排斥作用大于成键电子对,所以NH_3分子中键角小于正四面体的109°28′,而为107°18′。

同样H_2O中价层电子对数为四,其中有两个孤对电子占据四面体的两个顶角,故H_2O分子的空间构型为V字形,两个孤对电子的排斥更大,所以H_2O分子的键角变得更小,为104°45′。它们对应不等性sp^3杂化。

例3-3　判断ClF_3分子的几何构型。

解:中心原子Cl的价层电子数为(7+3)/2=5,其中三个是成键电子对,两个是孤电子对。价层电子对的空间排布为三角双锥形，其中两对孤对电子的排布方式有三种(图 3-13)。这三种构型到底哪一种是最稳定构型，可根据成 90°角的电子对间排斥次数的多少来判定。

图 3-13(a)中排布方式的孤电子对-孤电子对排斥(90°)数目小于图 3-13 中(b)，孤电子对-成键电子对排斥(90°)数目小于图 3-13 中(c)，所以(a)是最稳定的构型。除去孤对电子占据的位置，ClF_3 分子的几何构型为 T 字形。

ClF_3 的三种可能构型	(a)	(b)	(c)
90°孤电子对-孤电子对排斥数目	0	1	0
90°孤电子对-成键电子对排斥数目	4	3	6
90°成键电子对-成键电子对排斥数目	2	2	0

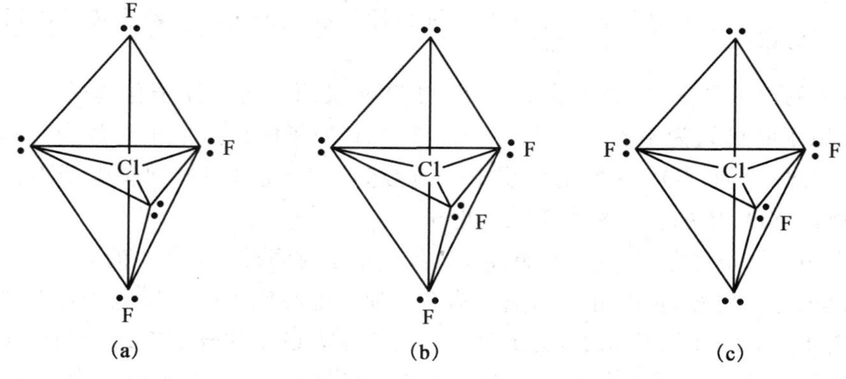

图 3-13　ClF_3 分子的可能构型

VSEPR 理论不仅能够预测分子的形状，还可以估计键角的变化趋势。例如，图 3-13(a)中 ClF_3 分子中两孤对电子都位于赤道平面，对轴向的电子对产生排斥，预测 ClF_3 分子中的键角(∠FClF)将小于 90°，实验测定结果为 87.5°，与事实相吻合。根据成键电子对和孤对电子在中心原子周围不同的排布情况所形成的各种构型归纳于表 3-5。

表 3-5　AX_m 分子的中心原子 A 价层电子对排列方式

A 的电子对数	成键电子对数	孤电子对数	电子几何构型	中心原子 A 价层电子对的排列方式	分子的几何构型	实例
2	2	0	直线形	:—A—:	直线形	BeH_2、$HgCl_2$、CO_2、$BeCl_2$
3	3	0	平面三角形	A	平面三角形	BCl_3、BF_3、C、N、SO_3
	2	1		A	V 字形	$SnBr_2$、$PbCl_2$、SO_2、O_3

续表 3-5

A的电子对数	成键电子对数	孤电子对数	电子几何构型	中心原子A价层电子对的排列方式	分子的几何构型	实例
4	4	0	四面体	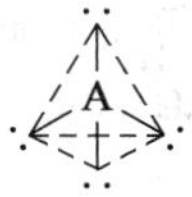	四面体	CH_4、CCl_4、$SiCl_4$、N、S
	3	1		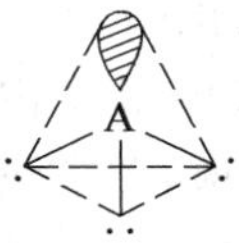	三角锥形	NH_3、PCl_3、$AsCl_3$、H_3O^+
	2	2		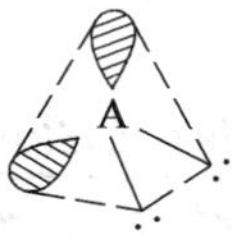	V字形	H_2O、SF_2
5	5	0	三角双锥	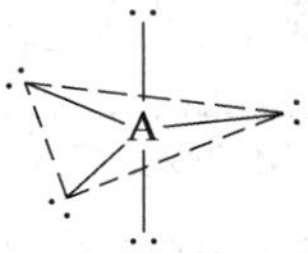	三角双锥	PCl_5、PF_5
	3	2		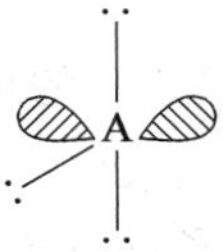	T字形	ClF_3
6	6	0	八面体		八面体	SF_6、Si
	5	1			四角锥形	IF_5
	4	2		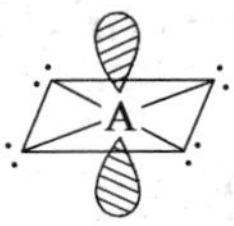	平面正方形	ICl_4、XeF_4

综上所述,VSEPR理论在解释或预见各类多原子小分子(或离子)的几何构型上简明、直观,与杂化轨道理论判断分子的几何构型结果完全吻合。但该理论仍是价键理论中的一种近似模型,在判断某些复杂分子或离子的构型时与事实有较大的出入,而且只能预测,不能定量地说明,也不能说明分子中形成键的原因和键的稳定性,仅适用于非过渡元素的简单无机分子或离子。尽管存在这些不足,它的简明、直观和应用的广泛性仍使众多化学工作者乐于采用,已成为无机立体化学的一个重要组成部分。

3.5 离子极化

以库仑定律为基础的离子键理论只能用来解释典型金属离子晶体的性质。例如碱金属化合物多易溶于水、碱金属离子是无色的等等。但是对于大多数非典型离子晶体的性质就不能解释了。如 Cu、Ag、Au 的化合物多难溶于水，且大多带有颜色。为了解释这种现象，1923 年 K. Fajans 提出了离子极化原理。

当一个正离子和负离子相互接近时，正离子的电场对负离子的原子核有排斥作用，而对其核外电子有吸引作用，使得负离子原来球形对称的电子云发生了变形(deformation)。这就是离子极化(ionic polarization)。同样地，负离子也会对正离子起极化作用。由于负离子的电子云向正离子方向偏移，从而出现了共价键的性质。离子的相互极化作用，使得离子键向共价键过渡。如图 3-14 所示。

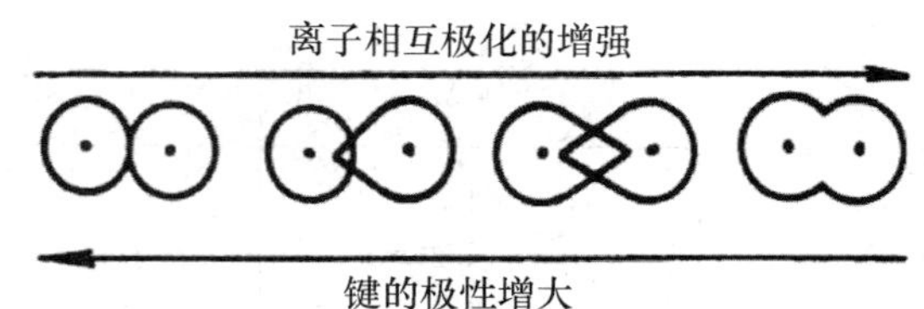

图 3-14　离子键向共价键过渡示意图

离子极化效应的强弱取决于外电场即离子的极化力和被极化离子的变形性。

1. 离子的极化力(极化作用)

离子极化力主要决定于离子电荷、离子的外电子层结构和离子半径三个因素。

(1)离子电荷　离子所带电荷越多，极化力越强。如极化力 $Al^{3+} > Mg^{2+} > Na^{+}$。

(2)离子半径　离子的外层结构相似、电荷相同时，半径越小，极化力越强。例如极化力 $Mg^{2+} > Ca^{2+}$，$F^{-} > Cl^{-}$。

(3)离子构型　不同构型的正离子极化力不同。$2e^{-}$、$18e^{-}$ 和 $(18+2)e^{-}$ 构型的正离子极化力最强，如 Li^{+}、Ag^{+} 和 Pb^{2+} 等；$(9\sim17)e^{-}$ 构型的正离子极化力次之，如 Cr^{3+}、Mn^{2+} 和 Cu^{2+} 等；$8e^{-}$ 构型的正离子极化力最弱，如 Na^{+}、Mg^{2+} 和 Ca^{2+} 等。这是因为 $(n-1)$d 轨道上电子对核的屏蔽作用低于 $(n-1)s^2(n-1)p^6$，所以 d^{10}、$d^{10}s^2$ 型离子的极化作用比较大。

2. 离子的变形性

离子的变形性也与上述三个因素有关。

(1)离子电荷　离子构型相同时，正离子的电荷越高，变形性越小；负离子的电荷越高，变形性越大。如变形性 $Na^{+} > Mg^{2+} > Al^{3+}$、$O^{2-} > F^{-}$。

(2)离子半径　外层结构相同或类似，电荷数相同的离子，半径越大，变形性越大，如变形性 $I^{-} > Br^{-} > Cl^{-} > F^{-}$。

(3)离子构型　外层结构是 $(9\sim17)e^{-}$、$18e^{-}$ 和 $(18+2)e^{-}$ 构型的正离子变形性大，如 Fe^{3+}、Ag^{+}、Pb^{2+} 等；外层结构为 $8e^{-}$ 和 $2e^{-}$ 构型的正离子变形性小，如 Al^{3+}、Li^{+}、Be^{2+} 等。

(4)复杂负离子的变形性通常不大，且随中心原子氧化数的升高变形性减小。这主要是中心原子对与其结合的其他原子的极化作用强的原因。常见负离子变形性顺序是：

$ClO_4^- < F^- < NO_3^- < OH^- < CN^- < Cl^- < Br^- < I^-$。

3. 离子极化和无机化合物性质的关系

总的说来，正离子带正电荷，体积小，极化力强而变形性一般较小；负离子半径大，带负电荷，极化力小而变形性大。因此，在大多数情况下，讨论负、正离子相互作用（极化）时，主要考虑正离子对负离子的极化，而忽略负离子对正离子的极化。但是对容易变形的(9～17)e^-、18e^- 和 (18+2)e^- 构型的正离子和负离子互相作用时，一方面，正离子极化负离子，而使负离子变形（产生诱导偶极）；另一方面，变形的负离子也反过来极化正离子，而使正离子变形。这种由于相互极化，使负、正离子间的极化效应增强。离子这种互相极化作用的结果，对物质的结构和性质产生了影响。

由于离子极化作用，正、负离子原来对称的电子云发生变形，电子云较多地分布在正、负离子之间，使正、负离子距离缩短，增大了离子间引力，发生轨道重叠，从而使化学键型由离子键向共价键过渡。

键型的变化对物质的溶解度、颜色、稳定性、熔点都有显著的影响。一般说来，离子极化作用使物质在水中溶解度减小、颜色加深、稳定性减弱、熔点降低。

如 AgX，Ag^+ 是 18e^- 构型，极化力和变形性都很大，负离子随 F^-、Cl^-、Br^-、I^- 顺序离子半径增大，变形性也增大，负、正离子间相互极化作用增强。所以 AgF、AgCl、AgBr、AgI 的共价程度依次增大，在水中的溶解度下降、熔点降低，颜色加深，稳定性减小，见表 3-6。同理，d 区、ds 区及 p 区的金属正离子，分别属于(9～17)e^-、18e^- 和 (18+2)e^- 电子构型，或半径小、高电荷的 8 电子构型，它们与 S^{2-}、O^{2-} 结合时，负、正离子极化作用，使得它们的硫化物和氧化物一般都难溶，特别是 S^{2-} 的变形性大于 O^{2-}。所以，同一正离子的硫化物比氧化物更难溶，且颜色也较氧化物深。又如 d 区元素的氯化物，大多熔点较低，也与相互极化作用有关。并且对于相同元素不同价态的某些 d 区元素的氯化物，低氧化态的氯化物熔、沸点偏高，高氧化态的氯化物熔、沸点偏低。例如 $FeCl_2$ 的熔点为 945 K，而 $FeCl_3$ 的熔点为 579 K，它们的化学键虽然都处于离子键与共价键之间的过渡状态，但低氧化态的氯化物偏向于离子键，晶体偏向于离子晶体；高氧化态的氯化物偏向于共价键，晶体偏向于分子晶体。

表 3-6 离子极化对 AgX 结构和性质的影响

	AgF	AgCl	AgBr	AgI
键长/pm	246	277	288	305
$r_+ + r_-$/pm	262	307	321	342
键型	离子键	过渡键型	过渡键型	共价键
颜色	无色	白色	浅黄	黄
溶解度/($mol \cdot L^{-1}$)	14.2	1.33×10^{-5}	7.31×10^{-7}	9.22×10^{-9}
$K_{sp}^{\ominus}$	—	1.77×10^{-10}	5.35×10^{-13}	8.51×10^{-17}

显然，典型的离子键或共价键化合物很少，大多数是处于中间的过渡态化合物。

有必要指出，影响物质熔点因素除离子极化、价键结构外，晶体结构、分子间作用力等也是重要的因素，所以熔、沸点的变化常有例外。

3.6 分子间力和氢键

3.6.1 键的极性和分子的极性

1. 键的极性

键的极性是指化学键中正、负电荷中心是否重合。若化学键中正、负电荷中心重合，则键无极性，反之键有极性。在同核的双原子分子中，由于同种原子的电负性相同，对共用电子对的吸引能力相同，两核间电子云分布均匀，所以成键两个原子核的正电荷中心和负电荷中心重合，这种由同种原子间形成的共价键叫作非极性共价键或非极性键，如 H_2、O_2 等分子中的化学键均属于非极性键。在化合物中，由于成键原子的电负性不同，共用电子对会偏向电负性较大的原子一方，造成正、负电荷在两个原子间分布不均匀，电负性大的原子一方带部分负电荷(负极)，而电负性较小的原子一方带部分正电荷(正极)，这种由不同原子间形成的共价键叫作极性键(所有不同类原子间的键至少有弱的极性)，如 HCl、H_2O、NH_3 等分子中的共价键。键的极性大小用“键矩”表示。键矩是矢量，规定其方向由正到负，其 SI 单位为 C·m 。键矩越大，极性越大。键矩的大小主要取决于两个成键原子的电负性差值，所以键的极性大小取决于两个成键原子的电负性差值。电负性差值越大，键的极性就越大。如果两个成键原子的电负性差值足够大，以致使共用电子对完全转移到另一个原子上形成正、负离子，这样的极性键就是离子键。离子键是最强的极性键。从极性大小的角度，可将非极性共价键和离子键看作是极性共价键的两个极端，或者说极性共价键是非极性共价键和离子键之间的某种过渡状态。

2. 分子的极性

任何分子都是由带正电荷的原子核和带负电荷的电子组成的。正如物体可以找到重心一样，在分子中也可以找到一个正电荷中心(正极)和一个负电荷中心(负极)，根据分子的正、负电荷中心是否重合，可把共价分子分为极性和非极性两类。分子的极性对分子的性质乃至对物质的性质都有显著的影响。分子的极性大小用“偶极矩”μ 表示，偶极矩为各键矩的矢量和。

对于双原子分子而言，键没有极性，分子无极性，为非极性分子，如 H_2、O_2 等分子；键有极性，分子有极性，为极性分子，且分子的极性随键的极性的变化而变化，如由于 HF、HCl、HBr、HI 中键的极性依次减弱，分子的极性也依次减弱。

对于多原子分子来说，键的极性和分子的极性不完全一致。如果分子中的键均无极性，则分子也无极性，如 P_4、S_8 分子。如果键有极性，分子的极性以及极性大小、偶极矩方向主要取决于分子的空间构型。如 CO_2(直线形)、BF_3(平面正三角形)、CH_4(正四面体)等分子中，键有极性，但分子是中心对称性分子，其键的极性相互抵消，整个分子的正、负电荷中心重合，分子为非极性分子；但是，如 H_2O(V 字形)、SO_2(V 字形)、CH_3Cl(四面体)等分子中，其分子的空间构型不对称，它们键的极性不能完全抵消，分子的正、负电荷中心不重合，分子为极性分子。

3.6.2　分子间力

因为范德华(Van der Waals)在1873年就注意到了这种力的存在，所以后人为了纪念他，把分子间力称为范德华力。分子间力是在共价分子间存在的弱的短程作用力。由于分子间力比化学键弱得多，所以不影响物质的化学性质，但它是决定分子晶体的熔点和沸点、汽化热、熔化热及溶解度等物理性质的重要因素。分子间力包括三个部分，即取向力、诱导力和色散力。

1. 色散力

当两个非极性分子相互靠近时，它们之间似乎不存在相互作用力，但事实上并非如此。例如，室温下，苯是液体，碘、萘是固体，Cl_2 为气体，Br_2 为液体。其他的如 N_2、CO_2 等非极性分子在低温条件下呈液态，甚至为固态。这些物质之所以维持某种聚集状态，说明在这些非极性分子之间存在着相互作用力。在1930年，伦敦用量子力学计算方法证明了非极性分子之间存在这种作用力，并得出其计算公式。由于计算公式所包含的数学项在形式上看与光的色散作用表示式十分相似，所以这种分子间力叫作色散力。

我们通常所说的所谓非极性分子偶极矩等于零，即非极性分子正、负电荷中心重合，是从分子中电子云分布的对称性而言的。实际上，由于电子的不断运动和原子核的不断振动，常发生电子云和原子核之间瞬时的相对位移，从而产生瞬时偶极。当非极性分子相互靠近到一定距离时，由于同极相斥、异极相吸，瞬时偶极间处于异极相邻的状态，如图3-15(a)所示；虽然瞬时偶极存在的时间极短，但由于电子的运动和核的振动是持续不断的，所以这样异极相邻的状态也持续地重复出现，使得分子之间始终存在这种引力。这种分子之间通过瞬时偶极产生的作用力叫作色散力。从色散力产生的原因可以看出，不论分子原来是否有偶极，只要分子可变形，分子就产生瞬时偶极，只要分子间距离小到一定程度，任何分子之间都存在色散力。显然，色散力的大小主要取决于分子的变形性。分子的半径越大，电子离核越远，核对电子的束缚越弱，分子的变形性就越大。一般来说，分子的体积越大，相对分子质量也越大，分子中所含电子数就越多，分子的变形性就越大。所以，相对分子质量越大，色散力就越强。

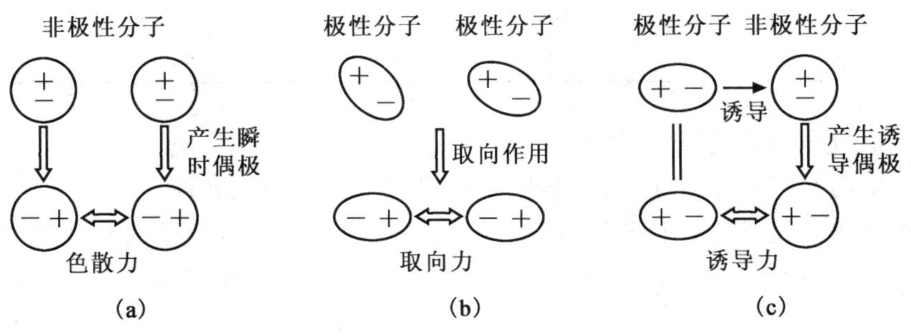

图3-15　色散力、取向力和诱导力

2. 取向力

取向力发生在极性分子之间。当极性分子相互靠近时，除了色散力外，由于极性分子固有偶极同极相斥、异极相吸，分子在空间按异极相邻的取向排列[图 3-15(b)]，从而使化合物处于一种比较稳定的状态，这种由极性分子固有偶极的取向而引起的分子间力叫作取向力。在极性分子之间，由于它们固有偶极的相互作用，彼此间都产生诱导作用，使每个分子的极性增加，从而使分子之间的相互作用进一步加强。取向力的大小主要与分子的极性有关，分子极性越大，取向力越大。取向力是最早由葛生(W. H. Keesom)提出来的，所以又称为“葛生力”。

3. 诱导力

当极性分子和非极性分子相互靠近时，除了色散力外，还存在一种作用力，叫作诱导力[图 3-15(c)]。非极性分子受极性分子固有偶极产生的电场影响，发生电子云和核之间相对位移而产生诱导偶极，诱导偶极产生的同时反过来又作用于极性分子，使其偶极增加，从而进一步增强了它们之间的吸引力。这种诱导偶极和极性分子固有偶极之间所产生的作用力叫作诱导力。诱导力的大小与极性分子的极性强弱和被诱导分子的变形性有关。分子极性越强，诱导力越强；被诱导分子的变形性越大，诱导力也越大。诱导力是由荷兰化学家德拜(P. J. W. Debye)在 1920—1921 年间提出的，故又称“德拜力”。

总之，分子间力是上述三种力的总和，在不同情况下分子间力的组成不同。在非极性分子之间只有色散力，在极性和非极性分子之间有色散力和诱导力，在极性分子之间则有取向力、色散力和诱导力。可见，色散力普遍存在于各种分子之间，一般也是最主要的分子间力。从表 3-6 中可以看出，除了极性很强的 H_2O 分子之间取向力占主导地位外，大多数分子间作用力都以色散力为主，而诱导力通常占的比例很小。

表 3-7　分子间作用能的分配　　$kJ \cdot mol^{-1}$

分子	$\mu/(\times10^{-30} C \cdot m)$	取向力	诱导力	色散力	总和
Ar	0	0	0	8.49	8.49
Xe	0	0	0	17.41	17.41
CO	0.40	0.003	0.008	8.74	8.75
HI	1.27	0.025	0.113	25.87	26.01
HBr	2.64	0.690	0.502	21.94	23.13
HCl	3.57	3.31	1.00	16.83	21.14
NH_3	4.91	13.31	1.55	14.95	29.81
H_2O	6.18	36.36	1.93	9.00	47.29

一般地说，分子间力有以下特点：

(1)分子间力是存在于分子间的电性引力，没有方向性和饱和性。

(2)分子间力是短程力，与分子间距离的 6 次方成反比，随着分子间距离的增加，分子间力迅速减弱。因此，在液态或固态时，分子间力比较显著，而在气态时分子间力很小，往往可以忽略。

(3)分子间力是一种弱相互作用力，分子间作用力一般在几到几十 $kJ \cdot mol^{-1}$ 之间，比化学键小 1～2 个数量级，但它对物质的性质有很大的影响。

(4)只有取向力与绝对温度成反比，色散力和诱导力一般与温度无关。

分子间力和物质的熔点、沸点、聚集状态及溶解度等性质密切关系。由于除了极少数强极性物质(如 H_2O、HF)的分子间力以取向力为主外,多数物质的分子间力主要来源于色散力,所以对于相同类型的物质,随着相对分子质量的增大,分子间力随之增大,物质的熔点和沸点也随之升高,聚集状态由气态到固态。如常温下,F_2、Cl_2 为气体,Br_2 为液体,而 I_2 为固体,说明分子间力随分子的相对分子质量的增大而由 $F_2 \rightarrow I_2$ 逐渐增强。同样,HCl、HBr、HI 的熔点和沸点也依次升高。

当分子的相对分子质量相同或相近时,极性分子化合物的熔点和沸点比非极性分子的高。如 CO 和 N_2 的相对分子质量相同,分子大小也相近,变形性也相近,所以色散力也相当,但在 CO 中还有诱导力和取向力,所以 CO 的沸点就相对高些,为－192℃,而氮的沸点为－196℃。

3.6.3　氢键

我们从分子间力的讨论中已经知道,相同类型的化合物的熔、沸点随着分子的相对分子质量的增大而升高,如以上讨论的 HCl、HBr、HI。但某些氢化物,如 HF、H_2O、NH_3 等与它们同系列氢化物相比较却出现异常情况,它们的相对分子质量在同系列中最小,而它们的熔点和沸点异常偏高(图 3-16),许多事实证明这些氢化物的分子之间,除了分子间力(范德华力)外,还存在一种特殊的作用力——氢键。

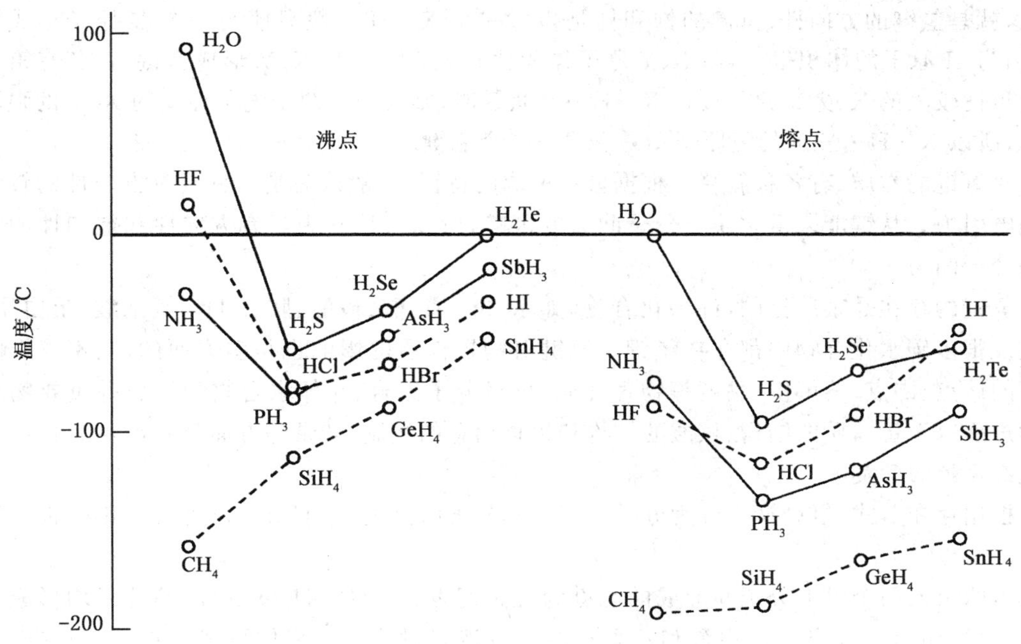

图 3-16　氢化物的熔点和沸点

1. 氢键的形成及特点

当氢原子与电负性很大、半径很小的 X 原子(如 F、O、N 原子)形成共价键型氢化物时,由于原子间的共用电子对强烈地偏向 X 原子一边,而使氢原子几乎成为裸露的质子,这样氢原子就可以和另一个电负性很大的且含孤对电子的Y原子(F、O、N原子)产生静电吸引。这种引力称为氢键。氢键常以X—H…Y来表示,点线为氢键,实线为共价键,X、Y可以是同种原子,也可以是不同种原子。

形成氢键必须具备以下两个条件:一个是要有一个与电负性大的元素(如F、O、N等)以共价键结合的氢原子;另一个是靠近氢原子的另一个原子必须电负性大(如F、O、N等),且具有孤对电子。符合上述条件的分子间都能形成氢键。

氢键有以下几个特点:

(1)氢键键能较小。氢键键能比化学键小得多,与分子间作用力同一个数量级,其键能在8～50 $kJ \cdot mol^{-1}$ 范围。氢键一般要比分子间作用力稍强。氢键的强弱主要与X、Y元素的电负性有关,X、Y电负性越大,形成的氢键就越强。氢键的强弱次序为:

$$F—H\cdots F > O—H\cdots O > O—H\cdots N > N—H\cdots N$$

氢键的强弱还与Y原子的半径有关,半径越小,氢键越强;半径越大,氢键越弱。如Cl原子半径比N大,只能形成很弱的氢键O—H…Cl。硫原子电负性较Cl小,半径大,所以O—H…S键更弱。

(2)氢键具有方向性和饱和性。形成氢键的三原子X—H…Y在同一条直线上时,X、Y原子相互距离最远,两原子的电子云间排斥最小,体系能量降低得最多,形成的氢键才最稳定,这就是氢键的方向性;氢键的饱和性是指每一个X—H一般只能与一个Y原子形成氢键,因为H原子的体积很小,而X、Y原子体积比较大,当H与X、Y形成氢键后,若有第三个电负性较大的X或Y原子接近X—H…Y氢键时,则要受到两个电负性大的X、Y的强烈排斥,所以X—H…Y上的氢原子不易形成第二个氢键。

对氢键的本质,有各种解释。根据氢键形成的特征,一般认为是一种具有方向性的较强的静电引力。从键能来看它属于分子间力的范畴,所以又称它为具有方向性和饱和性的特殊的分子间力。

氢键的存在是很广泛的,许多化合物,如水、醇、酚、酸、羧酸、胺、NH_3、氨基酸、蛋白质、核酸及很多碳水化合物中都存在氢键。氢键对物质性质的影响也是多方面的,它不仅影响物质的熔点、沸点、溶解度、黏度等物理性质,也对分子聚合、晶体水合物的形成等重要物理化学过程以至蛋白质的结构、核酸的结构和生物信息的复制、转录等方面都有重要影响。

2. 氢键的种类

根据存在形式,氢键又可分为分子间氢键和分子内氢键,它们对物质性质的影响也有所差异。

由两个或两个以上分子间形成的氢键为分子间氢键,HF、H_2O、NH_3 等分子均形成分子间氢键,如图3-17所示。甲酸和乙酸在结晶或液态时均以二聚体形式存在,甚至它们在气态时也是二聚体形式存在。

同一个分子内形成的氢键为分子内氢键,如邻位的硝基苯酚(图3-18)等均能形成分子内氢键。应当注意的是,间位或对位的硝基苯酚或类似化合物分子不能形成分子内氢键,而形成分子间氢键。

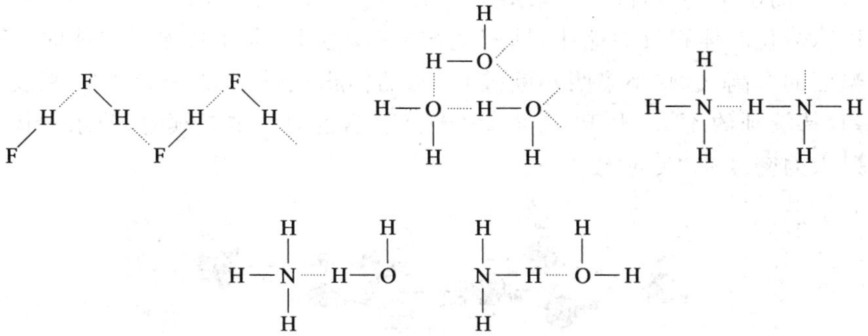

图 3-17　分子间氢键

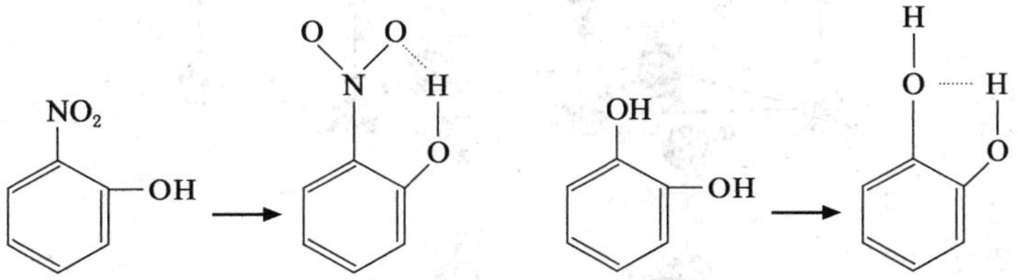

图 3-18　分子内氢键

3. 氢键对物质性质的影响

(1)对物质熔点、沸点、溶解度的影响　当分子间存在氢键时,分子间结合力增大,物质的熔点、沸点升高。如上述ⅤA 至ⅦA 族氢化物中,由于 HF、H_2O 和 NH_3 分子均形成分子间氢键,所以它们的熔、沸点均异常偏高。除 HF、H_2O、NH_3 外,其他氢化物的熔、沸点随相对分子质量的增大而升高。

由于物质的熔化或沸腾不破坏分子内氢键,故分子内形成氢键常使其熔、沸点低于同类化合物的熔、沸点。如含有分子内氢键的邻位的硝基苯酚的熔点(为 45℃)低于间位和对位的硝基苯酚的熔点(分别为 96℃和 114℃)。其原因是,邻位的已形成分子内氢键,不能再形成分子间氢键,所以,后两者熔点比前者高。

物质在溶解过程中,如果溶质分子与溶剂分子间形成氢键,则物质的溶解度增大,如水和乙醇混合后,由于它们之间形成很强的氢键,所以它们能够以任何比例互溶。而含有分子内氢键的溶质在极性溶剂中溶解度减小,而在非极性溶剂中的溶解度增大。

(2)对水及冰密度的影响　我们知道液体凝固时,体积一般都缩小(或密度增大),这是一种普遍规律,但也有一些与此相反的例子,水是其中的一个典型例子,水的这种反常现象也是其分子间存在的氢键引起的。由图 3-19 所示的冰的结构中可看出,当水结成冰时,服从"最大生成氢键原理",全部 H 原子都参与了氢键的形成,从而在 H_2O 分子之间形成四面体向的骨架结构。在这个结构中,每个 O 原子周围都有四个 H,其中两个 H 距 O 较近,以共价键结合,另两个 H 距 O 较远,以氢键相连,所以这是一个比较疏松或有很多"空洞"的结构。当冰在冰点熔化时,部分氢键被破坏(冰在其冰点熔化时,熔化热只占其氢键键能的

30%),但在这时的水中仍有许多类似冰结构的运动自由的小集团,这些小集团可以堆积得更紧密,所以冰熔化时体积反而缩小,即密度增大(反过来,水在其冰点结冰时,其密度则减小)。随着温度的升高,这些小集团不断破碎,水的体积也随之进一步缩小,密度继续增大,这种状态一直持续到约4℃,大于4℃时,由于分子热运动为主要倾向,使水的体积膨胀,密度减小,所以水的密度在4℃时最大。

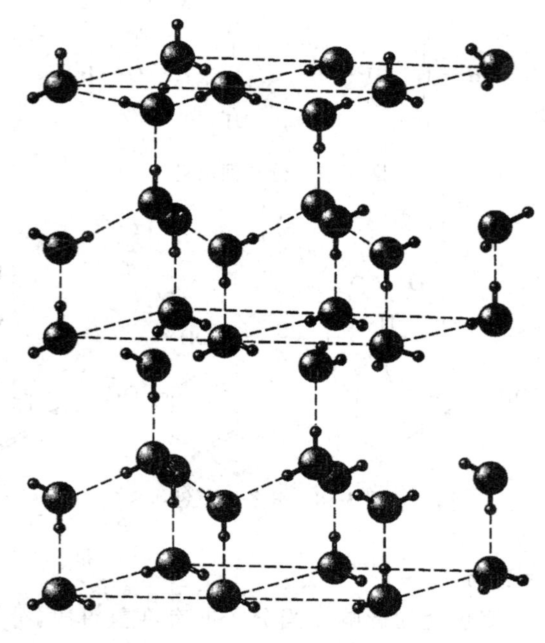

图 3-19 冰的结构

(3)对蛋白质结构的影响 人们认为氢键对于生命来说比水还重要,因为生物体内的蛋白质和脱氧核糖核酸(DNA)分子内或分子间都存在大量的氢键。蛋白质分子是许多氨基酸以酰胺键(—CO—NH—,又称肽键)缩合而成,这些长链分子之间又靠羰基上的氧和氨基上的氢以氢键(C=O…H—N)彼此在折叠平面上连接,如图3-20(a)所示。蛋白质的长链分子本身又可呈螺旋形排列,螺旋各圈之间也因存在上述氢键而增强了螺旋结构(二级结构)的稳定性。图3-20(b)为蛋白质的α-螺旋结构。由此可见,氢键对蛋白质维持一定空间构象起着重要作用。

由于氢键键能较小,所以只稍许加热甚至摇动就能把蛋白质的二级结构破坏,从而使它变性,如鸡蛋受热后迅速凝固,摇动蛋清时,蛋白质开始沉淀等均与氢键的变化有关。

氢键对核酸的结构也起着重要的作用。如在DNA的双螺旋结构中,两条链是通过它们碱基间的氢键[图3-20(c)]维系在一起的。这些碱基间的氢键配对不是随意的,而是限定在鸟嘌呤(G)与胞嘧啶(C)、腺嘌呤(A)与胸腺嘧啶(T)间,称为"互补原则"。生物信息的复制、转录、反转录过程,都是以碱基的"互补原则"为基础,而它们的专一性是由氢键匹配所决定的。所以氢键在核酸的结构、生物信息的传递等方面都起着重要作用。

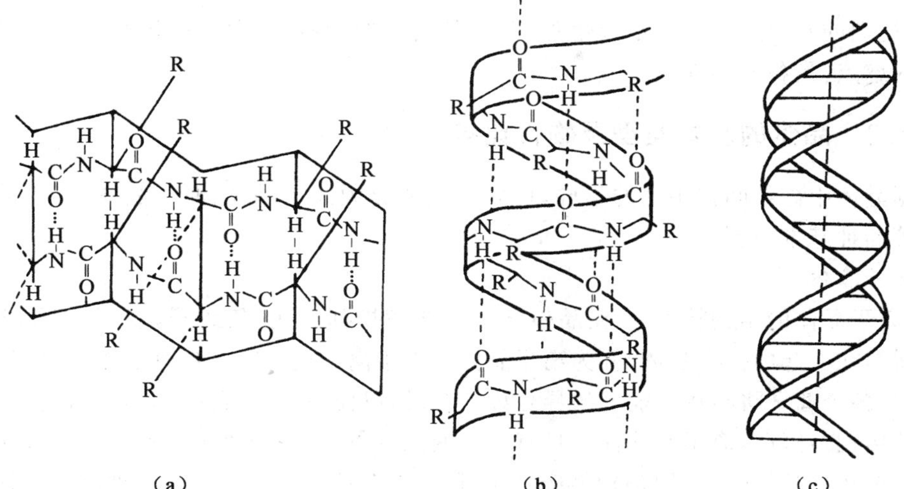

图 3-20 蛋白质多肽折叠结构(a)、蛋白质 α-螺旋结构(b)和 DNA 双螺旋结构(c)模式

3.7 晶体结构简介

3.7.1 晶体的基本特征

固体是具有一定体积和形状的物质,它可以分为晶体和非晶体两类。内部微粒或质点有规则排列构成的固体叫作晶体;微粒或质点作无规则排列构成的固体叫作非晶体。晶体内部的微粒(分子、原子、离子)都有规则地排列在空间的一定的点上,所构成的空间格子叫晶格,在晶格中排有微粒的那些点称为结点。不同的晶体具有不同的晶格结构,因此不同的晶体具有不同的性质。晶体中最小的重复单元叫晶胞,晶胞在三维空间中周期性地无限重复就形成了晶体。因此,晶体的性质是由晶胞的大小、性状和质点的种类(分子、原子、离子)以及它们之间的作用力所决定的,如图 3-21 所示。

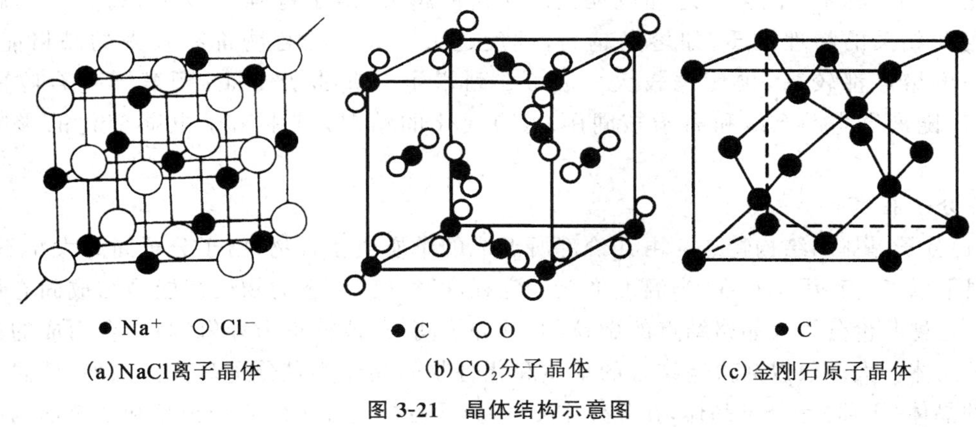

(a) NaCl离子晶体 (b) CO_2分子晶体 (c) 金刚石原子晶体

图 3-21 晶体结构示意图

在晶体和非晶体中，由于内部微粒排列的规整性不同而呈现不同的特征。晶体一般具有整齐、规则的几何外形和确定的熔点，并有各向异性的特征，而非晶体则没有一定的外形和固定的熔点，是各向同性的。

3.7.2 晶体的基本类型及物性比较

根据晶体中微粒间作用力的不同，可以将晶体分为离子晶体、原子晶体、分子晶体和金属晶体等四种基本类型。

1. 离子晶体

(1)离子晶体的结构特点　在晶格结点上交替排列着正、负离子，正、负离子之间通过离子键联结在一起的一类晶体，称为离子晶体。由于离子键没有方向性和饱和性，所以在离子晶体中，各个离子将与尽可能多的异号离子接触，以使系统尽可能处于最低能量状态而形成稳定的结构。因此，离子晶体往往具有较高的配位数(与一个离子相邻的相反离子数目)。以典型的氯化钠晶体[图 3-21(a)]为例，Na^+ 和 Cl^- 的配位数都为 6，可以把整个晶体看作是一个巨大的分子，其晶体中不存在单个的氯化钠分子，只有 Na^+ 和 Cl^-，化学式 NaCl 只代表氯化钠晶体中 Na^+ 和 Cl^- 的数目比为 1∶1，而不是分子式。

离子晶体的配位数主要取决于正、负离子的半径比 r_+/r_-。对 AB 型晶体来讲，正、负离子半径比和晶体构型的关系如表 3-8 所示。

表 3-8　AB 型晶体离子半径比和晶体构型间的关系

半径比 r_+/r_-	配位数	晶体构型	实例
0.225～0.414	4	ZnS 型	BaS、ZnO、CuCl 等
0.414～0.732	6	NaCl 型	KCl、KBr、LiF、MgO 等
0.732～1.00	8	CsCl 型	CsBr、CsI、NH_4Cl 等

(2)离子晶体的性质　离子晶体中，离子间以较强的离子键相互作用，所以离子晶体一般具有较高的熔点和较大的硬度，而延展性差，通常较脆。离子晶体的熔点、硬度等物理性质与晶格能大小有关。对于相同类型的离子晶体来说，晶格能与正、负离子的电荷数成正比，与正、负离子的半径之和成反比。晶格能越大，离子键强度越大，离子晶体越稳定。与此相关的物理性质，如熔点越高，硬度越大。离子化合物都有较大的晶格能，所以它们的熔点都较高，硬度也较大。表 3-9 列举了一些常见 NaCl 型离子化合物的熔点、硬度随离子电荷(Z)和离子核间距(R_0)变化的情况，其中离子电荷变化的影响最突出。

2. 分子晶体

(1)分子晶体的结构特点　由共价键所形成的单质或化合物，由于分子间力大小不同，在常温下以气、液、固态存在，当温度降至一定程度时，气、液态的物质都能凝结成固态形成晶体。这种共价分子为晶格结点的微粒，通过分子间力(范德华力和氢键)结合而成的晶体叫分子晶体。大多数以共价键结合的单质和化合物的晶体都是分子晶体。例如，低温下的 CO_2 的晶体(干冰)是分子晶体，在晶体中 CO_2 分子占据立方体的 8 个顶角和 6 个面的中心位置[图 3-21(b)]。

表 3-9　离子电荷、R_0 对晶格能和离子晶体熔点、硬度的影响

NaCl 型离子化合物	Z	R_0/pm	U/(kJ·mol^{-1})	熔点/℃	Mohs 硬度
NaF	1	231	923	993	3.2
NaCl	1	282	786	801	2.5
NaBr	1	298	747	747	<2.5
NaI	1	323	704	661	<2.5
MgO	2	210	3 791	2 852	6.5
CaO	2	240	3 401	2 614	4.5
SrO	2	257	3 223	2 430	3.5
BaO	2	256	3 054	1 918	3.3

(2)分子晶体的性质　在分子晶体中，由于分子间力较弱，只要供给少量的能量，晶体就会被破坏，因此分子晶体的熔点较低(一般低于 400℃)，硬度较小，在常温下以气态或液态形式存在。有些分子晶体还具有较大的挥发性，如碘晶体和萘晶体。由于分子晶体结点上是电中性的分子，故固态和熔融态时都不导电，但某些极性分子所组成的晶体溶于水后能导电，如 HCl 分子、NH_3 分子。

绝大多数共价化合物都可形成分子晶体，只有很少一部分共价化合物形成原子晶体，如 SiO_2、SiN 等。

3. 原子晶体

(1)原子晶体的结构特点　晶格结点上的微粒是原子，原子间通过共价键而形成的晶体叫原子晶体，如单质 Si、金刚砂(SiC)、石英(SiO_2)和金刚石(C)[图 3-21(c)]等。在原子晶体中不存在独立的简单分子，整个晶体构成一个巨型分子，Si、SiC、SiO_2、C 等只是代表这些物质的化学式，而不是分子式。例如，在典型的原子晶体金刚石中，晶格结点上都是碳原子，每个碳原子以 sp^3 杂化轨道和其他 4 个碳原子以共价键结合，构成正四面体的晶体结构，这种正四面体在整个空间重复延伸就形成了三维网状结构的巨型分子。

(2)原子晶体的性质　在原子晶体中粒子间以共价键结合，因此具有很高的熔点，硬度很大。金刚石是最硬的固体，熔点高达 3 576℃；金刚砂(SiC)的硬度仅次于金刚石，是工业上常用的研磨材料。原子晶体难溶于一切溶剂，在常温下不导电，是电的绝缘体和热的不良导体。

4. 金属晶体

金属原子半径比较大，原子核对价电子的吸引比较弱，因此价电子容易从金属原子上脱落下来成为自由电子或非定域的自由电子，它们不再属于某一金属原子，而是在整个金属晶体中自由流动，为整个金属共有。在金属晶体的晶格结点上排列着的原子或离子靠共用这些自由电子"黏合"在一起，这种结合力称为金属键。由于金属键没有方向性和饱和性，因此金属晶体中，金属原子尽可能采取紧密堆积的方式，使每个原子与尽可能多的其他原子相接触，以形成稳定的金属结构。在金属晶体中，由于自由电子的存在和晶体的紧密堆积结构，使金属获得了密度较大，有金属光泽，具有良好的导电性、导热性、机械性能等共同的性质。

□ 本章小结

离子键理论要点是阳离子和阴离子在静电力作用下，相互吸引、靠近、紧密堆积，结合过程中放出能量，形成离子键和离子型晶体。离子键没有方向性和饱和性。离子晶体是由正、负离子按化学式组成比相间排列形成的"巨型分子"。离子键的强弱用晶格能数据来衡量。影响晶格能的主要结构因素有离子晶体的类型、离子电荷和离子半径。对于相同类型的离子晶体，离子电荷越高、离子半径越小，则晶格能越大。晶格能的大小影响离子晶体的熔点、硬度等性质。

价键理论要点是原子相互接近时，外层能量相近且含有自旋相反的未成对电子的轨道发生重叠，核间电子概率密度增大，系统能量降低，从而形成共价键。共价键既有方向性，又有饱和性。轨道杂化理论对价键理论作了重要补充，成功地解释了分子的空间构型。

分子间力包括色散力、诱导力和取向力。取向力仅存在于极性分子之间，其强弱决定于分子的极性；诱导力存在于极性分子间、极性与非极性分子间，其强弱决定于极性分子的极性及被诱导变形的分子的变形性；色散力存在于任何分子之间，其强弱决定于分子的变形性。氢键是一种可存在于分子之间也可存在于分子内部的作用力，它比化学键弱很多，但比范德华力稍强。氢键的形成会影响物质的熔点、沸点、在不同溶剂中的溶解性、密度、酸碱性等等。

□ 习　题

3-1　离子键是指______________________________形成的化学键，离子键主要存在于____________________中____________。

3-2　写出下列各离子的外层电子构型，并指出它们分别属于哪一类的离子构型(8，18，9～17，18＋2)。

Al^{3+}，Fe^{2+}，Bi^{3+}，Cd^{2+}，Mn^{2+}，Hg^{2+}，Ca^{2+}，Br^-

3-3　判断下列叙述是否正确，并说明理由。

(1)一种元素原子所能形成的共价键数目等于基态的该种元素原子中所含的未成对电子数，此即共价键的饱和性；

(2)共价键多重键中必含一条 σ 键；

(3)由同种元素组成的分子均为非极性分子；

(4)凡是含氢的化合物，其分子之间都能形成氢键；

(5)s 电子与 s 电子间形成的键是 σ 键，p 电子与 p 电子间形成的键是 π 键；

(6)所谓的 sp^3 杂化，系指 1 个 s 电子和 3 个 p 电子的混杂；

(7)色散力不仅存在于非极性分子之间。

3-4　乙醇的沸点(78℃)比乙醚的沸点(35℃)高得多，主要原因是：

A. 由于乙醇的摩尔质量大　　B. 由于乙醚存在分子内氢键

C. 由于乙醇分子间存在氢键　　D. 由于乙醇分子间取向力强

3-5　下列化合物熔点高低顺序为：

A. $SiCl_4 > KCl > SiBr_4 > KBr$　　B. $KCl > KBr > SiBr_4 > SiCl_4$

C. $SiBr_4 > SiCl_4 > KBr > KCl$　　D. $KCl > KBr > SiCl_4 > SiBr_4$

3-6　s 轨道和 p 轨道的杂化可分为哪几种？各种的杂化轨道数及所含 s 成分和 p 成分

各为多少?

3-7 什么叫 σ 键? 什么叫 π 键? 二者有何区别?

3-8 以 NH_3 分子为例,说明不等性杂化的特点。

3-9 BF_3 是平面三角形而 NF_3 却是三角锥形,试用杂化轨道理论加以解释。

3-10 试用价层电子对互斥理论推断下列各分子的几何构型,并用杂化轨道理论判断分子是否具有极性。

CO_3^{2-},$SiCl_4$,CS_2,BBr_3,PF_3,OF_2,SO_2

3-11 HF、HCl、HBr、HI 四种物质,分子极性由强到弱的顺序为________________,分子间取向力由强到弱的顺序为________________,分子间色散力由强到弱的顺序为________________,沸点由高到低的顺序为________________。

3-12 下列每组分子之间存在着什么形式的分子间作用力(取向力、诱导力、色散力、氢键)?

(1)苯和 CCl_4;(2)甲醇和水;(3)HBr 气体;(4)He 和水。

第3部分

化学反应基本原理

PART 3
BASIC THEORY
OF CHEMICAL REACTION

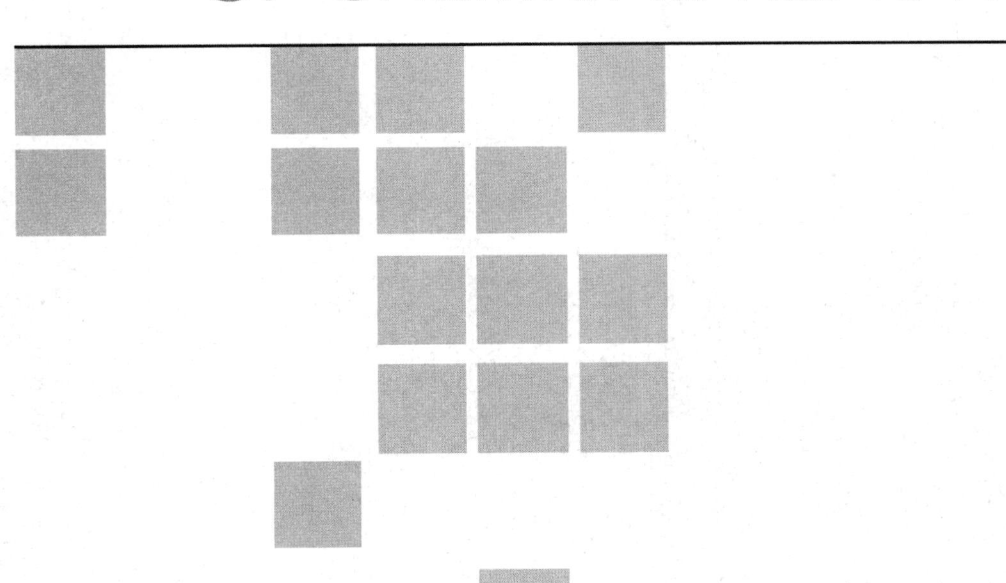

物质的化学变化是化学研究的中心课题。我们讨论物质的组成、结构和性质都是以此为中心进行的。

在一般的化学变化中,会产生新的组成和结构的物质,同时必然伴随着能量的改变。在这两方面的变化中,存在着哪些基本规律呢?面对浩如烟海的化学物质的化学反应,仅凭经验和或盲目试验,显然不能应对。因此,化学工作者必须能对以下问题做出合理的判断和推测。

1. 两种或多种物质在一起是否可能发生化学反应?即判断化学反应发生与否的理论上的“反应的判据”是什么?

2. 如果确信反应可能发生,那么反应前后,反应物与产物的量之间有什么关系?这就是在实际中人们关心的产率问题,即理论上的“反应程度”。

3. 如果确信反应可能发生,那么过程中将伴随多大能量变化?能量变化与上述质量变化之间有没有联系?规律如何?

4. 如果确信反应可能发生,那么反应进行的快慢如何?如何改善化学反应速率?这就是“反应速率”的问题,在实际中它将影响生产效率(单位时间的产量)。

5. 为了获得优化反应条件的指导性原则,还必须深入到物质变化的内部,即从微观方面去了解和探索反应是如何实现的。这就是对“反应机理”的研究。

前三个问题属于化学热力学研究的范畴,后两个问题则是化学动力学的课题。要在本部分三章内短短的篇幅中详细讨论如此重要而庞大的两个化学分支的内容是不可能的,我们只能介绍一些必要的基础知识。

Chapter 4 第 4 章

化学热力学基础

Primary Conception of Chemical Thermodynamics

热力学是研究系统变化过程中能量转化规律的一门科学。把热力学的理论以及研究方法用于研究化学现象就产生了化学热力学。其主要内容是利用热力学第一定律来计算化学反应热;利用热力学第二、第三定律来解决指定化学反应的方向和限度问题。

化学热力学涉及的内容既广且深,在普通化学中仅介绍化学热力学的最基本的概念、理论、方法和应用。本章具体要求如下:

【学习要求】

- 掌握状态函数、标准状态等热力学基本概念。
- 了解热力学能、焓、熵、吉布斯自由能等状态函数的定义以及一定条件下这些状态函数改变量的物理意义。
- 理解并能熟练应用热化学定律,掌握化学反应热的基本计算方法。
- 了解自发过程的特点,掌握计算反应标准摩尔吉布斯自由能变的方法。
- 掌握利用 $\Delta_r G_m$ 判断化学反应方向的方法,熟练应用吉布斯-赫姆霍兹方程。

4.1 热力学基础知识

4.1.1 系统和环境

为了研究方便,首先要确定研究对象。热力学研究中把被研究的对象称为系统,系统以外与系统相联系的部分称为环境。例如我们要研究 NaOH 和 HCl 在水溶液中的反应,则含有这两种物质的水溶液就是系统。溶液以外的烧杯、溶液上方的空气等都是环境。根据系统与环境的关系,热力学的系统分为三种:①敞开系统:系统与环境之间既有物质交换又有能量交换;②封闭系统:系统与环境之间没有物质交换,只有能量交换;③孤立系统:系统和环境之间既没有物质交换,也没有能量交换。例如,在一敞口杯中盛满热水,若以热水为系统则是一敞开系统,体系向环境放出热能,又不断地有水分子变为水蒸气逸出。若在杯上加一个不让水蒸发出去的盖子,避免了系统与环境间的物质交换,则变成一个封闭系统。若将上述封闭系统中的杯子换成一个理想的保温瓶,系统与环境间没有物质及能量交换,则是一个孤立系统。

4.1.2 状态和状态函数

状态是系统的物理性质与化学性质的综合表现，是由一系列宏观物理量确定的。用来说明、确定系统所处状态的宏观物理量称为系统的状态函数，是与系统的状态相联系的物理量。例如：我们研究的系统是某理想气体，其物质的量 $n=1$ mol，压力 $p=1.013\times10^5$ Pa，体积 $V=22.4$ L，温度 $T=273$ K，我们说它处于标准状况。这里的 n，p，V 和 T 就是系统的状态函数，理想气体的标准状况就是由这些状态函数确定下来的系统的一种状态。

系统发生变化前的状态称为始态，变化后的状态称为终态。显然，系统变化的始态和终态一经确定，各状态函数的改变量也就确定了。改变量通常用希腊字母 Δ 表示，如始态的温度为 T_1，终态的温度为 T_2，则状态函数 T 的改变量 $\Delta T=T_2-T_1$。

状态函数具有如下特点：

(1)状态函数具有定值性：状态确定，状态函数确定。系统的状态函数发生改变，则系统的状态发生变化。

(2)当系统的状态发生变化时，状态函数也随之改变，并且其变化只与系统的始态和终态有关，与变化的途径无关。如某气体由状态Ⅰ($p_1=100$ kPa，$T_1=100$ K)变成状态Ⅱ($p_2=200$ kPa，$T_2=200$ K)，上述变化无论经过什么途径，其状态函数的变化均是 $\Delta p=p_2-p_1=100$ kPa，$\Delta T=T_2-T_1=100$ K。

大家熟悉的物理量如温度 T、压力 p、体积 V、物质的量 n、密度 ρ 等均为状态函数。本章将介绍几种新的热力学状态函数，如系统的热力学能 U、焓 H、熵 S、吉布斯自由能 G 等。

有些状态函数与系统的物质的量有关，具有一定的加和性，如质量 m，体积 V，热力学能 U 等。体系的这类性质称为广度性质。

也有些状态函数与系统的物质的量无关，不具有加和性，如温度、表面张力、黏度等。体系的这类性质称为强度性质。

4.1.3 过程和途径

系统状态发生变化的经过称为过程，把完成这个过程的具体步骤称为途径。

热力学中常见的过程有以下几种：

(1)等温过程　系统初始温度与终了温度相等，即 $\Delta T=0$ 的过程。

(2)定压过程　系统的压力保持不变的过程。

(3)定容过程　系统的体积保持不变的过程。

(4)绝热过程　系统和环境之间无热量交换的过程。

4.1.4 热力学标准状态

在热力学中，为了研究的方便，规定了热力学标准状态。物质的热力学标准状态是指在 1×10^5 Pa 的压力和某一指定温度下物质的状态。热力学对物质的标准状态规定如下：

(1)气体物质的标准状态是指该物质的物理状态为理想气体，并且气体的压力(或在混合气体中的分压)为 1×10^5 Pa (即 100 kPa)。热力学将 1×10^5 Pa (100 kPa)规定为标准压力，用符号 $p^{\ominus}$ 表示。

(2)溶液的标准状态是指在标准压力下($p=p^{\ominus}$),溶液的质量摩尔浓度 $b=1\ mol \cdot kg^{-1}$ 时的状态。热力学用 $b^{\ominus}$ 表示标准浓度,即 $b^{\ominus}=1\ mol \cdot kg^{-1}$。在基础化学的计算中和比较稀的溶液计算中,通常作近似处理,用物质的量浓度 c 代替质量摩尔浓度 b,这样溶液的标准状态可近似地看成是溶质的物质的量浓度为 $1\ mol \cdot L^{-1}$,表示为 $c^{\ominus}=1\ mol \cdot L^{-1}$。

(3)液体和固体的标准状态是指处于标准压力下($p=p^{\ominus}$)纯物质的物理状态。

在热力学的有关计算中,要注明其状态,如标准状态下的焓变记为 $\Delta H^{\ominus}(T)$。

4.1.5 功、热

系统状态变化时与环境间的能量交换有三种形式:热、功和辐射。热力学仅考虑前两种能量变化。

1. 热

热是由于温度差引起的能量在环境与系统之间的流动,用 Q 表示,其 SI 单位为 J。热力学规定,系统从环境吸收热, Q 为正值,即 $Q>0$;系统向环境释放热,Q 为负值,即 $Q<0$。

2. 功

在热力学中,系统和环境之间除了热以外,以其他形式交换的能量称为功,用符号 W 表示,其 SI 单位为 J,规定:系统对环境做功,W 为负值,即 $W<0$;环境对系统做功,W 为正值,即 $W>0$。根据做功的方式不同,功又分为体积功和非体积功。体积功是指系统和环境之间因体积变化所做的功,或者说,系统反抗外力作用而与环境交换的能量。由于液体和固体在变化过程中体积变化较小,因此体积功的讨论经常是对气体而言的。

例 4-1 温度为 T、体积为 V 的理想气体发生定压膨胀,体积增大 ΔV。以该理想气体为系统,计算过程中系统所做体积功。

解:定压过程是指环境压力(外压)p_e 保持不变的条件,系统始态 1 和终态 2 压力相同且等于环境压力的过程(图 4-1):

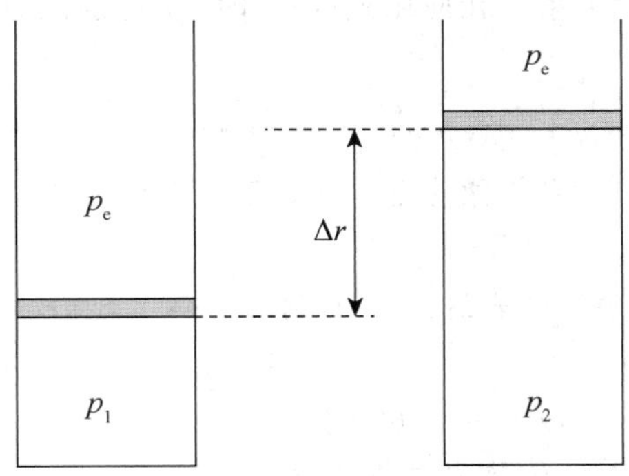

图 4-1 理想气体定压膨胀示意图

$$p_1 = p_2 = p_e = 常数$$

设活塞面积为 A,活塞移动的距离 Δr,则可得:

$$W = -p_e A \Delta r = -p_e \Delta V$$

式中，负号表示系统做功。当系统的压力与环境的压力 p_e 保持相等时，p_e 可用 p 代替，于是体积功的计算表达式为：

$$W = -p\Delta V \tag{4-1}$$

式中，W 为体积功，SI 单位为 J，常用单位 kJ；p_e 为外压力，SI 单位为 Pa，常用单位为 kPa；ΔV 为气体体积的改变量，$\Delta V = V_{终} - V_{初}$，SI 单位为 m^3，常用单位为 L。

非体积功是指除体积功以外，系统和环境之间以其他形式所做的功。

由热和功的定义可知，热和功总是和系统的变化联系着，没有过程，系统的状态没有变化，系统和环境之间无法交换能量，也就没有功和热。功和热不同于热力学能，它们不是状态函数。

4.1.6 热力学第一定律

1. 热力学能

热力学系统内部的能量称为热力学能(又称内能)，用符号 U 表示，其 SI 单位为 J。热力学能是系统内部能量的总和，它是系统本身的性质，由系统的状态决定，系统的状态一定，它就确定，也就是说热力学能是系统的状态函数。

2. 热力学第一定律

热力学第一定律就是众所周知的能量守恒定律，表述为：自然界中一切物质都具有能量，能量有各种不同的形式，它能从一种形式转化为另一种形式，从一个物体传递给另一个物体，而在传递和转化过程中能量的总和不变。

由热力学第一定律可知，一封闭系统由状态Ⅰ变化到状态Ⅱ，则其热力学能 U 的改变量就等于在系统变化过程中，系统和环境之间传递的热量和所做功的代数和。即

$$\Delta U = Q + W \tag{4-2}$$

式(4-2)是热力学第一定律的数学表达式，它说明系统的热力学能与热和功可以相互转化，并且表述了它们之间的数量关系。在应用式(4-2)时，要特别注意每个物理量的符号规定及意义。

例 4-2 某过程中，系统对环境放出热量 1 000 J，环境对系统做体积功 400 J。求过程中系统热力学能的变化值。

解：由热力学第一定律的数学表达式(4-1)可知

$$\begin{aligned}\Delta U &= Q + W \\ &= -1\,000\ \text{J} + 400\ \text{J} = -600\ \text{J}\end{aligned}$$

计算结果说明，该过程系统的热力学能减少。

4.1.7 化学计量数与化学反应进度

1. 化学计量数

对于反应方程式

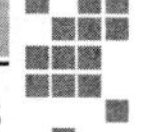

$$0=\nu_G G+\nu_H H-\nu_A A-\nu_D D$$

中的数字或最简分数。根据约定，反应物的化学计量数为负，而产物为正。

2. 化学反应进度

反应进度是表示反应进行程度的物理量，用符号 ξ（读作“克赛”）表示，单位为 mol。

对于反应

$$\nu_A A+\nu_D D=\nu_G G+\nu_H H$$

反应未发生，即 $t=0$ 时，各物质的物质的量分别为 $n_0(A)$、$n_0(D)$、$n_0(G)$ 和 $n_0(H)$，反应进行到 $t=t$ 时，各物质的物质的量分别为 $n(A)$、$n(D)$、$n(G)$ 和 $n(H)$，则 t 时刻的反应进度 ξ 定义式为：

$$\xi=\frac{n(A)-n_0(A)}{\nu_A}=\frac{n(D)-n_0(D)}{\nu_D}=\frac{n(G)-n_0(G)}{\nu_G}=\frac{n(H)-n_0(H)}{\nu_H}$$

按照 GB 3102.8—93 反应进度定义为

$$d\xi=\frac{dn_B}{\nu_B}$$

即

$$\xi=\frac{\Delta n_B}{\nu_B} \tag{4-3}$$

式中 B 为反应中任一物质，ν_B 为任一物质的化学计量数，单位为 1。当 B 为反应物时，ν_B 为负值；当 B 为生成物时，ν_B 为正值。Δn_B 为任一物质物质的量改变，$\Delta n_B=n(B)-n_0(B)$。

由式(4-2)可知，反应进度 ξ 的 SI 单位是 mol。用反应体系中任一物质来表示反应进度，在同一时刻所得的 ξ 值完全一致。ξ 值可以是正整数、正分数，也可以是零。对于指定的化学计量方程，当 $\Delta n_B=\nu_B$ 时，反应进度 $\xi=1$ mol，表示各物质按计量方程进行的反应，即有 $-\nu_A$ mol 的 A 和 $-\nu_B$ mol 的 B 消耗掉，生成了 ν_G mol 的 G 和 ν_H mol 的 H。例如，对于反应 $N_2+3H_2=2NH_3$，当 $\xi=1$ mol 时，反应进行的情况是：1 mol 的 N_2 与 3 mol 的 H_2 完全反应生成了 2 mol 的 NH_3。又如，对于反应 $1/2N_2+3/2H_2=NH_3$，$\xi=1$ mol 意味着 1/2 mol 的 N_2 与 3/2 mol 的 H_2 完全反应生成了 1 mol 的 NH_3。

所以，反应进度表示反应进行的程度，与选择哪个物种来计算无关，而与反应方程式的写法有关。因此，反应进度必须对应于某一具体的反应式才有意义。

4.2 热化学

把热力学第一定律具体应用到化学反应，研究解决化学反应热的化学分支学科称为热化学。

4.2.1 化学反应热

反应热是指化学反应发生后，使产物的温度回到反应物温度，且系统不做非体积功时，系统所吸收或放出的热量。由于热不但与过程有关，还与途径有关，在讨论反应热时应指明具体的途径，通常用到的有两种途径的反应热，即定容反应热和定压反应热。

1. 定容反应热

在 $\Delta V=0$ 容器中进行的反应，其反应热即为定容反应热，用符号 Q_V 表示，其 SI 单位为 $J \cdot mol^{-1}$，常用单位为 $kJ \cdot mol^{-1}$。由热力学第一定律可知，$\Delta V=0$，$W=0$ 则有

$$\Delta U=Q_V \tag{4-4}$$

式(4-4)表示定容过程的热效应在数值上等于系统热力学能的变化。

2. 定压反应热

在定压过程中的反应热称为定压反应热，用符号 Q_p 表示，单位为 $J \cdot mol^{-1}$ 或 $kJ \cdot mol^{-1}$。由式(4-2)得

$$\begin{aligned} Q_p &= \Delta U - W \\ &= \Delta U + p\Delta V \\ &= (U_2 - U_1) + (pV_2 - pV_1) \end{aligned}$$

即
$$Q_p=(U_2+pV_2)-(U_1+pV_1)$$

U，p，V 都是状态函数，其组合 $U+pV$ 也必为状态函数，热力学将其定义为焓，用 H 表示，即

$$H=U+pV \tag{4-5}$$

则有
$$Q_p=H_2-H_1=\Delta H \tag{4-6}$$

上式表明，定压反应热等于系统的焓变。$\Delta H>0$，反应吸热；$\Delta H<0$，反应放热。

由于热力学能(U)的绝对值无法测得，所以焓(H)的绝对值也无法测得，只能得到状态变化时的焓变(ΔH)。

化学反应的焓变通常用 $\Delta H(T)$ 表示。当反应进度为 1 mol 时，称为摩尔焓变，记为 $\Delta_r H_m(T)$，下角标 r 表示化学反应，m 表示反应进度为 1 mol；若反应在标准状态下进行，则称为标准摩尔焓变，记为 $\Delta_r H_m^{\ominus}(T)$。

3. 热化学方程

表示化学反应及反应热的方程叫热化学方程。由于反应热与反应条件、物质的量等有关，书写热化学方程时应注意以下几点：

(1)用 $\Delta_r U_m$ 或 $\Delta_r H_m$ 分别表示定容或定压条件下的摩尔反应热。

(2)注明反应条件：如 $\Delta_r H_m^{\ominus}$(298.15 K)表示某化学反应在 298.15 K 标准状态下，反应进度为 1 mol 时的焓变。如不注明温度，通常指 298.15 K。

(3)注明反应物的物态，固态物质应注明晶型。如

$$C(石墨)+O_2(g)=CO_2(g) \qquad \Delta_r H_m^{\ominus}=-393.5\ kJ \cdot mol^{-1}$$

(4)反应热与反应式要一一对应。如

$$H_2(g)+\frac{1}{2}O_2(g)=H_2O(l) \qquad \Delta_r H_m^{\ominus}=-285.8\ kJ \cdot mol^{-1}$$

$$2H_2(g)+O_2(g)=2H_2O(l) \qquad \Delta_r H_m^{\ominus}=-571.6\ kJ \cdot mol^{-1}$$

(5)正逆反应的反应热，大小相等、符号相反。

$$H_2O(l)=H_2(g)+\frac{1}{2}O_2(g) \qquad \Delta_r H_m^{\ominus}=285.8\ kJ\cdot mol^{-1}$$

4.2.2 盖斯定律

化学反应热可以用实验方法测得。但许多化学反应由于速率过慢，测量时间过长，或因热量散失而难于测准；也有一些化学反应由于条件难于控制，产物不纯，也难以测准。于是如何通过热化学方法计算反应热，成为化学家关注的问题。

1840 年前后，俄国科学家盖斯(G. H. Hess)指出，一个化学反应若能分解成几步来完成，总反应热等于各步反应热之和。这就是盖斯定律。这条定律实质上是热力学第一定律在化学反应中具体应用的必然结果。

有了盖斯定律，便可以根据已知的化学反应热来求得某反应的摩尔反应热。

例 4-3 已知：

(1)$C(石墨)+O_2(g) = CO_2(g) \qquad \Delta_r H_m^{\ominus}(1)=-393.5\ kJ\cdot mol^{-1}$

(2)$CO(g)+\frac{1}{2}O_2(g) = CO_2(g) \qquad \Delta_r H_m^{\ominus}(2)=-283.0\ kJ\cdot mol^{-1}$

求 $C(石墨)+\frac{1}{2}O_2(g) = CO(g)$ 的 $\Delta_r H_m$。

解：反应(2)的逆反应

(3)$CO_2(g) = CO(g)+\frac{1}{2}O_2(g) \qquad \Delta_r H_m^{\ominus}(3)=283.0\ kJ\cdot mol^{-1}$

由(1)+(3)得

$$C(石墨)+O_2(g) = CO(g) \qquad \Delta_r H_m^{\ominus}$$

由盖斯定律得

$$\begin{aligned}\Delta_r H_m^{\ominus} &= \Delta_r H_m^{\ominus}(1)+\Delta_r H_m^{\ominus}(3)\\ &= -393.5\ kJ\cdot mol^{-1}+283.0\ kJ\cdot mol^{-1}\\ &= -110.5\ kJ\cdot mol^{-1}\end{aligned}$$

例 4-2 具有重要的实际意义。虽然反应 $C(石墨)+O_2(g) = CO(g)$ 属于常见反应，但由于反应产物中混有 CO_2，故它的反应热无法测准。而例 4-2 中的(1)、(2)两反应的反应热是易于测得的，盖斯定律为难于测得的反应热的求算建立了可行的方法。

例 4-4 已知在 298.15 K，标准状态下：

(1)$2P(s,白)+3Cl_2(g)=2PCl_3(g) \qquad \Delta_r H_m^{\ominus}(1)=-574\ kJ\cdot mol^{-1}$

(2)$PCl_3(g)+Cl_2(g) = PCl_5(g) \qquad \Delta_r H_m^{\ominus}(2)=-88\ kJ\cdot mol^{-1}$

试求 (3)$2P(s,白)+5Cl_2(g) = 2PCl_5(g)$ 的 $\Delta_r H_m^{\ominus}(3)$。

解：反应(3) = 反应(1) + 2×反应(2)，由盖斯定律得

$$\Delta_r H_m^\ominus(3) = \Delta_r H_m^\ominus(1) + 2\times\Delta_r H_m^\ominus(2)$$
$$= -574\ \text{kJ}\cdot\text{mol}^{-1} + 2\times(-88\ \text{kJ}\cdot\text{mol}^{-1})$$
$$= -750\ \text{kJ}\cdot\text{mol}^{-1}$$

4.2.3 标准摩尔生成焓

用盖斯定律求算反应热，需要知道若干相关的反应热，再找出已知反应与未知反应之间的关系，有时并不是很容易能做到的。进一步寻求计算反应热的研究中，发现了利用标准摩尔生成焓计算反应热的方法。

1. 物质的标准摩尔生成焓

化学热力学规定，某温度下，处于标准状态下的各元素的指定单质的标准生成焓为零。由处于标准状态的各种元素的指定单质生成标准状态的 1 mol 某纯物质的焓变(ΔH)，叫作该温度下该物质的标准摩尔生成焓。用符号 $\Delta_f H_m^\ominus$ 表示，其 SI 单位为 $\text{J}\cdot\text{mol}^{-1}$，常用单位为 $\text{kJ}\cdot\text{mol}^{-1}$。标准摩尔生成焓的符号 $\Delta_f H_m^\ominus$ 中，ΔH_m 表示定压下的摩尔反应焓，f 是 formation 的首字母，有生成之意，"⊖"表示物质处于标准状态。

由此可见，物质的标准摩尔生成焓只是一种特殊的焓变，它是以指定单质的标准摩尔生成焓是零为标准的一个相对值，这里的指定单质一般选择 298.15 K 时较稳定的形态，如 I_2(s)，H_2(g)，但也有个别例外，如 P(白)为指定单质，但 298.15 K 时 P(红)更稳定。

常见物质 298.15 K 时的标准摩尔生成焓可查热力学数据表及本书附录Ⅱ，在没有特别说明温度时，温度指 298.15 K。

2. 物质的标准摩尔生成焓的应用

我们可以应用物质的标准摩尔生成焓的数据计算化学反应热。由盖斯定律可知，一个反应一步完成或分几步完成，其反应热相等。对于某一反应设计如下反应途径(图 4-2)，一个化学反应从参加反应的指定单质直接转变为产物，另一个从参加反应的指定单质先生成反应物，再变化为产物，两种途径的反应热相等。

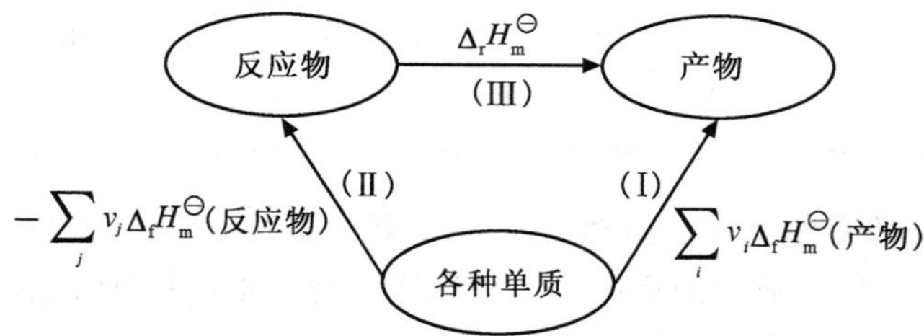

图 4-2 标准生成热与反应热的关系

即 $\Delta H_{\text{Ⅰ}} = \Delta H_{\text{Ⅱ}} + \Delta H_{\text{Ⅲ}}$，故有 $\Delta H_{\text{Ⅲ}} = \Delta H_{\text{Ⅰ}} - \Delta H_{\text{Ⅱ}}$，则有

$$\Delta_r H_m^\ominus = \sum_i \nu_i \Delta_f H_m^\ominus(\text{产物})_i - \left(-\sum_j \nu_j \Delta_f H_m^\ominus(\text{反应物})_j\right) \tag{4-7}$$

即

$$\Delta_r H_m^\ominus = \sum \nu_B \Delta_f H_m^\ominus(\text{B})$$

式(4-7)就是用物质的标准摩尔生成焓计算定压反应热的公式。式中 ν_i 或 ν_j 为物质在反应式中的化学计量数。由此可知,化学计量数不同,反应的标准摩尔焓变不同。

例 4-5 将金属铝粉和氧化铁的混合物(俗称铝热剂)加热,在 298.15 K 标准状态下,发生下列反应

$$2Al(s)+Fe_2O_3(s)=Al_2O_3(s)+2Fe(s)$$

试计算此反应的反应热。

解:$\Delta_r H_m^\ominus = \Delta_f H_m^\ominus(Al_2O_3,s) + 2\Delta_f H_m^\ominus(Fe,s) - \Delta_f H_m^\ominus(Fe_2O_3,s) - 2\Delta_f H_m^\ominus(Al,s)$

查表,将有关数据代入上式得

$$\Delta_r H_m^\ominus = (-1\ 676\ kJ\cdot mol^{-1})-(-824.2\ kJ\cdot mol^{-1}) = -851.8\ kJ\cdot mol^{-1}$$

该反应放出大量的热,能使系统温度迅速提高。

例 4-6 由附录Ⅱ的数据计算反应

$$CO(g) + H_2O(g) = CO_2(g) + H_2(g)$$

在 298.15 K、100 kPa 时的 $\Delta_r H_m^\ominus$。

解:由附录Ⅱ可知:$\Delta_f H_m^\ominus(CO_2) = -393.51\ kJ\cdot mol^{-1}$

$$\Delta_f H_m^\ominus(CO)=-110.53\ kJ\cdot mol^{-1}$$
$$\Delta_f H_m^\ominus(H_2O) = -241.82\ kJ\cdot mol^{-1}$$

根据式(4-7)得:

$$\begin{aligned}\Delta_r H_m^\ominus &=[\Delta_f H_m^\ominus(CO_2)+\Delta_f H_m^\ominus(H_2)]-[\Delta_f H_m^\ominus(CO)+\Delta_f H_m^\ominus(H_2O)]\\ &=[(-393.51)\ kJ\cdot mol^{-1}+0\ kJ\cdot mol^{-1}]-[(-110.53)\ kJ\cdot mol^{-1}\\ &\quad +(-241.82)\ kJ\cdot mol^{-1}]\\ &=-41.16\ kJ\cdot mol^{-1}\end{aligned}$$

从上面两例可以看出,应用物质的标准摩尔生成焓计算反应热非常简单,可以用少量的实验数据获得大量化学反应的焓变。

$\Delta_r H_m^\ominus$ 和反应温度有关,但是一般来说 $\Delta_r H_m^\ominus$ 受温度影响较小,在普通化学课程中,我们近似认为在一般温度范围内 $\Delta_r H_m^\ominus$ 和 298.15 K 的 $\Delta_r H_m^\ominus$ 相等,即

$$\Delta_r H_m^\ominus(T)\approx\Delta_r H_m^\ominus(298.15\ K)$$

4.3 化学反应的方向

4.3.1 自发过程

在一定条件下,不需要任何外力做功就可以自动进行的过程称为自发过程(spontaneous process)。如,水自动的从高处流向低处;热从高温物体自动传给低温物体。

自发过程的特点：

(1)自发过程具有单向性。在一定条件下，自发过程只能自发的单向进行。如果要是使其逆向进行，必须对系统做功。如，要使水从低处流向高处必须消耗能量。

(2)自发过程有一定的限度。自发过程总是进行到一定程度就自动停止了，自发过程的最大限度就是系统达到平衡。如，热传导在达到温度相等时就停止了；化学反应当进行到平衡状态，宏观上化学反应就停止了。

(3)自发过程可以做功。进行自发过程的系统具有做功的能力，但是系统做功的能力随着自发过程的进行而降低，当系统达到平衡后，就不再有做功的能力了。

对于一个化学反应，有无判据来判断它们进行的方向与限度呢？若能预言一个化学反应的自发性，将会给人类研究和利用化学反应带来极大的帮助。为此，化学家们进行了大量的工作，寻找化学反应能否自发进行的判据。

大量的实验事实证明，日常生活中一些简单的物理过程总是向能量降低的方向进行。由于反应放热可以使系统能量降低，所以早在19世纪中叶，人们认为可以利用反应的焓变来预测反应的自发性，认为放热反应是自发的，如甲烷燃烧、氢气燃烧等均为放热反应。但很快人们就注意到有些吸热反应也能自发进行，如常温、常压下冰会自发熔化，硝酸钾、氯化铵等晶体会自动地在水中溶解，而这些过程均为吸热过程。再比如反应

$$HCl(g) + NH_3(g) = NH_4Cl(s) \quad \Delta_r H_m^{\ominus} = -176.91\ kJ \cdot mol^{-1}$$

常温下反应可以自发进行。在621 K以上反应将发生逆转，向着吸热方向，即向生成HCl(g)和$NH_3(g)$的方向进行。反应

$$CuSO_4 \cdot 5H_2O(s) = CuSO_4(s) + 5H_2O(g), \Delta_r H_m^{\ominus} = 78.96\ kJ \cdot mol^{-1}$$

是吸热反应，在常温下不能自发进行。当温度达到510 K以上时，反应仍是吸热反应，却能自发进行。

由此可见，除焓变以外，还有其他因素影响反应的自发性。

4.3.2 熵的初步概念

通过对吸热的自发反应的分析，发现反应有如下特点：由固体反应物生成液体乃至气体产物，或反应前后气体物质的量增加的，即产物分子的活动范围变大了，或者反应中活动范围大的分子增多了。用形象的说法来描述，系统的混乱度变大了。系统的混乱度变大是化学反应自发进行的又一种趋势。

1. 状态函数——熵

混乱度(randomness)也称无序度(disorder)，是在一定条件下，系统所具有的微观状态数，热力学概率，用符号Ω表示。

1877年，玻尔兹曼(L. Boltzmann)提出，混乱度的对数值与系统的一个性质成正比。热力学上把描述系统混乱度的状态函数叫作熵，用S表示，其SI单位为$J \cdot K^{-1}$。

$$S = k\ln\Omega$$

式中k为玻尔兹曼常数，$k = 1.38 \times 10^{-23}\ J \cdot K^{-1}$。

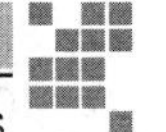

玻尔兹曼把系统的宏观性质熵与微观统计量联系了起来。系统的混乱度越低，熵就越小；混乱度越高；熵就越大。熵是系统的一个状态函数。

自发过程混乱度增大，其熵值必然增加。这就是热力学第二定律，称为熵增加原理。

$$\Delta S > 0$$

物质的熵取决于物质的状态（主要是温度、压力及物质的量）和物质的结构。其变化的规律性主要有：

(1)同种物质，聚集状态不同熵不同。一般来说 $S(s)<S(l)<S(g)$。聚集状态不同，物质粒子的混乱度不同。固、液、气有序性越来越差，混乱度越来越大。

(2)聚集状态相同的同一物质，温度越高，熵越大。

(3)聚集状态相同的不同物质，分子量越大或结构越复杂熵越大。

2. 热力学第三定律和物质的标准摩尔熵

在 0 K 时，任何完美晶体的熵为零。这一观点被称之为热力学第三定律。与焓变不同，通过实验和计算可以得到物质的熵。系统从熵为零的状态出发变化到终态(p,T)时，过程的熵变就是系统终态的熵 $S(T)$。1 mol 物质（离子除外）在标准状态下，温度为 T 时的熵，称为物质的标准摩尔熵，用符号 $S_m^\ominus(T)$表示，其单位为 $J \cdot K^{-1} \cdot mol^{-1}$。

书后的附录Ⅱ中给出了一些物质在 298.15 K 下的标准摩尔熵，和其他热力学数据一同列出。值得注意的是，标准摩尔熵的常用单位为 $J \cdot K^{-1} \cdot mol^{-1}$，其中能量是以 J 为单位的，而标准摩尔生成焓常用单位为 $kJ \cdot mol^{-1}$，其中能量是以 kJ 为单位的。

化学反应的标准摩尔熵变 $\Delta_r S_m^\ominus$，可以在物质的标准摩尔熵的基础上由下式求得：

$$\Delta_r S_m^\ominus = \sum_i \nu_i S_m^\ominus(\text{产物})_i - (-\sum_j \nu_j S_m^\ominus(\text{反应物})_j) \tag{4-8}$$

即
$$\Delta_r S_m^\ominus = \sum \nu_B S_m^\ominus(B)$$

$\Delta_r S_m^\ominus>0$ 是熵增反应，有利于反应的正向自发进行；$\Delta_r S_m^\ominus<0$ 是熵减反应，不利于反应的正向自发进行。

例 4-7 计算 $CaCO_3$ 分解反应 $CaCO_3(s) = CaO(s)+CO_2(g)$ 的 $\Delta_r S_m^\ominus(298.15\ K)$。已知：

$S_m^\ominus(CO_2, g)=213.6\ J \cdot K^{-1} \cdot mol^{-1}$，$S_m^\ominus(CaO,s)=39.7\ J \cdot K^{-1} \cdot mol^{-1}$

$S_m^\ominus(CaCO_3,s)=92.9\ J \cdot K^{-1} \cdot mol^{-1}$

解：$\Delta_r S_m^\ominus = S_m^\ominus(CO_2, g)+S_m^\ominus(CaO,s) - S_m^\ominus(CaCO_3,s)$

$=213.6\ J \cdot K^{-1} \cdot mol^{-1}+39.7\ J \cdot K^{-1} \cdot mol^{-1} - 92.9\ J \cdot K^{-1} \cdot mol^{-1}$

$=160.4\ J \cdot K^{-1} \cdot mol^{-1}$

例 4-8 计算反应 $CaO(s)+SO_3(g) = CaSO_4(s)$ 的 $\Delta_r S_m^\ominus(298.15\ K)$。已知：

$S_m^\ominus(SO_3,g)=256.6\ J \cdot K^{-1} \cdot mol^{-1}$，$S_m^\ominus(CaO,s)=39.7\ J \cdot K^{-1} \cdot mol^{-1}$

$S_m^\ominus(CaSO_4,s)=107\ J \cdot K^{-1} \cdot mol^{-1}$

解：$\Delta_r S_m^\ominus = S_m^\ominus(CaSO_4,s) - S_m^\ominus(SO_3,g) - S_m^\ominus(CaO,s)$

$= 107\ J \cdot K^{-1} \cdot mol^{-1} - 256.6\ J \cdot K^{-1} \cdot mol^{-1} - 39.7\ J \cdot K^{-1} \cdot mol^{-1}$

$= -189.3\ J \cdot K^{-1} \cdot mol^{-1}$

计算结果说明 $CaCO_3(s)$分解是一个熵增的过程，而 $CaSO_4$ 的生成是一个熵减过程。

利用物质标准摩尔熵的规律及反应熵变的计算，可初步估计一个反应的熵变情况。即

(1)气体分子数增加的反应是 $\Delta_r S_m > 0$ 即熵增过程，如例 4-6。

(2)气体分子数减少的反应是 $\Delta_r S_m < 0$ 即熵减过程，如例 4-7。

(3)不涉及气体分子数变化过程，如液体物质(或溶质的粒子数)增多，则为熵增，如固态熔化、晶体溶解等均为熵增过程。

尽管物质的摩尔熵随温度升高而增加，但对于一个反应来说，温度升高时，产物和反应物的熵增加程度相近，熵变不十分显著，在一般的计算中可作近似处理，即 $\Delta_r S_m(T) \approx \Delta_r S_m(298.15\ K)$。

4.3.3 吉布斯自由能

要讨论反应的自发性，必须综合考虑反应的摩尔焓变、摩尔熵变等因素，才能对等温定压、不做非体积功条件下进行的化学反应的方向做出合理的判断。

美国物理学家吉布斯(J. W. Gibbs)于 1876 年提出用自由能来综合熵和焓，其定义为

$$G = H - TS$$

从 G 的定义式可以看出，在等温定压下有 $\Delta G = \Delta H - T\Delta S$。$\Delta G$ 综合了 H 和 S 两种热力学函数对化学反应方向的影响，所以在等温定压且不做非体积功的条件下，ΔG 可以作为化学反应方向的判据。

$\Delta_r G_m < 0$，反应正向自发进行；

$\Delta_r G_m > 0$，正向反应不能自发进行；

$\Delta_r G_m = 0$，反应达到平衡状态(化学反应达到最大限度)。

如果系统处于标准状态，则可用标准摩尔吉布斯自由能变判断标准状态下反应自发进行的方向。

$\Delta_r G_m^\ominus < 0$，正向自发进行；

$\Delta_r G_m^\ominus > 0$，正向反应不能自发进行，逆向反应自发进行；

$\Delta_r G_m^\ominus = 0$，反应达到平衡状态。

自发进行的过程(化学反应)总是向吉布斯自由能减少的方向进行。

系统吉布斯自由能变的另一个重要的物理意义是吉布斯自由能的改变量总是小于等于系统所做的非体积功，即

$$\Delta_r G_m \leqslant W'$$

吉布斯自由能变等于最大非体积功　$\Delta_r G_m = W'_{max}$

4.3.4 标准摩尔吉布斯自由能变

只要求出化学反应的 $\Delta_r G_m$，就能判断出反应自发进行的方向。从吉布斯自由能的定义式 $G = H - TS$ 可以知道 G 的绝对数值不能求出，因此采取定义标准摩尔生成焓求算反应热时所用的方法来解决吉布斯自由能变的求法。

规定：处于标准状态下的各元素的指定单质的标准摩尔生成自由能为零。在某温度和标准状态条件下，由指定单质生成 1 mol 物质时反应的吉布斯自由能变称为该物质的标准摩尔生成吉布斯自由能，符号 $\Delta_f G_m^\ominus$，SI 单位是 $J \cdot mol^{-1}$，常用单位为 $kJ \cdot mol^{-1}$。一些常见物质的标准摩尔生成吉布斯自由能列于附录Ⅱ中，在计算过程中如不特别指明温度，均指 298.15 K。

利用物质的标准摩尔生成吉布斯自由能计算 $\Delta_f G_m^\ominus$(298.15 K)与标准摩尔焓变有相同形式的公式，即

$$\Delta_r G_m^\ominus = \sum_i \nu_i G_m^\ominus(\text{产物})_i - (-\sum_j \nu_j G_m^\ominus(\text{反应物})_j) \tag{4-9}$$

即
$$\Delta_r G_m^\ominus = \sum \nu_B G_m^\ominus(B)$$

式中，$\Delta_r G_m^\ominus$ 表示化学反应的标准摩尔吉布斯自由能变，它是在标准状态下化学反应自发进行方向的判据。

例 4-9 计算说明 298.15 K，标准状态下，尿素能否由二氧化碳和氨自发反应得到。已知：

	$H_2NCONH_2(s)$	$H_2O(l)$	$CO_2(g)$	$NH_3(g)$
$\Delta_f G_m^\ominus/(kJ \cdot mol^{-1})$	−197.15	−237.19	−394.36	−16.5

解：$CO_2(g) + 2NH_3(g) = (NH_2)_2CO(s) + H_2O(l)$

$$\begin{aligned}\Delta_r G_m^\ominus &= \{\Delta_f G_m^\ominus[(NH_2)_2CO,s] + \Delta_f G_m^\ominus(H_2O,l)\} - [\Delta_f G_m^\ominus(CO_2,g) + 2\Delta_f G_m^\ominus(NH_3,g)] \\ &= (-197.15\ kJ \cdot mol^{-1}) + (-237.19\ kJ \cdot mol^{-1}) - (-394.36\ kJ \cdot mol^{-1}) - \\ &\quad 2\times(-16.5\ kJ \cdot mol^{-1}) \\ &= -6.98\ kJ \cdot mol^{-1}\end{aligned}$$

$\Delta_r G_m^\ominus(298.15\ K) < 0$，即在 298.15 K，标准状态下，二氧化碳和氨可自发反应生成尿素。

4.3.5 吉布斯-赫姆霍兹方程的应用

根据吉布斯自由能 G 的定义式 $G = H - TS$，可以得到标准状态，等温定压条件下化学反应的 $\Delta_r G_m^\ominus$、$\Delta_r H_m^\ominus$ 和 $\Delta_r S_m^\ominus$ 三者之间的关系式：

$$\Delta_r G_m^\ominus = \Delta_r H_m^\ominus - T\Delta_r S_m^\ominus \tag{4-10}$$

或近似为

$$\Delta_r G_m^{\ominus}(T) = \Delta_r H_m^{\ominus}(298.15\ \mathrm{K}) - T\Delta_r S_m^{\ominus}(298.15\ \mathrm{K}) \tag{4-11}$$

式(4-10)是热力学中一个非常重要的方程式，称为吉布斯-赫姆霍兹方程式。该方程首先反映了化学反应的自发性取决于焓变和熵变两个因素，其次表明了吉布斯自由能与温度的关系。利用此式可由反应的焓变和熵变计算吉布斯自由能变。

虽然 $\Delta_r H_m^{\ominus}$ 和 $\Delta_r S_m^{\ominus}$ 受温度变化的影响很小，以至于在一般温度范围内，可以认为它们都可用 298.15 K 的 $\Delta_r H_m^{\ominus}$ 和 $\Delta_r S_m^{\ominus}$ 代替，但从式(4-9)可以看出 $\Delta_r G_m^{\ominus}$ 受温度变化的影响是不可忽略的。温度对 $\Delta_r G_m^{\ominus}$ 的影响见表 4-1。

表 4-1　等温定压不做非体积功的标准状态下反应方向与温度的关系

$\Delta_r H_m^{\ominus}$	$\Delta_r S_m^{\ominus}$	$\Delta_r G_m^{\ominus}=\Delta_r H_m^{\ominus}-T\Delta_r S_m^{\ominus}$	反应自发进行的温度条件
(+)	(−)	(+)	任何温度下反应都不能正向自发
(−)	(+)	(−)	任何温度下反应都能正向自发
(+)	(+)	低温(+)	低温时，反应正向不自发
		高温(−)	高温时，反应正向自发
(−)	(−)	低温(−)	低温时，反应正向自发
		高温(+)	高温时，反应正向不自发

标准状态下：

当 $\Delta_r H_m^{\ominus}<0$，$\Delta_r S_m^{\ominus}>0$ 时，$\Delta_r G_m^{\ominus}<0$，反应在任何温度下都能自发进行；

当 $\Delta_r H_m^{\ominus}>0$，$\Delta_r S_m^{\ominus}<0$ 时，$\Delta_r G_m^{\ominus}>0$，反应在任何温度下都不能自发进行；

当 $\Delta_r H_m^{\ominus}>0$，$\Delta_r S_m^{\ominus}>0$ 时，只有 T 足够大时才能使 $\Delta_r G_m^{\ominus}<0$，故反应在高温时才能自发进行；

当 $\Delta_r H_m^{\ominus}<0$，$\Delta_r S_m^{\ominus}<0$，只有 T 足够小时才会有 $\Delta_r G_m^{\ominus}<0$，故反应在低温下才能自发进行。

例 4-10　讨论温度变化下面反应在标准状态下进行的方向：

$$CaCO_3(s) = CaO(s) + CO_2(g)$$

解：从有关数据表中查出如下数据(298.15 K)：

	$CaCO_3(s)$	$CaO(s)$	$CO_2(g)$
$\Delta_f G_m^{\ominus}/(\mathrm{kJ\cdot mol^{-1}})$	−1 129.1	−603.3	−394.4
$\Delta_f H_m^{\ominus}/(\mathrm{kJ\cdot mol^{-1}})$	−1 207.6	−634.9	−393.5
$S_m^{\ominus}/(\mathrm{J\cdot K^{-1}\cdot mol^{-1}})$	91.7	38.1	213.8

$$\begin{aligned}\Delta_r G_m^{\ominus}(298.15\ \mathrm{K}) &= \Delta_f G_m^{\ominus}(CaO,s)+\Delta_f G_m^{\ominus}(CO_2,g)-\Delta_f G_m^{\ominus}(CaCO_3,s)\\ &=(-603.3\ \mathrm{kJ\cdot mol^{-1}})+(-394.4\ \mathrm{kJ\cdot mol^{-1}})-(-1\,129.1\ \mathrm{kJ\cdot mol^{-1}})\\ &=131.4\ \mathrm{kJ\cdot mol^{-1}}\end{aligned}$$

由于 $\Delta_r G_m^{\ominus}(298.15\ \mathrm{K})>0$，故反应在 298.15 K 下不能自发进行。

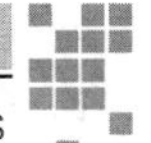

用类似的方法可以求出反应的 $\Delta_r H_m^\ominus$ 和 $\Delta_r S_m^\ominus$

$$\Delta_r H_m^\ominus(298.15\ \text{K})=179.2\ \text{kJ}\cdot\text{mol}^{-1}$$
$$\Delta_r S_m^\ominus(298.15\ \text{K})=160.2\ \text{J}\cdot\text{K}^{-1}\cdot\text{mol}^{-1}$$

当温度 T 升高，$T\Delta_r S_m^\ominus$ 的影响超过 $\Delta_r H_m^\ominus$ 的影响，则 $\Delta_r G_m^\ominus$ 可以变为负值。

由式(4-10)$\Delta_r G_m^\ominus=\Delta_r H_m^\ominus-T\Delta_r S_m^\ominus$ 可知，当 $\Delta_r G_m^\ominus<0$ 时，有 $\Delta_r H_m^\ominus-T\Delta_r S_m^\ominus<0$，则

$$T\geqslant 1\ 118.6\ \text{K}$$

计算结果表明，当 $T>1\ 118.6$ K 时，反应的 $\Delta_r G_m^\ominus<0$，这时反应可以自发进行。$CaCO_3$(s)在温度高于 1 118.6 K 时将分解。

计算结果也说明 $\Delta_r G_m^\ominus$ 受温度变化的影响相当显著，在 298.15 K 时，$CaCO_3$ 分解反应的 $\Delta_r G_m^\ominus=131.4\ \text{kJ}\cdot\text{mol}^{-1}$，而在 1 118.6 K 时，$\Delta_r G_m^\ominus$ 降低至负值。

由计算可知，该反应是一个吸热、熵增的反应，吸热不利于反应的正向进行，低温时反应逆向进行；熵增有利于反应正向进行，提高温度使正向反应趋势变大。熵变和焓变对反应自发性贡献相矛盾时，反应的自发方向往往是由反应的温度决定。

□ 本章小结

应用热力学定律可以阐明许多物理现象和化学现象，并且可以分析和预测化学变化的自发性。

本章介绍了 4 个热力学状态函数：内能(U)、焓(H)、熵(S)和吉布斯自由能(G)，它们之间的相互关系由以下 2 个重要方程式相联系。

$$H=U+pV \quad \text{或} \quad \Delta H=\Delta U+p\Delta V$$
$$G=H-TS \quad \text{或} \quad \Delta G=\Delta H-T\Delta S$$

H、U、S 和 G 都是状态函数，所以 ΔU、ΔH、ΔS 和 ΔG 都由最终状态和起始状态决定，而与变化途径无关，它们都可以用热化学定律方法进行间接计算。ΔU 虽然也可由定容反应热直接求得，但由于多数实际的化学反应在定压下进行，所以 ΔH 更为实用。

本章重点讨论焓变 ΔH。物质焓的绝对值无法直接测定，但系统变化过程中的焓变 ΔH 是可直接测量的。许多化学反应的 $\Delta_r H_m$ 是由盖斯定律间接计算的。更多化学反应的 $\Delta_r H_m^\ominus$ 则是由标准生成焓 $\Delta_f H_m^\ominus$ 计算的。熵(S)是系统混乱度的量度。系统的熵越大，混乱度越高。标准状态下物质的摩尔熵称为物质的标准摩尔熵。吉布斯自由能是把 H 和 S 归并在一起的热力学函数。$\Delta_r G_m$ 是我们判断化学反应自发方向的可靠依据。

本章要求初步懂得热力学能、焓、熵、吉布斯自由能的意义；正确利用 $\Delta_f H_m^\ominus$、$S_m^\ominus$ 和 $\Delta_f G_m^\ominus$ 计算化学反应的 $\Delta_r H_m^\ominus$、$\Delta_r S_m^\ominus$ 和 $\Delta_r G_m^\ominus$，并应用热化学定律方法进行间接计算；学会应用吉布斯-赫姆霍兹方程分析和判断反应在不同温度时的自发性。

□ 习　题

4-1　写出吉布斯-赫姆霍兹方程，并讨论温度对反应自发性的影响。

4-2　化学热力学中，系统传递的能量有哪几种？分别是什么？

4-3　热力学系统按物质和能量交换的不同可分哪三种类型？

4-4　试述热力学第三定律。

4-5　一热力学系统在等温定容的条件下发生变化时，放热 15 kJ，同时做电功 35 kJ。若系统在发生变化时不做非体积功(其他条件不变)，计算系统能放出多少热。

4-6　在 100℃和 100 kPa 下加热 1 mol 水，至完全变为 100℃的水蒸气，计算此变化的 Q、W、ΔU、ΔH。已知 $H_2O(l)$的汽化热为 40.6 kJ·mol^{-1}。

4-7　化学反应 $A(g) + B(g) = 2C(g)$，A、B、C 均为理想气体。在 25℃、标准状态下，该过程分别依两种不同途径完成：(1)不做功，放热 40 kJ；(2)做最大非体积功，放热 2 kJ。计算两种途径的 $\Delta H^\ominus$、$\Delta G^\ominus$ 和 $\Delta S^\ominus$。

4-8　氧化亚银受热按下式分解：$2Ag_2O(s) = 4Ag(s) + O_2(g)$，已知在 298.15 K 时 Ag_2O 的 $\Delta_f H_m^\ominus$、$\Delta_f G_m^\ominus$ 分别为 −31.1 kJ·mol^{-1} 和 −11.2 kJ·mol^{-1}。求：(1)298.15 K 时 Ag_2O-Ag 体系的 $p(O_2)$。(2)Ag_2O 的热分解温度是多少？[在此分解温度时，$p(O_2)$=100 kPa]

4-9　计算 298.15 K、100 kPa 下，反应 $2SO_3(g) = O_2(g) + 2SO_2(g)$的 $\Delta_r G_m^\ominus(T)$，并说明反应方向，计算自发进行的最低温度。

4-10　计算下列情况下体系热力学能的变化。

(1)系统吸热 150 J，并且体系对环境做功 180 J。

(2)系统放热 300 J，并且体系对环境做功 750 J。

(3)系统吸热 280 J，并且环境对体系做功 460 J。

(4)系统放热 280 J，并且环境对体系做功 540 J。

4-11　下列化学反应：

	$C(s)$	$+\ H_2O(g)$	$=\ CO(g)$	$+\ H_2(g)$
$\Delta_f G_m^\ominus/(kJ\cdot mol^{-1})$	0	−228.59	−137.15	0
$S_m^\ominus/(J\cdot K^{-1}\cdot mol^{-1})$	5.69	188.72	197.56	130.57

(1)通过计算说明在 298.15 K 和 100 kPa 下，反应能否自发进行。

(2)计算 $\Delta_r H_m^\ominus$。

4-12　冰在 0℃时的熔化热为 6.02 kJ·mol^{-1}，水在 100℃时的汽化热为 40.63 kJ·mol^{-1}。求 1 mol 的固态水在熔化时和 1 mol 液态水在汽化时的 $\Delta_r S_m^\ominus$。

4-13　反应 $H_2(g) + F_2(g) = 2HF(g)$ 被建议用于火箭的推进。估算 1 000℃、标准状态下，每生成 1 g HF，最多能对火箭做多少非体积功。已知 $M(HF)$ = 20 g·mol^{-1}，298.15 K 时，$S_m^\ominus(H_2,g)$ = 130.7 J·K^{-1}·mol^{-1}，$S_m^\ominus(F_2,g)$ = 203.3 J·K^{-1}·mol^{-1}，$S_m^\ominus(HF,g)$ = 175.3 J·K^{-1}·mol^{-1}，$\Delta_f G_m^\ominus(HF,g)$ = −271 kJ·mol^{-1}。

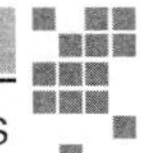

4-14 糖($C_{12}H_{22}O_{11}$,$M = 342\ g \cdot mol^{-1}$)在人体内的新陈代谢过程如下：

$$C_{12}H_{22}O_{11}(s) + 12O_2(g) = 12CO_2(g) + 11H_2O(l)$$

若只有 30%的吉布斯自由能转化为非体积功，则 1 g 糖在体温 37℃ 时进行新陈代谢，可以得到多少非体积功？已知：

	$C_{12}H_{22}O_{11}(s)$	$O_2(g)$	$CO_2(g)$	$H_2O(l)$
$\Delta_f H_m^\ominus/(kJ \cdot mol^{-1})$	−2 221.24	0	−393.5	−285.8
$S_m^\ominus/(J \cdot K^{-1} \cdot mol^{-1})$	360.12	205.0	213.6	69.9

Chapter 5 第 5 章

化学平衡

Chemical Equilibrium

在一定的条件下，化学反应通常是可逆的，既可按反应方程式正向进行，又可逆向进行。从反应进度来看，随着反应的进行，反应物的自由能 G 逐渐减小，而产物的自由能 G 逐渐增大，直到某一刻反应的 $\Delta_r G_m=0$，宏观上，反应体系内各物种浓度（分压）不再改变，这时反应所处的状态被称为化学平衡。对于任何可逆反应来说，反应物都不可能百分之百完全转化为产物，即任何化学反应都不能完全进行到底，而平衡状态是可逆反应在一定条件下进行的最大限度。研究化学平衡的规律，从理论上掌握一定条件下化学反应进行的限度，具有重要的现实意义。

【学习要求】

- 理解化学平衡的意义。
- 掌握化学反应等温方程式。
- 掌握标准平衡常数及其与反应的标准摩尔吉布斯自由能变的关系。
- 掌握化学平衡计算基本方法。
- 掌握多重平衡原理及其应用。
- 能够通过 Q 和 $K^{\ominus}$ 的比较判断反应进行的方向。
- 掌握各种因素对化学平衡移动的影响。

5.1 化学反应等温方程式

化学反应处于标准状态时，根据热力学知识，可计算反应的标准摩尔吉布斯自由能变，并以此判断标准状态下化学反应自发进行的方向。而实际遇到的化学反应不会都处于标准状态，因此必须用具有普遍意义的判据 $\Delta_r G_m$ 判断化学反应的自发性才更符合实际。经化学热力学推证，在反应温度 T，任意状态下的 $\Delta_r G_m(T)$ 与 $\Delta_r G_m^{\ominus}(T)$ 及反应物和产物的量有关：

$$\Delta_r G_m(T)=\Delta_r G_m^{\ominus}(T)+RT\ln Q \qquad (5\text{-}1)$$

式(5-1)叫化学反应等温方程式，又叫范特荷夫(J. H. Van't Hoff)等温式。式中：$\Delta_r G_m(T)$ 是 T K 时，任意状态下反应的摩尔吉布斯自由能变，单位 $kJ\cdot mol^{-1}$，$\Delta_r G_m^{\ominus}(T)$ 为 T K 时的

标准摩尔吉布斯自由能变；R 为摩尔气体常数（8.314 J·mol^{-1}·K^{-1}）；T 为热力学温度；Q 为反应商。

反应商 Q 表达了系统处于任意状态下系统内各物质相对量之间的关系，单位是 1，其表达式必须与反应式一一对应。

对于一般的反应：

$$aA(s) + bB(aq) = gG(g) + hH(l)$$

其反应商 Q 的表达式为：

$$Q = \frac{\{p(G)/p^{\ominus}\}^g}{\{c(B)/c^{\ominus}\}^b}$$

表达式中：

(1)对于气体反应，各组分气体以相对分压来表示（即分压除以标准压力 $p^{\ominus}$）；对于溶液中的反应，各组分以相对浓度来表示（即浓度除以标准浓度 $c^{\ominus}$）。

(2)对于有纯固体、纯液体参加的反应，热力学证明它们的相对浓度为 1，所以这些物质"不出现"在反应商 Q 的表达式中。

$$CaCO_3(s) = CaO(s) + CO_2(g) \qquad Q = p(CO_2)/p^{\ominus}$$

$$Br_2(l) = Br_2(g) \qquad Q = p(Br_2)/p^{\ominus}$$

(3)在稀的水溶液反应中，水是大量的，浓度可视为常数，可把溶剂水作为纯液体看。如

$$Cr_2O_7^{2-}(aq) + 3H_2O(l) = 2CrO_4^{2-}(aq) + 2H_3O^+(aq)$$

$$Q = \frac{\{c(CrO_4^{2-})/c^{\ominus}\}^2 \cdot \{c(H_3O^+)/c^{\ominus}\}^2}{c(Cr_2O_7^{2-})/c^{\ominus}}$$

(4)同一化学反应，若以不同的化学计量数表示时，反应商不同。如

$$N_2(g) + 3H_2(g) = 2NH_3(g)$$

$$Q = \frac{\{p(NH_3)/p^{\ominus}\}^2}{\{p(H_2)/p^{\ominus}\}^3 \cdot \{p(N_2)/p^{\ominus}\}}$$

若将反应方程式写成

$$1/2N_2(g) + 3/2H_2(g) = NH_3(g)$$

则

$$Q = \frac{\{p(NH_3)/p^{\ominus}\}}{\{p(N_2)/p^{\ominus}\}^{1/2} \cdot \{p(H_2)/p^{\ominus}\}^{3/2}}$$

利用化学等温方程式可以计算非标准状态下反应的 $\Delta_r G_m$，从而判断任意状态下化学反应的自发性。

5.2 化学平衡状态

5.2.1 化学平衡状态

从热力学角度分析，一定条件下化学反应自发进行时，反应物的自由能 G 逐渐减小，而

产物的自由能 G 逐渐增大，系统的吉布斯自由能不断降低，达到平衡时，系统的吉布斯自由能降到最低，反应宏观上停止。各反应物、产物的压力或组成均不再变化，反应的 $\Delta_r G_m=0$。因此，化学平衡状态是反应在一定条件下所能达到的最大限度。

对于在一定条件下达到化学平衡的系统，若反应条件发生改变，则可能引起反应的摩尔吉布斯自由能的改变，使 $\Delta_r G_m$ 不再等于0。此时，从宏观上看，反应将正向或逆向自发进行，即原有的平衡状态被破坏，系统又向新的平衡状态转移，即平衡发生移动。所以化学平衡状态只是系统在一定条件下的动态平衡。

5.2.2 标准平衡常数

达到化学平衡状态的系统中，各反应物、产物的组成均不再发生变化。实验证明，平衡状态时，各物质浓度或分压之间存在相应的定量关系。

根据化学反应等温式

$$\Delta_r G_m(T)=\Delta_r G_m^\ominus(T)+RT\ \ln Q$$

当系统达到平衡状态时，$\Delta_r G_m(T)=0$，则必有

$$-\Delta_r G_m^\ominus(T)=RT\ \ln Q$$

此时式中 Q 为平衡状态时的反应商，在热力学中，将其定义为反应的标准平衡常数(standard equilibrium constant)，用 $K^\ominus(T)$表示。

由 $-\Delta_r G_m^\ominus(T)$定义反应的标准平衡常数(standard equilibrium constant)$K^\ominus(T)$得：

$$\ln K^\ominus(T)=-\Delta_r G_m^\ominus(T)/RT \tag{5-2}$$

此式说明，一定温度下，指定化学反应在平衡时的反应商即标准平衡常数 $K^\ominus$。$K^\ominus$ 只与反应的本质，即反应的 $\Delta_r G_m^\ominus(T)$有关，而与浓度或压力无关，或者说，一定温度下达到平衡的指定化学反应系统中，各物种的平衡组成之间存在确定的函数关系。反应的标准平衡常数 $K^\ominus(T)$是研究化学反应平衡问题时的一个很重要的热力学函数。标准平衡常数的 SI 单位为 1。

由此可知，如果能由实验测量出达到平衡时各反应物、产物的组成，就可确定 $K^\ominus(T)$或 $\Delta_r G_m^\ominus(T)$。从应用角度看，更重要的是由 $\Delta_r G_m^\ominus(T)$计算 $K^\ominus(T)$，从而由上式求算平衡系统的组成。如反应：

$$N_2(g)+3H_2(g)=2NH_3(g)$$

$$\Delta_r G_m^\ominus(298\ K)=-33\ kJ\cdot mol^{-1}$$

$$\ln K^\ominus(T)=-\Delta_r G_m^\ominus(T)/RT=\frac{33\times10^3\ J\cdot mol^{-1}}{8.314\ J\cdot K^{-1}\cdot mol^{-1}\times298\ K}$$

$$K^\ominus(298\ K)=6.1\times10^5$$

根据此反应方程式的平衡常数表达式

$$K^{\ominus}=\frac{\{p^{eq}(NH_3)/p^{\ominus}\}^2}{\{p^{eq}(N_2)/p^{\ominus}\}\cdot\{p^{eq}(H_2)/p^{\ominus}\}^3}$$

可得知，无论各物种的初始分压力为多少，也无论是从正向还是从逆向达到平衡状态，反应在 298 K 达平衡后，$H_2(g)$、$N_2(g)$、$NH_3(g)$的相对分压力之间一定存在以下定量关系：

$$K^{\ominus}=\frac{\{p^{eq}(NH_3)/p^{\ominus}\}^2}{\{p^{eq}(N_2)/p^{\ominus}\}\cdot\{p^{eq}(H_2)/p^{\ominus}\}^3}=6.1\times10^5$$

利用吉布斯-亥姆霍兹方程式可计算得该反应的 $\Delta_r G_m^{\ominus}(673\ K)=41.7\ kJ\cdot mol^{-1}$，依同样的方法可计算得此反应在 673 K 时的标准平衡常数：

$$K^{\ominus}(673\ K)=5.8\times10^{-4}$$

即在 673 K 时，平衡系统中 $H_2(g)$、$N_2(g)$、$NH_3(g)$的相对分压力之间一定存在以下定量关系：

$$K^{\ominus}=\frac{\{p^{eq}(NH_3)/p^{\ominus}\}^2}{\{p^{eq}(N_2)/p^{\ominus}\}\cdot\{p^{eq}(H_2)/p^{\ominus}\}^3}=5.8\times10^{-4}$$

平衡状态是反应进行的最大限度，而平衡常数的表达式表示出了在反应达到平衡时的产物和反应物的浓度关系，一个反应的平衡常数越大，说明反应物的平衡转化率越高，反应进行得越完全。因此，标准平衡常数是反应进行的完全程度的标志。很明显，上述反应在 298 K 时比在 673 K 时进行的完全程度高得多。

在使用标准平衡常数时，下列几点需特别注意：

(1)标准平衡常数只与反应温度有关，而与浓度或压力无关。故在使用标准平衡常数时，必须注明反应温度。

(2)由于反应的标准摩尔吉布斯自由能变与反应式的写法有关，因此标准平衡常数以及标准平衡常数表达式也必然与反应方程式的写法有关。例如，298 K 时，反应(a)：

$$N_2(g)+3H_2(g)=2NH_3(g)$$
$$\Delta_r G_m^{\ominus}(a,298K)=-33\ kJ\cdot mol^{-1}$$
$$\ln K^{\ominus}(a,298K)=-\Delta_r G_m^{\ominus}(a,298K)/RT=13.32$$
$$K^{\ominus}(a,298K)=6.1\times10^5$$

若反应式写为(b)：$2N_2(g)+6H_2(g)=4NH_3(g)$，则

$$\Delta_r G_m^{\ominus}(b,298K)=2\Delta_r G_m^{\ominus}(a,298\ K)=-66\ kJ\cdot mol^{-1}$$
$$\ln K^{\ominus}(b,298K)=-\Delta_r G_m^{\ominus}(b,298K)/RT=26.64$$
$$K^{\ominus}(b,298K)=[K^{\ominus}(a,298K)]^2=(6.1\times10^5)^2=3.7\times10^{11}$$

若反应式写为(c)：$2NH_3(g)=N_2(g)+3H_2(g)$，则

$$K^{\ominus}(c,298K)=1/K^{\ominus}(a,298K)=1.6\times10^{-6}$$

一般说来，若化学反应式中各物种的化学计量数均变为原来写法的 n 倍，则对应的标准平衡常数等于原标准平衡常数的 n 次方。

(3)标准平衡常数的表达式的书写与反应商相同。如：

$$ZN(s) + 2H^{+}(aq) = Zn^{2+}(aq) + H_2(g)$$

$$K^{\ominus} = \frac{\{c^{eq}(Zn^{2+})/c^{\ominus}\} \cdot \{p^{eq}(H_2)/p^{\ominus}\}}{\{c^{eq}(H^{+})/c^{\ominus}\}^2}$$

例 5-1 血红蛋白运载和输送氧的机理以及一氧化碳可以使人中毒死亡的机理，是生物学家与化学家合作而得以阐明的。血红蛋白可与氧气，也可与一氧化碳生成配合物，下列反应表示氧合血红蛋白可转化为一氧化碳合血红蛋白：

$$CO(g) + Hem \cdot O_2(aq) = O_2(g) + Hem \cdot CO(aq) \quad K^{\ominus}(310\ K) = 210$$

实验证明，只要有 10% 的氧合血红蛋白转化为一氧化碳合血红蛋白，人就会中毒身亡。计算空气中 CO 的体积分数达到多少，即会对人造成生命危险？

解：空气的压力约为 100 kPa，其中氧气分压约为 21 kPa。当有 10% 氧合血红蛋白转化为一氧化碳合血红蛋白时，

$$\frac{c(Hem \cdot CO)/c^{\ominus}}{c(Hem \cdot O_2)/c^{\ominus}} = \frac{1}{9}$$

$$K^{\ominus} = \frac{\{c(Hem \cdot CO)/c^{\ominus}\} \cdot \{p(O_2)/p^{\ominus}\}}{\{c(Hem \cdot O_2)/c^{\ominus}\} \cdot \{p(CO)/p^{\ominus}\}} = \frac{0.21}{9\{p(CO)/p^{\ominus}\}} = 210$$

得
$$p(CO) = 0.01\ kPa$$

故
$$\varphi(CO) = 0.01\ kPa/100\ kPa = 0.01\%$$

即空气中 CO 的体积分数达万分之一时，即可对生命造成威胁。

例 5-2 298.15 K 时，反应

$$Ag^{+}(aq) + Fe^{2+}(aq) = Ag(s) + Fe^{3+}(aq)$$

的标准平衡常数 $K^{\ominus} = 3.2$。若反应前 $c(Ag^{+}) = c(Fe^{2+}) = 0.10\ mol \cdot L^{-1}$，计算反应达平衡后各离子的浓度。

解：设平衡时 $c(Fe^{3+}) = x\ mol \cdot L^{-1}$，则根据反应式可知：

	$Ag^{+}(aq)$	+	$Fe^{2+}(aq) = Ag(s) +$	$Fe^{3+}(aq)$
$c_0/(mol \cdot L^{-1})$：	0.10		0.10	0
$c^{eq}/(mol \cdot L^{-1})$：	$0.10-x$		$0.10-x$	x

$$K^{\ominus} = \frac{c(Fe^{3+})/c^{\ominus}}{\{c(Ag^{+})/c^{\ominus}\} \cdot \{c(Fe^{2+})/c^{\ominus}\}} = \frac{x}{(0.10-x)^2} = 3.2$$

得
$$x = 0.020$$

即平衡时，
$$c(Fe^{3+}) = 0.020\ mol \cdot L^{-1}$$
$$c(Fe^{2+}) = 0.080\ mol \cdot L^{-1}$$
$$c(Ag^{+}) = 0.080\ mol \cdot L^{-1}$$

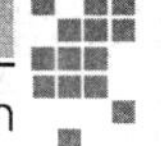

5.2.3 反应系统中平衡的判断

由化学反应等温方程式及反应的标准平衡常数定义，可知：

$$\Delta_r G_m(T)=\Delta_r G_m^{\ominus}(T)+RT\ln Q=-RT\ln K^{\ominus}+RT\ln Q=RT\ln(Q/K^{\ominus})$$

所以，根据反应的标准平衡常数与反应商大小的比较，即可简单地对反应的方向和达到平衡与否作出判断：

若 $Q>K^{\ominus}$，则反应的 $\Delta_r G_m(T)>0$，反应逆向自发；

若 $Q<K^{\ominus}$，则反应的 $\Delta_r G_m(T)<0$，反应正向自发；

若 $Q=K^{\ominus}$，则反应的 $\Delta_r G_m(T)=0$，反应处平衡状态。

5.3 多重平衡原理

通常我们见到的化学平衡系统，往往包含有多个相互关联的平衡，系统内有些物质，同时参加了几个平衡。此种平衡系统，称为多重平衡系统。

多重平衡系统应具有以下几个特点：

(1)系统中的几个平衡不是独立存在，而是相互联系的。

(2)系统中同时参与多个平衡的某一组分的平衡浓度或压力只有一个，且同时满足其参加的所有的化学平衡。

(3)系统达到平衡时，其中各反应必须全部达到平衡。

例如，碳在氧气中燃烧，在达到平衡时，系统内起码含有以下三个有关的平衡：

反应(1)　　$C(s)+1/2O_2(g)=CO(g)$

$$K_1^{\ominus}=\frac{p^{eq}(CO)/p^{\ominus}}{\{p^{eq}(O_2)/p^{\ominus}\}^{1/2}}$$

反应(2)　　$CO(g)+1/2O_2(g)=CO_2(g)$

$$K_2^{\ominus}=\frac{p^{eq}(CO_2)/p^{\ominus}}{\{p^{eq}(CO)/p^{\ominus}\}\cdot\{p^{eq}(O_2)/p^{\ominus}\}^{1/2}}$$

反应(3)　　$C(s)+O_2(g)=CO_2(g)$

$$K_3^{\ominus}=\frac{p^{eq}(CO_2)/p^{\ominus}}{p^{eq}(O_2)/p^{\ominus}}$$

其中，氧气同时参与了所有三个平衡。由于处在同一个系统中，所以氧气的相对分压力只可能有一个，且其必然同时要满足所有三个平衡，即在反应(1)、反应(2)、反应(3)的标准平衡常数表达式中的 $p(O_2)$ 是相同的。同样道理，反应(1)、反应(2)的标准平衡常数表达式中的 $p(CO)$ 相同、反应(2)、反应(3)的标准平衡表达式中的 $p(CO_2)$ 相同。如此，相关的三个反应的标准平衡常数间必定具有确定的关系，现证明如下。

对反应(1)、反应(2)、反应(3)，它们的标准平衡常数和反应的标准摩尔吉布斯自由能的关系分别为

$$\Delta_r G_m^{\ominus}(1)=-RT\ln K^{\ominus}(1)$$

$$\Delta_r G_m^{\ominus}(2) = -RT\ \ln K^{\ominus}(2)$$

$$\Delta_r G_m^{\ominus}(3) = -RT\ \ln K^{\ominus}(3)$$

由反应方程式来看：(3)＝(1)＋(2)，所以

$$\Delta_r G_m^{\ominus}(3) = \Delta_r G_m^{\ominus}(1) + \Delta_r G_m^{\ominus}(2)$$

则

$$-RT\ \ln K^{\ominus}(3) = -RT\ \ln K^{\ominus}(1) - RT\ \ln K^{\ominus}(2)$$

故得

$$K^{\ominus}(3) = K^{\ominus}(1) \cdot K^{\ominus}(2)$$

推而广之：若一个反应是由多个反应组合而成的，则总反应的标准平衡常数等于各分反应标准平衡常数的乘积。利用这个结论，可以十分方便地根据已知反应的标准平衡常数求算相关较复杂反应的标准平衡常数。

例 5-3 若煤气发生炉中，下列两个反应均处于平衡状态，且炉内一氧化碳的分压为 $p^{eq}(CO)$，计算炉内二氧化碳的分压。

$$2C(s) + O_2(g) = 2CO(g) \qquad K^{\ominus}(1)$$

$$C(s) + O_2(g) = CO_2(g) \qquad K^{\ominus}(2)$$

解：

$$K^{\ominus}(1) = \frac{\{p^{eq}(CO)/p^{\ominus}\}^2}{p^{eq}(O_2)/p^{\ominus}};$$

$$K^{\ominus}(2) = \frac{p^{eq}(CO_2)/p^{\ominus}}{p^{eq}(O_2)/p^{\ominus}}$$

$$\frac{K^{\ominus}(1)}{K^{\ominus}(2)} = \frac{\{p^{eq}(CO)/p^{\ominus}\}^2}{p^{eq}(CO_2)/p^{\ominus}}$$

所以

$$p^{eq}(CO_2) = \frac{K^{\ominus}(2)}{p^{\ominus} \cdot K^{\ominus}(1)} \cdot \{p^{eq}(CO)\}^2$$

5.4 化学平衡移动

化学反应达到化学平衡时并不意味着反应停止进行，而只是反应的正、逆反应速率相等，反应物浓度和产物浓度不再改变而已。这种平衡只是相对的、暂时的，当外界条件改变时，平衡状态将可能遭到破坏，可逆反应从原来的平衡变为不平衡。经过一段时间，在新的条件下，可逆反应重新建立平衡。这种当外界条件改变，可逆反应从一种平衡状态转变到另一种平衡状态的过程叫作化学平衡的移动。根据化学反应等温方程式，化学平衡的移动是因为：改变平衡系统的条件后，由于反应商或标准平衡常数发生了变化，使 Q 与 $K^{\ominus}$ 不再相等，即反应的摩尔吉布斯自由能不再等于零。浓度、压力（对于有气体参与的反应）和温度等因素都将对化学平衡产生不同程度的影响。

5.4.1 浓度对化学平衡的影响

例如，将 $FeCl_3(s)$ 加入水中，由于下列反应的发生，有 $Fe(OH)_3$ 沉淀生成，且溶液显酸性：

$$Fe^{3+}(aq) + 3H_2O(l) = Fe(OH)_3(s) + 3H^+(aq)$$

若向此系统中加入盐酸，即加大产物氢离子的浓度，则由于平衡逆向移动，$Fe(OH)_3$ 沉淀将减少直至完全溶解。

因此，对于已达化学平衡的系统，改变任何一种反应物或产物的浓度，都将使反应商 Q 发生变化，导致 $Q \neq K^{\ominus}$，平衡发生移动。

通常，增大反应物或减小产物浓度，Q 值减小，使 $Q < K^{\ominus}$，平衡正向移动；反之，若减小反应物或增大产物浓度，Q 值增大，使 $Q > K^{\ominus}$，平衡逆向移动。

增大某一种反应物浓度后，由于平衡正向移动，其他反应物会进一步消耗，所以达到新的平衡后，会使得其他反应物的转化率变大。在实际应用中，为了充分利用某一反应物，经常要过量使用另一反应物和它作用，如在工业制备硫酸时，存在下列可逆反应：

$$2SO_2 + O_2 = 2SO_3$$

为了尽可能利用成本较高的 SO_2，就要用过量的氧气(空气)，以高于反应计量数的反应物 $n(SO_2) : n(O_2) = 1 : 1.06$ 投料生产。

如果不断将产物从反应系统中分离出来，则平衡将不断朝生成产物的方向移动。例如 H_2 还原四氧化三铁的反应：

$$Fe_3O_4(s) + 4H_2(g) = Fe(s) + 4H_2O(g)$$

如果在密闭的容器中进行，四氧化三铁只能部分转变为金属铁。而如果把生成的水蒸气不断从反应体系中移去，四氧化三铁就可以全部变为金属铁。

5.4.2 压力对化学平衡的影响

由于压力对固体、液体的体积影响极小，所以压力的变化对没有气体参加的化学反应影响不大。而对于有气体参加的反应来说，改变压力只要能引起反应商 Q 发生改变，化学平衡就会发生移动。

要改变平衡状态时气体的压力，可有多种方法，如改变系统的体积，即同样倍数改变参加平衡的所有气体的分压力；在体积不变或总压力不变条件下改变某一种或某几种气体的分压力；在体积不变或总压力不变条件下向系统内加入惰性气体等。在此，仅讨论改变平衡系统的体积，使系统总压力发生变化时对化学平衡移动的影响。对于反应

$$\nu_A A + \nu_D D = \nu_Y Y + \nu_Z Z$$

其 $K^{\ominus}$ 表达式为

$$K^{\ominus} = \frac{\{p^{eq}(Y)/p^{\ominus}\}^{\nu_Y} \cdot \{p^{eq}(Z)/p^{\ominus}\}^{\nu_Z}}{\{p^{eq}(A)/p^{\ominus}\}^{-\nu_A} \cdot \{p^{eq}(D)/p^{\ominus}\}^{-\nu_D}}$$

若在等温条件下使系统的体积变为原来的 $1/n$，即系统总压力以及各物种的分压力均变为原来的 n 倍，此时反应商

$$Q=\frac{\{p^{eq}(Y)/p^{\ominus}\}^{\nu_Y}\cdot\{p^{eq}(Z)/p^{\ominus}\}^{\nu_Z}}{\{p^{eq}(A)/p^{\ominus}\}^{-\nu_A}\cdot\{p^{eq}(D)/p^{\ominus}\}^{-\nu_D}}\times n^{\Delta\nu}=K^{\ominus}\times n^{\Delta\nu}$$

$$\Delta\nu=(\nu_Y+\nu_Z)-(-\nu_A-\nu_D)$$

若 $n>1$，即系统被压缩，总压增大，则

当 $\Delta\nu>0$，即反应为气体物质的量增加的反应时，$Q>K^{\ominus}$，平衡逆向移动；

当 $\Delta\nu<0$，即反应为气体物质的量减少的反应时，$Q<K^{\ominus}$，平衡正向移动；

当 $\Delta\nu=0$，即反应为气体物质的量不变的反应时，$Q=K^{\ominus}$，系统保持原平衡状态。

若 $n<1$，即系统总压减小，则

当 $\Delta\nu>0$，即反应为气体物质的量增加的反应时，$Q<K^{\ominus}$，平衡正向移动；

当 $\Delta\nu<0$，即反应为气体物质的量减少的反应时，$Q>K^{\ominus}$，平衡逆向移动；

当 $\Delta\nu=0$，即反应为气体物质的量不变的反应时，$Q=K^{\ominus}$，系统保持原平衡状态。

总之，系统总压力增大，平衡向气体物质的量减小的方向移动，总压力减小，平衡向气体物质的量增大的方向移动。而对于反应前后气体分子物质的量不变的系统，系统总压改变时，反应商维持不变，在这种情况下，改变总压力只能改变反应达到平衡的时间，而不能使平衡移动。

此原理被广泛地应用于化工生产中，以提高反应的转化率，如合成氨反应：

$$N_2(g)+3H_2(g)=2NH_3(g)$$

即在高压条件下进行，并通入过量的氮气、不断引出生成的氨气，以提高氢气的转化率。

5.4.3 温度对化学平衡的影响

温度对化学平衡的影响与前两种情况有着本质的区别。改变浓度或压力，它们对化学平衡的影响都是从改变 Q 而得以实现的。而温度的变化，却导致了标准平衡常数的改变。因此，在浓度、压力不变的条件下，改变温度化学平衡也将发生移动。我们可以从热力学的以下两式导出温度与标准平衡常数的关系：

$$\Delta_r G_m^{\ominus}(T)=\Delta_r H_m^{\ominus}(T)-T\Delta_r S_m^{\ominus}(T)$$

$$\ln K^{\ominus}(T)=-\Delta_r G_m^{\ominus}(T)/RT$$

得

$$\ln K^{\ominus}=-\frac{\Delta_r H_m^{\ominus}}{RT}+\frac{\Delta_r S_m^{\ominus}}{R} \tag{5-3}$$

此式是化学热力学中一个十分重要的关系式，称为范特荷夫(Van't Hoff)方程式。它表示，当把 $\Delta_r H_m^{\ominus}$ 和 $\Delta_r S_m^{\ominus}$ 近似视为常数时，反应的标准平衡常数的对数 $\ln K^{\ominus}$ 与反应温度的倒数 $1/T$ 成线性关系(图 5-1)，直线的斜率等于 $-\Delta_r H_m^{\ominus}/R$。

若反应为吸热，$\Delta_r H_m^{\ominus}>0$，则直线的斜率小于 0(图 5-1(a))，即随反应温度 T 的升高，

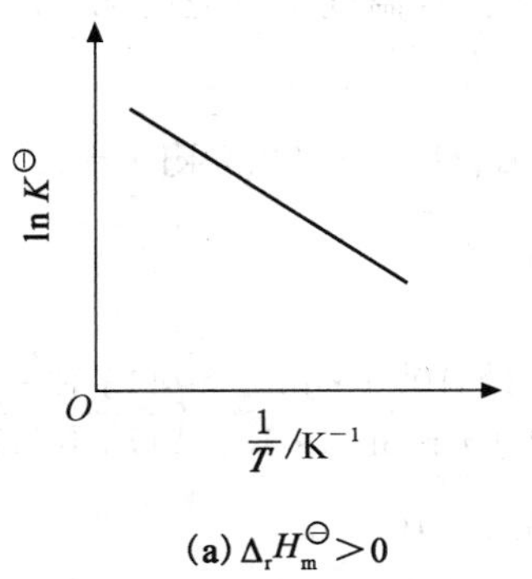

(a) $\Delta_r H_m^\ominus > 0$

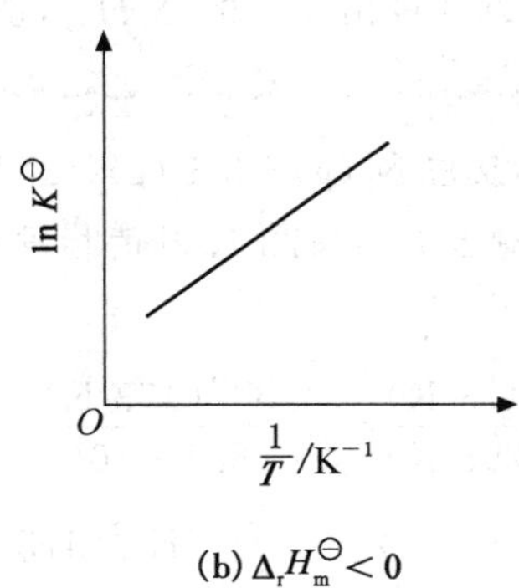

(b) $\Delta_r H_m^\ominus < 0$

图 5-1 化学反应的 ln $K^\ominus$ 与 $1/T$ 示意图

$K^\ominus$变大，使得 $Q < K^\ominus$，平衡正向移动；若反应为放热，$\Delta_r H_m^\ominus < 0$，则直线的斜率大于0(图5-1(b))，即随反应温度的升高，$K^\ominus$变小，使得 $Q > K^\ominus$，平衡逆向移动。

若仅从化学平衡角度考虑，为提高反应的完全程度，对 $\Delta_r H_m^\ominus > 0$ 的反应，应在较高温度条件下进行，对 $\Delta_r H_m^\ominus < 0$ 的反应，则应在较低温度条件下进行。例如，重水与硫化氢气体的反应：

$$D_2O(l) + H_2S(g) = D_2S(g) + H_2O(g)$$

由于反应的 $\Delta_r H_m^\ominus > 0$，将硫化氢气体通入高温的水中，以上平衡向右移动，反应完成程度较高；再将得到的气体产物冷却，由于温度下降，平衡向左移动，得到重水。原子能工业中利用此方法富集普通水中的重水(重水在普通水中的质量分数约为1/7 000)。

又如反应：

$$TaS_2(s) + 2I_2(g) = TaI_4(g) + S_2(g)$$

由于该反应 $\Delta_r H_m^\ominus > 0$，可将固体 TaS_2 置于一密封、真空的石英管的一端，同时在管内放入少量 $I_2(s)$。将石英管按一定的温度梯度加热，使放有 TaS_2 的一端温度较高，另一端温度较低。则在高温端，正向反应进行得可很完全，得到的气体产物扩散到低温端后，平衡又逆向移动，最终得到纯净的 TaS_2 晶体。这是一种提纯物质的新技术，称为“化学蒸气转移法”。

若已知反应的 $\Delta_r H_m^\ominus$、温度为 T_1 时反应的标准平衡常数 $K^\ominus(1)$，温度为 T_2 时反应的标准平衡常数 $K^\ominus(2)$，分别代入式(5-3)可得到：

$$\ln K^\ominus(1) = -\frac{\Delta_r H_m^\ominus}{RT_1} + \frac{\Delta_r S_m^\ominus}{R}$$

$$\ln K^\ominus(2) = -\frac{\Delta_r H_m^\ominus}{RT_2} + \frac{\Delta_r S_m^\ominus}{R}$$

结合以上二式得

$$\ln \frac{K^\ominus(2)}{K^\ominus(1)} = \frac{\Delta_r H_m^\ominus}{R}\left(\frac{T_2 - T_1}{T_1 T_2}\right)$$

利用该式可以计算出反应的 $\Delta_r H_m^\ominus$，也可计算指定温度下反应的 $K^\ominus$。

例 5-4 已知反应 $N_2(g)+3H_2(g)=2NH_3(g)$，$\Delta_r H_m^\ominus=-92.2\ kJ \cdot mol^{-1}$，$K^\ominus(298\ K)=6.1\times10^5$。计算该反应在 473 K 时的标准平衡常数。

解：

$$\ln\frac{K^\ominus(473\ K)}{K^\ominus(298\ K)}=\ln\frac{K^\ominus(473\ K)}{6.1\times10^5}=\frac{-92.2\times10^3\ J \cdot mol^{-1}}{8.314\ J \cdot mol^{-1} \cdot K^{-1}}\left(\frac{473\ K-298\ K}{473\ K\times298\ K}\right)$$

得 $$K^\ominus(473\ K)=6.4\times10^{-1}$$

对于液体，如水的汽化过程：

$$H_2O(l)=H_2O(g)$$

反应的标准平衡常数 $K^\ominus=p^{eq}(H_2O)/p^\ominus$，即等于平衡时气体的相对饱和蒸气压力。将上式应用于液体的汽化过程，得

$$\ln\frac{p_2}{p_1}=\frac{\Delta_{vap}H_m^\ominus}{R}\left(\frac{T_2-T_1}{T_1T_2}\right)$$

此式称为克拉贝龙-克劳修斯(Clapeyron-Clausis)方程式，表示 T_1 与 T_2 两个热力学温度与相应两个饱和蒸气压力 p_1 与 p_2 之间的关系。式中，$\Delta_{vap}H_m^\ominus$ 为液体的标准摩尔汽化焓。此式也可用来表示两个不同压力下的相应沸腾温度间的关系。

例 5-5 压力锅内，水的蒸气压力可达到 150 kPa，计算水在压力锅中的沸腾温度，已知水的 $\Delta_{vap}H_m^\ominus=44.2\ kJ \cdot mol^{-1}$。

解：$$H_2O(l)=H_2O(g)$$

已知水的正常沸点 $T_1=373$ K，此时饱和蒸气压 100 kPa，根据克拉贝龙-克劳修斯方程式可得

$$\ln\frac{p_2}{p_1}=\frac{\Delta_{vap}H_m^\ominus}{R}\left(\frac{T-T_1}{T_1T}\right)$$

$$\ln\frac{150\ kPa}{100\ kPa}=\frac{44.2\times10^3\ J \cdot mol^{-1}}{8.314\ J \cdot mol^{-1} \cdot K^{-1}}\left(\frac{T-373\ K}{373\ K\times T}\right)$$

得 $$T=384\ K$$

5.4.4 催化剂对化学平衡的影响

催化剂对反应的影响只是一个动力学问题，它对热力学参数 $\Delta_r H_m^\ominus$ 和 $\Delta_r G_m^\ominus$ 均无影响，故不影响化学平衡。事实上，对于可逆反应，催化剂能同等程度地加快正、逆反应的速率，它能加快反应达到平衡状态，缩短化学平衡实现的时间。

5.4.5 吕·查德里原理

综合以上影响平衡移动的各种结论，1887 年吕·查德里(Le Chatelier)提出一个更为概括的规律：假如改变平衡体系的条件之一，如浓度、温度或压力，平衡向着减弱这个改变的方向移动。这个规律称为吕·查德里原理。

当增加反应物浓度时，平衡就向减小反应物浓度的方向移动；当升高温度时，平衡就向能降低温度(即吸热)的方向移动；当增加压力时，平衡就向能减小压力(即减少气体分子数目)的方向移动。

吕·查德里原理是一条普遍规律，它对于所有的动态平衡(包括物理平衡)都是适用的。但必须注意，它只能应用于已经达到平衡的系统。在化学工业生产上，往往应用吕·查德里原理综合考虑各种条件的选择，以求平衡迅速地向我们所希望的方向移动。

□ 本章小结

化学平衡原理主要研究化学反应的限度问题。$K^{\ominus}(T)$定义为 T 温度下反应的标准平衡常数，$K^{\ominus}$的大小表示反应完全程度趋势的高低。它是化学反应的特性常数，仅与反应的本质及反应的温度有关，与物质的起始浓度或起始分压及反应达到平衡的方向和时间无关。

对于多重平衡系统，相关反应的 $K^{\ominus}(T)$具有确定的关系。化学平衡是反应系统在特定条件下达到的动态平衡状态，一旦条件发生改变，平衡即有可能被破坏，反应最终在新的条件下达到新的平衡。吕·查德里原理概述了已经达到平衡的系统移动的规律。

□ 习　题

5-1 判断下列叙述是否正确：

(1)化学反应商 Q 和标准平衡常数 $K^{\ominus}$ 的单位均为 1；

(2)对 $\Delta_r H_m^{\ominus} < 0$ 的反应，温度越高，$K^{\ominus}$越小，故 $\Delta_r G_m^{\ominus}$ 越大；

(3)一定温度下，两反应的标准摩尔吉布斯自由能之间的关系为 $\Delta_r G_m^{\ominus}(1) = 2\Delta_r G_m^{\ominus}(2)$，则两反应标准平衡常数间关系为 $K^{\ominus}(2) = [K^{\ominus}(1)]^2$。

5-2 673 K 时，反应 $N_2(g) + 3H_2(g) = 2NH_3(g)$的 $K^{\ominus} = 5.8 \times 10^{-4}$，则反应 $NH_3(g) = 1/2N_2(g) + 3/2H_2(g)$的 $K^{\ominus} =$ ____________。

5-3 写出下列可逆反应的标准平衡常数表达式：

(1)$2NaHCO_3(s) = Na_2CO_3(s) + CO_2(g) + H_2O(g)$

(2)$Fe(s) + 2H^+(aq) = Fe^{2+}(aq) + H_2(g)$

(3)$CS_2(l) + 3Cl_2(g) = CCl_4(l) + S_2Cl_2(l)$

(4)$2Na_2CO_3(s) + 5C(s) + 2N_2(g) = 4NaCN(s) + 3CO_2(g)$

5-4 已知下列反应在指定温度的 $\Delta_r G_m^{\ominus}$ 和 $K^{\ominus}$：

(1)$N_2(g) + 1/2O_2(g) = N_2O(g)$，$\Delta_r G_m^{\ominus}(1)$，$K^{\ominus}(1)$

(2)$N_2O_4(g) = 2NO_2(g)$，$\Delta_r G_m^{\ominus}(2)$，$K^{\ominus}(2)$

(3)$1/2N_2(g)+O_2(g)=NO_2(g)$，$\Delta_r G_m^\ominus(3)$，$K^\ominus(3)$

则反应 $2N_2O(g)+3O_2(g)=2N_2O_4(g)$的 $\Delta_r G_m^\ominus=$________，$K^\ominus=$________。

5-5 已知 $\Delta_f H_m^\ominus(NO,g)=90.25\ kJ\cdot mol^{-1}$，在 2 273 K 时，反应 $N_2(g)+O_2(g)=2\ NO(g)$的 $K^\ominus=0.100$。在 2 273 K 时，若 $p(N_2)=p(O_2)=10$ kPa，$p(NO)=20$ kPa，反应商 $Q=$________，反应向________方向自发；在 2 000 K 时，若 $p(NO)=p(N_2)=10$ kPa，$p(O_2)=100$ kPa，反应商 $Q=$________，反应________。

5-6 在 1 L 容器中，将 2.659 g $PCl_5(g)$加热分解为 $PCl_3(g)$和 $Cl_2(g)$，在523 K 时达到平衡后，总压力为 101.3 kPa，求 PCl_5 的分解率和 $K^\ominus$。

5-7 求 298 K 时反应 $2SO_2(g)+O_2(g)=2SO_3(g)$的 $K^\ominus$？

已知：$\Delta_f G_m^\ominus(SO_2)=-300.2\ kJ\cdot mol^{-1}$，$\Delta_f G_m^\ominus(SO_3)=-371.1\ kJ\cdot mol^{-1}$

5-8 恒温恒容下，$2GeO(g)+W_2O_6(g)=2GeWO_4(g)$，若反应开始时，GeO 和 W_2O_6 的分压均为 100.0 kPa，平衡时 $GeWO_4(g)$的分压为 98.0 kPa. 求平衡时 GeO 和 W_2O_6 的分压以及反应的标准平衡常数。

5-9 (1)写出反应 $O_2(g)=O_2(aq)$的标准平衡常数表达式。已知 20℃、$p(O_2)=101$ kPa 时，氧气在水中溶解度为 $1.38\times10^{-3}\ mol\cdot L^{-1}$，计算以上反应在 20℃时的 $K^\ominus$，并计算 20℃时与 101 kPa 大气平衡的水中氧的浓度 $c(O_2)$。[大气中 $p(O_2)=21.0$ kPa]

(2)已知血红蛋白(Hb)氧化反应 $Hb(aq)+O_2(g)=HbO_2(aq)$在 20℃时 $K^\ominus=85.5$，计算下列反应的 $K^\ominus(293\ K)$：

$$Hb(aq)+O_2(aq)=HbO_2(aq)$$

5-10 已知反应 $H_2(g)+I_2(g)=2HI(g)$，在 350℃时的标准平衡常数为 66.9，在 448℃时的标准平衡常数是 50.0。问正反应是吸热反应还是放热反应，并解释之。

5-11 383 K 时，反应 $Ag_2CO_3(s)=Ag_2O(s)+CO_2(g)$的 $\Delta_r G_m^\ominus=14.8\ kJ\cdot mol^{-1}$，求此反应的 $K^\ominus(383\ K)$；在 383 K 烘干 $Ag_2CO_3(s)$时，为防止其受热分解，空气中 $p(CO_2)$最低应为多少 kPa？

5-12 根据有关热力学数据，近似计算 $CCl_4(l)$在 101.3 kPa 压力下和 20 kPa 压力下的沸腾温度。已 $\Delta_f H_m^\ominus(CCl_4,g,298\ K)=-102.93\ kJ\cdot mol^{-1}$，$S_m^\ominus(CCl_4,g,298\ K)=309.74\ J\cdot mol^{-1}\cdot K^{-1}$，其他数据见书后附录。

Chapter 6 第 6 章

化学动力学基础

Primary Conception of Chemical Kinetics

化学热力学主要研究化学反应进行的方向以及进行的程度，不涉及反应时间，因此它不能告诉我们化学反应进行的快慢，即化学反应速率的大小。自然界中化学反应种类繁多，化学反应速率也千差万别。例如，298 K 时，

$$H_2(g) + 1/2\ O_2(g) = H_2O(l) \quad \Delta_r G_m^{\ominus} = -237.19\ kJ \cdot mol^{-1}$$

从热力学角度，反应可以进行得相当完全，但实际上在此条件下，H_2 和 O_2 混合后，很长时间看不出有任何变化，即反应速率相当慢。因此，研究化学反应不仅要研究它发生的可能性，而且要研究其现实性。化学动力学就是研究化学反应速率及其影响因素，并探讨反应机理等问题的分支学科。

【学习要求】

- 掌握化学反应速率的表示方法及基元反应、非基元反应等基本概念。
- 掌握浓度对反应速率的影响，质量作用定律、速率方程及速率常数、反应级数等的物理意义。
- 了解温度对反应速率的影响，掌握阿仑尼乌斯方程的应用。
- 了解催化作用原理。
- 了解反应速率的碰撞理论和过渡态理论的要点。

6.1 化学反应速率的基本概念

6.1.1 平均速率与瞬时速率

按国际纯粹与应用化学联合会(IUPAC)推荐，化学反应速率为单位体积内反应进度随时间的变化率。通常用，在定容反应器中，单位时间内反应物或生成物浓度的变化表示。浓度单位常用 $mol \cdot L^{-1}$，时间单位可用 s、min、h 等。故反应速率的常用单位为 $mol \cdot L^{-1} \cdot s^{-1}$、$mol \cdot L^{-1} \cdot min^{-1}$、$mol \cdot L^{-1} \cdot h^{-1}$ 等。反应速率有平均速率和瞬时速率。

以合成氨反应为例，如在某条件下 $N_2(g)$ 和 $H_2(g)$ 生成 $NH_3(g)$，反应过程中各物质的

浓度为：

	$N_2(g)$ +	$3H_2(g)$ =	$2NH_3(g)$
起始浓度/($mol \cdot L^{-1}$)	1.0	3.0	0
2 s后浓度/($mol \cdot L^{-1}$)	0.8	2.4	0.4

若用产物 NH_3 的浓度变化来表示反应速率，则

$$\bar{v}(NH_3)=\frac{\Delta c(NH_3)}{\Delta t}=\frac{(0.4-0)\ mol\cdot L^{-1}}{2\ s}=0.2\ mol\cdot L^{-1}\cdot s^{-1}$$

若用反应物 N_2、H_2 的浓度变化来表示，则

$$\bar{v}(N_2)=-\frac{\Delta c(N_2)}{\Delta t}=-\frac{(0.8-1.0)\ mol\cdot L^{-1}}{2\ s}=0.1\ mol\cdot L^{-1}\cdot s^{-1}$$

$$\bar{v}(H_2)=-\frac{\Delta c(H_2)}{\Delta t}=-\frac{(2.4-3.0)\ mol\cdot L^{-1}}{2\ s}=0.3\ mol\cdot L^{-1}\cdot s^{-1}$$

对于给定条件下的化学反应，反应式中各物质的化学计量数往往不同，因此，用不同的反应物或产物的浓度变化所得的反应速率数值上可能不同。为避免出现这种混乱的表示方法，化学上规定将所得反应速率$\left(\pm\frac{\Delta c}{\Delta t}\right)$除以各物质在反应式中的计量数，这样，反应速率对同一化学反应而言就统一了。

因此，上例中合成氨反应速率可表示为：

$$\bar{v}=\frac{\Delta c(N_2)}{\nu(N_2)\cdot\Delta t}=\frac{\Delta c(H_2)}{\nu(H_2)\cdot\Delta t}=\frac{\Delta c(NH_3)}{\nu(NH_3)\cdot\Delta t}=0.1\ mol\cdot L^{-1}\cdot s^{-1}$$

以上所得的反应速率只是合成氨反应在0～2 s内的平均速率 $\bar{v}$。实验结果表明，一个反应的速率不是固定不变的，对一般的反应来说，反应速率随着反应物浓度的降低而越来越慢。因此，对于一般的化学反应

$$\nu_A A+\nu_D D=\nu_G G+\nu_H H$$

反应的平均速率为：

$$\bar{v}=\frac{1}{\nu_A}\frac{\Delta c(A)}{\Delta t}=\frac{1}{\nu_D}\frac{\Delta c(D)}{\Delta t}=\frac{1}{\nu_G}\frac{\Delta c(G)}{\Delta t}=\frac{1}{\nu_H}\frac{\Delta c(H)}{\Delta t}$$

即

$$\bar{v}=\frac{1}{\nu_B}\frac{\Delta c(B)}{\Delta t} \tag{6-1}$$

式中 ν_B 和 c_B 分别为反应中任意物质的计量数和浓度。

在实际生产中，了解某一时刻的速率，即瞬时速率，更具有实际意义。瞬时速率为 Δt 趋近于0时平均速率的极限：

$$v=-\lim_{\Delta t\to 0}\left\{\frac{1}{\nu_B}\times\frac{\Delta c(B)}{\Delta t}\right\}=\frac{1}{\nu_B}\frac{dc(B)}{dt} \tag{6-2}$$

瞬时速率可用作图法求得。以纵坐标表示反应物或生成物浓度，横坐标表示反应时间，

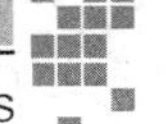

作 c-t 曲线。取曲线上一点，通过该点作曲线的切线，切线的斜率即为该点对应时刻的瞬时反应速率。

瞬时速率能代表化学反应在某一时刻的真正速率。

化学反应具有可逆性，实验测得的反应速率实际上是正向速率与逆向速率之差，即净反应速率。一般测定是利用有关物理性质或物理化学手段，如分解产生气体的压力或测定电导率、折光率、颜色等随时间的变化，间接地求反应速率。

6.1.2 基元反应和非基元反应

化学反应所经历的途径也即反应物变成产物所经历的途径，称为反应机理，也称反应历程。对于各种不同的化学反应，其反应机理是不同的，有的反应由反应物到产物一步即完成，而有的反应需几步才能完成。如反应

$$CO(g) + NO_2(g) = CO_2(g) + NO(g)$$

一步即完成。而反应

$$2N_2O_5(g) = 4NO_2(g) + O_2(g)$$

需三步才能完成：

$$N_2O_5(g) = N_2O_3(g) + O_2(g) \qquad (慢)$$

$$N_2O_3(g) = NO_2(g) + NO(g) \qquad (快)$$

$$N_2O_5(g) + NO(g) = 3NO_2(g) \qquad (快)$$

在化学中，按反应机理不同，把反应分成基元反应和非基元反应。反应物分子一步直接转化为产物分子的反应为基元反应；需多步才能完成的反应即由若干个基元反应构成的反应为非基元反应。需要注意的是，构成非基元反应的每一步基元反应的速率并不相同，有的快，有的慢，最慢的一步决定整个反应的速率，称为速率决定步骤。

6.2 浓度对反应速率的影响

我们已经知道，各种化学反应的速率各不相同，有快有慢。若改变反应条件，反应速率也会发生变化。那么，哪些因素会影响到反应速率，它们会使反应速率发生怎样的变化？本节介绍浓度对反应速率的影响。

6.2.1 质量作用定律和速率方程式

1867 年，古德贝格和瓦格根据大量实验事实总结出反映化学反应速率与反应物浓度间关系的规律，即质量作用定律：

对于基元反应

$$aA + bB = C$$

质量作用定律的数学表达式为

$$v = kc^a(A)c^b(B) \tag{6-3}$$

式(6-3)称为化学反应速率方程或动力学方程，它表明了反应速率与浓度等参数之间的关系。式中 k 称为反应的速率常数，$c(A)$、$c(B)$分别是反应物 A 和 B 的浓度。

6.2.2 应用质量作用定律时应注意的问题

(1)质量作用定律只适用于基元反应。即对于基元反应可以根据反应式直接写出其速率方程式。

如基元反应 $2NO_2(g)=2NO(g)+O_2(g)$的速率方程为

$$v=kc^2(NO_2)$$

基元反应 $2NO(g)+O_2(g)=2NO_2(g)$的速率方程为

$$v=kc^2(NO)c(O_2)$$

而对于非基元反应就不能直接根据反应式写出其速率方程式。

(2)质量作用定律只适用于均匀体系内发生的反应，如气体之间的反应、溶液中发生的反应、相互混溶的液体之间的反应等。反应中有纯固体或纯液体参加时，若它们不溶于反应介质，可将它们的浓度视为常数不写入方程式中。多相体系内的反应，其反应速率与两相间的接触面大小及搅拌程度有关。如碳在氧气中燃烧，反应速率与氧气的浓度成正比，还与碳的粉碎程度有关。碳被粉碎得越细，其表面积就越大，与氧作用的机会越多，反应越快。对有固体参加的反应，粉碎、分散、搅拌是加快反应进行的措施。所以对有固体参加的异相反应，只能应用速率方程式表示出与固体作用的气体或溶液的浓度对反应速率的影响，而把反应条件下固体表面性质对速率的影响归并到速率常数 k 中去。例如反应

$$C(s)+O_2(g)=CO_2(g)$$

其速率方程式为

$$v = kc^2(O_2)$$

(3)稀溶液中溶剂参加的反应，其速率方程中不必列出溶剂的浓度。因为在稀溶液中，溶剂的量很多而溶质的量很少，在整个反应过程中，溶剂的量变化甚微，溶剂的浓度可近似地看作常数而并入速率常数中。例如反应

$$2Na(s)+2H_2O(l)=2Na^+(aq)+2OH^-(aq)+H_2(g)$$

水是大量的，反应过程中水的浓度变化很小，可视为常数，因此反应速率方程不列出水的浓度。在此反应中，Na 又为纯固体，所以该反应的速率方程为 $v=k$。

组成非基元反应的每一步基元反应的速率方程都可以根据反应方程式写出。

如反应 $2N_2O_5=4NO_2+O_2$ 是通过以下三步完成的：

反应(1) $N_2O_5=N_2O_3+O_2$

反应(2) $N_2O_3=NO_2+NO$

反应(3) $N_2O_5+NO=3NO_2$

反应(1)的速率方程式为 $v=kc(N_2O_5)$；
反应(2)的速率方程式为 $v=kc(N_2O_3)$；
反应(3)的速率方程式为 $v=kc(N_2O_5)c(NO)$。

6.2.3 反应级数

速率方程式中某反应物浓度的方次称为该反应物的反应级数。式(6-2)中 a 是反应物 A 的级数；b 是反应物 B 的级数。即该基元反应对反应物 A 是 a 级，对反应物 B 是 b 级。在速率方程式中各物质浓度的指数之和称为该反应的级数，$a+b$ 之和为该反应的级数。通常不特别指明时，所说的反应级数是指反应的级数。如基元反应

$$NO_2(g)+CO(g)=NO(g)+CO_2(g)$$

反应的速率方程式为

$$v=kc(NO_2)c(CO)$$

则对于反应物 $NO_2(g)$来说是一级，对反应物 CO (g)也是一级，该反应的级数是 2(1+1=2)级。

6.2.4 非基元反应的速率方程式

对于任一非基元反应

$$aA+bB+\cdots=\text{产物}$$

其速率方程式可写作：

$$v=kc^{\alpha}(A)c^{\beta}(B)\cdots \tag{6-4}$$

$\alpha,\beta,\cdots$为待定数值，需通过实验确定。

例如，复杂反应

$$2H_2+2NO=2H_2O+N_2$$

其速率方程为

$$v=kc(H_2)c^2(NO) \qquad \text{反应级数为 3}$$

复杂反应

$$C_2H_4Br_2+3KI=C_2H_4+2KBr+KI_3$$

其速率方程为

$$v=kc(C_2H_4Br_2)c(KI) \qquad \text{反应级数为 2}$$

若反应机理已知，可根据速率决定步骤写出速率方程。但需注意有些反应机理很复杂，其机理难于确定。有的反应，虽然通过实验数据而确定的速率方程中，反应物浓度的指数恰好等于方程式中该物质的系数，但不能确定该反应一定是基元反应。

例如，若反应

$$mA+nB=C$$

的速率方程为

$$v=kc^m(A)c^n(B)$$

也不能确定该反应一定是基元反应。

一个化学反应的级数可以是正整数，也可以是分数或零。零级反应说明反应速率与反应物浓度无关，反应速率为一常数 $v=k$。

反应速率常数的单位随反应级数的不同而不同，可根据反应级数推得速率常数 k 的单位。若反应级数为 n，则速率常数的单位为

$$(\text{物质的量浓度})^{1-n}\cdot(\text{时间})^{-1}$$

例如，若时间的单位为 s，对于一级反应，k 的单位为 s^{-1}，二级反应为 $mol^{-1}\cdot L\cdot s^{-1}$，三级反应为 $mol^{-2}\cdot L^2\cdot s^{-1}$，零级反应为 $mol\cdot L^{-1}\cdot s^{-1}$。

例 6-1 在 1 073 K 时 $H_2(g)$ 和 NO(g) 发生如下反应：

$$2H_2(g)+2NO(g)=N_2(g)+2H_2O(g)$$

为了确定反应的速率方程，对反应物 NO(g) 与 $H_2(g)$ 的起始浓度和反应的初速率作了测定，有关实验数据见表 6-1。

表 6-1 $H_2(g)$ 和 NO(g) 的反应速率(T=1 073 K)

实验序号	起始浓度/($mol\cdot L^{-1}$)		初速率/($mol\cdot L^{-1}\cdot s^{-1}$)
	$c(H_2)$	$c(NO)$	
1	6.0×10^{-3}	1.0×10^{-3}	3.19×10^{-3}
2	6.0×10^{-3}	2.0×10^{-3}	1.28×10^{-2}
3	3.0×10^{-3}	2.0×10^{-3}	6.41×10^{-3}

(1)求反应的级数，写出该反应的速率方程。

(2)求反应的速率常数。

(3)求反应在 $c(H_2)=2.5\ mol\cdot L^{-1}$、$c(NO)=3.0\ mol\cdot L^{-1}$ 时的反应速率。

解：(1)设所给反应的速率方程为

$$v=kc^x(H_2)c^y(NO)$$

将三组数据代入以上方程中，得

$$v_1=3.19\times10^{-3}\ mol\cdot L^{-1}\cdot s^{-1}=k\ (6.0\times10^{-3}\ mol\cdot L^{-1})^x(1.0\times10^{-3}\ mol\cdot L^{-1})^y \quad ①$$

$$v_2=1.28\times10^{-2}\ mol\cdot L^{-1}\cdot s^{-1}=k\ (6.0\times10^{-3}\ mol\cdot L^{-1})^x(2.0\times10^{-3}\ mol\cdot L^{-1})^y \quad ②$$

$$v_3=6.41\times10^{-3}\ mol\cdot L^{-1}\cdot s^{-1}=k\ (3.0\times10^{-3}\ mol\cdot L^{-1})^x(2.0\times10^{-3}\ mol\cdot L^{-1})^y \quad ③$$

由①和②两式相除，可解得 $y=2$

由②和③两式相除，可解得 $x=1$

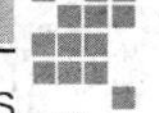

所以，该反应的反应级数为 2+1=3。该反应的速率方程式为

$$v=kc(H_2)c^2(NO)$$

(2)将任一组实验数据代入方程中，如将第一组数据代入，得

$$3.19\times10^{-3}\ mol\cdot L^{-1}\cdot s^{-1}=k\ (6.0\times10^{-3}\ mol\cdot L^{-1})(1.0\times10^{-3}\ mol\cdot L^{-1})^2$$

可解得

$$k=5.33\times10^5 mol^{-2}\cdot L^2\cdot s^{-1}$$

(3)当 $c(H_2)=2.5\ mol\cdot L^{-1}$、$c(NO)=3.0mol\cdot L^{-1}$ 时的反应速率为

$$v=kc\ (H_2)c^2(NO)=5.33\times10^5\ mol^{-2}\cdot L^2\cdot s^{-1}\times(2.5\ mol\cdot L^{-1})\times(3.0\ mol\cdot L^{-1})^2$$
$$=1.20\times10^{-2}\ mol\cdot L^{-1}\cdot s^{-1}$$

6.3 温度对反应速率的影响

实验证明，温度对反应速率的影响显著。在浓度一定时，绝大多数化学反应的速率都随着温度的升高而明显增大。如在常温下，$H_2(g)$和 $O_2(g)$的反应极慢，以至几年都观察不到水的生成，但当温度升高到 873 K 时，反应会立即发生，并发生猛烈的爆炸。温度的变化对反应速率的影响，主要表现在对速率常数 k 的影响上。

6.3.1 范特荷夫规则

1884 年，范特荷夫(J. H. Van't Hoff)根据实验结果归纳总结出反应速率随温度变化的一个规律即范特荷夫规则：在反应物浓度相同的情况下，温度每升高 10℃时，反应速率大约增加到原来速率的 2～4 倍。相应的速率常数也按同样的倍数增加。

对任意一个化学反应

$$aA+bB=C$$

温度为 t℃时其速率方程为

$$v_t=k_tc^x(A)c^y(B)$$

温度为$(t+10)$℃时其速率方程为

$$v_{t+10}=k_{t+10}c^x(A)c^y(B)$$

范特荷夫规则的数学表达式为

$$\frac{v_{t+10}}{v_t}=\frac{k_{t+10}}{k_t}=\gamma \tag{6-5}$$

$k_{(t+10)}$ 和 k_t 分别表示温度为$(t+10)$℃和 t℃时的反应速率常数；γ 称为反应速率的温度系数，γ 值在 2～4 范围内。当温度从 t℃升高到$(t+n\times10)$℃时，则反应速率为原来的 γ^n 倍：

$$\frac{k_{(t+n\times10)}}{k_t}=\gamma^n \tag{6-6}$$

确切地说,并不是所有的反应都符合以上规则,温度对反应速率的影响比较复杂。有的反应当温度升高10℃时,反应速率不是增大到原来的2～4倍,而是几十乃至上百倍。如果实际工作中不需要精确的数据,则可根据这个规则大约估算出温度对反应速率的影响。

例6-2 某反应在30℃时的反应速率是20℃时的3倍,求该反应在60℃时的速率是20℃时的多少倍?

解:根据题意,有

$$\gamma=\frac{k_{t+10}}{k_t}=3$$

因为

$$60=20+n\times10$$

所以

$$n=4$$

$$\frac{k_{(20+4\times10)}}{k_{20}}=3^4=81$$

6.3.2 阿仑尼乌斯经验方程

为了定量地描述温度对反应速率的影响,瑞典化学家阿仑尼乌斯(S. Arrhenius),在1889年总结出一个较为精确地描述反应速率常数与温度关系的经验方程:

$$k=A\cdot e^{-\frac{E_a}{RT}} \tag{6-7}$$

式中,A为给定反应的特征常数,称为指前因子或频率因子,它与温度、浓度均无关,单位与k相同。R为摩尔气体常数,T为热力学温度,E_a为实验活化能,简称活化能。将$\lg k$对$1/T$作图,由所得直线斜率就可求算E_a。它是宏观物理量,具有平均统计意义,对基元反应,E_a等于活化分子的平均能量与反应物分子平均能量之差;对于非基元反应,E_a的直接物理意义就含糊了,因此由实验求得的E_a也叫表观活化能。若在温度T_1和T_2时,反应速率常数分别为k_1和k_2。则可直接由(6-7)导出

$$\ln\frac{k_2}{k_1}=\frac{E_a}{R}\left(\frac{1}{T_1}-\frac{1}{T_2}\right)=\frac{E_a}{R}\left(\frac{T_2-T_1}{T_1T_2}\right) \tag{6-8}$$

或

$$\lg\frac{k_2}{k_1}=\frac{E_a}{2.303R}\left(\frac{1}{T_1}-\frac{1}{T_2}\right)=\frac{E_a}{2.303R}\left(\frac{T_2-T_1}{T_1T_2}\right) \tag{6-9}$$

应用上式可计算反应的活化能,或已知T_1时的k_1,求T_2时的k_2。

由(6-8)式可以得到如下结论:

(1)对于同一反应,相同的温度变化,低温时比在高温时速率的变化大。

(2)对于不同的反应，T_1、T_2 相同时，E_a 较大的反应，速率的变化大。

阿仑尼乌斯方程不仅说明了反应速率与温度的关系，还可说明活化能对反应速率的影响以及温度和活化能两者对反应速率的影响情况。从式(6-7)可以看出，对于不同的反应，当温度一定时，E_a 大的反应速率慢；E_a 小的反应速率快。一般化学反应的活化能为 42～420 $kJ \cdot mol^{-1}$，大多数反应的活化能为 62～250 $kJ \cdot mol^{-1}$。活化能小于 42 $kJ \cdot mol^{-1}$ 的反应极其迅速，以致反应速率不能用普通方法测定；活化能大于 420 $kJ \cdot mol^{-1}$ 的反应非常缓慢，常温下可能看不出有丝毫的反应迹象。

例 6-3 某反应在 600 K 时，$k=0.750\ mol^{-1} \cdot L \cdot s^{-1}$，计算该反应在 500 K 和 700 K 时的速率常数。已知该反应的活化能为 $E_a=1.14\times10^2\ kJ \cdot mol^{-1}$。

解：将 $T_1=500\ K$，$T_2=600\ K$，$E_a=1.14\times10^2\ kJ \cdot mol^{-1}$，$k_2=0.750\ mol^{-1} \cdot L \cdot s^{-1}$ 代入式(6-9)得

$$\lg \frac{0.750}{k_1}=\frac{1.14\times10^2\times10^3\ J \cdot mol^{-1}}{2.303\times8.314\ J \cdot K^{-1} \cdot mol^{-1}}\times\left(\frac{600\ K-500\ K}{600\ K\times500\ K}\right)=1.985$$

所以

$$\frac{0.750}{k_1}=96.6$$

$$k_1=0.007\ 8\ mol^{-1} \cdot L \cdot s^{-1}$$

将 $T_1=600\ K$，$T_2=700\ K$，$E_a=1.14\times10^2\ kJ \cdot mol^{-1}$，$k_1=0.750\ mol^{-1} \cdot L \cdot s^{-1}$ 代入式(6-9)得

$$\lg \frac{k_2}{0.750}=\frac{1.14\times10^2\times10^3\ J \cdot mol^{-1}}{2.303\times8.314\ J \cdot K^{-1} \cdot mol^{-1}}\left(\frac{700\ K-600\ K}{700\ K\times600\ K}\right)=1.418$$

所以

$$\frac{k_2}{0.750}=26.2$$

$$k_2=19.7\ mol^{-1} \cdot L \cdot s^{-1}$$

从上面的计算可知，当温度由 500 K 增加到 600 K 时，反应速率增大了 95.6 倍，而温度由 600 K 增大到 700 K 时，反应速率却只增大了 25.2 倍，由此可见，对于一个给定反应而言，在低温区内反应速率随温度的变化更为显著。

6.4 反应速率理论

化学反应的速率千差万别。一般来讲，不同的反应，反应速率不同，同一反应，条件不同时反应速率也不相同。由此可知，反应速率除了与反应的本质有关外，尚与一些外界因素有关。为了说明这些情况，人们提出了种种理论，我们只简单介绍碰撞理论和过渡态理论。

6.4.1 反应速率的碰撞理论

为了解释反应速率的一系列问题，路易斯(Lewis)于1918年根据气体分子运动论提出了碰撞理论。该理论认为：

(1)化学反应发生的先决条件是反应物分子间发生碰撞，且分子间碰撞频率越高，反应速率就越快。但是，并非反应物分子间的每次碰撞都能发生反应。就气体反应而言，如果所有分子间的碰撞都可发生反应，那么一切气体反应将会在瞬间完成。而事实并非如此，化学反应有快有慢，且差别很大，这是由于在分子接近到一定距离时，只有那些相向平动能足够大的分子相撞，才能发生反应，将其称为有效碰撞。能发生有效碰撞的分子，跟一般分子不同之处就在于它具有较高的动量。这样的分子发生碰撞时，能克服相互碰撞的分子的电子云之间的排斥力，使反应物分子中的化学键断裂，原子间重新组合形成新的化学键，从而得到新的化合物。这些具有较高能量的分子，称为活化分子。显然在一反应体系中，活化分子越多反应速率越快。活化分子的碰撞机会占全部碰撞机会的分数称为能量因子 f（$f=e^{-\frac{E_a}{RT}}$，E_a 为活化能），显然，能量因子越大，反应速率越快。活化分子具有的最低能量与分子的平均能量之差称为活化能 E_a。活化能是一个非常重要的概念，它是决定一个化学反应速率的最重要和最根本的因素。同温下，活化能越小，反应速率越快；反之，活化能越大，反应速率越慢。一般来讲，活化能较小的反应需在室温或稍高的温度下进行，活化能较大的反应需在较高的温度下进行。

(2)相互碰撞的分子除了必须具有足够的能量外，分子之间碰撞的取向一定要适当，反应物分子只有在它们彼此取向适当的碰撞中才能发生反应。如反应

$$CO(g) + NO_2(g) = CO_2(g) + NO(g)$$

在活化的 CO 和 NO_2 分子之间碰撞时，只有 CO 和 NO_2 分子按一定的取向进行碰撞时才能发生反应(图 6-1)。

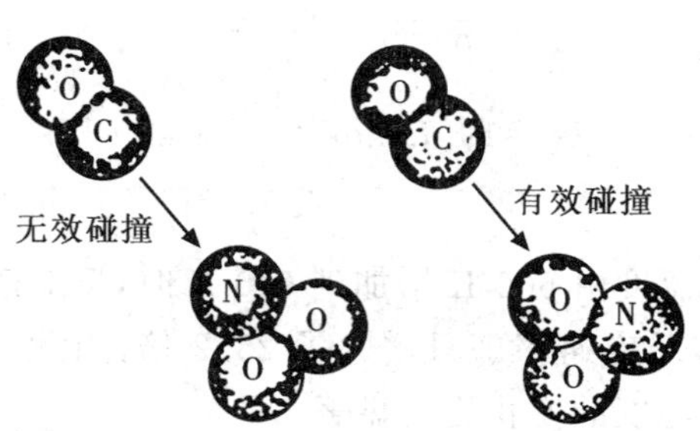

图 6-1　有效碰撞和无效碰撞

化学中用方位因子 P 来表示分子处于有利于反应取向的碰撞机会占全部碰撞机会的分数。它的大小与反应的复杂性有关，反应物的浓度和温度都对它无影响。综合以上两点，可将碰撞理论的内容总结如下：

在一反应体系中，并非反应物分子之间的任何一次碰撞都能导致反应的发生，只有相碰撞的分子的能量足够高且按一定取向发生的碰撞才能导致反应的发生。

考虑能量因子 f 及方位因子 P，基元反应的反应速率必然与 f、P 和频率因子 Z_0 三因素有关，对于基元反应 A+B=AB，反应速率可表示为

$$v = PfZ_0c(\mathrm{A})c(\mathrm{B})$$

式中：Z_0 为频率因子。P、f、Z_0 的大小均与反应物的浓度无关。得：

$$k = PfZ_0 = PZ_0\mathrm{e}^{-\frac{E_a}{RT}}$$

这样，碰撞理论给出了速率常数 k 与 P、f 和 Z_0 的关系。

有了碰撞理论，就可以圆满地解释为什么多数反应的反应速率要比碰撞频率小得多，而且具有不同的反应速率。还可以证明，碰撞理论不仅适用于气体反应体系，对溶液中进行的反应也同样适用。

有了碰撞理论，我们就可以用它来解释浓度、温度对化学反应速率的影响。在恒定的温度下，对某一化学反应来说，反应物中活化分子百分数是一定的。增加反应物浓度时，单位体积内活化分子总数相应增多，从而增加了单位时间内在此体积中反应物分子有效碰撞的频率，导致反应速率增大。升高温度反应速率加快，主要原因是因为温度升高分子获得能量，能量因子增大，活化分子间的碰撞次数也增加，反应速率自然加快。

6.4.2 反应速率的过渡态理论

碰撞理论直观明了，成功地解释了浓度、温度对反应速率的影响。但它只对于简单反应的解释比较成功，对于分子结构较为复杂的物质参加的反应，则常不能解释。它能说明的是外部因素对反应速率的影响，不能预测反应速率，这就是说碰撞理论本身还不够完善。

为了解决从理论上计算反应速率等问题，20 世纪 30 年代艾林(Eyring)等在量子力学和统计力学的基础上提出了过渡状态理论(又称活化配合物理论)，从分子的内部结构与运动来研究反应速率问题。该理论的观点是，化学反应并不是通过反应物分子间的简单碰撞完成的，在反应物分子生成产物的过程中，必须要经过一个过渡状态。其基本内容是：

(1)化学反应不只是通过分子间的简单碰撞就能完成的，而是要经过一个中间过渡状态，反应物分子首先要形成一个中间状态的化合物——活化配合物(又称活性复合物)。在此过程中，原有的化学键尚未完全断开，新的化学键又未完全形成，存在着化学键的重新排布和能量的重新分配。

(2)活化配合物具有极高的势能，极不稳定，一方面很快与反应物建立热力学平衡，另一方面又能分解为产物。

(3)活化配合物既可分解生成产物，也可分解重新生成反应物，分解生成产物的趋势大于重新变为反应物的趋势。如 A 与 BC 发生如下反应：

$$\mathrm{A+BC=AB+C}$$

按过渡态理论，反应物分子 A 和 BC 间发生了有效碰撞后，并非一步直接转化成产物分子，而是首先很快地生成一种不稳定的过渡态物质 A…B…C(活化配合物)，在此过程中，A 向 BC 靠近，使 BC 分子内的化学键开始松动，A 和 B 间的化学键开始形成，在这两个过程中

A、B、C 三者间的距离不断发生变化，反应体系内的势能也不断变化，理论计算表明生成活化配合物时体系的势能总是高于体系在反应始态与终态时的势能，在整个反应过程中能量最高。因此，过渡态极不稳定，很容易分解成原来的反应物(快反应)，也可能分解为产物(慢反应)。

$$A+B \xleftrightarrow{快} [A\cdots B\cdots C] \xrightarrow{慢} AB+C$$

从理论上讲，只要知道过渡态的结构，就可以运用光谱学数据及量子力学和统计学的方法，计算化学反应的动力学数据，如速率常数 k 等。过渡态理论考虑了分子结构的特点和化学键的特性，较好地揭示了活化能的本质，这是该理论的成功之处。

由图 6-2 可见，反应物和产物的能量都较低，由于反应过程中分子之间相互碰撞，分子的动能大部分转化为势能，因而活化配合物处于极不稳定的高势能状态。

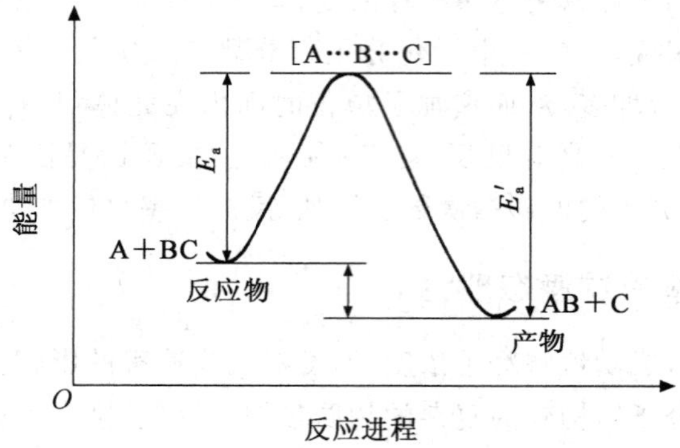

图 6-2　过渡态理论中各物质的能量关系

在过渡状态理论中，正反应的活化能是活化配合物的势能与反应物平均势能之差；逆反应的活化能是活化配合物的势能与产物平均势能之差。

6.5　催化剂对反应速率的影响

6.5.1　催化剂和催化作用

催化剂是在反应系统中能改变化学反应速率而本身在反应前后质量、组成和化学性质都基本不发生变化的一类物质。催化剂改变反应速率的作用称为催化作用。

凡是能加快反应速率的催化剂称为正催化剂。例如，SO_2(g)氧化为 SO_3(g)时，常用 V_2O_5(s)作催化剂以加快反应速率；由 $KClO_3$(s)加热分解制备 O_2(g)时，加入少量 MnO_2(s)可使反应速率大大加快。凡是能减慢反应速率的催化剂称为负催化剂或阻化剂。例如，六亚甲基四胺[$(CH_2)_6N_4$]作为负催化剂，可降低钢铁在酸性溶液中腐蚀的反应速率，也称为缓蚀剂。一般情况下使用催化剂都是为了加快反应速率，若不特别指出，本书中所提到的催化剂均指正催化剂。

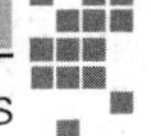

6.5.2 催化剂的特点

人们根据大量的实验事实总结出催化剂主要有以下几个特点：

(1)催化剂参加反应，反应前后其质量、组成和化学性质基本不改变。

(2)催化剂只能缩短达到化学平衡的时间，而不能改变平衡状态，即只能改变反应速率，不能改变反应的方向。

(3)催化剂具有选择性。催化剂的选择性包含两方面的含义：

①某种催化剂常对某一种或某几种反应有催化作用。即某一类反应只能用某些催化剂，例如合成氨反应用铁作催化剂；由 SO_2 制 H_2SO_4 时用 V_2O_5 作催化剂；环已烷的脱氢反应，只能用铂、钯、铱、铑、铜、钴、镍进行催化等。

②同样的反应物，选用不同的催化剂可能得到不同的产物。例如乙醇的分解反应，在 473～523 K 的金属铜上得到乙醛和氢气；在 623～633 K 的三氧化二铝上得到乙烯和水；在 673～723 K 的氧化锌、三氧化二铬上得到丁二烯、氢气和水。

(4)催化剂具有高效性。催化剂的高效性是指少量的催化剂就可以使反应速率发生很大的改变。

6.5.3 催化作用原理

许多实验测定指出，催化剂之所以能加快反应速率是因为它参与了反应，改变了反应途径，降低了活化能。此即为催化作用原理。如图 6-3 所示，没加催化剂按途径Ⅰ，加催化剂按途径Ⅱ，由图可见，原来一步完成的反应，加入催化剂后两步完成，但每一步的活化能都降低了。

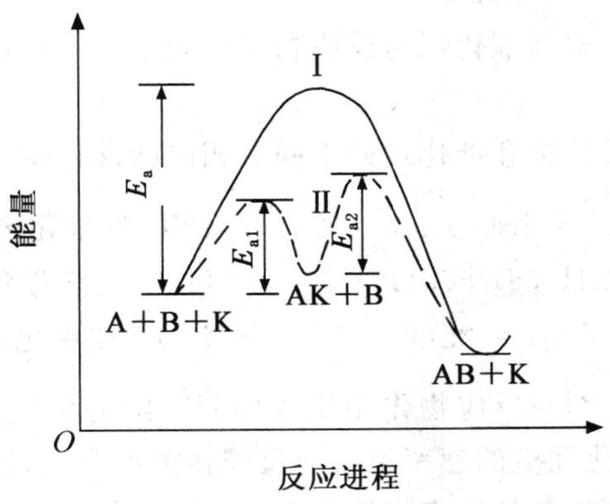

图 6-3　加入催化剂和无催化剂的反应历程比较

如反应 A + B = AB 加入催化剂 K 后，K 首先与 A 作用，生成中间化合物 AK：

$$A + K = AK$$

AK 很快与 B 作用，得产物 AB 和 K，

$$AK + B = AB + K$$

复出的催化剂又与反应物作用生成中间化合物 AK,AK 再与 B 作用生成产物。

可见,催化反应中总是催化剂与反应物作用,生成不稳定的中间化合物,中间化合物又和其他反应物很快作用或自身分解,得到产物。复出的催化剂又一再反复地与反应物作用。

前面述及,活化能是决定一个化学反应快慢的最重要和最根本的因素,实验证明,活化能降低 80 kJ,反应速率常数可增加 10^7 倍之多。

催化作用的特点:

(1)催化剂参与反应,改变反应的途径,降低反应的活化能。

(2)加入催化剂后,正、逆反应的活化能降低是相等的,这表明催化剂对于正、逆反应的作用是等同的,它可以同时加快正、逆反应的速率。

(3)催化剂的加入只能加快热力学上认为可以实际发生的反应。若某一反应已被热力学证明能够发生,则可以通过加入催化剂使这种可能性变为现实,若某一反应已被热力学证明不能够发生,则加入任何物质都不能使反应发生。也就是说催化剂不能改变反应方向,也不能改变平衡常数和平衡状态。

(4)催化剂的存在并不改变反应物和产物的相对能量,也不改变反应热。

(5)催化剂对少量杂质特别敏感。有些杂质能够增强催化剂活性,这类物质叫助催化剂;有些杂质能使催化剂的活性和选择性降低或失去,这类物质叫作催化毒物。

(6)反应过程中催化剂本身会发生变化。虽然反应前后催化剂的质量不发生改变,但催化剂的某些物理性状,尤其是表面性状会发生改变。工业生产中使用的催化剂需经常"再生"或补充。

6.5.4 催化反应类型

1. 均相催化反应和多相催化反应

催化反应有多种类型,根据催化剂与反应物是否处于同一相,常将催化反应分为均相催化反应和多相催化反应。

(1)均相催化反应　反应物和催化剂处于同一相内的催化反应称为均相催化反应。如

$2SO_2(g) + O_2(g) = 2SO_3(g)$　　(NO 作催化剂)

$CH_3CHO(g) = CH_4(g) + CO(g)$　　(I_2 蒸气作催化剂)

$S_2O_8^{2-}(aq) + 3I^-(aq) = 2SO_4^{2-} + I_3^-$　　(Cu^{2+} 作催化剂)

均相催化反应中,催化剂与反应物作用生成中间产物的均相反应往往是决定整个反应速率的步骤,因此,均相催化反应的速率不仅与反应物浓度有关,还与催化剂的浓度有关。

(2)多相催化反应　催化剂与反应物处于不同相的催化反应称为多相催化反应。如

$N_2(g) + 3H_2(g) = 2NH_3(g)$　　(Fe 作催化剂)

$CH_3CH_2OH(l) = CH_3CHO(l) + H_2(g)$　　(Cu 作催化剂)

$CH_3CH_2OH(l) = CH_2{=}CH_2(g) + H_2O(l)$　　(Al_2O_3 作催化剂)

多相催化在化工生产和科学实验中大量应用,最常见的是催化剂是固体,反应物为气体或液体。这类反应主要在相的界面(催化剂表面)上进行,是通过反应物在催化剂表面的化学吸附进行的,所以又称为表面催化反应。如合成氨反应,是以 Fe 作催化剂,$N_2(g)$被 Fe 吸

附后，分子中的化学键被削弱，气相中的 $H_2(g)$ 与 Fe 表面的化学键已松弛的 $N_2(g)$ 作用，即可以较容易生成 $NH_3(g)$，然后 $NH_3(g)$ 再从 Fe 表面解吸，反应途径发生了改变，新途径与原来途径相比活化能降低了，所以，反应速率加快了。另外，由于多相催化反应发生在固体催化剂的表面，因而催化能力大小与催化剂表面积密切相关，例如，铂催化剂的催化能力总是

块状铂＜丝状铂＜粉末状铂＜铂黑＜胶体铂

即固体催化剂的表面积越大，催化能力越强。

2. 酶催化反应

酶是存在于生物体内的一类特殊的高分子量的蛋白质，生物体内发生的一系列生化反应每一步都受到一种专门酶的作用，酶在生物体的新陈代谢活动中起着重要作用，几乎一切生命现象都与酶有关，可以说，没有酶生物体就不能存在。人体内约有 3 万种酶，它们都分别是某种反应的有效催化剂，这些反应包括食物消化，蛋白质、脂肪的合成，释放生命活动所需的能量等。体内某些酶的缺乏或过剩，都会引起代谢功能失调或紊乱，引起疾病。

酶是生物催化剂，酶催化的反应速率常数与反应物（又称为底物）的浓度无关，表现为零级反应。除了具有一般催化剂的特点外，酶催化反应还有以下特点：

(1)催化效率高。酶在生物体内的量很少，一般以微克或纳克计，但它能显著降低活化能，其催化效率为一般酸碱催化剂的 $10^8 \sim 10^{11}$ 倍。例如 1 mol 乙醇脱氢酶在室温下，1 s 内可使 720 mol 乙醇转化为乙醛；而同样的反应，工业生产中以 Cu 作催化剂，在 200℃ 下每摩尔 Cu 1 s 内只能使 0.1～1 mol 的乙醇转化为乙醛。可见酶的催化效率是一般的催化剂无法比拟的。

(2)高度的选择性（或称高度特异性）。酶催化反应具有极高的选择性，例如脲酶只专一催化尿素的水解反应，对其他反应不起作用。但有一些酶，如转氨酶、蛋白水解酶、肽酶等，选择性不太高，可以催化某一类反应物的反应。

(3)反应条件温和。一般的化工生产中常采用高温、高压条件，在强酸强碱介质等，而酶催化反应在生物体内进行，常温常压、中性或近中性介质中进行，条件温和。例如，植物的根瘤菌，可以在常温常压下在土壤中固定空气中的氮，使之转化为氨态氮。

由于酶催化有以上优点常将其用于工业生产，它可以简化工艺过程，降低能耗，节省资源，减少污染。

随着生命科学和仿生科学的发展，有可能用模拟酶代替普通催化剂，这必将引发意义深远的技术革新。

□ 本章小结

对于一般的化学反应　　$\nu_A A + \nu_D D = \nu_G G + \nu_H H$

反应的平均速率为：

$$\bar{v} = \frac{1}{\nu_A}\frac{\Delta c(A)}{\Delta t} = \frac{1}{\nu_D}\frac{\Delta c(D)}{\Delta t} = \frac{1}{\nu_G}\frac{\Delta c(G)}{\Delta t} = \frac{1}{\nu_H}\frac{\Delta c(H)}{\Delta t}$$

即
$$\bar{v}=\frac{1}{\nu_B}\frac{\Delta c(B)}{\Delta t}$$

反应的瞬时速率为

$$v=\frac{1}{\nu_A}\frac{dc(A)}{dt}=\frac{1}{\nu_D}\frac{dc(D)}{dt}=\frac{1}{\nu_G}\frac{dc(G)}{dt}=\frac{1}{\nu_H}\frac{dc(H)}{dt}$$

浓度是影响反应速率的重要因素之一。在一定温度下，表明反应物浓度和反应速率之间定量关系的方程式叫作反应速率方程式。

对基元反应 $aA+bB=cC+dD$，其速率方程可以写作：$v=k\cdot c^a(A)\cdot c^b(B)$。

对非基元反应 $aA+bB+cC+\cdots=$产物，其速率方程可写作 $v=k\cdot c^\alpha(A)\cdot c^\beta(B)\cdots$，其中 α、β 必须通过实验确定。

化学反应的速率方程式中各反应物浓度的指数之和为该反应的反应级数。

温度对反应速率的影响主要表现在它们对速率常数的影响，可用范特荷夫规则和阿仑尼乌斯(Arrhenius)方程表示。

催化剂参与了反应，改变了反应途径，降低了反应的活化能，从而使速率常数增大，反应速率增大。催化剂只能缩短反应到达平衡的时间，不能改变反应方向，即不能改变平衡状态。因此，在影响反应速率的三个主要因素中，催化剂的作用要比浓度、温度显著得多。

碰撞理论认为化学反应发生的前提是反应物分子间的碰撞，反应物分子具备足够的能量和适当取向才能发生有效碰撞，取向因子、能量因子、碰撞频率共同决定反应速率；过渡态理论认为，反应物分子间首先生成一种高能的不稳定过渡态的物质，进一步分解生成产物也可以重新分解生成反应物。两种理论各自从不同角度说明了浓度、温度、催化剂对反应速率的影响，并对速率常数、活化能的物理意义做出了解释。

习　题

6-1　试解释下列基本概念：基元反应、非基元反应、活化能、反应级数。

6-2　试用反应速率的碰撞理论解释浓度、温度及催化剂对反应速率的影响。

6-3　零级、一级、二级和三级反应速率常数的单位分别是什么？

6-4　N_2O_5 的分解反应为 $N_2O_5= 2NO_2+1/2O_2$，由实验测得在 67℃时 N_2O_5 的浓度随时间的变化列于下表。

t/min	0.00	1.00	2.00	3.00	4.00	5.00
$c(N_2O_5)/(mol\cdot L^{-1})$	1.00	0.71	0.50	0.35	0.25	0.17

(1)试计算在各时间段内反应的平均速率；

(2)用作图法求在第 3 min 时的瞬时速率。

6-5　已知反应 2A(g)+ B(g)=3C(g)在 573 K 时，A、B 的浓度与反应速率 v 的实验数据如下表：

	$c(A)/(mol \cdot L^{-1})$	$c(B)/(mol \cdot L^{-1})$	$v/(mol \cdot L^{-1} \cdot s^{-1})$
(1)	0.30	0.20	2.10×10^{-4}
(2)	0.30	0.40	8.41×10^{-4}
(3)	0.90	0.40	2.53×10^{-3}

(1)试计算 573 K 时反应物 A、B 的反应级数和该反应的级数。写出反应的速率方程；

(2)计算该反应在 573 K 时的速率常数；

(3)计算当 $c(A)=4.1\times10^{-2}mol \cdot L^{-1}$，$c(B)=2.5\times10^{-3}mol \cdot L^{-1}$ 时的反应速率。

6-6 已知 NOCl(g)的分解反应

$$2NOCl(g) = 2NO(g) + Cl_2(g)$$

在 300 K 时反应速率常数为 $2.80\times10^{-5}mol^{-1} \cdot L \cdot s^{-1}$，400 K 时反应速率常数为 $7.00\times10^{-1}\ mol^{-1} \cdot L \cdot s^{-1}$。计算此反应的活化能。500 K 时的速率常数是 400 K 时速率常数的多少倍？

6-7 已知反应 $HI(g) + CH_3I(g) = CH_4(g) + I_2(g)$ 的活化能是 48 $kJ \cdot mol^{-1}$，267℃时的速率常数为 $1.7\times10^{-5}mol^{-1} \cdot L \cdot s^{-1}$，试求 367℃时速率常数。

6-8 假设某一反应的速率决定步骤是 3A(g)+ 2B(g)= C(g)。现将 2 mol 的 A 和 3 mol 的 B 混合在体积为 1 L 的容器中，反应立即发生，将下列情况时的反应速率与反应开始时的速率相比较：

(1)A 和 B 都反应掉 1/2 时；

(2)A 和 B 都反应掉 2/3 时。

6-9 某反应当温度由 10℃升高到 20℃时，反应速率是原来的 3 倍。如果从 10℃升高到 50℃时，反应速率是原来的多少倍？

6-10 设某反应的温度系数为 3。若该反应在 100℃时 5 s 即可完成，在 0℃时需要多长时间才能完成。

6-11 若某反应 A=B+2C，对 A 来说为一级反应，$\frac{dc(B)}{dt}=1.0mol \cdot L^{-1} \cdot s^{-1}$

(1)写出所给反应的速率方程；

(2)计算 $-\frac{dc(A)}{dt}$、$\frac{dc(C)}{dt}$。

6-12 某温度时反应 A+B=C，当 $c(A)=c(B)=0.1\ mol \cdot L^{-1}$，反应速率为 0.018 $mol \cdot L^{-1} \cdot s^{-1}$，则当该反应对 A 来说为一级，对 B 来说也为一级时的速率常数为多少？若对 A 来说为一级，对 B 来说为二级时的速率常数又为多少？

第 4 部分

水溶液中的化学反应及其一般规律

PART 4
INTRODUCTION TO REACTIONS IN AQUEOUS SOLUTIONS

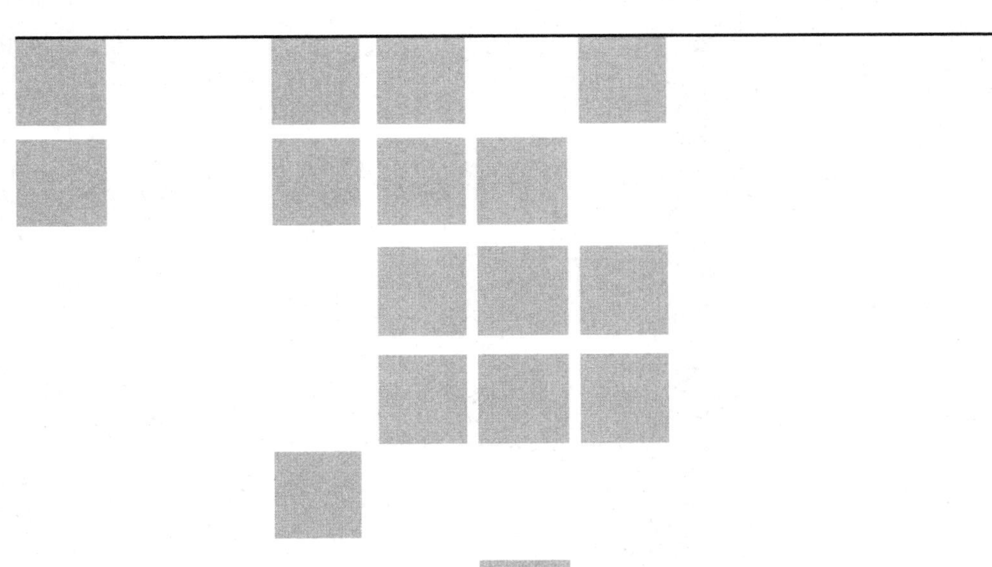

本部分将依次讨论发生在水溶液中的、在生产和生活中都有重要应用的化学反应及其一般规律，如酸碱反应、多相体系的沉淀溶解反应、氧化还原反应和配位反应。这些反应均具有以下特点：

(1)反应的活化能较低(一般小于 40 $kJ \cdot mol^{-1}$)；

(2)由于是溶液反应，压力对标准平衡常数的影响甚微可以忽略；

(3)反应热较小，温度对平衡常数的影响可以不予考虑；

(4)在稀溶液体系，主要考虑浓度对平衡的影响。

Chapter 7 第 7 章

酸碱反应

Acid-base Reaction

酸和碱是两类重要的物质，酸碱反应是一类极为重要的化学反应。因此对酸、碱以及酸碱反应有必要作深入的认识。

人们对于酸碱的认识是由现象到本质一步步深入的。最初把有酸味、能使蓝色石蕊变红的物质称为酸；有滑腻感、能使红色石蕊变蓝的物质称为碱。随着人们认识的不断深化，产生了酸碱理论。首先有阿仑尼乌斯的酸碱电离理论，接着富兰克林(E. C. Franklin)提出了酸碱溶剂理论，相继又出现了布朗斯特(J. N. Bronsted)和劳莱(T. M. Lowry)的酸碱质子理论和路易斯(G. N. Lewis)的酸碱电子理论。

本章以酸碱质子理论为基础，着重讨论水溶液中的酸碱反应及平衡移动的规律。

【学习要求】

- 理解和掌握质子酸碱、共轭酸碱、两性物质、酸碱反应、酸碱离解常数、同离子效应、盐效应、稀释定律、缓冲溶液、缓冲容量等基本概念。
- 熟练掌握弱酸弱碱离解平衡的特点、影响因素，以及一元弱酸弱碱离解平衡的有关计算和多元弱酸、弱碱分步离解的近似计算。
- 掌握缓冲溶液的组成，理解缓冲作用的基本原理，熟练地掌握有关缓冲溶液的计算和配制方法，了解影响缓冲溶液、缓冲能力的有关因素。

7.1 酸碱质子理论

1887 年瑞典科学家阿仑尼乌斯(S. Arrhenius，1859—1927)提出了酸碱电离理论。该理论认为酸(acid)是在水溶液中能够电离产生阳离子全部是 H^+ 的物质；碱(base)是在水溶液中能够电离产生阴离子全部是 OH^- 的物质。$H^+(aq)$是酸的特征，$OH^-(aq)$是碱的特征，酸碱反应是 $H^+(aq)$和 $OH^-(aq)$结合生成水的反应。然而，它把酸碱这两种密切相关的物质完全割裂开来，并且把酸和碱限制在水溶液中，碱限制为氢氧化物。对不含 H^+ 和 OH^- 而表现出酸碱性的物质以及非水溶液中的酸碱反应不能说明，表现出这个理论具有其局限性。

1923 年丹麦人布朗斯特和英国人劳莱分别提出了酸碱的新概念，称之为酸碱质子理论。

7.1.1 质子酸碱

酸碱质子理论认为，凡在一定条件下能给出质子（H^+）的物质都是酸，凡在一定条件下能接受质子（H^+）的物质都是碱。酸碱的关系可用下式表示：

$$酸 = H^+ + 碱 \tag{7-1}$$

按此可以有

$$\begin{aligned}
HCl &= H^+ + Cl^- \\
HAc &= H^+ + Ac^- \\
H_2SO_4 &= H^+ + HSO_4^- \\
HSO_4^- &= H^+ + SO_4^{2-} \\
NH_4^+ &= H^+ + NH_3 \\
H_3O^+ &= H^+ + H_2O \\
H_2O &= H^+ + OH^- \\
Fe(H_2O)_6^{3+} &= H^+ + [Fe(OH)(H_2O)_5]^{2+} \\
[Fe(OH)(H_2O)_5]^{2+} &= H^+ + [Fe(OH)_2(H_2O)_4]^+
\end{aligned}$$

上式中左侧的物质可以给出质子，所以是酸，而右侧物质可以接受质子，所以是碱。

这样，酸的范围扩大了，它不但可以是分子酸，也可以是正离子（如 NH_4^+）酸和负离子（如 HSO_4^-）酸；同样，碱的范围也扩大了，不仅 OH^- 是碱，NH_3、Cl^-、Ac^- 等全是碱。同时有些物质既可以是酸又可以是碱，如 H_2O、HSO_4^-、$[Fe(OH)(H_2O)_5]^{2+}$ 等，常称它们为两性物质（amphiprotic species）。在酸碱质子理论中不存在盐的概念。该理论不仅适用于水溶液体系，也可推广到非水体系和无溶剂体系。

按照质子理论，式（7-1）可以看成是一个半反应（half-equation）。一种酸给出一个质子 H^+ 后自身即变成碱，一种碱得到一个质子 H^+ 后本身变成酸。我们把酸碱这种对应的互变关系称为共轭关系。而把彼此只相差了一个质子的对应酸碱称为共轭酸碱对（conjugate acid-base pair）。例如 HCl 是 Cl^- 的共轭酸，Cl^- 是 HCl 的共轭碱。NH_4^+ 是 NH_3 的共轭酸，NH_3 是 NH_4^+ 的共轭碱。所以酸和碱不是截然对立的两类物质，二者的区别仅在于对质子的亲和力不同。

根据酸碱质子理论，酸碱的共轭关系可以归纳为：酸中有碱，碱可变酸，知酸便知碱，知碱便知酸。同时，共轭酸碱对中酸碱的相对强弱为：强酸的共轭碱必定是弱碱，强碱的共轭酸必为弱酸。如 HCl 是强酸，它的共轭碱 Cl^- 几乎没有接受质子的趋势，所以它是极弱的碱。按照酸碱的相对强弱将几种常见的共轭酸碱对列于表 7-1 中。

表 7-1 几种重要的共轭酸碱对

共轭酸碱对	共轭酸碱对
$HCl + H_2O = H_3O^+ + Cl^-$	$H_2CO_3 + H_2O = H_3O^+ + HCO_3^-$

续表 7-1

共轭酸碱对	共轭酸碱对
$H_2SO_4+H_2O=H_3O^++HSO_4^-$	$H_2S+H_2O=H_3O^++HS^-$
$HNO_3+H_2O=H_3O^++NO_3^-$	$H_2PO_4^-+H_2O=H_3O^++HPO_4^{2-}$
$HSO_4^-+H_2O=H_3O^++SO_4{}^{2-}$	$NH_4^++H_2O=H_3O^++NH_3$
$H_3PO_4+H_2O=H_3O^++H_2PO_4^-$	$HCO_3^-+H_2O=H_3O^++CO_3^{2-}$
$HF+H_2O=H_3O^++F^-$	$HPO_4^{2-}+H_2O=H_3O^++PO_4^{3-}$
$HAc+H_2O=H_3O^++Ac^-$	$HS^-+H_2O=H_3O^++S^{2-}$

注：表中方程左边的物质越靠上方酸性越强，右边的物质越靠下方碱性越强。

7.1.2 酸碱反应

根据酸碱质子理论，酸碱反应的实质是两个共轭酸碱对之间的质子(H^+)传递过程，例如：

$$HCl + NH_3 = Cl^- + NH_4^+$$

用通式表示为

$$酸_1 + 碱_2 = 碱_1 + 酸_2 \tag{7-2}$$

酸碱质子理论不仅扩大了酸碱的范围，而且扩大了酸碱反应的范围。如中和反应、盐的水解、水的质子自递反应等均为质子理论中的碱酸反应。举例如下：

$酸_1+碱_2 = 酸_2+碱_1$	传统名称
$HCl+H_2O = H_3O^++Cl^-$	酸的电离
$H_2O+NH_3 = NH_4^++OH^-$	碱的电离
$H_2O+Ac^- = HAc+OH^-$	盐的水解
$NH_4^++H_2O = H_3O^++NH_3$	盐的水解
$H_3O^++OH^- = H_2O+H_2O$	中和反应
$HAc+NH_3 = Ac^-+NH_4^+$	中和反应
$H_2O+H_2O = H_3O^++OH^-$	H_2O 的质子自递
$NH_3+NH_3 = NH_4^++NH_2^-$	液 NH_3 的自偶电离
$HCl(g)+NH_3(g) = NH_4Cl\ (s)$	气相反应

酸碱的质子理论扩大了酸碱的含义及酸碱反应的范围，摆脱了酸碱必须定义在水中的局限性，解决了非水溶液或气体间的酸碱反应，而且把经典酸碱理论中的电离作用、中和反应、水解反应等都可统一在质子论中的质子传递的酸碱反应。但酸碱质子理论也有不足之处，它局限于质子的授受，所以它不能解释不含氢的一些化合物的酸碱性问题。

7.1.3 酸碱的相对强弱

酸碱强弱不仅决定于酸碱本身释放质子和接受质子的能力，同时也决定于溶剂接受和释放质子的能力。因此，要比较各种酸碱的强度，必须选定同一种溶剂，水是最常用的溶剂。

1. 水的质子自递反应与水溶液的酸碱性

水是两性物质，既可以作为酸给出质子，又可以作为碱接受质子：

$$H_2O = H^+ + OH^-$$
$$H_2O + H^+ = H_3O^+$$

因此，在水中存在水分子间的质子转移的酸碱反应：

$$H_2O + H_2O = H_3O^+ + OH^-$$

通常简写为

$$H_2O = H^+ + OH^-$$

精确的实验测得 295 K 时纯水中 H^+ 和 OH^- 的浓度均为 1.0×10^{-7} mol·L^{-1}。根据平衡原理，把 H^+ 和 OH^- 的相对浓度代入水的质子自递反应标准平衡常数表达式中，则有

$$K_w^{\ominus}=c(H^+)\cdot c(OH^-)=1.0\times10^{-14}$$

$K_w^{\ominus}$ 称为水的质子自递常数，或水的离子积常数，简称离子积(ion-product constant)。它表明在一定温度下，任何水溶液中 H^+ 和 OH^- 相对浓度的乘积为一常数。由于水的质子自递反应热较大，故 $K_w^{\ominus}$ 受温度影响较明显，如表 7-2 中数据所示。

表 7-2　不同温度时水的离子积常数

温度/K	$K_w^{\ominus}$	温度/K	$K_w^{\ominus}$
273	1.139×10^{-15}	298	1.008×10^{-14}
278	1.864×10^{-15}	303	1.469×10^{-14}
283	2.920×10^{-15}	313	2.920×10^{-14}
293	6.809×10^{-15}	333	9.610×10^{-14}
295	1.000×10^{-14}	373	5.500×10^{-13}

所以，在较严格的工作中，应使用实验温度下的 $K_w^{\ominus}$ 数值。通常若反应在室温下进行，为方便起见，$K_w^{\ominus}$ 一般取 1.0×10^{-14}。

在 295 K 的纯水中，$c(H^+)=c(OH^-)=1.0\times10^{-7}$ mol·L^{-1}，溶液呈中性；当溶液中 $c(H^+)>c(OH^-)$ 时，溶液呈酸性；当溶液中 $c(H^+)<c(OH^-)$ 时，溶液呈碱性。显然，$c(H^+)$ 愈大，则 $c(OH^-)$ 愈小，溶液酸性就愈强；$c(H^+)$ 愈小，则 $c(OH^-)$ 愈大，溶液碱性就愈强。所以我们仅用 H^+ 浓度即能表示溶液的酸碱性。

在生产实践和科研工作中，所涉及的溶液 H^+ 浓度较小时，溶液酸碱度常用 pH 表示，即

$$pH=-\lg\{c(H^+)/c^{\ominus}\} \tag{7-3}$$

p 代表负对数运算，pH 就是 H^+ 相对浓度的负对数。

必须注意，pH 相差一个单位，$c(H^+)$ 即相差 10 倍。例如 pH=2 和 pH=4 两种溶液，其 $c(H^+)$ 相差 100 倍，把这两种溶液混合后，此时混合溶液的 pH 并不是 3。如纯水中 $c(H^+)=10^{-7}$，则其 $pH=-\lg 10^{-7}=7$。在 0.01 mol·L^{-1} 的盐酸溶液中，$c(H^+)=0.01$ mol·L^{-1}，$pH=-\lg 0.01=-\lg10^{-2}=2$。在 0.01 mol·L^{-1} 的氢氧化钠溶液中，$c(H^+)=$

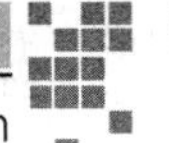

10^{-12} mol·L^{-1}，pH＝$-\lg 10^{-12}$＝12。

如此，pH＜7 时，为酸性溶液；pH＝7 时，为中性溶液；pH＞7 时，为碱性溶液。

所以酸性越强，pH 愈小；反之，碱性愈强，pH 愈大。

通常溶液中 H^+ 浓度在 1～10^{-14} mol·L^{-1} 时(即 pH 为 0 ～14)，酸度用 pH 来表示。更强的碱性溶液，pH 也可以大于 14，如 10 mol·L^{-1} NaOH，pH 应为 15。但在这种情况下通常就不用 pH 来表示酸度了，因为如此表示反而不如用物质的量浓度表示方便。

OH^- 浓度也可体现溶液的酸碱度。如果对溶液中的 OH^- 浓度也取负对数，便可得到 pOH，水溶液中总有 pH＋pOH＝14。

一般工作中测量溶液 pH 只有±0.01 的精确程度，所以用 pH 和 pOH 表示时一般取小数点后两位。

2. 酸碱离解平衡常数和离解度

弱酸弱碱在水溶液中只有部分分子离解，存在着未离解的分子与离解出的离子之间的平衡。酸的离解平衡常数用 $K_a^\ominus$ 表示，也叫酸常数；$K_b^\ominus$ 称为碱的离解常数，也叫碱常数。离解平衡常数越大，酸碱的强度也越大。例如 HAc、NH_4^+、HS^- 三种酸溶液中存在的平衡及其相应的 $K_a^\ominus$ 如下：

(1) $$HAc + H_2O = H_3O^+ + Ac^-$$

简写为 $$HAc = H^+ + Ac^-$$

$$K_a^\ominus(HAc) = \frac{\{c(H^+)/c^\ominus\} \cdot \{c(Ac^-)/c^\ominus\}}{c(HAc)/c^\ominus} = 1.76 \times 10^{-5}$$

(2) $$NH_4^+ + H_2O = H_3O^+ + NH_3$$

简写为 $$NH_4^+ = H^+ + NH_3$$

$$K_a^\ominus(NH_4^+) = \frac{\{c(H^+)/c^\ominus\} \cdot \{c(NH_3)/c^\ominus\}}{c(NH_4^+)/c^\ominus} = 5.64 \times 10^{-10}$$

(3) $$HS^- + H_2O = H_3O^+ + S^{2-}$$

简写为 $$HS^- = H^+ + S^{2-}$$

$$K_a^\ominus(HS^-) = \frac{\{c(H^+)/c^\ominus\} \cdot \{c(S^{2-})/c^\ominus\}}{c(HS^-)/c^\ominus} = 7.1 \times 10^{-15}$$

由 $K_a^\ominus(HAc) > K_a^\ominus(NH_4^+) > K_a^\ominus(HS^-)$，则可知这三种酸在水中的强弱顺序为：

$$HAc > NH_4^+ > HS^-$$

再比如 HAc、NH_4^+、HS^- 的共轭碱分别为 Ac^-、NH_3、S^{2-}，它们与 H_2O 的反应及其相应的 $K_b^\ominus$ 如下：

(1) $$Ac^- + H_2O = HAc + OH^-$$

$$K_b^\ominus(Ac^-) = \frac{\{c(HAc)/c^\ominus\} \cdot \{c(OH^-)/c^\ominus\}}{c(Ac^-)/c^\ominus} = 5.68 \times 10^{-10}$$

(2) $$NH_3 + H_2O = NH_4^+ + OH^-$$

$$K_b^\ominus(NH_3) = \frac{\{c(NH_4^+)/c^\ominus\} \cdot \{c(OH^-)/c^\ominus\}}{c(NH_3)/c^\ominus} = 1.77 \times 10^{-5}$$

(3) $$S^{2-} + H_2O = HS^- + OH^-$$

$$K_b^\ominus(S^{2-}) = \frac{\{c(HS^-)/c^\ominus\} \cdot \{c(OH^-)/c^\ominus\}}{c(S^{2-})/c^\ominus} = 1.4$$

由 $K_b^\ominus$ 的大小，可知这三种碱在水中的强弱顺序与其共轭酸刚好相反，为

$$S^{2-} > NH_3 > Ac^-$$

酸性越强，其 $K_a^\ominus$ 越大，则其相应的共轭碱的碱性越弱，其 $K_b^\ominus$ 越小。共轭酸碱对的 $K_a^\ominus$ 和 $K_b^\ominus$ 之间有确定的关系。例如，共轭酸碱对 HAc-Ac^- 的 $K_a^\ominus$ 与 $K_b^\ominus$ 之间：

$$K_a^\ominus(HAc) = \frac{\{c(H^+)/c^\ominus\} \cdot \{c(Ac^-)/c^\ominus\}}{c(HAc)/c^\ominus}$$

$$K_b^\ominus(Ac^-) = \frac{\{c(HAc)/c^\ominus\} \cdot \{c(OH^-)/c^\ominus\}}{c(Ac^-)/c^\ominus}$$

$$K_a^\ominus(HAc)K_b^\ominus(Ac^-) = \frac{\{c(H_3O^+)/c^\ominus\} \cdot \{c(Ac^-)/c^\ominus\}}{c(HAc)/c^\ominus} \times \frac{\{c(HAc)/c^\ominus\} \cdot \{c(OH^-)/c^\ominus\}}{c(Ac^-)/c^\ominus}$$

$$= c(H_3O^+)c(OH^-) = K_w^\ominus$$

即 $$K_a^\ominus \times K_b^\ominus = K_w^\ominus \tag{7-4}$$

或 $$pK_a^\ominus + pK_b^\ominus = 14$$

因此，只要知道酸或碱的解离常数，则其相应的共轭碱或共轭酸的解离常数就可以通过式(7-4)求得。一些常用的弱酸、弱碱在水溶液中的解离常数列于本书附录Ⅲ中。

例 7-1 已知 HAc 的 $K_a^\ominus = 1.76 \times 10^{-5}$，求 Ac^- 的 $K_b^\ominus$。

解：Ac^- 是 HAc 的共轭碱，所以

$$K_b^\ominus = \frac{K_w^\ominus}{K_a^\ominus} = \frac{1.0 \times 10^{-14}}{1.76 \times 10^{-5}} = 5.68 \times 10^{-10}$$

离解常数可以表示弱电解质的离解程度及其相对强弱，它是平衡常数，只与弱电解质的本性有关，与浓度无关，对某一弱电解质而言是一特征常数。弱电解质的离解程度还可以用离解度(degree of dissociation)表示，离解度是弱电解质的离解分数，直接表示平衡时反应物转化了多少，属于平衡转化率，不仅与弱电解质的本性有关，还与浓度有关，用 α 表示。

离解度与离解常数的关系推导如下：

设浓度为 c mol·L^{-1} 的某弱酸 HB 的离解度为 α，离解常数为 $K_a^\ominus$，根据弱酸在水中的离解平衡

	HB	=	H^+	+	B^-
起始浓度/($mol \cdot L^{-1}$)	c		0		0
平衡浓度/($mol \cdot L^{-1}$)	$c-c\alpha$		$c\alpha$		$c\alpha$

$$K_a^\ominus=\frac{\{c(B^-)/c^\ominus\}\cdot\{(H^+)/c^\ominus\}}{c(HB)/c^\ominus}=\frac{(c/c^\ominus\cdot\alpha)\cdot(c/c^\ominus\cdot\alpha)}{c/c^\ominus-c/c^\ominus\cdot\alpha}=\frac{c/c^\ominus\cdot\alpha^2}{1-\alpha}$$

$\frac{c/c^\ominus}{K_a^\ominus}\geqslant 500$，可采用近似计算，$1-\alpha\approx 1$，则上式可以简化为

$$K_a^\ominus=(c/c^\ominus)\alpha^2$$

或

$$\alpha=\sqrt{\frac{K_a^\ominus}{c/c^\ominus}} \tag{7-5}$$

对于弱碱，则有

$$\alpha=\sqrt{\frac{K_b^\ominus}{c/c^\ominus}} \tag{7-6}$$

式(7-5)、式(7-6)称为稀释定律。它表明在一定温度下，同一弱电解质的离解度与其相对浓度的平方根成反比，即溶液越稀，离解度越大；相同浓度的不同弱电解质的离解度与离解常数的平方根成正比，即离解常数越大，离解度越大。当溶液稀释时，$K_a^\ominus$（或 $K_b^\ominus$）不变，α 增加。此时溶液中离子浓度 $c\alpha$ 并不一定也随着增大。

7.2 水溶液中的酸碱平衡

7.2.1 一元弱酸(碱)的离解平衡

弱酸弱碱的离解实际上是它们与溶剂水之间的质子传递的酸碱反应，如 HAc 的离解：

$$HAc+H_2O=H_3O^++Ac^-$$

简写为：

$$HAc=H^++Ac^-$$

一定浓度一元弱酸水溶液的酸度可根据其离解常数计算得到。以 HAc 为例：

设 HAc 的起始浓度为 c $mol\cdot L^{-1}$，平衡时 H^+ 和 Ac^- 浓度为 x $mol\cdot L^{-1}$，则 HAc 的平衡浓度为$(c-x)$ $mol\cdot L^{-1}$：

	HAc	=	H^+	+	Ac^-
起始浓度/($mol \cdot L^{-1}$)	C		0		0
平衡浓度/($mol \cdot L^{-1}$)	$c-x$		x		x

$$K_a^\ominus=\frac{(x/c^\ominus)^2}{(c-x)/c^\ominus}$$

解此一元二次方程，即可得 $c(H^+)$，进而计算溶液的 pH。

当 $\frac{c}{K_a^\ominus} \geqslant 500$ 时，弱酸的离解度很小，可忽略弱酸的离解，用弱酸的起始浓度近似代替弱酸的平衡浓度，即 $c-x \approx c$，则 $c(H^+)$ 可用下列最简式计算：

$$c(H^+) = \sqrt{K_a^\ominus c} \cdot c^\ominus \tag{7-7}$$

同理可以计算一定浓度一元弱碱水溶液中 OH^- 的浓度。以 NH_3 为例：

$$K_b^\ominus = \frac{(x/c^\ominus)^2}{(c-x)/c^\ominus}$$

当 $\frac{c}{K_b^\ominus} \geqslant 500$ 时，则可用最简式近似计算：

$$c(OH^-) = \sqrt{K_b^\ominus c} \cdot c^\ominus$$

例 7-2 计算 298 K，0.1 mol·L^{-1} HAc 溶液的 $c(H^+)$、pH、$c(Ac^-)$、$c(HAc)$ 和 HAc 的离解度。已知 $K_a^\ominus = 1.76\times10^{-5}$。

解：HAc 是一元弱酸，其 $c(H^+)$ 可根据 HAc 的离解平衡计算。

因为
$$\frac{c}{K_a^\ominus} = \frac{0.1}{1.76\times10^{-5}} > 500$$

故可用最简式计算：

$$c(H^+) = \sqrt{K_a^\ominus c} \cdot c^\ominus = \sqrt{1.76\times10^{-5}\times0.1}\times1.0\ \text{mol}\cdot\text{L}^{-1} = 1.33\times10^{-3}\ \text{mol}\cdot\text{L}^{-1}$$

$$\text{pH} = -\lg\{c(H^+)/c^\ominus\} = 2.89$$

$$c(H^+) = c(Ac^-) = 1.33\times10^{-3}\ \text{mol}\cdot\text{L}^{-1}$$

$$c(HAc) = 0.1\ \text{mol}\cdot\text{L}^{-1} - 1.33\times10^{-3}\ \text{mol}\cdot\text{L}^{-1} \approx 0.1\ \text{mol}\cdot\text{L}^{-1}$$

HAc 的离解度为

$$\alpha(HAc) = \frac{c(H^+)}{c(HAc)} = 1.33\%$$

例 7-3 将 2.45 g 固体 NaCN 配制成 0.50 L 水溶液，计算此溶液中 $c(OH^-)$ 及溶液的 pH。已知 HCN 的 $K_a^\ominus = 4.93\times10^{-10}$。

解：NaCN 的摩尔质量为 49 g·mol^{-1}，所配制成的 NaCN 溶液中 CN^- 的浓度为

$$c(CN^-) = \frac{2.45\ \text{g}}{49\ \text{g}\cdot\text{mol}^{-1}\times0.50\ \text{L}} = 0.10\ \text{mol}\cdot\text{L}^{-1}$$

弱碱 CN^- 在水溶液中有下列离解平衡：

$$CN^- + H_2O = HCN + OH^-$$

$$K_b^\ominus(CN^-) = \frac{K_w^\ominus}{K_a^\ominus(HCN)}$$

$$= \frac{1.0\times10^{-14}}{4.93\times10^{-10}} = 2.0\times10^{-5}$$

$$\frac{c(CN^-)}{K_b^\ominus}=\frac{0.10}{2.0\times10^{-5}}=5\ 000>500$$

故可利用最简式计算：

$$c(OH^-)=\sqrt{K_b^\ominus c}\cdot c^\ominus=(\sqrt{2.0\times10^{-5}\times0.10})\times1.0\ mol\cdot L^{-1}$$
$$=1.4\times10^{-3}\ mol\cdot L^{-1}$$
$$pH=14-pOH=14-2.85=11.15$$

由此可见，离子型酸碱离解平衡的计算方法完全与分子型弱酸弱碱的相同，它们的离解平衡就是所谓的水解平衡，共轭酸碱的 $K_a^\ominus$ 或 $K_b^\ominus$ 相当于水解平衡常数。所以说，质子理论反映了各类酸碱平衡的本质，简化了化学平衡的类型。

7.2.2 多元弱酸(碱)的离解平衡

多元弱酸也叫多质子酸(polyprotic acid)。它是指能够离解出两个或两个以上质子(H^+)的弱酸。例如 H_2S、H_2CO_3、H_3PO_4 等。多元弱酸的离解是分步进行的，每一步都有一个相应的离解常数。如三元弱酸 H_3PO_4 存在三级离解平衡：

$$H_3PO_4+H_2O=H_2PO_4^-+H_3O^+$$
$$H_2PO_4^-+H_2O=HPO_4^{2-}+H_3O^+$$
$$HPO_4^{2-}+H_2O=PO_4^{3-}+H_3O^+$$

简写为

$$H_3PO_4=H_2PO_4^-+H^+$$
$$K_{a1}^\ominus=\frac{\{c(H_2PO_4^-)/c^\ominus\}\cdot\{c(H^+)/c^\ominus\}}{c(H_3PO_4)/c^\ominus}=7.52\times10^{-3}$$
$$H_2PO_4^-=HPO_4^{2-}+H^+$$
$$K_{a2}^\ominus=\frac{\{c(H_2PO_4^{2-})/c^\ominus\}\cdot\{c(H^+)/c^\ominus\}}{c(H_2PO_4^-)/c^\ominus}=6.23\times10^{-8}$$
$$HPO_4^{2-}=PO_4^{3-}+H^+$$
$$K_{a3}^\ominus=\frac{\{c(PO_4^{3-})/c^\ominus\}\cdot\{c(H^+)/c^\ominus\}}{c(HPO_4^{2-})/c^\ominus}=2.20\times10^{-13}$$

$K_{a1}^\ominus$、$K_{a2}^\ominus$、$K_{a3}^\ominus$ 分别是 H_3PO_4 的第一步、第二步、第三步离解常数。

再如 CO_2 溶于水是酸性的，这时 CO_2 和水反应生成 H_2CO_3。它的第一步、第二步离解平衡及相应的离解常数分别为：

$$H_2CO_3=HCO_3^-+H^+$$
$$K_{a1}^\ominus=\frac{\{c(HCO_3^-)/c^\ominus\}\cdot\{c(H^+)/c^\ominus\}}{c(H_2CO_3)/c^\ominus}=4.30\times10^{-7}$$
$$HCO_3^-=CO_3^{2-}+H^+$$
$$K_{a2}^\ominus=\frac{\{c(CO_3^{2-})/c^\ominus\}\cdot\{c(H^+)/c^\ominus\}}{c(HCO_3^-)/c^\ominus}=5.61\times10^{-11}$$

可以看出，对于无机多元弱酸有 $K_{a1}^{\ominus} \gg K_{a2}^{\ominus} \gg K_{a3}^{\ominus} \cdots$，逐级离解常数依次减小。这显然是因为带负电荷的离子失去 H^+ 比不带电的分子困难一些，而且带的负电荷越多，失去 H^+ 越难。有机弱酸相差不是很大。

大多数多元弱酸的离解方式同 H_3PO_4、H_2CO_3 一样分步进行，每一步都是部分离解，有相应的离解常数。但也有个别多元酸第一步完全离解，表现为强酸，而其余的离解存在离解平衡，表现为弱酸。如 H_2SO_4：

$$H_2SO_4 = HSO_4^- + H^+$$

$$HSO_4^- = SO_4^{2-} + H^+$$

$$K_{a2}^{\ominus} = \frac{\{c(SO_4^{2-})/c^{\ominus}\} \cdot \{c(H^+)/c^{\ominus}\}}{c(HSO_4^-)/c^{\ominus}} = 1.2 \times 10^{-2}$$

同理，多元弱碱在水溶液中的离解也是分步进行的，每一步均有其相应的离解常数。如 Na_3PO_4：

$$PO_4^{3-} + H_2O = HPO_4^{2-} + OH^-$$

$$K_{b1}^{\ominus} = \frac{\{c(HPO_4^{2-})/c^{\ominus}\} \cdot \{c(OH^-)/c^{\ominus}\}}{c(PO_4^{3-})/c^{\ominus}} = \frac{K_w^{\ominus}}{K_{a3}^{\ominus}} = 4.55 \times 10^{-2}$$

$$HPO_4^{2-} + H_2O = H_2PO_4^- + OH^-$$

$$K_{b2}^{\ominus} = \frac{\{c(H_2PO_4^-)/c^{\ominus}\} \cdot \{c(OH^-)/c^{\ominus}\}}{c(HPO_4^{2-})/c^{\ominus}} = \frac{K_w^{\ominus}}{K_{a2}^{\ominus}} = 1.60 \times 10^{-7}$$

$$H_2PO_4^- + H_2O = H_3PO_4 + OH^-$$

$$K_{b3}^{\ominus} = \frac{\{c(H_3PO_4^{2-})/c^{\ominus}\} \cdot \{c(OH^-)/c^{\ominus}\}}{c(H_2PO_4^-)/c^{\ominus}} = \frac{K_w^{\ominus}}{K_{a1}^{\ominus}} = 1.33 \times 10^{-12}$$

$K_{b1}^{\ominus}$、$K_{b2}^{\ominus}$、$K_{b3}^{\ominus} \cdots$ 称为多元弱碱的第一步、第二步、第三步…离解常数，逐级离解常数依次减小。因此，对于无机多元弱碱有 $K_{b1}^{\ominus} \gg K_{b2}^{\ominus} \gg K_{b3}^{\ominus} \cdots$，有机多元弱碱相差不大。

当多元弱酸(或弱碱) $\frac{K_{a1}^{\ominus}}{K_{a2}^{\ominus}} > 10^{1.6}$ $\left(或\frac{K_{b1}^{\ominus}}{K_{b2}^{\ominus}} > 10^{1.6}\right)$ 时，可忽略第二步离解的 $c(H^+)$(或 $c(OH^-)$)。

例 7-4 计算 0.1 $mol \cdot L^{-1}$ H_3PO_4 溶液中，$c(H^+)$、$c(H_2PO_4^-)$、$c(HPO_4^{2-})$、$c(PO_4^{3-})$ 和 $c(H_3PO_4)$ 各为多少？已知 $K_{a1}^{\ominus} = 7.52 \times 10^{-3}$，$K_{a2}^{\ominus} = 6.23 \times 10^{-8}$，$K_{a3}^{\ominus} = 2.20 \times 10^{-13}$

解：由第一步离解

	$H_3PO_4 =$	$H_2PO_4^- +$	H^+
起始浓度/($mol \cdot L^{-1}$)	0.1	0	0
平衡浓度/($mol \cdot L^{-1}$)	$0.1 - x$	x	x

将平衡浓度代入离解常数表达式，得

$$\frac{x^2}{(0.1 - x)} = 7.52 \times 10^{-3}$$

由于 $\frac{c(H_3PO_4)}{K_{a1}^{\ominus}}=13.3<500$，故$(0.1-x)$中不能忽略 x，即要求解一元二次方程

$$x^2+7.52\times10^{-3}x-7.52\times10^{-4}=0$$

得到
$$x=0.024$$

所以
$$c(H^+)=c(H_2PO_4^-)=0.024\ mol\cdot L^{-1}$$

$$c(H_3PO_4)=0.1\ mol\cdot L^{-1}-x\ mol\cdot L^{-1}=0.076\ mol\cdot L^{-1}$$

$H_2PO_4^-$ 同时进行第二步离解，得

	$H_2PO_4^-$	$=$	HPO_4^{2-}	$+$	H^+
起始浓度/$(mol\cdot L^{-1})$	0.024		0		0.024
平衡浓度/$(mol\cdot L^{-1})$	0.024		y		0.024

代入 $K_{a2}^{\ominus}$，得

$$y=6.23\times10^{-8}mol\cdot L^{-1}$$

即
$$c(HPO_4^{2-})=6.23\times10^{-8}\ mol\cdot L^{-1}$$

HPO_4^{2-} 进行第三步离解，得

	HPO_4^{2-}	$=$	PO_4^{3-}	$+$	H^+
平衡浓度/$(mol\cdot L^{-1})$	6.23×10^{-8}		z		0.024

代入 $K_{a3}^{\ominus}$，得

$$\frac{0.024}{6.23\times10^{-8}}=2.20\times10^{-13}$$

$$z=5.71\times10^{-19}mol\cdot L^{-1}$$

即
$$c(PO_4^{3-})=5.71\times10^{-19}mol\cdot L^{-1}$$

由此可知：

(1)多元弱酸尽管各级离解均能产生出 H^+，但 $c(H^+)$只取决于第一级离解。

(2)第二级离解出来的弱酸根离子相对浓度，在数值上近似等于 $K_{a2}^{\ominus}$。

例 7-5 常温常压下，饱和硫化氢水溶液的浓度约为 0.1 $mol\cdot L^{-1}$，计算 0.1$mol\cdot L^{-1}$ H_2S 水溶液中 $c(H^+)$、$c(HS^-)$、$c(S^{2-})$和 $c(H_2S)$各为多少？

解：H_2S 的第一步离解

	H_2S	$=$	HS^-	$+$	H^+
起始浓度/$(mol\cdot L^{-1})$	0.1		0		0
平衡浓度/$(mol\cdot L^{-1})$	$0.1-x$		x		x

将平衡浓度代入 $K_{a1}^{\ominus}$ 得

$$\frac{(x/c^{\ominus})^2}{(0.1-x)/c^{\ominus}}=1.3\times10^{-7}$$

由于 $\frac{c(H_2S)}{K_{a1}^{\ominus}}=7.7\times10^5>500$，可作类似于一元弱酸的近似计算，即

$$c(H^+)/c^{\ominus}=\sqrt{K_{a1}^{\ominus}c}=\sqrt{1.3\times10^{-7}\times0.1}=1.1\times10^{-4}$$

$$c(H^+)=c(HS^-)=1.1\times10^{-4}\,mol\cdot L^{-1}$$

$$c(H_2S)=0.1\,mol\cdot L^{-1}-x\,mol\cdot L^{-1}=0.1\,mol\cdot L^{-1}-1.1\times10^{-4}\,mol\cdot L^{-1}$$
$$=0.099\,89\approx0.1\,mol\cdot L^{-1}$$

第二步离解

	HS^-	=	S^{2-}	+	H^+
平衡浓度/$(mol\cdot L^{-1})$	1.1×10^{-4}		y		1.1×10^{-4}

代入 $K_{a2}^{\ominus}$ 得 $y=7.1\times10^{-15}\,mol\cdot L^{-1}$

即 $c(S^{2-})=7.1\times10^{-15}\,mol\cdot L^{-1}$

由此例题可知，多元弱酸的 $c>500K_{a1}^{\ominus}$ 时，可以用一元弱酸的最简式来求 H^+ 浓度。即

$$c(H^+)=\sqrt{K_{a1}^{\ominus}c}\cdot c^{\ominus}$$

而第二步离解的弱酸根离子相对浓度近似等于第二步离解常数 $K_{a2}^{\ominus}$。

如果将 H_2S 的两步离解合并，可以有

$$H_2S=2H^++S^{2-}$$

根据多重平衡规则，有

$$\frac{\{c(HS^-)/c^{\ominus}\}\cdot\{c(H^+)/c^{\ominus}\}}{c(H_2S)/c^{\ominus}}\cdot\frac{\{c(H^+)/c^{\ominus}\}\cdot\{c(S^{2-})/c^{\ominus}\}}{c(HS^-)/c^{\ominus}}=K_{a1}^{\ominus}K_{a2}^{\ominus}$$

$$\frac{\{c(H^+)/c^{\ominus}\}^2\cdot\{c(S^{2-})/c^{\ominus}\}}{c(H_2S)/c^{\ominus}}=(1.3\times10^{-7})(7.1\times10^{-15})=9.23\times10^{-22}$$

25℃下饱和 H_2S 溶液的浓度为 $0.1\,mol\cdot L^{-1}$。所以

$$c(H^+)^2c(S^{2-})=9.23\times10^{-23} \qquad (7\text{-}8)$$

在饱和 H_2S 溶液中，不同浓度的 H^+，即得到不同浓度的 S^{2-}。因此，可以通过调节溶液的酸度来控制溶液中 $c(S^{2-})$。但必须注意，上述关系式仅仅表示在 H_2S 离解平衡体系中，$c(H_2S)$、$c(H^+)$和 $c(S^{2-})$三者之间的关系，并不表示 H_2S 一步离解出 2 个 H^+，溶液中 $c(H^+)\neq2c(S^{2-})$；另外，虽然上述关系式中没有出现 HS^-，但并不表示溶液中不存在 HS^-。

例 7-6 在 pH=3 的 HCl 溶液中，饱和 H_2S 溶液中的 S^{2-} 浓度是多少？

解：pH=3 时，$c(H^+)=1.0\times10^{-3}\ mol\cdot L^{-1}$，

代入 $c(H^+)^2c(S^{2-}) = 9.23\times10^{-23}$，即

$$(1.0\times10^{-3})^2c(S^{2-}) = 9.23\times10^{-23}$$
$$c(S^{2-}) = 9.23\times10^{-17}mol\cdot L^{-1}$$

此溶液中 S^{2-} 浓度为 $9.23\times10^{-17}mol\cdot L^{-1}$。

例 7-5 中所得到的饱和 H_2S 水溶液 $c(S^{2-})=7.1\times10^{-15}\ mol\cdot L^{-1}$，这是 H_2S 自身离解的结果。而例 7-6 中计算的 $c(S^{2-})=9.23\times10^{-17}\ mol\cdot L^{-1}$ 是外加 H^+ 时得到的。此式可以用 H_2S 两步离解合并离解常数式(7-8)，同时注意 $c(H^+)\neq c(HS^-)$，$c(S^{2-})\neq K_{a2}^{\ominus}$。

7.2.3 两性物质水溶液酸度计算

按照质子理论，既有给出质子的能力，又有接受质子的能力的物质称为两性物质。例如 Na_2HPO_4、NaH_2PO_4、$NaHCO_3$ 等。两性物质在水溶液中既存在酸的离解平衡，同时又存在碱的离解平衡。以 NaH_2PO_4 为例：

$$H_2PO_4^- = HPO_4^{2-} + H^+$$
$$K_{a2}^{\ominus} = \frac{\{c(HPO_4^{2-})/c^{\ominus}\}\cdot\{c(H^+)/c^{\ominus}\}}{c(H_2PO_4^-)/c^{\ominus}} = 6.23\times10^{-8}$$
$$H_2PO_4^- + H_2O = H_3PO_4 + OH^-$$
$$K_{b3}^{\ominus} = \frac{\{c(H_3PO_4)/c^{\ominus}\}\cdot\{c(OH^-)/c^{\ominus}\}}{c(H_2PO_4^-)/c^{\ominus}} = \frac{K_w^{\ominus}}{K_{a1}^{\ominus}} = 1.33\times10^{-12}$$

因为 $K_{a2}^{\ominus}\gg K_{b3}^{\ominus}$，表示 $H_2PO_4^-$ 释放质子的能力大于接受质子的能力，所以溶液显示酸性。

在 $NaHCO_3$ 溶液中，同时发生给出和接受质子的两个相反过程：

$$HCO_3^- = CO_3^{2-} + H^+$$
$$K_{a2}^{\ominus} = \frac{\{c(CO_3^{2-})/c^{\ominus}\}\cdot\{c(H^+)/c^{\ominus}\}}{c(HCO_3^-)/c^{\ominus}} = 5.61\times10^{-11}$$
$$HCO_3^- + H_2O = H_2CO_3 + OH^-$$
$$K_{b2}^{\ominus} = \frac{\{c(H_2CO_3)/c^{\ominus}\}\cdot\{c(OH^-)/c^{\ominus}\}}{c(HCO_3^-)/c^{\ominus}} = \frac{K_w^{\ominus}}{K_{a1}^{\ominus}} = 2.30\times10^{-8}$$

可见 $K_{b2}^{\ominus}>K_{a2}^{\ominus}$，说明 HCO_3^- 接受质子的能力大于释放质子的能力，溶液呈碱性。

两性物质水溶液的酸碱性决定于相应酸碱离解常数的相对大小。H^+ 浓度(或 pH)利用式(7-9)、式(7-10)计算。

$$c(H^+)/c^{\ominus} = \sqrt{K_{a1}^{\ominus}K_{a2}^{\ominus}} \tag{7-9}$$
$$pH = \frac{1}{2}pK_{a1}^{\ominus} + \frac{1}{2}pK_{a2}^{\ominus} \tag{7-10}$$

由此可得出结论：两性物质水溶液 pH 近似地等于其 $pK_a^{\ominus}$ 与其共轭酸的 $pK_a^{\ominus}$ 的平均

值，而与两性物质的浓度无关。

如 Na_2HPO_4 溶液中存在

$$HPO_4^{2-} = PO_4^{3-} + H^+$$

$$K_{a3}^{\ominus} = \frac{\{c(PO_4^{3-})/c^{\ominus}\} \cdot \{c(H^+)/c^{\ominus}\}}{c(HPO_4^{2-})/c^{\ominus}} = 2.20 \times 10^{-13}$$

$$HPO_4^{2-} + H_2O = H_2PO_4^- + OH^-$$

$$K_{b2}^{\ominus} = \frac{\{c(H_2PO_4^-)/c^{\ominus}\} \cdot \{c(OH^-)/c^{\ominus}\}}{c(HPO_4^{2-})/c^{\ominus}} = \frac{K_w^{\ominus}}{K_{a2}^{\ominus}} = 1.60 \times 10^{-7}$$

故溶液 pH 为

$$pH = \frac{1}{2}pK_{a2}^{\ominus} + \frac{1}{2}pK_{a3}^{\ominus}$$

7.3 酸碱平衡的移动

酸碱平衡和其他化学平衡一样，是相对的、暂时的动态平衡，当条件改变时，平衡将会发生移动，移动的结果是使弱电解质的离解度增大或减小，在新的条件下建立新的平衡。影响酸碱平衡的因素主要有酸碱的浓度、溶液介质的酸碱度等。

7.3.1 浓度效应

例 7-7 已知 298 K，0.1 mol·L^{-1} HAc 溶液的离解度为 1.33%，求 0.01 mol·L^{-1} HAc 溶液的 $c(H^+)$和 HAc 的离解度，并与例 7-2 $c(H^+)$比较($K_a^{\ominus}(HAc)=1.76\times10^{-5}$)。

解：0.01 mol·L^{-1}HAc 溶液中，

$\frac{c(HAc)}{K_a^{\ominus}} > 500$，可用最简式计算，即

$$c(H^+) = (\sqrt{K_a^{\ominus}c/c^{\ominus}}) \cdot c^{\ominus} = (\sqrt{1.76 \times 10^{-5} \times 0.01}) \times 1.0\ mol \cdot L^{-1}$$
$$= 4.20 \times 10^{-4} mol \cdot L^{-1}$$

$$\alpha = \sqrt{\frac{K_a^{\ominus}}{c}} = \sqrt{\frac{1.76 \times 10^{-5}}{0.01}} = 4.20\% > 1.33\%$$

通过计算可知，0.01 mol·L^{-1}HAc 溶液中 $c(H^+)=4.20\times10^{-4}$mol·L^{-1} 小于例 7-2 中的 $c(H^+)=1.33\times10^{-3}$mol·L^{-1}。

根据稀释定律，当溶液稀释时，离解度所增加的倍数始终小于浓度稀释倍数，其中 H^+ 浓度仍小于浓溶液中 H^+ 浓度。因此，稀释的结果，H^+ 浓度必然是降低的。

7.3.2 同离子效应

弱电解质在溶液中存在离解平衡，利用平衡移动原理，改变平衡离子的浓度必然会使平衡移动。例如 HAc 的离解平衡：

$$HAc = H^+ + Ac^-$$

在 HAc 溶液中加入 NaAc，溶液中大量存在的 Ac^- 就会和 H^+ 结合变成 HAc 分子，使 HAc 在水中的离解平衡向左移动，降低了 HAc 的离解度，同时溶液中 H^+ 浓度大大减小，而 HAc 的浓度明显增加了。如果在 HAc 溶液中加入盐酸，盐酸提供的大量 H^+ 就会和 HAc 离解产生的 Ac^- 结合成 HAc 分子，使 HAc 的离解平衡向左移动，HAc 的离解度降低。

同样，在 NH_3 水中加入固体 NH_4Cl，OH^- 浓度减小，即 NH_3 的离解度降低。

在弱电解质溶液中加入含有相同离子的强电解质，导致弱电解质的离解度降低的现象称为同离子效应(common ion effect)。共轭酸碱对的混合溶液，即存在同离子效应。

例 7-8 计算 0.1 $mol \cdot L^{-1}$ HAc 和 0.1 $mol \cdot L^{-1}$ NaAc 混合溶液的 pH 和 HAc 的离解度 α($K_a^{\ominus}$(HAc)=1.76×10^{-5})。

解：

	HAc	=	Ac^-	+	H^+
起始浓度/($mol \cdot L^{-1}$)	0.1		0.1		0.1
平衡浓度/($mol \cdot L^{-1}$)	$0.1-x$		$0.1+x$		x

将平衡浓度代入，得

$$\frac{(x/c^{\ominus})\{(0.1+x)/c^{\ominus}\}}{(0.1-x)/c^{\ominus}} = 1.76\times10^{-5}$$

由于离解度很小，作近似处理，$0.1-x \approx 0.1$，$0.1+x \approx 0.1$，则有

$$x = 1.76\times10^{-5}\ mol \cdot L^{-1}$$

即

$$c(H^+) = 1.76\times10^{-5}\ mol \cdot L^{-1}$$

$$pH = -\lg(1.76\times10^{-5}) = 4.75$$

$$\alpha = \frac{1.76\times10^{-5}}{0.1}\times100\% = 0.018\%$$

由例 7-7，例 7-8 可知，纯净 0.1 $mol \cdot L^{-1}$ HAc 溶液的离解度 α=1.33%，HAc 和 NaAc 均为 0.1 $mol \cdot L^{-1}$ 的混合溶液，HAc 的离解度 α=0.018% ，HAc 的离解度降低大约 72 倍。

7.3.3 盐效应

在弱电解质溶液中，加入与弱电解质不含有相同离子的强电解质，使弱电解质的离解度略有增大的现象，称为盐效应(salt effect)。这是由于强电解质离解出大量的正、负离子，弱电解质离解产生的正、负离子可被更多的异号离子所包围，离子之间牵制作用增大，降低了弱电解质离子的有效浓度，使离子结合成弱电解质分子的概率减小，要重新达到离解平衡，弱电解质就需要继续离解，从而使离解度增大。

如在 HAc 溶液中加入 NaCl、KNO_3 等强电解质后，溶液中离子浓度增大，H^+ 和 Ac^- 周围异号离子增加，各离子之间的牵制作用增强，降低了 H^+ 和 Ac^- 结合成 HAc 分子的概率，促使 HAc 的离解平衡向右进行，离解度增加。

在同离子效应发生的同时，也必然伴随着盐效应的发生。但二者对弱电解质离解度的影响程度不同。同离子效应使弱电解质的离解度显著降低，而盐效应只使弱电解质的离解度略有增大。同离子效应对于电离过程的影响要比盐效应大得多，所以在有同离子效应存在时，或在一般的计算中，常忽略盐效应，只考虑同离子效应。

7.3.4 介质酸度对酸碱平衡的影响

根据化学平衡移动原理可知，若改变溶液的酸度，弱酸弱碱的离解平衡将发生移动，其本质是 H^+ 或 OH^- 产生的同离子效应。如在 HAc 溶液中加入盐酸或在氨水中加入 NaOH，都会发生同离子效应，使 HAc、NH_3 的离解度降低。另一方面，溶液介质酸度变化会使弱酸弱碱的主要存在型体发生变化。例如，HAc 水溶液中存在 HAc 和 Ac^- 两种型体，NaAc 水溶液中同样存在 HAc 和 Ac^- 两种型体。在多元弱酸、弱碱水溶液中，存在型体更为复杂。如 H_3PO_4 或各种磷酸盐的水溶液中，均存在 H_3PO_4、$H_2PO_4^-$、HPO_4^{2-}、PO_4^{3-} 四种型体。根据化学平衡移动原理，对于弱酸的离解平衡，增大溶液介质的酸度，使弱酸的离解平衡向左移动，酸型体浓度增大；反之，减小溶液介质的酸度，使弱酸的离解平衡向离解的方向移动，碱型体浓度增大。弱碱的离解平衡与之类似。因此，正确判断一定酸度的溶液中弱酸弱碱的主要存在型体以及计算各种型体的浓度，具有十分重要的理论和实际应用价值。

在一元弱酸水溶液中，存在离解平衡。如

$$HB = H^+ + B^-$$

根据离解平衡关系有

$$K_a^{\ominus} = \frac{\{c(B^-)/c^{\ominus}\} \cdot \{c(H^+)/c^{\ominus}\}}{c(HB)/c^{\ominus}}$$

$$pH = pK_a^{\ominus} - \lg\frac{c(HB)/c^{\ominus}}{c(B^-)/c^{\ominus}}$$

由此可知介质酸度与共轭酸碱对 HB、B^- 浓度的关系：

当 $pH=pK_a^{\ominus}$ 时，$\frac{c(HB)}{c(B^-)}=1$，此时共轭酸碱浓度相等；

当 $pH<pK_a^{\ominus}$ 时，$\frac{c(HB)}{c(B^-)}>1$，此时主要型体为酸 HB；

当 $pH>pK_a^{\ominus}$ 时，$\frac{c(HB)}{c(B^-)}<1$，此时主要存在型体为碱 B^-。

二元弱酸水溶液中，同时存在多步离解平衡及溶液 pH 的计算：

$$H_2B = H^+ + HB^-, \quad pH = pK_{a_1}^{\ominus} - \lg\frac{c(H_2B)/c^{\ominus}}{c(HB^-)/c^{\ominus}}$$

$$HB^- = H^+ + B^{2-}, \quad pH = pK_{a_2}^{\ominus} - \lg\frac{c(HB^-)/c^{\ominus}}{c(B^{2-})/c^{\ominus}}$$

当 $pH=pK_{a1}^{\ominus}$ 时，$\frac{c(H_2B)}{c(HB^-)}=1$，且 $pK_{a1}^{\ominus} \ll pK_{a2}^{\ominus}$，则 $\frac{c(HB^-)}{c(B^{2-})} \gg 1$，即此时

$$c(H_2B)=c(HB^-), c(B^{2-})\approx 0$$

当 $pH=pK_{a2}^{\ominus}$ 时，$\dfrac{c(HB^-)}{c(B^{2-})}=1$，且 $pK_{a1}^{\ominus}\ll pK_{a2}^{\ominus}$，则 $\dfrac{c(H_2B)}{c(HB^-)}\ll 1$，即此时

$$c(B^{2-})=c(HB^-), c(H_2B)\approx 0$$

当 $pH=\dfrac{1}{2}pK_{a1}^{\ominus}+\dfrac{1}{2}pK_{a2}^{\ominus}$ 时，两性物质 HB^- 含量达到最大，若 $pK_{a1}^{\ominus}\ll pK_{a2}^{\ominus}$，则可近似认为 $c(H_2B)=c(B^{2-})\approx 0, c(HB^-)\approx 100\%$。

类似地，可对三元弱酸、四元弱酸等各种型体与介质酸度的关系进行分析。

酸碱指示剂是借助其颜色变化来指示溶液 pH 的物质。它是一类结构复杂的有机弱酸或弱碱，且酸型体与碱型体具有不同的颜色。随溶液酸度不同，酸碱指示剂或主要以酸或主要以碱型体存在，而使溶液显示不同的颜色。以 HIn 来表示则存在着下列平衡：

$$HIn = H^+ + In^-$$

酸碱指示剂的离解常数为

$$K_a^{\ominus}=\frac{\{c(In^-)/c^{\ominus}\}\cdot\{c(H^+)/c^{\ominus}\}}{c(HIn)/c^{\ominus}}$$

介质酸度与共轭酸碱对 HIn、In^- 浓度的关系为

$$pH=pK_a^{\ominus}-\lg\frac{c(HIn)/c^{\ominus}}{c(In^-)/c^{\ominus}}$$

如甲基橙 $pK_a^{\ominus}=3.4$，其酸型体呈红色，碱型体呈黄色，所以在 pH 低于 3.4 的水溶液中主要显红色，pH 高于 3.4 时主要显黄色。由于各种酸碱指示剂离解常数不同，所以可以选用不同的指示剂指示溶液的 pH。

肉眼能观察到的颜色变化的 pH 范围叫作该酸碱指示剂的变色范围。指示剂变色范围的大小，与肉眼对颜色的敏感程度有关。对应用来说，指示剂的变色范围越窄越好。

7.4 缓冲溶液

许多化学反应都和溶液的 pH 有关。在天然体系里许多活动也要求在一定的 pH 范围才能正常进行。例如土壤的 pH 在 4～9 范围内才适合作物的生长，而且不同作物所要求的 pH 的范围也各不相同。人体血液的 pH 应保持在 7.35～7.45 的范围，若 pH 改变超过 0.4 个单位就会有生命危险。缓冲溶液能有效地控制溶液保持相对稳定的 pH，所以具有十分重要的实际意义。

7.4.1 缓冲作用的概念

缓冲溶液是能够抵抗外来少量酸、碱或稀释而保持 pH 基本不变的溶液。它是由弱酸及其共轭碱或弱碱及其共轭酸组成的混合溶液。缓冲溶液维持体系 pH 基本不变的作用称为缓冲作用。

7.4.2 缓冲作用的原理

缓冲作用的原理与同离子效应密切相关。以 HAc-NaAc 缓冲体系来说明。在溶液中存在如下平衡

$$\mathrm{HAc} = \mathrm{H^+} + \mathrm{Ac^-}$$

由于在 $\mathrm{HAc\text{-}Ac^-}$ 体系中，存在大量的 HAc 和 $\mathrm{Ac^-}$，根据

$$K_a^{\ominus}(\mathrm{HAc}) = \frac{\{c(\mathrm{H^+})/c^{\ominus}\} \cdot \{c(\mathrm{Ac^-})/c^{\ominus}\}}{c(\mathrm{HAc})/c^{\ominus}}$$

有

$$c(\mathrm{H^+})/c^{\ominus} = \frac{K_a^{\ominus}(\mathrm{HAc}) \cdot \{c(\mathrm{HAc})/c^{\ominus}\}}{c(\mathrm{Ac^-})/c^{\ominus}}$$

$c(\mathrm{H^+})$取决于弱酸的 $K_a^{\ominus}$ 以及比值 $\frac{c(\mathrm{HAc})}{c(\mathrm{Ac^-})}$，当向溶液加入少量强碱时，$\mathrm{OH^-}$ 与 $\mathrm{H^+}$ 反应生成水，使 HAc 的电离平衡向右移动产生 $\mathrm{H^+}$，$\mathrm{OH^-}$ 几乎全部被消耗，使溶液中 $c(\mathrm{Ac^-})$略有增加，$c(\mathrm{HAc})$略有减少，而 $\frac{c(\mathrm{HAc})}{c(\mathrm{Ac^-})}$ 改变不大，故 pH 基本保持不变。同理，当加入少量强酸或进行稀释时，pH 基本保持不变。

总之，缓冲溶液的缓冲作用在于溶液中有大量的弱酸（或弱碱）及其共轭碱（及其共轭酸），存在强烈的同离子效应，从而能抵御外来少量强酸强碱，使溶液本身的 pH 浓度基本不变。构成缓冲溶液的共轭酸碱对称为缓冲对。如果在缓冲溶液中加入大量的强酸或强碱时，它就不具有缓冲能力了，所以缓冲溶液的缓冲能力是有一定限度的。

7.4.3 缓冲溶液的 pH

缓冲溶液具有保持溶液 pH 相对稳定的性能，那么准确知道缓冲液的 pH 就十分重要。仍以 $\mathrm{HAc\text{-}Ac^-}$ 缓冲溶液为例：

$$\mathrm{HAc} = \mathrm{H^+} + \mathrm{Ac^-}$$

$$K_a^{\ominus}(\mathrm{HAc}) = \frac{\{c(\mathrm{H^+})/c^{\ominus}\} \cdot \{c(\mathrm{Ac^-})/c^{\ominus}\}}{c(\mathrm{HAc})/c^{\ominus}}$$

$$c(\mathrm{H^+})/c^{\ominus} = \frac{K_a^{\ominus}(\mathrm{HAc}) \cdot \{c(\mathrm{HAc})/c^{\ominus}\}}{c(\mathrm{Ac^-})/c^{\ominus}}$$

等式两边同取负对数得

$$\mathrm{pH} = \mathrm{p}K_a^{\ominus} - \lg \frac{c(\mathrm{HAc})/c^{\ominus}}{c(\mathrm{Ac^-})/c^{\ominus}}$$

同理可给出弱碱和其共轭酸缓冲溶液的 pH 计算公式，如 $\mathrm{NH_3\text{-}NH_4Cl}$

$$\mathrm{NH_3} + \mathrm{H_2O} = \mathrm{NH_4^+} + \mathrm{OH^-}$$

$$c(\mathrm{OH^-})/c^{\ominus} = \frac{K_b^{\ominus}\{c(\mathrm{NH_3})/c^{\ominus}\}}{c(\mathrm{NH_4^+})/c^{\ominus}}$$

$$pOH = pK_b^\ominus - \lg \frac{c(NH_3)/c^\ominus}{c(NH_4^+)/c^\ominus}$$

即

$$pH = 14 - pOH = 14 - pK_b^\ominus + \lg \frac{c(NH_3)/c^\ominus}{c(NH_4^+)/c^\ominus} = pK_a^\ominus + \lg \frac{c(NH_4^+)/c^\ominus}{c(NH_3)/c^\ominus}$$

故缓冲溶液 pH 计算式可写为

$$pH = pK_a^\ominus - \lg \frac{c_a}{c_b}$$

式中 c_a、c_b 为共轭酸、共轭碱的平衡浓度。

利用上式计算缓冲溶液的 pH 一般不会产生较大的误差。由公式中看到：

(1)缓冲溶液的 pH 取决于弱酸(或弱碱)的 $pK_a^\ominus$（或 $pK_b^\ominus$）以及比值 $\frac{c(\text{共轭酸})}{c(\text{共轭碱})}$。对于某一缓冲溶液来说 $K_a^\ominus$（或 $K_b^\ominus$）是一定的，只要比值 $\frac{c(\text{共轭酸})}{c(\text{共轭碱})}$ 变化不大，该溶液的 pH 亦变化不大，我们把 $\frac{c(\text{共轭酸})}{c(\text{共轭碱})}$ 常写为 $\frac{c_a}{c_b}$，称为缓冲比。

(2)缓冲溶液稀释时，由于缓冲比不变，故缓冲溶液的 pH 也不变，说明缓冲溶液具有一定的抗稀释作用。

例 7-9 一个溶液中含有 1.0 mol·L^{-1}HAc 和 1.0 mol·L^{-1}NaAc，求此溶液的 pH。若在 1.0 L 此缓冲溶液中加入 0.01 mol HCl、0.01 mol NaOH，pH 各为多少？若加水至 2.0 L，pH 又为多少？为了说明问题，pH 的小数点后可取 3 位数字（$K_a^\ominus(HAc) = 1.76 \times 10^{-5}$）。

解：根据弱酸及其共轭碱组成缓冲溶液 pH 计算公式，

$$pH = pK_a^\ominus - \lg \frac{c_a}{c_b}$$

将 $c_a = c(HAc) = 1.0$，$c_b = c(Ac^-) = 1.0$ 代入，得

$$pH = pK_a^\ominus(HAc) - \lg \frac{c_a}{c_b} = 4.754$$

当加入 0.01 mol HCl 时，假设外加的 HCl 全部变成 HAc，则有

HAc 的浓度　$c = 1.0\ mol \cdot L^{-1} + 0.01\ mol \cdot L^{-1} = 1.01\ mol \cdot L^{-1}$

$c(HAc) = 1.01\ mol \cdot L^{-1}$

Ac^- 的浓度　$c = 1.0 - 0.01 = 0.99\ mol \cdot L^{-1}$

$c(Ac^-) = 0.99\ mol \cdot L^{-1}$

$$pH = pK_a^\ominus(HAc) - \lg \frac{c(HAc)}{c(Ac^-)} = 4.754 - \lg \frac{1.01}{0.99} = 4.745$$

可见，ΔpH＝0.009。若在纯水中加 0.01 mol HCl 时，pH 将从 7.0 变为 2.0，ΔpH＝5。

当加入 0.01 mol NaOH 时，假设外加的 NaOH 全部与 HAc 反应而生成 Ac^-，则有

HAc 的浓度　　$c=1.0\ mol\cdot L^{-1}-0.01\ mol\cdot L^{-1}=0.99\ mol\cdot L^{-1}$

$c(HAc)=0.99\ mol\cdot L^{-1}$

Ac^- 的浓度　　$c=1.0\ mol\cdot L^{-1}+0.01\ mol\cdot L^{-1}=1.01\ mol\cdot L^{-1}$

$c(Ac^-)=1.01\ mol\cdot L^{-1}$

$$pH=pK_a^{\ominus}(HAc)-\lg\frac{c(HAc)}{c(Ac^-)}=4.754-\lg\frac{0.99}{1.01}=4.762$$

可见，$\Delta pH=0.008$。若在纯水中加 0.01 mol NaOH 时，pH 将从 7.0 变为 12.0，$\Delta pH=5$。

加水稀释 1 倍后，HAc 和 Ac^- 的浓度都变成 $0.50\ mol\cdot L^{-1}$。

$$pH=pK_a^{\ominus}(HAc)-\lg\frac{c(HAc)}{c(Ac^-)}=4.754-\lg\frac{0.50}{0.50}=4.754$$

$\Delta pH=0$。可见在一定范围内，缓冲溶液被稀释时 pH 改变甚微。

例 7-10　将 10 mL $0.2\ mol\cdot L^{-1}$ HCl 与 10 mL $0.4\ mol\cdot L^{-1}$ NaAc 溶液混合，计算该溶液的 pH。若向此溶液中加入 5 mL $0.01\ mol\cdot L^{-1}$ NaOH 溶液，则溶液的 pH 又为多少？($K_a^{\ominus}(HAc)=1.76\times10^{-5}$)

解：混合后，溶液中的 HCl 与 NaAc 发生反应生成 HAc，HAc 与溶液中剩余的 Ac^- 构成缓冲溶液。缓冲溶液中

HAc 的浓度为　$c(HAc)=\dfrac{10\ mL\times0.2\ mol\cdot L^{-1}}{10\ mL+10\ mL}=0.1 mol\cdot L^{-1}$

Ac^- 的浓度为　$c(Ac^-)=\dfrac{10\ mL\times0.4\ mol\cdot L^{-1}-10\ mL\times0.2\ mol\cdot L^{-1}}{10\ mL+10\ mL}$

$=0.1\ mol\cdot L^{-1}$

$$pH=pK_a^{\ominus}(HAc)-\lg\frac{c(HAc)}{c(Ac^-)}=4.75-\lg\frac{0.1}{0.1}=4.75$$

加入 NaOH 之后，OH^- 将与 HAc 反应生成 Ac^-，反应完成之后溶液中

HAc 的浓度为　$c(HAc)=\dfrac{20\ mL\times0.1\ mol\cdot L^{-1}-5\ mL\times0.01\ mol\cdot L^{-1}}{20\ mL+5\ mL}$

$=0.078\ mol\cdot L^{-1}$

Ac^- 的浓度为　$c(Ac^-)=\dfrac{20\ mL\times0.1\ mol\cdot L^{-1}+5\ mL\times0.01\ mol\cdot L^{-1}}{20\ mL+5\ mL}$

$=0.082\ mol\cdot L^{-1}$

$$pH=pK_a^{\ominus}(HAc)-\lg\frac{c(HAc)}{c(Ac^-)}=4.75-\lg\frac{0.078}{0.082}=4.77$$

由计算结果可知，在 20 mL 上述缓冲溶液中加入少量 NaOH 后，缓冲溶液的 pH 仅仅

改变了0.02个单位。如果在20 mL纯水中加入同样量的NaOH，则纯水的pH由7上升到11.30，pH改变了4.30个单位，所以缓冲溶液的缓冲作用是非常明显的。

7.4.4 缓冲能力及缓冲范围

缓冲溶液的缓冲能力是有一定限度的。若在缓冲溶液中加入少量强酸或强碱时，溶液具有明显的缓冲作用。若加入大量的强酸或强碱，缓冲能力也就丧失了。

缓冲溶液的缓冲能力取决于组成缓冲溶液的缓冲对的浓度。浓度越大，缓冲能力越大。所以缓冲溶液总是浓一些好。但浓度过高时可能对化学反应有不利影响，且浪费试剂。在实际应用中，往往只需要将溶液的pH控制在一定的范围内，浓度不必太高，一般浓度控制在0.1～1.0 mol·L^{-1}为宜。当缓冲对的总浓度一定时，缓冲能力还与缓冲对的浓度比(c_a/c_b或c_b/c_a)有关，当浓度比为1∶1时，缓冲能力最强。而当缓冲对的浓度比在(1∶10)～(10∶1)之间时，缓冲溶液都有一定的缓冲能力，因此缓冲溶液的缓冲作用有一定的范围。这种缓冲作用的有效pH范围称为缓冲范围(buffer range)。缓冲范围为

$$\mathrm{pH}=\mathrm{p}K_a^{\ominus}\pm 1$$

或

$$\mathrm{pOH}=\mathrm{p}K_b^{\ominus}\pm 1$$

7.4.5 缓冲溶液的选择和配制

缓冲溶液pH主要决定于所选共轭酸碱的$K_a^{\ominus}$、$K_b^{\ominus}$。配制一定pH的缓冲溶液，首先要选择合适的缓冲对。选择缓冲对的原则是，所选缓冲对的共轭酸的p$K_a^{\ominus}$与所配制缓冲溶液的pH(或缓冲对的p$K_b^{\ominus}$与所配制缓冲溶液的pOH)相差不超过一个pH单位，且尽可能接近，以便使缓冲对的浓度比愈接近1∶1，缓冲溶液有较强的缓冲能力。其次，计算缓冲对的浓度比，以保证得到所需要的缓冲溶液。

例7-11 欲配制pH＝5.00的缓冲溶液，应选用HCOOH-HCOONa、HAc-NaAc、NaH_2PO_4-Na_2HPO_4、NH_3-NH_4Cl中哪一缓冲对？(已知p$K_a^{\ominus}$(HCOOH)＝3.75，p$K_a^{\ominus}$(HAc)＝4.74，p$K_{a2}^{\ominus}$(H_3PO_4)＝7.21，p$K_b^{\ominus}$(NH_3)＝4.75)

解：所选缓冲对的p$K_a^{\ominus}$应在4.00～6.00范围，或弱碱的p$K_b^{\ominus}$在10.00～8.00范围。根据已知的弱酸的p$K_a^{\ominus}$和弱碱的p$K_b^{\ominus}$，故应选HAc-NaAc缓冲对。

例7-12 配制pH＝9.20，$c(NH_3)$＝1.0 mol·L^{-1}的缓冲溶液500 mL，需要固体NH_4Cl多少克？15 mol·L^{-1}的浓氨水多少毫升？(p$K_b^{\ominus}$(NH_3)＝4.75)

解：依题意　　pOH＝14－9.20＝4.80

根据式$\mathrm{pOH}=\mathrm{p}K_b^{\ominus}-\lg\dfrac{c_b}{c_a}$，代入数据得

$$4.80=4.75-\lg\frac{1.0}{c(NH_4^+)}$$

$$c(NH_4^+)=1.1\ \mathrm{mol\cdot L^{-1}}$$

NH_4Cl 的摩尔质量为 54 g·mol^{-1}，则需要固体 NH_4Cl 的质量为

$$0.50\ L\times 1.1\ mol\cdot L^{-1}\times 54\ g\cdot mol^{-1}=30\ g$$

需要浓氨水的体积为

$$V=\frac{10\ mol\cdot L^{-1}\times 500\ mL}{15\ mol\cdot L^{-1}}=33\ mL$$

配制方法：称取 30 g 固体 NH_4Cl 溶于少量水中，加入 33 mL 浓氨水，然后加水稀释并定容 500 mL 即可。

在实际工作中，通过查阅化学手册，就可以得到所需缓冲溶液的配制方法。如果要精确配制，还必须用酸度计加以校正。

除了由共轭酸碱对组成的缓冲溶液外，较浓的强酸、强碱水溶液也具有酸碱缓冲能力，一般应用于 pH<3 或 pH>12 范围。两性物质水溶液，尤其是相邻离解常数相差较小的弱多元酸的酸式盐，如邻苯二甲酸氢钾、酒石酸氢钾等水溶液，也具有一定的缓冲能力。

缓冲溶液在生命科学、工农业生产及化学分析等方面有着重要的应用。如动植物体内有着复杂的缓冲体系，维持着体液的 pH 基本不变，以保证生命活动的正常进行。如人体血液中主要缓冲体系之一是 H_2CO_3-$NaHCO_3$，其作用机理是：HCO_3^- 和外来酸中和生成 H_2CO_3，体内有一种碳酸酐酶，使 H_2CO_3 迅速分解为 CO_2 与水，呼吸排出体外；外来碱则由 H_2CO_3 中和生成 HCO_3^-，而减少的 H_2CO_3 立即由呼吸作用的 CO_2 补充。细胞中的另一缓冲体系是磷酸盐系统（$H_2PO_4^-$-HPO_4^{2-}）；蛋白质是体内的第三种缓冲溶液，因为在蛋白质分子中有—COOH 和—NH_2 基团而显两性。人体各缓冲作用的权重为，血红蛋白约占 60%，血清蛋白及球蛋白占 20%，无机缓冲体系占 20%。土壤也是一个非常复杂的缓冲体系，它能够为作物的生长提供最佳的 pH 范围，并且土壤肥力越高，其缓冲作用越强。如利用生成 $Al(OH)_3$ 沉淀的方法分离水溶液中的 Al^{3+} 和 Mg^{2+} 时，应控制 pH 约为 9，若 pH 过低，$Al(OH)_3$ 沉淀不完全；若 pH 过高，则由于 $Al(OH)_3$ 溶于过量的碱及 $Mg(OH)_2$ 沉淀的生成亦不能达到完全分离。所以掌握和应用缓冲溶液有非常重要的意义。

7.5 无机酸碱简介

无机酸碱包括含氧酸碱、无氧酸碱、同多酸、杂多酸及取代酸等，较为常见而重要的是前两类。

7.5.1 无氧酸碱的酸碱性

1. 无氧酸碱的组成与命名

常见的无氧酸碱大多是活泼的非金属元素与氢形成的二元化合物。相对于水而言，大多数是酸，如 HX 和 H_2S 等。少数是碱，如 NH_3。而 H_2O 本身既是酸又是碱，表

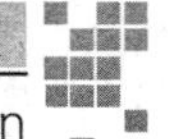

现两性。

作为二元化合物命名时，这些化合物称为“某化氢”；水溶液为酸性者，其水溶液称为“氢某酸”或特定的名称，如表 7-3 所示。

表 7-3 二元化合物命名举例

化学式	视作二元化合物	水溶液(无氧酸碱)
HF	氟化氢	氢氟酸
HCl	氯化氢	盐酸(氢氯酸)
H_2S	硫化氢	氢硫酸
HCN	氰化氢	氢氰酸
NH_3	氨	氨水

2. 无氧酸碱的酸碱性变化规律

按周期表讨论，从左至右，从上至下，无氧酸碱的酸性增强，如表 7-4 所示。

表 7-4 非金属二元氢化物在水溶液中的 $pK_a^\ominus$ (298 K)*

NH_3	39	H_2O	15.74	HF	3.15
PH_3	27	H_2S	6.89	HCl	−6.3
AsH_3	≤23	H_2Se	3.7	HBr	−8.7
		H_2Te	2.6	HI	−9.3

酸性增强(↓)

酸性增强(→)

* 此表摘自 L. Jolly. Modern Inorganic Chemistry, 177(1984)。

7.5.2 含氧酸碱的酸碱性

1. 含氧酸碱的组成与命名

简单的含氧酸碱是某元素与氢、氧形成的三元化合物，为含有一个或多个 OH 基团的氢氧化物。常见的含氧酸及金属氢氧化物均属此列。例如，

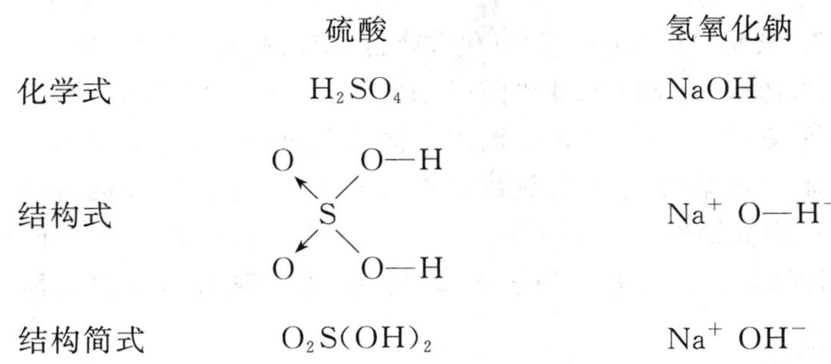

常见的含氧酸碱的组成，可以用简单通式表示为 HRO(酸式)或 ROH(碱式)。

含氧碱的命名比较简单，一般称为“氢氧化某(元素)”。元素的氧化数不同时，在其元素名称前冠以“高”、“亚”等字，或用罗马数字注在元素名称的后面。例如，

化学式	命名
$Ca(OH)_2$	氢氧化钙
$Fe(OH)_2$	氢氧化亚铁或氢氧化铁(Ⅱ)
$Fe(OH)_3$	氢氧化(高)铁或氢氧化铁(Ⅲ)

含氧酸一般称为某酸，此外还附有很多冠词，归纳介绍如下：

(1)含氧酸分子中含有过氧键(—O—O—)时，称为“过某酸”，如表 7-5 所示(以 H_2O_2 作为参考)。

表 7-5　过氧酸命名举例

化学式	结构式	命名
H_2O_2	H—O—O—H	过氧化氢
H_2SO_5	O ↑ H—O—O—S—O—H ↓ O	过一硫酸
$H_2S_2O_8$	O　　　O ↑　　　↑ H—O—S—O—O—S—O—H ↓　　　↓ O　　　O	过二硫酸

从表 7-5 对比中可看出，过酸可以视为 H_2O_2 的衍生物。在过酸中，成酸元素的氧化数超过其正常最高值(族数)。

(2)同一元素在形成氧化数不同的含氧酸时，常冠以“高”、“正”、“亚”或“次”以区分。除“高某酸”多是ⅦA 或ⅦB 族元素的正常(常见)最高氧化数(等于族数)的简单含氧酸外，如高氯酸($HClO_4$)、高锰酸($HMnO_4$)等，其余元素均将正常最高氧化数(等于族数)的常见简单含氧酸命名为“(正)某酸”(正字一般可以省略)，如(正)硫酸(H_2SO_4)、(正)磷酸(H_3PO_4)、(正)碳酸(H_2CO_3)。随氧化数降低，依次命名为“亚某酸”、“次某酸”。例如，亚硫酸(H_2SO_3)、次硫酸(H_2SO_2)、亚磷酸(H_3PO_3)、次磷酸(H_3PO_2)等。

(3)同一元素的同一氧化数在形成不同含氧酸时，因含氧数不同，而冠以“原”、“偏”、“焦”加以区别。“原某酸”中的含氧数与该元素的氧化数相同，但也有少数的例外，例如原高碘酸(H_5IO_6)、原高锑酸($H[Sb(OH)_6]$)。由一分子正酸脱去一分子水，就成为“偏某酸”；若由两分子简单含氧酸脱去一分子水，就得到“缩二某酸”，习惯上称为“焦某酸”或“重某酸”。如表 7-6 所示。

表 7-6 同一元素的同一氧化数形成不同的含氧酸

原酸	正酸	偏酸	焦(重)酸
H_4SiO_4 原硅酸	H_2SiO_3 (正)硅酸	—	
H_5PO_5 原磷酸	H_3PO_4 (正)磷酸	HPO_3 偏磷酸	$H_4P_2O_7$ 焦磷酸
H_6SO_6 原硫酸	H_2SO_4 (正)硫酸	—	$H_2S_2O_7$ 焦硫酸
	H_2CrO_4 (正)铬酸	—	$H_2Cr_2O_7$ 重铬酸

其他还有一些常见含氧酸的命名,例如(缩)四硼酸($H_2B_4O_7$)、连四硫酸($H_2S_4O_6$)、硫代硫酸($H_2S_2O_3$)等。

2. 含氧酸碱的酸碱性变化规律

利用卡特雷奇的"静电模型"讨论周期表中氢氧化物酸碱性的变化规律,可以得到比较令人满意的结果,这些结论称为 R—OH 规律,包括以下内容:

(1)同一周期从左至右,元素最高正常氧化数氢氧化物的酸性增强,碱性减弱。

这是因为同一周期从左至右,元素最高正常氧化数($+n$)随族数增加而增加,相应的离子半径 $r(R^{n+})$ 却减小,使 R^{n+} 吸引 O^{2-} 或排斥 H^+ 的能力增强,结果使 ROH 的酸式离解程度增加。以第三周期元素的氢氧化物为例:

NaOH	$Mg(OH)_2$	$Al(OH)_3$ $HAlO_2 \cdot H_2O$	H_2SiO_3	H_3PO_4	H_2SO_4	$HClO_4$
强碱	中强碱	两性	弱酸	强酸	强酸	最强酸

酸性增强 →

← 碱性增强

(2)在同一主族或副族中,从上至下,相同氧化数的氢氧化物的碱性增强,酸性减弱。

这是因为从上至下,$+n$ 不变,离子半径增大,R^{n+} 吸引 O^{2-} 的能力减小,使 ROH 的碱式离解程度增加。以第五主族元素氧化数为+3 的氢氧化物为例:

HNO_2	H_3PO_3	H_3AsO_3	$Sb(OH)_3$	$Bi(OH)_3$
中强酸	中强酸	两性(偏酸)	两性	弱碱

酸性减弱 →

总之,在周期表中,从左至右、从下至上,氢氧化物的酸性增强,碱性减弱;反之,氢氧化物的碱性增强,酸性减弱(表 7-7 至表 7-9)。

表 7-7 主族元素最高价氢氧化物的酸碱性

（横向 → 酸性增强，← 碱性增强；纵向 ↓ 碱性增强，↑ 酸性增强）

LiOH 中强碱	$Be(OH)_2$ 两性	H_3BO_3 弱酸	H_2CO_3 弱酸	HNO_3 强酸	—	—
NaOH 强碱	$Mg(OH)_2$ 中强碱	$Al(OH)_3$ 两性	H_2SiO_3 弱酸	H_3PO_4 中强酸	H_2SO_4 强酸	$HClO_4$ 最强酸
KOH 强碱	$Ca(OH)_2$ 中强碱	$Ga(OH)_3$ 两性	$Ge(OH)_4$ 两性	$HAsO_3$ 中强酸	H_2SeO_4 强酸	$HBrO_4$ 强酸
RbOH 强碱	$Sr(OH)_2$ 强碱	$In(OH)_3$ 两性	$Sn(OH)_4$ 两性	$H[Sb(OH)_6]$ 弱酸	H_2TeO_4 弱酸	H_5IO_6 中强酸
CsOH 最强碱	$Ba(OH)_2$ 强碱	$Tl(OH)_3$ 弱碱	$Pb(OH)_4$ 两性	$HBiO_3$ 弱酸	?	?

表 7-8 ⅢB 至ⅦB 最高价氢氧化物的酸碱性

（横向 → 酸性增强，← 碱性增强；纵向 ↓ 碱性增强，↑ 酸性增强）

$Sc(OH)_3$ 弱碱	$Ti(OH)_4$ 两性	HVO_3 弱酸	H_2CrO_4 强酸	$HMnO_4$ 最强酸
$Y(OH)_3$ 中强碱	$Zr(OH)_4$ 两性	$Nb(OH)_5$ 两性	H_2MoO_4 弱酸	$HTcO_4$?
$La(OH)_3$ 中强碱	$Hf(OH)_4$ 两性	$Ta(OH)_5$ 两性	H_2WO_4 弱酸	$HReO_4$ 弱酸

表 7-9 ⅢA 至ⅦA 低价氢氧化物的酸碱性

（横向 → 酸性增强，← 碱性增强；纵向 ↓ 碱性增强，↑ 酸性增强）

—	—	HNO_2 中强酸	—	—
—	—	H_3PO_3 中强酸	H_2SO_3 中强酸	$HClO_3$ 强酸
—	$Ge(OH)_2$ 两性	H_3AsO_3 两性偏酸	H_2SeO_3 中强酸	$HBrO_3$ 强酸
—	$Sn(OH)_2$ 两性	$Sb(OH)_3$ 两性	H_2TeO_3 弱酸	HIO_3 中强酸
TlOH 强碱	$Pb(OH)_2$ 两性偏碱	$Bi(OH)_3$ 弱碱	?	?

(3)同一元素形成的不同氧化数的氢氧化物，随着氧化数的升高，酸性增强，碱性减弱。其原因与同一周期元素从左至右的变化情况十分类似。

次氯酸	亚氯酸	氯酸	高氯酸
$HClO$	$HClO_2$	$HClO_3$	$HClO_4$
弱酸	中强酸	强酸	最强酸

→ 酸性增强

碱性增强 ←

氢氧化锰	亚锰酸	锰酸	高锰酸
$Mn(OH)_2$	$Mn(OH)_4$ $H_2MnO_3 \cdot H_2O$	H_2MnO_4	$HMnO_4$
碱性	弱两性	强酸	最强酸

→ 酸性增强

值得指出的是：

①元素氢氧化物的酸碱性及其变化规律与元素的非金属或金属活泼性及变化规律并不完全一致。因为元素的这两种性质的标度与影响因素是不同的。元素的酸碱性主要取决于离子的结构特征，强弱的标度为 $K_a^\ominus$ 或 $K_b^\ominus$。而元素的金属或非金属活泼性主要是指该元素的原子在化学反应中的性能，通常用相对电负性的大小来表示。

②ROH 规律只能说明周期表中元素氢氧化物酸碱性变化的一般规律，不能用来判断某种氢氧化物是酸还是碱。

□ 本章小结

1923 年布朗斯特和劳莱分别提出了酸碱质子理论。酸碱质子理论认为：能够给出质子的物质为酸；能够接受质子的物质为碱。彼此只相差一个质子的对应酸碱称为共轭酸碱对。酸与其给出质子后所生成的碱为共轭关系。并运用化学平衡原理，讨论了一元弱酸、弱碱的离解平衡规律及其有关的计算和多元弱酸、弱碱分步离解的近似计算。对于一元弱酸、弱碱若满足 $\frac{c}{K_a^\ominus} \geqslant 500$、$\frac{c}{K_b^\ominus} \geqslant 500$ 则可按下列简式进行计算：

$$c(H^+) = \sqrt{K_a^\ominus (c/c^\ominus)} \cdot c^\ominus$$

$$c(OH^-) = \sqrt{K_b^\ominus (c/c^\ominus)} \cdot c^\ominus$$

影响酸碱平衡的因素主要有同离子效应、盐效应、酸碱的浓度、溶液介质的酸碱度等。

缓冲溶液是能够抵抗外来少量酸、碱或稀释而保持 pH 基本不变的溶液。它是由共轭酸碱组成的混合溶液。缓冲溶液维持体系 pH 基本不变的作用称为缓冲作用。缓冲溶液 pH 可由下式进行近似计算：

$$pH = pK_a^{\ominus} - \lg \frac{c_a}{c_b}$$

当浓度比 $\frac{c_a}{c_b}$ 为 1∶1 时，缓冲能力最强。缓冲溶液浓度越大，缓冲能力也就越大。但浓度过高时可能会有不利影响，而且浪费试剂，所以在实际应用时浓度不必太高。当缓冲对的浓度比在(1∶10)～(10∶1)时，缓冲溶液都具有较好的缓冲能力，这一浓度范围所对应的 pH 范围即为缓冲溶液的有效 pH 范围。缓冲作用的有效 pH 范围称为缓冲范围(buffer range)。缓冲范围为：

$$pH = pK_a^{\ominus} \pm 1$$

或

$$pOH = pK_b^{\ominus} \pm 1$$

实际应用中根据缓冲范围选择合适的缓冲对，再通过计算结果配制所需 pH 的缓冲溶液。

□ 习　题

7-1　根据酸碱质子理论指明下列物质在水中哪些是酸？哪些是碱？哪些是两性物质？并分别写出其共轭酸(碱)。

S^{2-}、$[Fe(OH)(H_2O)_5]^{2+}$、CH_3OH、NH_3、$H_2PO_4^-$、H_2NCH_2COOH

7-2　标出下列反应中的共轭酸碱对。

(1) $H_3PO_4 + PO_4^{3-} = H_2PO_4^- + HPO_4^{2-}$；

(2) $Ac^- + H_2O = HAc + OH^-$；

(3) $HCN + OH^- = CN^- + H_2O$。

7-3　在 $c(NH_3)=0.100\ mol \cdot L^{-1}$，$c(H_2S)=0.100\ mol \cdot L^{-1}$ 的溶液中分别求出各物种浓度、$c(H^+)$ 及 α。

7-4　某一酸雨样品的 pH=4.07，假设样品的成分为 HNO_2，计算 HNO_2 的浓度。

7-5　求 $c(H_2C_2O_4)=0.25\ mol \cdot L^{-1}$ 的 $H_2C_2O_4$ 溶液中 $c(H^+)$ 和 $c(C_2O_4^{2-})$。

7-6　计算 $c(H_2SO_4)=0.000\ 2\ mol \cdot L^{-1}$ 的 H_2SO_4 溶液的 pH。

7-7　$c(H_3AsO_4)=0.30\ mol \cdot L^{-1}$ H_3AsO_4 溶液中 $c(H^+)$、$c(H_2AsO_4^-)$、$c(HAsO_4^{2-})$、$c(AsO_4^{3-})$ 及 $c(H_3AsO_4)$ 各为多少？

7-8　将等体积的 $c(C_6H_5NH_2)=0.04\ mol \cdot L^{-1}$ 的溶液与 $c(HNO_3)=0.04\ mol \cdot L^{-1}$ 的溶液混合，计算所得溶液体的 pH。已知 $K_b^{\ominus}(C_6H_5NH_2)=6.4\times10^{-10}$。

7-9　多少质量的 NaAc(相对分子质量 82.03)溶于 100.0 mL 水中使 pH 为 9.00？

7-10　计算 $c(Na_2CO_3)=0.10\ mol \cdot L^{-1}$ 的 Na_2CO_3 溶液中各离子的浓度。

7-11　$c(NaX)=0.50\ mol \cdot L^{-1}$ NaX 溶液有 0.1%水解，求弱酸 HX 的离解常数。

7-12　将等体积的 $c(H_3PO_4)=0.2\ mol \cdot L^{-1}$ 的 H_3PO_4 与 $c(NaOH)=0.4\ mol \cdot L^{-1}$ 的 NaOH 混合，求溶液的 pH。

7-13 50 mL 0.180 mol·L^{-1} 的 HCl 与 0.120 mol·L^{-1} 的 Na_3PO_4 等体积混合，求混合溶液中 $c(H^+)$和 pH。

7-14 10 mL 0.2 mol·L^{-1} HCl 与 10 mL 0.5 mol·L^{-1} NaAc 混合后，溶液的 pH 是多少？若向此溶液中再加入 1 mL 0.5 mol·L^{-1} NaOH，溶液 pH 又是多少？

7-15 欲配制 500 mL pH=5.00 的缓冲溶液，需要 1.0 mol·L^{-1}HAc 和 6.0 mol·L^{-1} NaAc 溶液各多少 mL？

7-16 欲使 HCN 的离解度增大为原来的 2 倍，应将溶液稀释多少倍？

7-17 下列缓冲溶液中，哪一个缓冲能力最大？

(1) 0.1 mol·L^{-1} HAc-0.5 mol·L^{-1} NaAc；

(2) 0.3 mol·L^{-1} HAc-0.3 mol·L^{-1} NaAc；

(3) 0.1 mol·L^{-1} HAc-0.1 mol·L^{-1} NaAc。

7-18 欲配制 pH=3.2 的缓冲溶液 0.50 L，应选用下列哪个缓冲对？若下列溶液的浓度均为 0.2 mol·L^{-1}，需加入共轭酸碱的体积各是多少？

(1) HAc-NaAc；

(2) HCOOH-HCOONa；

(3) $NaHSO_3$-Na_2SO_3。

7-19 计算下列混合溶液的 pH。

(1) 50.0 mL 0.1 mol·L^{-1} NH_4Cl 与 25.0 mL 0.1 mol·L^{-1} NaOH；

(2) 25.0 mL 0.1 mol·L^{-1} NH_4Cl 与 50.0 mL 0.1 mol·L^{-1} NaOH。

Chapter 8 第 8 章

沉淀反应

Precipitation Reaction

在科学研究和生产实践中，经常要利用沉淀反应来进行物质的分离、提纯、离子的鉴定和定量测定等。如何判断沉淀能否生成？如何使沉淀生成得更完全？又如何使沉淀溶解？为了解决这些问题，就需要研究在含有难溶电解质和水的系统中所存在的固体和溶液中离子之间的平衡，了解和掌握沉淀的生成、溶解、转化和分步沉淀等变化规律。

【学习要求】

- 掌握沉淀-溶解平衡和溶度积的基本概念。
- 掌握难溶电解质溶解度和溶度积之间的关系，并能进行有关近似计算。
- 掌握溶度积规则。
- 掌握沉淀生成与溶解的条件、分步沉淀与沉淀转化的原理，并进行有关计算。
- 了解分步沉淀在常见金属离子分离鉴定中的应用。

8.1 难溶电解质的溶度积

8.1.1 沉淀-溶解平衡和溶度积常数

自然界没有绝对不溶解于水的物质。当然，不同的物质在水中的溶解度也不会相同。习惯上把溶解度小于 0.01 g/100 g 水的电解质，叫作"难溶物"。

在一定温度下，将难溶物 AgCl 固体放入水中，由于水分子极性的作用，使一部分 Ag^+ 和 Cl^- 脱离开固体 AgCl 表面，成为水合离子不断进入溶液中，这个过程称为 AgCl 的溶解；同时，溶液中的 Ag^+ 和 Cl^- 在不断地做无规则运动，其中一些碰到固体 AgCl 的表面时，受到固体表面的吸引，又重新回到固体表面上，这个过程称为 AgCl 的沉淀。当沉淀和溶解的速率达到相等时，系统就达到了平衡状态，称为难溶电解质的沉淀-溶解平衡。这是一种动态平衡，此时溶液为饱和溶液。

AgCl 在水溶液中的多相平衡可以表示为

$$AgCl(s) \rightleftharpoons Ag^+(aq) + Cl^-(aq)$$

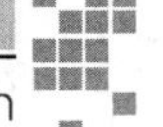

其标准平衡常数式也与其他化学平衡常数式一样表示为

$$K_{sp}^{\ominus}(AgCl)=\{c(Ag^+)/c^{\ominus}\}\cdot\{c(Cl^-)/c^{\ominus}\}$$

同理，

$$Ag_2CrO_4(s)\rightleftharpoons 2Ag^+(aq)+CrO_4^{2-}(aq)$$

$$K_{sp}^{\ominus}(Ag_2CrO_4)=\{c(Ag^+)/c^{\ominus}\}^2\cdot\{c(CrO_4^{2-})/c^{\ominus}\}$$

对于难溶电解质 A_nB_m 在水溶液中的沉淀-溶解平衡，可表示为

$$A_nB_m(s)\rightleftharpoons nA^{m+}(aq)+mB^{n-}(aq)$$

$$K_{sp}^{\ominus}(A_nB_m)=\{c(A^{m+})/c^{\ominus}\}^n\cdot\{c(B^{n-})/c^{\ominus}\}^m$$

为了计算方便，不考虑单位上式可简写为

$$K_{sp}^{\ominus}(A_nB_m)=c^n(A^{m+})\cdot c^m(B^{n-})$$

难溶电解质的沉淀-溶解反应的标准平衡常数 $K_{sp}^{\ominus}$ 称为难溶电解质的溶度积常数，简称溶度积(Solubility Product)。溶度积 $K_{sp}^{\ominus}$ 的大小不仅取决于难溶电解质的本质，而且与温度有关，但与浓度无关。在溶液中，温度变化不大时，往往不考虑温度的影响，一律采用 298.15 K 的数据。一些常见难溶电解质的溶度积 $K_{sp}^{\ominus}$ 常数见附录Ⅳ。

8.1.2 溶度积的计算及其与溶解度的关系

溶解度 s 是指一定温度下，1 L 难溶物的饱和溶液中溶解溶质的物质的量，单位 $mol\cdot L^{-1}$，是指实际溶解的量。某些难溶电解质的 $K_{sp}^{\ominus}$ 可由其溶解度求算。同时，通过溶度积关系式也可确定某些难溶电解质的溶解度。

例 8-1 25℃时，AgCl 的 $K_{sp}^{\ominus}$ 为 1.77×10^{-10}，求 AgCl 的溶解度 s。

解：

$$AgCl(s)\rightleftharpoons Ag^+(aq)+Cl^-(aq)$$

平衡浓度/($mol\cdot L^{-1}$)　　　　s　　　　s

$$\{c(Ag^+)/c^{\ominus}\}\cdot\{c(Cl^-)/c^{\ominus}\}=(s/c^{\ominus})\cdot(s/c^{\ominus})=(s/c^{\ominus})^2$$

$$K_{sp}^{\ominus}(AgCl)=(c(Ag^+)/c^{\ominus}\}\cdot\{c(Cl^-)/c^{\ominus}\}=(s/c^{\ominus})\cdot(s/c^{\ominus})=(s/c^{\ominus})^2$$

$$s/c^{\ominus}=\sqrt{K_{sp}^{\ominus}}=1.33\times10^{-5}$$

AgCl 的溶解度 s 为 $1.33\times10^{-5}\ mol\cdot L^{-1}$。

例 8-2 在 25℃ 时，Ag_2CrO_4 的溶解度为 $0.022\ g\cdot L^{-1}$，求 Ag_2CrO_4 的 $K_{sp}^{\ominus}$。(Ag_2CrO_4 的摩尔质量为 $331.8\ g\cdot mol^{-1}$)。

解：Ag_2CrO_4 的溶解度 $s=\dfrac{0.022\ g\cdot L^{-1}}{331.8\ g\cdot mol^{-1}}=6.6\times10^{-5}(mol\cdot L^{-1})$

$$AgCrO_4(s)\rightleftharpoons 2Ag^+(aq)+CrO_4^{2-}(aq)$$

平衡浓度/($mol\cdot L^{-1}$)　　　　s　　　　s

$$K_{sp}^{\ominus}(Ag_2CrO_4)=\{c^2(Ag^+)/c^{\ominus}\}\cdot\{c(CrO_4^{2-})/c^{\ominus}\}=(2s/c^{\ominus})^2\cdot(s/c^{\ominus})$$
$$=4\times(6.6\times10^{-5})^3=1.15\times10^{-12}$$

所以 Ag_2CrO_4 的 $K_{sp}^{\ominus}$ 为 1.15×10^{-12}。

从以上例题可知，不同类型的难溶电解质的溶解度 s 和溶度积 $K_{sp}^{\ominus}$ 之间的换算关系不同，总结如下：

AB 型（如 AgCl、AgBr、AgI、$BaSO_4$ 等）：

$$K_{sp}^{\ominus}=(s/c^{\ominus})^2; \qquad s/c^{\ominus}=\sqrt{K_{sp}^{\ominus}}$$

A_2B 型或 AB_2 型（如 Ag_2CrO_4、$Mg(OH)_2$ 等）：

$$K_{sp}^{\ominus}=4(s/c^{\ominus})^3; \qquad s/c^{\ominus}=\sqrt[3]{K_{sp}^{\ominus}/4}$$

AB_3 型（如 $Fe(OH)_3$）：

$$K_{sp}^{\ominus}=27(s/c^{\ominus})^4; \qquad s/c^{\ominus}=\sqrt[4]{K_{sp}^{\ominus}/27}$$

上述相互换算关系是有条件的，难溶电解质在溶液中溶解的部分完全离解，且离子不发生水解、聚合、配位等副反应。

溶度积和溶解度都可以反映物质的溶解能力。同类型的难溶电解质在相同温度下 $K_{sp}^{\ominus}$ 越大，溶解度也越大；反之，$K_{sp}^{\ominus}$ 越小，溶解度也越小。但对不同类型的难溶电解质，利用溶度积判断溶解性是不可靠的，必须经过计算溶解度才能确定。如：AgCl 的 $K_{sp}^{\ominus}(1.77\times10^{-10})$ 比 AgBr 的 $K_{sp}^{\ominus}(5.35\times10^{-13})$ 大，AgCl 的溶解度 $s(1.33\times10^{-5}\,mol\cdot L^{-1})$ 比 AgBr 的溶解度 $s(7.31\times10^{-7}\,mol\cdot L^{-1})$ 大；而 Ag_2CrO_4 的 $K_{sp}^{\ominus}(1.12\times10^{-12})$ 比 AgCl 的 $K_{sp}^{\ominus}(1.77\times10^{-10})$ 小，Ag_2CrO_4 的溶解度 $s(6.54\times10^{-5}\,mol\cdot L^{-1})$ 却比 AgCl 的溶解度 $s(1.33\times10^{-5}\,mol\cdot L^{-1})$ 大。

一定温度下，溶度积是常数，而溶解度会因离子浓度、介质酸碱性等条件而变，所以溶度积常数更常用。

$K_{sp}^{\ominus}$ 可由实验测定，也可以利用热力学函数计算 $K_{sp}^{\ominus}$。

例 8-3 已知 298 K 时，$\Delta_f G_m^{\ominus}(AgCl)=-109.80\ kJ\cdot mol^{-1}$，$\Delta_f G_m^{\ominus}(Ag^+)=77.12\ kJ\cdot mol^{-1}$，$\Delta_f G_m^{\ominus}(Cl^-)=-131.26\ kJ\cdot mol^{-1}$，求 298 K 时 AgCl 溶度积 $K_{sp}^{\ominus}$。

解：

$$AgCl(s) \rightleftharpoons Ag^+(aq)+Cl^-(aq)$$

$$\begin{aligned}\Delta_r G_m^{\ominus} &= \Delta_f G_m^{\ominus}(Ag^+)+\Delta_f G_m^{\ominus}(Cl^-)-\Delta_f G_m^{\ominus}(AgCl)\\ &=77.12+(-131.26)-(-109.80)\\ &=55.66(kJ\cdot mol^{-1})\end{aligned}$$

$$\Delta_r G_m^{\ominus}=-2.303RT\ \lg K_{sp}^{\ominus}$$

$$\lg K_{sp}^{\ominus}=-\frac{\Delta_r G_m^{\ominus}}{2.303RT}=-\frac{55.66\times10^3}{2.303\times8.314\times298}=-9.75$$

$$K_{sp}^{\ominus}=1.78\times10^{-10}$$

8.2 溶度积规则

根据化学平衡原理可知，利用沉淀-溶解平衡的平衡常数($K_{sp}^{\ominus}$)和沉淀-溶解反应的反应商(Q)，即可判断沉淀-溶解反应的方向。难溶电解质溶液中，反应商 Q 即各离子相对浓度以计量数为幂的乘积，也称为离子积。

对于难溶电解质 A_nB_m 在一定温度下，有：

①若 $Q > K_{sp}^{\ominus}$，溶液为过饱和溶液。此时反应向生成沉淀的方向进行，直到达成新的平衡，即沉淀生成。

②若 $Q = K_{sp}^{\ominus}$，溶液为饱和溶液。溶液处于平衡状态。

③若 $Q < K_{sp}^{\ominus}$，溶液为不饱和溶液。不生成沉淀，或溶液中原有沉淀，反应向沉淀溶解方向进行，直到达成新的平衡，即沉淀溶解。

以上关系称为溶度积规则(the rule of solubility product)。据此可以判断化学反应变化过程中是否有沉淀生成或溶解，也可以通过控制离子的浓度，使沉淀产生或溶解。

8.3 沉淀的生成

8.3.1 沉淀的生成

根据溶度积规则，欲使沉淀生成，必须使离子积大于溶度积，即 $Q > K_{sp}^{\ominus}$。

例 8-4 将 0.01 $mol \cdot L^{-1}$ 的 $CaCl_2$ 与同浓度的 $Na_2C_2O_4$ 等体积混合，判断是否有沉淀生成？

解：等体积混合后

$$c(Ca^{2+}) = 0.01\ mol \cdot L^{-1} \times 1/2 = 0.005\ mol \cdot L^{-1}$$

$$c(C_2O_4^{2-}) = 0.01\ mol \cdot L^{-1} \times 1/2 = 0.005\ mol \cdot L^{-1}$$

$$Q = \{c(Ca^{2+})/c^{\ominus}\} \cdot \{c(C_2O_4^{2-})/c^{\ominus}\} = 0.005 \times 0.005 = 2.5 \times 10^{-5}$$

$$K_{sp}^{\ominus}(CaC_2O_4) = 2.34 \times 10^{-9}$$

$Q > K_{sp}^{\ominus}$，故有沉淀生成。

例 8-5 向 1.0 $mol \cdot L^{-1}$ 的 $CaCl_2$ 溶液中通入 CO_2 至饱和，有无沉淀生成？

解：饱和 CO_2 溶液，即 H_2CO_3 溶液中 $c(CO_3^{2-}) = 5.6 \times 10^{-11}\ mol \cdot L^{-1}$

$$c(Ca^{2+}) = 1.0\ mol \cdot L^{-1}$$

$$Q = \{c(Ca^{2+})/c^{\ominus}\} \cdot \{c(CO_3^{2-})/c^{\ominus}\} = 1.0 \times 5.6 \times 10^{-11} = 5.6 \times 10^{-11}$$

$$K_{sp}^{\ominus}(CaCO_3) = 8.7 \times 10^{-9}$$

$Q < K_{sp}^{\ominus}$，所以无沉淀生成。

例 8-6 在 1 L 0.002 $mol \cdot L^{-1}$ Na_2SO_4 溶液中加入 0.01 mol 的 $BaCl_2$，问溶液中剩余

SO_4^{2-} 浓度为多大？

解：

$$c(Ba^{2+})=0.01\ mol\cdot L^{-1}$$
$$c(SO_4^{2-})=0.002\ mol\cdot L^{-1}$$

Ba^{2+} 过量，反应达到平衡时，$c(Ba^{2+})=0.01-0.002\approx 0.008(mol\cdot L^{-1})$

$$\{c(SO_4^{2-})/c^{\ominus}\}\cdot\{c(Ba^{2+})/c^{\ominus}\}=K_{sp}^{\ominus}=1.08\times 10^{-10}$$

$$c(SO_4^{2-})/c^{\ominus}=\frac{1.08\times 10^{-10}}{0.008}=1.35\times 10^{-8}(mol\cdot L^{-1})$$

硫酸根的浓度为 $1.35\times 10^{-8} mol\cdot L^{-1}$。

通常当溶液中离子浓度低于 $10^{-5}\ mol\cdot L^{-1}$ 时，用一般化学方法已无法定性检出；当溶液中离子浓度低于 $10^{-6}\ mol\cdot L^{-1}$ 时，造成定量分析测定结果的误差一般在可允许范围内。化学科学中，通常将它们作为离子定性和定量被沉淀完全的标准。

上述例题中，可以认为溶液中 SO_4^{2-} 已沉淀完全。

如果在难溶电解质的饱和溶液中，加入含有相同离子的强电解质时，例如在 AgCl 饱和溶液中加入 KCl，由于 Cl^- 的增加，可使原来的沉淀-溶解平衡

$$AgCl(s) \rightleftharpoons Ag^+(aq)+Cl^-(aq)$$

向左移动，因而在重新达到平衡时，溶液中将多沉淀出一些 AgCl 固体，这就是同离子效应的作用。根据同离子效应，欲使溶液中某一离子充分地沉淀出来，可加入过量的沉淀剂。但沉淀剂也不宜过量太多，一般过量 10%～20%就已足够。沉淀剂如果过量太多，溶液中电解质的总浓度太大时，会产生盐效应，反而增大溶解度。另外，加入过多沉淀剂，还会使被沉淀离子发生一些副反应，使难溶电解质的溶解度增大。例如，要沉淀 Ag^+，若加入太多的 NaCl 溶液，则可形成$[AgCl_2]^-$、$[AgCl_4]^{3-}$ 等配离子，反而使溶解度增大。

例 8-7 计算 298 K 时，AgCl 在 $0.02\ mol\cdot L^{-1}$ 的 NaCl 溶液中的溶解度。（已知 $K_{sp}^{\ominus}(AgCl)=1.77\times 10^{-10}$）

解：设 AgCl 在 $0.02\ mol\cdot L^{-1}$ 的 NaCl 溶液中的溶解度为 $x\ mol\cdot L^{-1}$。

$$\begin{array}{cccccc} AgCl(s) & \rightleftharpoons & Ag^+(aq) & + & Cl^-(aq) \\ & & x & & x+0.02 \end{array}$$

$$K_{sp}^{\ominus}(AgCl)=\{c(Ag^+)/c^{\ominus}\}\cdot\{c(Cl^-)/c^{\ominus}\}=x(x+0.02)=1.77\times 10^{-10}$$

因为 x 很小，所以 $x+0.02\approx 0.02$，解得

$$x=8.85\times 10^{-9}\ mol\cdot L^{-1}$$

该溶解度比 AgCl 在纯水中的溶解度小约 4 个数量级，说明同离子效应可使 AgCl 的溶解度大为降低，即可使溶液中的 Ag^+ 沉淀得更完全。

8.3.2 分步沉淀

溶液中含有多种可被某种沉淀剂沉淀的离子时，随着这种沉淀剂的加入，由于生成各种沉淀时所需沉淀剂的浓度不同，多种沉淀有先有后，相继生成，这种现象称为分步沉淀。

例如，在含有 0.01 mol·L^{-1} 的 Cl^-、I^- 和 CrO_4^{2-} 的溶液中，逐滴加入 $AgNO_3$ 溶液，沉淀产生的情况如何？

根据溶度积规则，哪个先满足 $Q > K_{sp}^{\ominus}$，即开始沉淀时，故哪个所需沉淀剂的浓度最小，哪个就先沉淀。

当 AgCl 开始沉淀时，

$$c(Ag^+)/c^{\ominus}=\frac{K_{sp}^{\ominus}(AgCl)}{c(Cl^-)/c^{\ominus}}=\frac{1.77\times10^{-10}}{0.01}=1.77\times10^{-8}$$

所需 Ag^+ 的浓度为 1.77×10^{-8} mol·L^{-1}。

当 AgI 开始沉淀时，

$$c(Ag^+)/c^{\ominus}=\frac{K_{sp}^{\ominus}(AgI)}{c(I^-)/c^{\ominus}}=\frac{8.51\times10^{-17}}{0.01}=8.51\times10^{-15}$$

所需 Ag^+ 的浓度为 8.51×10^{-15} mol·L^{-1}。

当 Ag_2CrO_4 开始沉淀时，

$$c(Ag^+)/c^{\ominus}=\sqrt{\frac{K_{sp}^{\ominus}(Ag_2CrO_4)}{c(CrO_4^{2-})/c^{\ominus}}}=\sqrt{\frac{1.12\times10^{-12}}{0.01}}=1.06\times10^{-5}$$

所需 Ag^+ 的浓度为 1.06×10^{-5} mol·L^{-1}。

由此可见，I^- 开始沉淀时，所需 Ag^+ 的浓度最少，所以 I^- 最先沉淀。然后是 Cl^-、CrO_4^{2-} 沉淀出现。

当 Cl^- 开始沉淀时，I^- 在溶液中的情况如何呢？

当 $c(Ag^+)=1.77\times10^{-8}$ mol·L^{-1} 时，Cl^- 开始沉淀，溶液中 I^- 的浓度为

$$c(I^-)/c^{\ominus}=\frac{K_{sp}^{\ominus}(AgI)}{c(Ag^+)/c^{\ominus}}=\frac{8.51\times10^{-17}}{1.77\times10^{-8}}=4.81\times10^{-9}$$

当 I^- 浓度为 4.81×10^{-9} mol·L^{-1} 时，I^- 已沉淀完全。

同理，当 CrO_4^{2-} 开始沉淀时，$c(Cl^-)=1.66\times10^{-5}$ mol·L^{-1}，Cl^- 接近沉淀完全。

例 8-8 向含有 0.1 mol·L^{-1} 的 Na_2CO_3 和 0.001 mol·L^{-1} 的 Na_2SO_4 溶液中滴加 $BaCl_2$ 溶液，判断沉淀的先后顺序。

解：当 $BaCO_3$ 开始沉淀时，

$$c(Ba^{2+})/c^{\ominus}=\frac{K_{sp}^{\ominus}(BaCO_3)}{c(CO_3^{2-})/c^{\ominus}}=\frac{2.58\times10^{-9}}{0.1}=2.58\times10^{-8}$$

所需 Ba^{2+} 的浓度为 2.58×10^{-8} mol·L^{-1}。

当 $BaSO_4$ 开始沉淀时，

$$c(Ba^{2+})/c^{\ominus}=\frac{K_{sp}^{\ominus}(BaSO_4)}{c(SO_4^{2-})/c^{\ominus}}=\frac{1.07\times10^{-10}}{0.001}=1.07\times10^{-7}$$

所需 Ba^{2+} 的浓度为 $1.07\times10^{-7}\,mol\cdot L^{-1}$。

所以，$BaCO_3$ 先沉淀。

沉淀的先后顺序与难溶电解质的 $K_{sp}^{\ominus}$ 有关，还与被沉淀离子的初始浓度及沉淀类型有关。总之，开始沉淀时，所需沉淀剂浓度小的先沉淀，而需要沉淀剂浓度大的后沉淀。

利用分步沉淀作用，可进行溶液中离子的分离。在科研和生产实践中，可利用金属氢氧化物的溶解度之间的差异，控制溶液的 pH，使某些金属氢氧化物沉淀出来，另一些金属离子仍保留在溶液中，从而达到分离的目的。

例 8-9 溶液中含有 Fe^{2+} 和 Fe^{3+}，浓度均为 $0.05\,mol\cdot L^{-1}$。如果要求 $Fe(OH)_3$ 沉淀完全(定量)，而 Fe^{2+} 不生成 $Fe(OH)_2$ 沉淀，需如何控制 pH?

解：查表知 $K_{sp}^{\ominus}(Fe(OH)_2)=4.87\times10^{-17}$，　$K_{sp}^{\ominus}(Fe(OH)_3)=2.64\times10^{-39}$

(1)先求 Fe^{3+} 被沉淀完全所需要的 OH^- 浓度(沉淀完全时，$c(Fe^{3+})=1.0\times10^{-6}\,mol\cdot L^{-1}$)。

$$c(OH^-)/c^{\ominus}=\sqrt[3]{\frac{K_{sp}^{\ominus}(Fe(OH)_3)}{c(Fe^{3+})/c^{\ominus}}}=\sqrt[3]{\frac{2.64\times10^{-39}}{1.0\times10^{-6}}}=1.38\times10^{-11}$$

$$pOH=-\lg\{c(OH^-)/c^{\ominus}\}=10.86$$

$$pH=14.00-pOH=14-10.86=3.14$$

(2)求 Fe^{2+} 开始沉淀时所需要的 OH^- 浓度

$$c(OH^-)/c^{\ominus}=\sqrt{\frac{K_{sp}^{\ominus}(Fe(OH)_2)}{c(Fe^{2+})/c^{\ominus}}}=\sqrt{\frac{4.87\times10^{-17}}{0.05}}=3.12\times10^{-8}$$

$$pOH=-\lg\{c(OH^-)/c^{\ominus}\}=7.51$$

$$pH=14.00-pOH=14.00-7.51=6.49$$

从计算结果看出，溶液的 pH 控制在 3.14～6.49 之间，即可使 Fe^{3+} 沉淀完全而 Fe^{2+} 又不沉淀。

8.3.3 沉淀的转化

沉淀转化是指通过化学反应将一种沉淀转变成另一种沉淀。大多数情况下，沉淀转化是将 $K_{sp}^{\ominus}$ 较大的沉淀转化为 $K_{sp}^{\ominus}$ 较小的沉淀。如在盛有白色 $BaCO_3$ 沉淀的试管中加入 K_2CrO_4 溶液，充分振荡，白色沉淀将转化为黄色沉淀。沉淀转化的过程可表示为

$$BaCO_3(s,\text{白色})+CrO_4^{2-}(aq)=BaCrO_4(s,\text{黄色})+CO_3^{2-}(aq)$$

该反应的标准平衡常数为

$$K^{\ominus}=\frac{c(CO_3^{2-})}{c(CrO_4^{2-})}=\frac{K_{sp}^{\ominus}(BaCO_3)}{K_{sp}^{\ominus}(BaCrO_4)}=\frac{2.58\times10^{-9}}{1.17\times10^{-10}}=22$$

一般来说，沉淀转化的难易主要取决于$K^{\ominus}$的大小和所加转化试剂的多少，$K^{\ominus}$越大，所加转化试剂越多，沉淀转化得越完全。

沉淀转化在实践中十分有意义。例如锅炉中的锅垢主要成分$CaSO_4$既不溶于水也不溶于酸，难以去除。若用热的Na_2CO_3溶液处理，则可使$CaSO_4$转化为疏松的$CaCO_3$沉淀，然后用酸溶就可把锅垢去除。

$$\begin{array}{c} CaSO_4(s) \rightleftharpoons Ca^{2+}(aq)+SO_4^{2-}(aq) \\ + \\ Na_2CO_3(s) \longrightarrow CO_3^{2-}(aq)+2Na^{+}(aq) \\ \downarrow \\ CaCO_3 \end{array}$$

总反应为 $$CaSO_4(s)+CO_3^{2-}(aq)=CaCO_3(s)+SO_4^{2-}(aq)$$

反应的标准平衡常数为

$$K^{\ominus}=\frac{c(SO_4^{2-})}{c(CO_3^{2-})}=\frac{K_{sp}^{\ominus}(CaSO_4)}{K_{sp}^{\ominus}(CaCO_3)}=\frac{7.1\times10^{-5}}{4.96\times10^{-9}}=1.43\times10^{4}$$

此反应的标准平衡常数很大，向右转化的程度较大。

例 8-10 将 0.01 mol 的$CaSO_4$在 1.0 L Na_2CO_3溶液中转化成$CaCO_3$，问Na_2CO_3溶液的初始浓度应为多少？已知$CaSO_4$的$K_{sp}^{\ominus}=7.1\times10^{-5}$，$CaCO_3$的$K_{sp}^{\ominus}=4.96\times10^{-9}$。

解：该转化反应为

$$CaSO_4(s)+CO_3^{2-}(aq)=CaCO_3(s)+SO_4^{2-}(aq)$$

平衡浓度/$(mol\cdot L^{-1})$　　$c(CO_3^{2-})$　　　　0.01

$$K^{\ominus}=\frac{c(SO_4^{2-})}{c(CO_3^{2-})}=\frac{K_{sp}^{\ominus}(CaSO_4)}{K_{sp}^{\ominus}(CaCO_3)}=\frac{7.1\times10^{-5}}{4.96\times10^{-9}}=1.43\times10^{4}$$

$$c(CO_3^{2-})/c^{\ominus}=\frac{c(SO_4^{2-})/c^{\ominus}}{K^{\ominus}}=\frac{0.01}{1.43\times10^{4}}=6.99\times10^{-7}$$

平衡时 $$c(CO_3^{2-})=6.99\times10^{-7}\,mol\cdot L^{-1}$$

由于使 0.01 mol $CaSO_4$完全转化为$CaCO_3$需用去 0.01 mol Na_2CO_3，所以，Na_2CO_3初始浓度为

$$c=0.01\,mol\cdot L^{-1}+6.99\times10^{-7}\,mol\cdot L^{-1}\approx0.01\,mol\cdot L^{-1}$$

一般来说，沉淀转化反应由溶解度大的沉淀转化为溶解度小的沉淀较容易；而把溶解度

小的沉淀转化为溶解度大的沉淀较困难。若转化平衡常数不是太小,在一定条件下(增大另一种沉淀剂的浓度),转化仍然是有可能的。

8.4 沉淀的溶解

根据溶度积规则,要使沉淀溶解,必须使 $Q<K_{sp}^{\ominus}$,即降低难溶电解质饱和溶液中相关离子的浓度。

8.4.1 利用酸碱反应

许多难溶电解质的阴离子是较强的碱,如 $Fe(OH)_3$、$Mg(OH)_2$、$CaCO_3$、FeS、ZnS 等。这些阴离子均可与 H^+ 结合为不易离解的弱酸,从而降低了离子的浓度,使这类难溶电解质在酸中的溶解度必定比纯水中大。例如向 $CaCO_3$ 的饱和溶液中加入稀盐酸,生成 CO_2 气体,能使 $CaCO_3$ 溶解。这一反应是利用酸碱反应使碱的浓度降低,难溶电解质 $CaCO_3$ 的多相离子平衡发生移动,因而使沉淀溶解。难溶金属氢氧化物 $Mg(OH)_2$ 不仅可以溶于盐酸,而且还可以溶于质子酸 NH_4^+ 中。

$$Mg(OH)_2(s) \rightleftharpoons Mg^{2+}(aq) + 2OH^-(aq)$$

$$+$$

$$2NH_4^+$$

$$\|$$

$$2NH_3 + 2H_2O$$

总反应为

$$Mg(OH)_2 + 2NH_4^+ = Mg^{2+} + 2NH_3 \cdot H_2O$$

上述溶解过程实际上是由沉淀溶解平衡和酸碱平衡共同建立的多重平衡。其平衡常数用 $K^{\ominus}$ 表示。

$$K^{\ominus} = \frac{\{c(Mg^{2+})/c^{\ominus}\} \cdot \{c(NH_3)/c^{\ominus}\}^2}{\{c(NH_4^+)/c^{\ominus}\}^2} = \frac{K_{sp}^{\ominus}(Mg(OH)_2)}{\{K_b^{\ominus}(NH_3)\}^2}$$

又如

$$ZnS(s) = Zn^{2+}(aq) + S^{2-}(aq)$$

$$+$$

$$2H^+$$

$$\|$$

$$H_2S$$

总反应为

$$ZnS + 2H^+ = Zn^{2+} + H_2S$$

$$K^{\ominus} = \frac{\{c(Zn^{2+})/c^{\ominus}\} \cdot \{c(H_2S)/c^{\ominus}\}}{\{c(H^+)/c^{\ominus}\}^2} = \frac{K_{sp}^{\ominus}(ZnS)}{K_{a_1}^{\ominus}(H_2S)K_{a_2}^{\ominus}(H_2S)}$$

$K^{\ominus}$ 越大,反应完成趋势越大。

例 8-11 现有 0.1 mol $Mg(OH)_2$ 和 0.1 mol 的 $Fe(OH)_3$，问需用 1 L 多大浓度的铵盐才能使它们完全溶解？已知 $K_b^{\ominus}(NH_3)=1.8\times10^{-5}$，$K_{sp}^{\ominus}(Mg(OH)_2)=5.6\times10^{-12}$，$K_{sp}^{\ominus}(Fe(OH)_3)=2.64\times10^{-39}$。

解：(1) $Mg(OH)_2$ 溶于 NH_4^+ 的平衡为

$$Mg(OH)_2 + 2NH_4^+ = Mg^{2+} + 2NH_3 + 2H_2O$$

平衡浓度/($mol \cdot L^{-1}$)　　$c(NH_4^+)$　　0.1　　2×0.1

$$K^{\ominus}=\frac{\{c(Mg^{2+})/c^{\ominus}\}\cdot\{c(NH_3)/c^{\ominus}\}^2}{\{c(NH_4^+)/c^{\ominus}\}^2}=\frac{K_{sp}^{\ominus}(Mg(OH)_2)}{\{K_b^{\ominus}(NH_3)\}^2}$$

$$=\frac{5.6\times10^{-12}}{(1.8\times10^{-5})^2}=0.017$$

$$c(NH_4^+)/c^{\ominus}=\sqrt{\frac{\{c(Mg^{2+})/c^{\ominus}\}\cdot\{c^2(NH_3)/c^{\ominus}\}}{K^{\ominus}}}=\sqrt{\frac{0.1\times(0.2)^2}{0.017}}=0.49$$

平衡时 $c(NH_4^+)=0.49\ mol\cdot L^{-1}$。由于使 $Mg(OH)_2$ 完全溶解需用去 $(2\times0.1)\ mol\cdot L^{-1}\ NH_4^+$，所以，共需用 NH_4^+ 为 $c(NH_4^+)=0.2+0.49=0.69(mol\cdot L^{-1})$。

(2) $Fe(OH)_3$ 溶于 NH_4^+ 的平衡为

$$Fe(OH)_3 + 3NH_4^+ = Fe^{3+} + 3NH_3 + 3H_2O$$

平衡浓度/($mol \cdot L^{-1}$)　　$c(NH_4^+)$　　0.1　　3×0.1

$$K^{\ominus}=\frac{\{c(Fe^{3+})/c^{\ominus}\}\cdot\{c(NH_3)/c^{\ominus}\}^3}{\{c(NH_4^+)/c^{\ominus}\}^3}=\frac{K_{sp}^{\ominus}(Fe(OH)_3)}{\{K_b^{\ominus}(NH_3)\}^3}$$

$$=\frac{2.64\times10^{-39}}{(1.8\times10^{-5})^3}=4.53\times10^{-25}$$

$$c(NH_4^+)/c^{\ominus}=\sqrt[3]{\frac{\{c(Fe^{3+})/c^{\ominus}\}\cdot\{c^3(NH_3)/c^{\ominus}\}}{K^{\ominus}}}=\sqrt[3]{\frac{0.1\times(0.3)^3}{4.53\times10^{-25}}}=1.81\times10^7$$

平衡时　　$c(NH_4^+)=1.81\times10^7\ mol\cdot L^{-1}$。

铵盐浓度是不可能达到如此之高的，所以 $Fe(OH)_3$ 不溶于铵盐。

例 8-12 分别将 0.1 mol FeS 和 0.1 mol CuS 完全溶解于 1.0 L 酸溶液中，酸溶液中 $c(H^+)$ 浓度至少为多大？可用什么酸溶解？

解：0.1 mol FeS 完全溶解于 1.0 L 酸溶液达平衡

$$FeS + 2H^+ \rightleftharpoons Fe^{2+} + H_2S$$

平衡浓度/($mol \cdot L^{-1}$)　　$c(H^+)$　　0.1　　0.1

$$K^{\ominus}=\frac{\{c(Fe^{2+})/c^{\ominus}\}\cdot\{c(H_2S)/c^{\ominus}\}}{\{c(H^+)/c^{\ominus}\}^2}=\frac{K_{sp}^{\ominus}(FeS)}{K_{a_1}^{\ominus}(H_2S)\cdot K_{a_2}^{\ominus}(H_2S)}$$

$$=\frac{3.7\times10^{-19}}{1.3\times10^{-7}\times7.1\times10^{-15}}=400$$

$$c(H^+)/c^{\ominus}=\sqrt{\frac{\{c(Fe^{2+})/c^{\ominus}\}\cdot\{c(H_2S)/c^{\ominus}\}}{K^{\ominus}}}=\sqrt{\frac{0.1\times0.1}{400}}=0.005$$

平衡时 $c(H^+)=0.005\ mol\cdot L^{-1}$，再加上反应中消耗 $0.2\ mol\cdot L^{-1}$，所需 $c(H^+)$ 至少为 $0.205\ mol\cdot L^{-1}$。可用稀盐酸溶解。

0.1 mol CuS 完全溶解于 1.0 L 酸溶液达平衡

$$CuS + 3H^+ \rightleftharpoons Cu^{2+} + H_2S$$

平衡浓度/($mol\cdot L^{-1}$)　　$c(H^+)$　　0.1　　0.1

$$K^{\ominus}=\frac{\{c(Cu^{2+})/c^{\ominus}\}\cdot\{c(H_2S)/c^{\ominus}\}}{\{c(H^+)/c^{\ominus}\}^2}=\frac{K_{sp}^{\ominus}(CuS)}{K_{a_1}^{\ominus}(H_2S)\cdot K_{a_2}^{\ominus}(H_2S)}$$

$$=\frac{1.27\times10^{-36}}{1.3\times10^{-7}\times7.1\times10^{-15}}=1.38\times10^{-15}$$

$$c(H^+)/c^{\ominus}=\sqrt{\frac{\{c(Cu^{2+})/c^{\ominus}\}\cdot\{c(H_2S)/c^{\ominus}\}}{K^{\ominus}}}=\sqrt{\frac{0.1\times0.1}{1.38\times10^{-15}}}=2.7\times10^{6}$$

平衡时　　$c(H^+)=2.7\times10^{6}\ mol\cdot L^{-1}$

盐酸不能提供这么大的浓度。CuS 不溶于盐酸。加 HNO_3 溶解是因为发生了氧化还原反应。

8.4.2 利用氧化还原反应

CuS 不溶于盐酸，但可溶于硝酸，是因为在金属硫化物中加入氧化剂，将 S^{2-} 氧化为单质 S，有效地减少了溶液中的 S^{2-} 浓度，从而使其顺利溶解。

$$3CuS(s)+8HNO_3 = 3Cu(NO_3)_2+3S(s)+2NO(g)+4H_2O$$

8.4.3 利用配位反应

向难溶电解质中加入配位剂，使其溶液中的离子转化成配离子，有效地减少了溶液中的离子浓度，使沉淀溶解平衡向溶解方向移动。

例如：AgCl 既不溶于盐酸，也不溶于硝酸，但能溶于氨水。

$$AgCl(s)+2NH_3 = [Ag(NH_3)_2]^+ +Cl^-$$

是由于 Ag^+ 能与 NH_3 结合生成稳定的配离子 $[Ag(NH_3)_2]^+$，从而降低了 Ag^+ 浓度，使 AgCl 溶解。

照相底片上未曝光的 AgBr 就可用 $Na_2S_2O_3$ 溶液溶解，反应式为

$$AgBr(s)+2S_2O_3^{2-} = [Ag(S_2O_3)_2]^{3-}+Br^-$$

但对于 HgS 等溶度积极小的沉淀，往往单纯的酸溶、氧化还原溶解、配位溶解等方法均不能使其溶解。此时可集中使用多种反应，同时降低其离解出的阴、阳离子浓度，从而达到溶解的目的。如 HgS 可溶于王水，反应式为

$$3HgS + 12Cl^- + 8H^+ + 2NO_3^- = 3[HgCl_4]^{2-} + 3S + 2NO + 4H_2O$$

8.5 分步沉淀在几种常见金属离子分离鉴定中的应用

8.5.1 利用生成金属氢氧化物沉淀进行离子分离

大多数金属氢氧化物是难溶的，它们的溶解度之间往往差别很大。因此，控制溶液的pH，就可使某些氢氧化物沉淀、某些氢氧化物溶解，从而达到分离的目的。如例8-9即可算出溶液的pH。同理可算出不同浓度金属离子开始沉淀和沉淀完全(定性)的pH，结果列于表8-1。

表8-1 常见金属离子在不同浓度下开始沉淀所需的pH

金属离子	溶度积	离子浓度 $c/(mol \cdot L^{-1})$		
		10^{-1}	10^{-2}	10^{-5}(沉淀完全)
Fe^{3+}	2.64×10^{-39}	1.5	1.8	2.8
Al^{3+}	2.0×10^{-33}	3.4	3.8	4.8
Cu^{2+}	2.2×10^{-20}	4.7	5.2	6.7
Fe^{2+}	4.87×10^{-17}	6.3	6.8	8.3
Ni^{2+}	5.47×10^{-16}	6.9	7.4	8.9
Mn^{2+}	2.06×10^{-13}	8.2	8.7	10.2
Mg^{2+}	5.61×10^{-12}	8.9	9.4	10.9

8.5.2 利用生成金属硫化物沉淀进行离子分离

除第一和第二主族元素外，金属硫化物一般难溶于水。不同金属硫化物的溶度积相差很大，因此，在定性分析化学中，常靠调节溶液酸度并通入硫化氢至饱和，用以控制溶液中硫离子浓度的方法进行离子的分离和鉴定。例如，控制$c(H^+)$为0.3 $mol \cdot L^{-1}$，通入硫化氢，可将Cu^{2+}、Pb^{2+}、Bi^{3+}、Cd^{2+}、Ag^+(总称"铜组")和As(Ⅲ，Ⅴ)、Sn(Ⅱ，Ⅳ)、Sb(Ⅲ，Ⅴ)、Hg^{2+}(总称"砷组")离子沉淀分离后，调节pH在2～3，将ZnS沉淀分离，然后再将pH调节到5～6，将Co^{2+}、Ni^{2+}、Mn^{2+}沉淀分离等。但由于硫化氢是剧毒气体，且有恶臭，制备和应用都不方便，同时会发生共沉淀、胶态、后沉淀等现象，用硫化氢分离金属离子的选择性并不是很强，分离效果往往欠佳。不过，在制备化学中，利用硫化氢沉淀去除重金属杂质离子应仍具有一定实用价值。

□ 本章小结

对于一任意组成为A_mB_n形式的难溶电解质，在水溶液中有以下的平衡：

$$A_nB_m(s) \rightleftharpoons nA^{m+}(aq)+mB^{n-}(aq)$$

该反应的平衡常数称为难溶电解质的溶度积常数($K_{sp}^{\ominus}$)。由化学反应等温式可知，可通过比

较 Q 与 $K_{sp}^{\ominus}$ 的大小来判断沉淀溶解平衡移动的方向，即沉淀的生成或溶解。这就是本章的核心——溶度积规则：

①当 $Q > K_{sp}^{\ominus}$，溶液为过饱和溶液，沉淀溶解平衡向左移动，有沉淀生成，直至 $Q = K_{sp}^{\ominus}$。

②当 $Q = K_{sp}^{\ominus}$，沉淀溶解反应处于平衡状态，溶液为饱和溶液。

③当 $Q < K_{sp}^{\ominus}$，溶液为不饱和溶液，若溶液中有难溶电解质固体，则固体会溶解，直到溶液达到饱和。

根据溶度积原理，溶液中生成沉淀的必要条件是 $Q > K_{sp}^{\ominus}$。溶液中的离子被沉淀剂先后沉淀的过程称为分步沉淀。分步沉淀通常用于溶液中的离子分离。沉淀能否发生转化及转化的完全程度，取决于沉淀的类型、沉淀的溶度积常数大小及试剂浓度。根据沉淀的性质可以选择不同的溶解方法。常用的沉淀溶解法有酸溶解法、配位溶解法、氧化还原溶解法和综合溶解法。

□ 习　题

8-1　选择题

(1)有一难溶强电解质 M_2X，其溶度积为 $K_{sp}^{\ominus}$，则其溶解度 s 为(　　)。

A. $s = K_{sp}^{\ominus} \cdot c^{\ominus}$　B. $s = \sqrt[3]{\frac{K_{sp}^{\ominus}}{2}} \cdot c^{\ominus}$　C. $s = \sqrt{K_{sp}^{\ominus}} \cdot c^{\ominus}$　D. $s = \sqrt[3]{\frac{K_{sp}^{\ominus}}{4}} \cdot c^{\ominus}$

(2)难溶电解质 A_2B 的溶液中，有下列平衡 $A_2B(s) \rightleftharpoons 2A^+(aq) + B^{2-}(aq)$，$c(A^+)/c^{\ominus} = X$，$c(B^{2-})/c^{\ominus} = Y$，则 A_2B 的 $K_{sp}^{\ominus}$ 为(　　)。

A. $K_{sp}^{\ominus} = X^2 \cdot \frac{1}{2}Y$　B. $K_{sp}^{\ominus} = X \cdot Y$

C. $K_{sp}^{\ominus} = X^2 \cdot Y$　D. $K_{sp}^{\ominus} = (2X^2)^2 \cdot Y$

(3)已知 $K_{sp}^{\ominus}(AgCl) = 1.8 \times 10^{-10}$。AgCl 在 0.001 mol · L^{-1} NaCl 溶液中的溶解度为(　　)。

A. 1.8×10^{-10}　B. 1.34×10^{-5}

C. 0.001　D. 1.8×10^{-7}

(4)向一含 Pb^{2+} 和 Sr^{2+} 的溶液中逐滴加入 Na_2SO_4，首先有 $SrSO_4$ 生成。由此可知(　　)。

A. $K_{sp}^{\ominus}(PbSO_4) > K_{sp}^{\ominus}(SrSO_4)$

B. $c(Pb^{2+}) > c(Sr^{2+})$

C. $c(Pb^{2+})/c(Sr^{2+}) > K_{sp}^{\ominus}(PbSO_4)/K_{sp}^{\ominus}(SrSO_4)$

D. $K_{sp}^{\ominus}(SrSO_4)c(Sr^{2+}) < K_{sp}^{\ominus}(PbSO_4)/c(Pb^{2+})$

8-2　已知 AgBr 的 $K_{sp}^{\ominus} = 5.35 \times 10^{-13}$，求其在纯水和 0.01 mol · L^{-1} KBr 溶液中的溶解度(g · L^{-1})。

8-3　$Ca(OH)_2$ 的 $K_{sp}^{\ominus}$ 为 5.5×10^{-6}，试计算其饱和溶液的 pH。

8-4　将 20 mL 0.5 mol · L^{-1} $MgCl_2$ 溶液与 20 mL 0.1 mol · L^{-1} 氨水混合，有无

$Mg(OH)_2$ 沉淀生成？为防止沉淀生成，应加入多少克 $NH_4Cl(s)$？（忽略体积变化）。

8-5 在 0.02 mol・L^{-1} 的 Fe^{2+} 和 0.02 mol・L^{-1} NH_3 的混合溶液中，要使 $Fe(OH)_2$ 不沉淀出来，最少需要多大浓度的 NH_4^+？

8-6 某溶液中含有 Fe^{3+} 和 Fe^{2+}，它们的浓度都是 0.01 mol・L^{-1}。如果要求 $Fe(OH)_3$ 定性沉淀完全而 Fe^{2+} 不生成 $Fe(OH)_2$ 沉淀，溶液 pH 应控制在何范围？

8-7 等体积的 0.1 mol・L^{-1} KCl 和 0.1 mol・L^{-1} K_2CrO_4 相混合，逐滴加入 $AgNO_3$ 溶液时，问 AgCl 和 Ag_2CrO_4 哪种沉淀先析出？

8-8 欲使 0.010 mol ZnS 溶于 1.0 L 盐酸溶液中，问所需 HCl 的最低浓度为多少？

8-9 混合溶液中含有 0.10 mol・L^{-1} Pb^{2+} 和 0.01 mol・L^{-1} Ba^{2+}，问能否用 K_2CrO_4 溶液将 Pb^{2+} 和 Ba^{2+} 有效分离？已知 $K_{sp}^{\ominus}(PbCrO_4)=1.77\times10^{-14}$，$K_{sp}^{\ominus}(BaCrO_4)=1.2\times10^{-10}$。

Chapter 9 第 9 章

氧化还原反应

Oxidation-reduction Reaction

化学反应按照反应过程中元素的氧化数有无变化分为两大类:一类是氧化数没有变化的称为非氧化还原反应,如酸碱反应、沉淀反应等;另一类是氧化数有变化的称为氧化还原反应。本章主要讨论氧化还原反应。可以说,无论衣、食、住、行和各行各业的物质生产,还是生物有机体的发生、发展和消亡,大多数都与氧化还原反应有关。

【学习要求】

- 了解氧化还原反应的基本概念,掌握氧化还原反应式的配平方法。
- 了解原电池的构造和工作原理,能用电池符号表示原电池的组成。
- 理解电极电势的有关概念,掌握能斯特方程的简单应用。
- 掌握氧化还原反应标准平衡常数、反应的标准吉布斯自由能和标准电动势三者之间的关系。
- 学会元素电势图的简单应用。
- 了解一些重要的氧化还原反应。

9.1 氧化还原反应的基本概念

9.1.1 氧化数

1970 年国际纯化学和应用化学联合会(IUPAC)把氧化数定义为:氧化数是化学实体中,假设把成键电子划归给电负性较大的原子,得到某原子在化合状态时的“形式电荷数”。氧化数计算规则如下:

(1)在单质中元素的氧化数为零。

(2)在简单离子型化合物中,原子的氧化数等于它的电荷数。如 $CaCl_2$ 中的钙的氧化数为+2,氯的氧化数为-1。

(3)氢在化合物中的氧化数一般为+1,但在活泼金属的氢化物(如 NaH、CaH_2)中为-1。

(4)氧在化合物中的氧化数一般为-2,但在过氧化物(如 H_2O_2、BaO_2)中氧的氧化数为

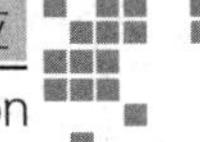

-1，在超氧化物(如 KO_2)中为 $-1/2$。

(5)中性化合物中，所有原子氧化数的代数和等于0；复杂离子中，各原子氧化数的代数和等于离子的电荷数。

例 9-1 求四氧化三铁(Fe_3O_4)中铁的氧化数。

解：设铁的氧化数为 x，则

$$(-2)\times 4+3x=0$$

$$x=\frac{8}{3}=2\frac{2}{3}$$

9.1.2 氧化与还原

在一个反应中氧化数升高(失去电子)的过程，称为氧化；氧化数降低(得到电子)的过程，称为还原。氧化与还原过程是同时发生的，元素氧化数发生变化的反应称为氧化还原反应。

在化学反应中氧化数升高的物质叫作还原剂，还原剂使另一种物质还原，本身被氧化，它的产物叫作氧化产物。氧化数降低的物质叫作氧化剂，氧化剂使另一种物质氧化，本身被还原，它的产物叫作还原产物。

如果氧化数的升高和降低都发生在同一个化合物中，这种氧化还原反应称为自身氧化还原反应。例如：

$$2KClO_3 \xlongequal{\triangle} 2KCl+3O_2$$

还有一类反应，氧化数升高和降低都发生在同一化合物的同一种元素中，这种氧化还原反应称为歧化反应，例如：

$$Cl_2+H_2O=HCl+HClO$$

歧化反应是自身氧化还原反应的一种特殊类型。

在氧化还原反应中，氧化剂(或还原化剂)在反应前后表现出两种不同的氧化还原状态，氧化数高的称为氧化态(Ox)，氧化数低的称为还原态(Red)。二者构成一个氧化还原电对，用 Ox/Red 表示。例如

$$Cu^{2+}+Zn=Zn^{2+}+Cu$$

反应中存在两个氧化还原电对：

Cu^{2+}/Cu	Zn^{2+}/Zn
(氧化态)/(还原态)	(氧化态)/(还原态)

氧化还原电对可以用半反应表示为：

$$Cu^{2+} + 2e^- = Cu$$
$$Zn = Zn^{2+} + 2e^-$$

氧化还原反应是两个(或两个以上)氧化还原电对共同作用的结果。一个氧化还原电对中,氧化态物质作氧化剂,还原态物质作还原剂。氧化态和还原态之间存在强弱共轭关系。

对于氧化还原电对来说,氧化态物质获得电子的能力越强,则对应的还原态物质失去电子的能力就越弱;同理,还原态物质失去电子的倾向越强,则对应的氧化态物质获得电子的能力越弱。氧化还原反应进行的方向是由较强的氧化剂与较强的还原剂反应生成较弱的氧化剂和较弱的还原剂。

9.2 氧化还原反应方程式的配平

常用来配平氧化还原反应方程式的方法有两种——氧化数法和离子电子法。本书主要介绍离子电子法。

离子电子法又称为半反应法,其配平原则为:氧化剂得到的电子总数等于还原剂失去的电子总数。

以酸性介质中的反应 $KMnO_4 + Na_2SO_3 \rightarrow K_2SO_4 + MnSO_4$ 为例,说明配平步骤:

(1)用离子的形式写出基本的反应物和产物。

$$MnO_4^- + SO_3^{2-} \longrightarrow Mn^{2+} + SO_4^{2-}$$

(2)将总反应分为两个半反应。

$$MnO_4^- + 5e^- \longrightarrow Mn^{2+} \qquad \text{还原反应}$$
$$SO_3^{2-} \longrightarrow SO_4^{2-} + 2e^- \qquad \text{氧化反应}$$

(3)配平两个半反应。因在酸性介质中,可在反应式中氧原子多的一侧加 H^+,在另一侧加 H_2O,使两侧原子数相等。即

$$MnO_4^- + 8H^+ + 5e^- = Mn^{2+} + 4H_2O$$
$$SO_3^{2-} + H_2O = SO_4^{2-} + 2H^+ + 2e^-$$

(4)找出得失电子数的最小公倍数,将两个半反应乘以相应的系数后相加,整理即得到配平的离子方程式。

$$2\times |\, MnO_4^- + 8H^+ + 5e^- = Mn^{2+} + 4H_2O$$
$$5\times |\, SO_3^{2-} + H_2O = SO_4^{2-} + 2H^+ + 2e^-$$
$$2MnO_4^- + 5SO_3^{2-} + 6H^+ = 2Mn^{2+} + 5SO_4^{2-} + 3H_2O$$

(5)根据需要也可写成分子方程式。

将离子方程式中的 H^+ 写成酸时,必须注意加入的酸与反应物不能发生反应,也不能引入其他杂质。此反应中有 SO_4^{2-},所以应加稀 H_2SO_4。

$$2KMnO_4 + 5Na_2SO_3 + 3H_2SO_4 = 2MnSO_4 + K_2SO_4 + 5Na_2SO_4 + 3H_2O$$

离子电子法只适用于水溶液中进行的反应。用离子电子法配平氧化还原方程式时，其中H原子和O原子的配平，根据介质不同，分别用H^+和H_2O或OH^-和H_2O调整，一般根据反应的介质条件，按表9-1的方法进行。

表9-1 O、H配平规则

介质条件	半反应式		
	O原子	参加反应的物质	生成物
酸性	多	H^+	H_2O
	少	H_2O	H^+
碱性	多	H_2O	OH^-
	少	OH^-	H_2O
中性	多	H_2O	OH^-
	少	H_2O	H^+

例9-2 配平下列反应方程式 $Cl_2+NaOH \rightarrow NaCl+NaClO_3$

解：(1)写出离子方程式：

$$Cl_2 \longrightarrow Cl^- + ClO_3^-$$

(2)写出并配平两个半反应式：碱性介质中，应在氧原子多的一侧加H_2O，在另一侧加OH^-。

$$Cl_2+2e^- = 2Cl^-$$
$$Cl_2+12OH^- = 2ClO_3^- + 6H_2O+10e^-$$

(3)将两个半反应乘以相应的系数，然后相加化简得到的离子方程式。

$$5\times \mid Cl_2+2e^- = 2Cl^-$$
$$1\times \mid Cl_2+12OH^- = 2ClO_3^- + 6H_2O+10e^-$$
$$3Cl_2+6OH^- = ClO_3^- + 5Cl^- + 3H_2O$$

(4)写出分子方程式：

$$3Cl_2+6NaOH = NaClO_3+5NaCl+3H_2O$$

9.3 氧化还原反应与原电池

9.3.1 原电池的构造及工作原理

将金属锌放入硫酸铜溶液中，就会发生如下的氧化还原反应：

$$Zn+Cu^{2+} = Zn^{2+} + Cu$$

此条件下，Zn 和 Cu^{2+} 之间的氧化还原反应，化学能只能转化为热。

在一只烧杯中放入 $CuSO_4$ 溶液和 Cu 片，在另一只烧杯中放入 $ZnSO_4$ 溶液和 Zn 片，用盐桥(盐桥中含有饱和 KCl 的琼脂凝胶)将两个溶液连接起来，然后用导线连接两个金属片，就构成了 Cu-Zn 原电池。原电池就是将化学能转变为电能的装置，如图 9-1 所示。

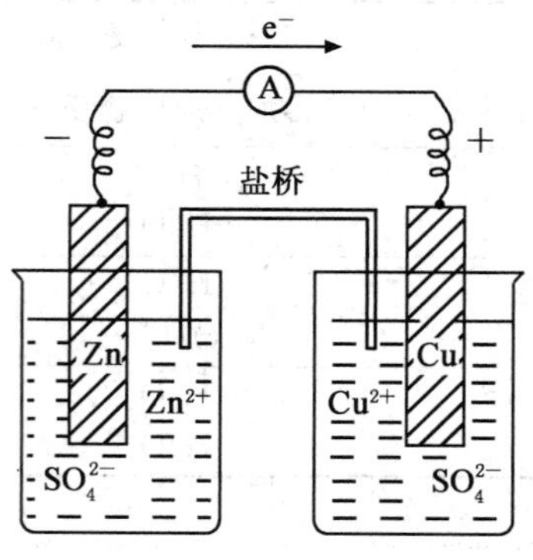

图 9-1　原电池示意图

将检流计连接于铜锌金属片之间。当电路接通后，可以看见检流计的指针发生偏移，说明导线中有电流通过，通过检流计指针的偏移方向可知，电流从 Cu 极流向 Zn 极(电子从 Zn 极流向 Cu 极)。

反应发生时，Zn 电极溶液中由于 Zn^{2+} 浓度的增加而正电荷过剩，同时 Cu 电极溶液中由于 Cu^{2+} 浓度的减少而负电荷过剩，这样将阻碍了电子继续从 Zn 极流向 Cu 极。这时盐桥中 Cl^- 向 Zn 极移动，K^+ 向 Cu 极移动，使两个电极中的溶液保持电中性，反应才可以持续进行。

原电池中，负极发生氧化反应，正极发生还原反应。电极中进行的反应称为电极反应；总反应称为电池反应。Zn-Cu 原电池的电极反应和电池反应如下：

负极反应：$Zn \rightleftharpoons Zn^{2+} + 2e^-$　　氧化反应

正极反应：$Cu^{2+} + 2e^- \rightleftharpoons Cu$　　还原反应

电池反应：$Zn + Cu^{2+} \rightleftharpoons Zn^{2+} + Cu$　　氧化还原反应

由图 9-1 可见，原电池是由两个半电池组成，每个半电池又称作一个电极。

9.3.2　电极及电极种类

1. 电极反应

在原电池中，两个电极上分别发生的氧化反应和还原反应称为电极反应(也就是半反应)，两个电极反应之和称为电池反应。在 Zn-Cu 原电池中，在铜板和硫酸铜溶液一侧，即原电池的正极，有金属铜沉积于铜板。发生了还原反应：

$$Cu^{2+} + 2e^- \rightleftharpoons Cu$$

在锌板和硫酸锌溶液一侧，即原电池的负极，溶液中锌离子浓度增大，发生了氧化反应：

$$Zn \rightleftharpoons Zn^{2+} + 2e^-$$

电池反应　　　　$Zn(s)+Cu^{2+}(aq) \rightleftharpoons Zn^{2+}(aq)+Cu(s)$

由于每个半反应都对应一个电对,故可以用电对来代表电极。如 $2H^+(aq)+2e^- \rightleftharpoons H_2(g)$ 电极对应的电对是 H^+/H_2;电对 MnO_4^-/Mn^{2+} 代表的电极是 $MnO_4^-(aq)+8H^+(aq)+5e^- \rightleftharpoons Mn^{2+}(aq)+4H_2O$。

2. 电极的种类

电极是电池的基本组成部分。电极有多种,根据它们各自组成的特点,一般可分为四类。

(1) 金属-金属离子电极　它是金属置于含有相同金属离子的盐溶液中所构成的电极,例如 Cu^{2+}/Cu 电对所组成的电极。

其电极符号:　　　　$Cu|Cu^{2+}(c)$

式中:"|"表示两相的界面,"c"表示离子的浓度。

(2) 气体-离子电极　它是气体与其对应的离子组成的电极,如氢电极和氯电极等。这类电极的构成,需要一个固体导电体,该导电体不与所接触的气体和溶液反应,称为惰性电极。常用的惰性电极是铂和石墨。氢电极和氯电极的电极反应和电极符号分别为:

$$2H^+(aq)+2e^- = H_2(g) \qquad Pt|H_2(p)|H^+(c)$$
$$Cl_2(g)+2e^- = 2Cl^-(aq) \qquad Pt|Cl_2(p)|Cl^-(c)$$

(3)氧化还原电极　这类电极是一种溶液中含有同一种元素不同氧化数的两种离子,自身没有固体导电体,必须加入惰性电极(铂和石墨)。如 Fe^{3+}/Fe^{2+} 电极就属此类电极,电极反应和电极符号分别为:

$$Fe^{3+}(aq)+e^- = Fe^{2+}(aq) \qquad Pt|Fe^{3+}(c_1),Fe^{2+}(c_2)$$

这里 Fe^{3+} 与 Fe^{2+} 处于同一溶液中,用逗号分开。再如 MnO_4^-/Mn^{2+} 电极反应和电极符号为:

$$MnO_4^-(aq)+8H^+(aq)+5e^- = Mn^{2+}(aq)+4H_2O$$
$$Pt|MnO_4^-(c_1),H^+(c_2),Mn^{2+}(c_3)$$

(4)金属-金属难溶盐电极　由金属及其难溶盐浸在含有难溶盐阴离子溶液中形成的电极。常见的有氯化银电极和饱和甘汞电极等。氯化银电极是由 Ag-AgCl 和 KCl 溶液组成;饱和甘汞电极由汞、甘汞(Hg_2Cl_2)及饱和 KCl 溶液组成,电极反应和电极符号分别为:

$$AgCl(s)+e^- = Ag(s)+Cl^- \qquad Ag|AgCl|Cl^-(c) \text{ 或 } Ag\text{-}AgCl|Cl^-(c)$$
$$Hg_2Cl_2(s)+2e^- = 2Hg(l)+2Cl^-(\text{饱和}) \qquad Pt|Hg(l)|Hg_2Cl_2|Cl^-(\text{饱和})$$

9.3.3 电池符号

原电池的组成可用电池符号表示。例如 Zn-Cu 原电池的符号可表示为:

$$(-)Zn|ZnSO_4(c_1) \| CuSO_4(c_2)|Cu(+)$$

用符号表示原电池时,规定负极写在左边,正极写在右边,以单垂线"|"表示两相的界

面，以双垂"‖"表示盐桥，盐桥两边是与盐桥接触的两电极的溶液。书写时注意：先写负极中与导线连接的金属电极，然后按照接触的顺序依次写至正极，正极最终书写的也是与导线连接的金属电极；溶液要注明浓度 c，气体注明分压 p；正、负极的符号可省略。

例 9-3 如将反应：$Cr_2O_7^{2-}(aq)+Fe^{2+}(aq)+H^+(aq) \rightarrow Cr^{3+}(aq)+Fe^{3+}(aq)+H_2O$ 设计为原电池，写出电极反应、电池反应及电池符号。

解：将一金属铂片插入到含有 Fe^{2+} 和 Fe^{3+} 的溶液中，另一铂片插入到含 $Cr_2O_7^{2-}$ 和 Cr^{3+} 及 H^+ 的溶液中，分别组成原电池的负极和正极，两电极用盐桥相连即组成原电池。

负极　$Fe^{2+}(aq)=Fe^{3+}(aq)+e^-$

正极　$Cr_2O_7^{2-}+14H^++6e^-=2Cr^{3+}+7H_2O$

电池反应　$Cr_2O_7^{2-}(aq)+14H^+(aq)+6Fe^{2+}(aq)=6Fe^{3+}(aq)+2Cr^{3+}(aq)+7H_2O$

电池符号　$Pt|Fe^{2+}(c_1),Fe^{3+}(c_2)\|Cr_2O_7^{2-}(c_3),Cr^{3+}(c_4),H^+(c_5)|Pt$

9.4 电极电势

9.4.1 电极电势的产生

原电池能够产生电流，说明在原电池的两个电极之间存在着电势差，也说明了每一个电极都有自己一定的电势。

德国化学家能斯特(H. W. Nernst)提出了双电层理论解释电极电势的产生的原因。以金属电极为例，当金属放入溶液中时，一方面金属晶体中处于热运动的金属离子在极性水分子的作用下，离开金属表面进入溶液，金属性质愈活泼，这种趋势就愈大；另一方面溶液中的金属离子，由于受到金属表面电子的吸引，而在金属表面沉积，溶液中金属离子的浓度愈大，这种趋势也愈大。在一定浓度的溶液中达到平衡后，在金属和溶液两相界面上形成了一个带相反电荷的双电层，产生在金属和盐溶液之间的双电层间的电势差称为相间电势。规定溶液本体电势为零，电极上的电势就是电极电势。

9.4.2 标准氢电极

原电池的电动势可以测量，但相间电势测量至今仍无法实现，只能测得其相对值。为了获得各种电极的相间电势的相对大小，电化学中选用标准氢电极作为度量电极电势的基准，IUPAC 规定，标准氢电极的电极电势为零。

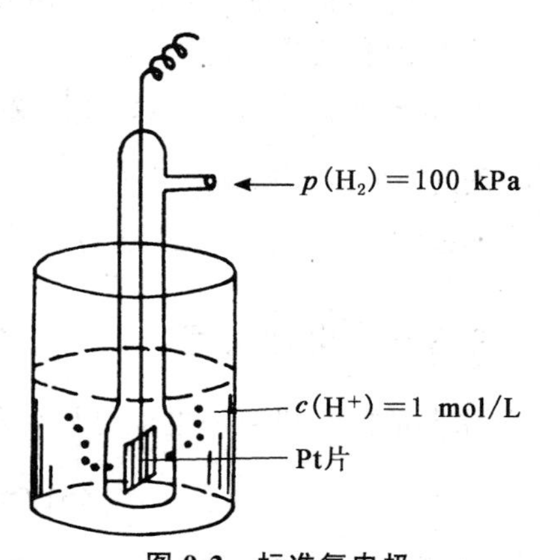

图 9-2　标准氢电极

标准氢电极是将镀有铂黑的铂片插在 H^+ 浓度为 $1\ mol\cdot L^{-1}$(严格地说应为活度 1)的酸溶液中，并通入压力为 100 kPa 的氢气，组成的电极。如图 9-2 所示。电极反应：

$$2H^+(1.0\ mol \cdot L^{-1}) + 2e^- \rightleftharpoons H_2(100\ kPa)$$
$$\varphi^\ominus(H^+/H_2) = 0\ V$$

利用标准氢电极与被测电极构成电池，指定标准氢电极（缩写为 SHE）为负极，测得的电动势就是被测电极的电极电势。所有电极的电极电势都是通过与“标准氢电极”比较而获得的。

原电池的电动势（用符号 ε 表示）等于原电池正、负电极间的电势差。原电池的电动势的大小与系统组成有关。当各物质均处于标准状态时，原电池的电动势称为标准电动势，以 $\varepsilon^\ominus$ 表示。原电池的电动势是可通过电位差计测定的。

9.4.3 电极的标准电极电势

将标准氢电极与标准状态下的待测电极组成原电池，测出该电池的电动势 $\varepsilon^\ominus$ 就可求出待测电极的标准电极电势 $\varphi^\ominus$。

例如在 298 K，将标准氢电极和标准锌电极组成原电池，如图 9-3 所示。测得该电池的标准电动势 $\varepsilon^\ominus$ 为 $-0.761\ 8$ V，即

$$(-)Pt|\ H_2(100\ kPa)\ |H^+(1.0\ mol \cdot L^{-1}) \| Zn^{2+}(1.0\ mol \cdot L^{-1})\ |\ Zn(s)\ (+)$$
$$\varepsilon^\ominus = \varphi^\ominus(Zn^{2+}/Zn) - \varphi^\ominus(H^+/H_2)$$
$$\varphi^\ominus(Zn^{2+}/Zn) = -0.761\ 8\ V$$

用同样的方法，可测标准铜电极的电极电势。

$$(-)Pt|H_2(100\ kPa)|H^+(1.0\ mol \cdot L^{-1}) \| Cu^{2+}(1.0\ mol \cdot L^{-1})|\ Cu(s)(+)$$
$$\varepsilon^\ominus = 0.341\ 9\ V$$
$$\varphi^\ominus(Cu^{2+}/Cu) = 0.341\ 9\ V$$

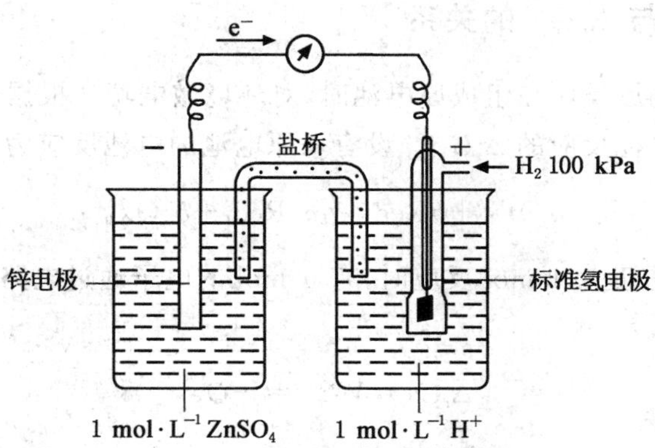

图 9-3 标准电极电势的测定

在实际测定中，由于标准氢电极的装置和氢气的纯化都比较复杂，并且 H_2 的压力准确地控制在 100 kPa 也很困难，因此也可使用电极电势稳定而又易于操作的饱和甘汞电极和氯化银电极作为参比电极。

9.4.4 标准电极电势表

标准电极电势是一个非常重要的物理量，它的高低表明得失电子的难易，即表明了物质在水溶液中的氧化还原能力。标准电极电势越高，电对中的氧化态物质在标准状态、水溶液中的氧化能力越强；标准电极电势越低，电对中的还原态物质在标准状态、水溶液中的还原能力越强。

298 K，常见重要电极的标准电极电势见附录Ⅴ。使用标准电极电势表时应注意以下几点：

(1)标准电极电势反映物质得失电子趋势的大小，与电极反应的书写形式无关。如

$$Zn^{2+}+2e^{-}=Zn \qquad \varphi^{\ominus}(Zn^{2+}/Zn)=-0.7618\ V$$
$$Zn=Zn^{2+}+2e^{-} \qquad \varphi^{\ominus}(Zn^{2+}/Zn)=-0.7618\ V$$
$$2Zn^{2+}+4e^{-}=2Zn \qquad \varphi^{\ominus}(Zn^{2+}/Zn)=-0.7618\ V$$

(2)标准电极电势没有加和性。

$$Cl_2+2e^{-}=2Cl^{-} \qquad \varphi^{\ominus}=1.358\ V$$
$$\frac{1}{2}Cl_2+e^{-}=Cl^{-} \qquad \varphi^{\ominus}=1.358\ V$$

(3)由于许多物质的氧化还原能力与介质酸度有关，故标准电极电势表分为酸表和碱表，应用时应根据实际反应情况查阅。电极反应中有 H^+ 参与时应从酸表中查找，有 OH^- 参与时应从碱表中查找。电极反应中无 H^+ 和 OH^- 出现时可从离子的存在状态来考虑。例如 $Fe^{3+}+e^{-}=Fe^{2+}$，Fe^{3+} 只在酸性溶液中存在，所以应在酸表中查找；而 $Ag(NH_3)_2^{+}+e^{-}=Ag+2NH_3$ 的标准电极电势应在碱表中查找。

9.4.5 电动势与 $\Delta_r G_m$ 的关系

自发进行的氧化还原反应在组成原电池时，对环境做电功。根据热力学原理可知，它所做的最大电功就等于电池反应的 $\Delta_r G_m$。设有一原电池的电池反应为：

$$a\,Ox_{I}+b\,Red_{II}=a'\,Red_{I}+b'\,Ox_{II}$$

它的电动势为 ε，反应进度为 1 mol 反应时，有 n mol 的电子通过电路，则反应的 $\Delta_r G_m$ 与电动势 ε 之间存在的关系是：

$$\Delta_r G_m=W'_{max}=-Q\varepsilon$$

Q 为电量，$Q=nF$，F 是 1 mol 电子的电量，$F=96\ 500\ C\cdot mol^{-1}$（或 $96\ 500\ J\cdot V^{-1}\cdot mol^{-1}$）；因为是系统做功，其功为负值。

所以

$$\Delta_r G_m=-nF\varepsilon \tag{9-1}$$

如果原电池在标准状态下工作，则

$$\Delta_r G_m^{\ominus}=-nF\varepsilon^{\ominus} \tag{9-2}$$

$\Delta_r G_m^\ominus$ 可以计算电池的 $\varepsilon^\ominus$，相反如果已知了 $\varepsilon^\ominus$ 也可求 $\Delta_r G_m^\ominus$。我们已知了 Zn-Cu 原电池反应在 298 时的 $\Delta_r G_m^\ominus = -212.55\ \text{kJ}\cdot\text{mol}^{-1}$，则其

$$\varepsilon^\ominus = -\frac{\Delta_r G_m^\ominus}{nF} = -\frac{-212.55\times10^3\ \text{J}\cdot\text{mol}^{-1}}{2\times96\ 500\ \text{J}\cdot\text{V}^{-1}\cdot\text{mol}^{-1}} = 1.10\ (\text{V})$$

9.4.6 电池电动势与标准平衡常数

根据 $\Delta_r G_m^\ominus = -RT\ln K^\ominus$ 和 $\Delta_r G_m^\ominus = -nF\varepsilon^\ominus$，可得 $nF\varepsilon^\ominus = RT\ \ln K^\ominus$，整理后得

$$\ln K^\ominus = \frac{nF\varepsilon^\ominus}{RT} \tag{9-3}$$

当 $T=298$ K 时，代入 $R=8.314\ \text{J}\cdot\text{mol}^{-1}\cdot\text{K}^{-1}$，$F=96\ 500\ \text{J}\cdot\text{V}^{-1}\cdot\text{mol}^{-1}$，得

$$\lg K^\ominus = \frac{n\varepsilon^\ominus}{0.059\ \text{V}} \tag{9-4}$$

$$\lg K^\ominus = \frac{n(\varphi_+^\ominus - \varphi_-^\ominus)}{0.059\ \text{V}} \tag{9-5}$$

由上式可计算氧化还原反应的标准平衡常数，判断氧化还原反应进行的程度。

例 9-4 求 298 K 下 $Cu^{2+} + Zn = Cu + Zn^{2+}$ 反应的标准平衡常数，并判断反应进行的程度。

解：查表得 $\varphi^\ominus(Cu^{2+}/Cu) = 0.342$ V　$\varphi^\ominus(Zn^{2+}/Zn) = -0.762$ V

$$\lg K^\ominus = \frac{n(\varphi_+^\ominus - \varphi_-^\ominus)}{0.059\ \text{V}} = \frac{2\times[0.342\ \text{V}-(-0.762\ \text{V})]}{0.059\ \text{V}} = 37.42$$

$$K^\ominus = 2.63\times10^{37}$$

通过计算结果得知，标准平衡常数 $K^\ominus$ 很大，说明此反应可进行得很完全。

9.5 能斯特(Nernst)方程及其应用

9.5.1 能斯特方程

实际上许多化学反应并非都在标准状态下进行。温度、浓度(或气体的压力)的变化将影响电极电势和电池的电动势。

根据化学反应等温式和反应的摩尔吉布斯自由能变与电极电势的关系，可以推导出任意电极 φ 与 $\varphi^\ominus$ 的关系。

$$a\text{Ox} + n\text{e} = b\text{Red}$$

$$\varphi = \varphi^\ominus + \frac{RT}{nF}\ln\frac{c(\text{Ox})^a}{c(\text{Red})^b} \tag{9-6}$$

此式称为能斯特方程。式中：R 为摩尔气体常数；T 为热力学温度；F 为法拉第常数；n 为电极反应电荷数，单位为 1；c 为相对浓度。

当 $T=298$ K（室温下）时，$\frac{2.303RT}{F}=0.059$ V，能斯特方程可以写成：

$$\varphi=\varphi^{\ominus}+\frac{0.059\ V}{n}\lg\frac{c(\mathrm{OX})^{a}}{c(\mathrm{Red})^{b}} \tag{9-7}$$

能斯特方程是由化学等温式推导出来的，所以使用时应该注意以下几点：

(1)固体、纯液体不出现在浓度项中。如铜电极：

$$Cu^{2+}+2e \rightleftharpoons Cu$$

$$\varphi(Cu^{2+}/Cu)=\varphi^{\ominus}(Cu^{2+}/Cu)+\frac{0.059\ V}{2}\lg\{c(Cu^{2+})/c^{\ominus}\}$$

(2)气体以相对压力代入浓度项。如氢电极：

$$2H^{+}+2e^{-} \rightleftharpoons H_2$$

$$\varphi(H^{+}/H_2)=\varphi^{\ominus}(H^{+}/H_2)+\frac{2.303RT}{2F}\lg\frac{\{c(H^{+})/c^{\ominus}\}^{2}}{p(H_2)/p^{\ominus}}$$

(3)对于除氧化态、还原态物质外，还有其他物质（如 H^{+}、OH^{-} 等）参加的电极，它们的相对浓度也要代入浓度项。如电极：

$$MnO_4^{-}+8H^{+}+5e^{-} \rightleftharpoons Mn^{2+}+4H_2O$$

$$\varphi(MnO_4^{-}/Mn^{2+})=\varphi^{\ominus}(MnO_4^{-}/Mn^{2+})+\frac{2.303\ RT}{5F}\lg\frac{\{c(MnO_4^{-})/c^{\ominus}\}\cdot\{c(H^{+})/c^{\ominus}\}^{8}}{c(Mn^{2+})/c^{\ominus}}$$

9.5.2 浓度对电极电势的影响

能斯特方程说明，在一定温度下，增大氧化态的浓度或减小还原态的浓度，将使电极电势升高，即增加了氧化态物质在水溶液中的氧化能力；反之，电极电势降低，增加了还原态物质的还原能力。因此可以利用改变反应物浓度的方法和手段，控制物质的氧化还原能力。

例 9-5 已知电极反应 $Fe^{3+}+e^{-}=Fe^{2+}$，$\varphi^{\ominus}=0.771$ V，求 $c(Fe^{3+})=1\ mol\cdot L^{-1}$，$c(Fe^{2+})=0.1\ mol\cdot L^{-1}$ 时的电极电势。

解：$\varphi=\varphi^{\ominus}-\frac{2.303RT}{F}\lg\frac{c(Fe^{2+})/c^{\ominus}}{c(Fe^{3+})/c^{\ominus}}=0.771\ V-0.059\ V\lg\frac{0.1}{1}=0.830\ V$

例 9-6 已知 298 K 时下列原电池的电动势为 0.074 V，计算负极溶液的 pH。

$$(-)pt|H_2(100\ kPa)|\ H^{+}(c)\ \|\ H^{+}(1\ mol\cdot L^{-1})|H_2(100\ kPa)|Pt(+)$$

解：$\varepsilon=\varphi_{+}(H^{+}/H_2)-\varphi_{-}(H^{+}/H_2)=\varphi^{\ominus}(H^{+}/H_2)-\varphi_{-}(H^{+}/H_2)$

$$\varphi_{-}(H^{+}/H_2)=\varphi^{\ominus}(H^{+}/H_2)-\varepsilon=0\ V-0.074\ V=-0.074\ V$$

氢电极 $2H^{+}+2e^{-}=H_2$

$$\varphi(H^+/H_2)=\varphi^{\ominus}(H^+/H_2)+\frac{2.303RT}{nF}\lg\frac{c(H^+)^2/c^{\ominus}}{p(H_2)/p^{\ominus}}$$

$$=0\ V+\frac{0.059\ V}{n}\lg\frac{c(H^+)^2}{100\ kPa/100\ kPa}$$

$$=-0.059\ V\times pH$$

得 $$pH=1.25$$

利用这种方法(电势测定法)可以精确测得溶液的 pH(准确度可达 0.001 pH),并可根据测得数据计算出弱酸、弱碱的离解常数。由于氢电极操作复杂,实际工作中用 pH 玻璃电极和甘汞电极组成原电池,待测液 pH 可由酸度计(pH 计)直接读出。

9.5.3 酸度对电极电势的影响

溶液的酸碱性对一些电极电势影响很大。

例 9-7 高锰酸钾在酸性介质中的电极反应及标准电极电势为:

$$MnO_4^- + 8H^+ + 5e^- \rightleftharpoons Mn^{2+} + 4H_2O \qquad \varphi^{\ominus}(MnO_4^-/Mn^{2+})=1.507\ V$$

试计算 H^+ 浓度分别为 10 mol·L^{-1} 和 10^{-2}mol·L^{-1},其他离子浓度均为 1 mol·L^{-1} 时的电极电势。

解:(1)当 $c(H^+)=10$ mol·L^{-1}时

$$\varphi(MnO_4^-/Mn^{2+})=\varphi^{\ominus}(MnO_4^-/Mn^{2+})+\frac{2.303RT}{nF}\lg\frac{\{c(MnO_4^-)/c^{\ominus}\}\cdot\{c(H^+)/c^{\ominus}\}^8}{c(Mn^{2+})/c^{\ominus}}$$

$$=1.507\ V+\frac{0.059\ V}{5}\lg 10^8$$

$$=1.601\ V$$

(2)当 $c(H^+)=10^{-2}$ mol·L^{-1} 时

$$\varphi(MnO_4^-/Mn^{2+})=\varphi^{\ominus}(MnO_4^-/Mn^{2+})+\frac{2.303RT}{nF}\lg\frac{\{c(MnO_4^-)/c^{\ominus}\}\cdot\{c(H^+)/c^{\ominus}\}^8}{c(Mn^{2+})/c^{\ominus}}$$

$$=1.507\ V+\frac{0.059\ V}{5}\lg(10^{-2})^8$$

$$=1.318\ V$$

计算结果表明,溶液的酸性增强,$\varphi(MnO_4^-/Mn^{2+})$增大,MnO_4^- 的氧化能力增强;若溶液酸性减弱,$\varphi(MnO_4^-/Mn^{2+})$减小,Mn^{2+} 的还原能力增强。可以看出,溶液中 H^+ 浓度对 $\varphi(MnO_4^-/Mn^{2+})$有较大的影响,可以利用控制 H^+ 浓度的办法来控制氧化剂和还原剂的氧化还原能力。

9.5.4 难溶化合物及配合物的生成对电极电势的影响

电极反应中,溶液中离子生成沉淀或生成配合物,都会使该离子浓度降低,因此使电极电势发生改变，以致影响氧化剂和还原剂的氧化还原能力。

例 9-8 298 K 时电极反应 $Ag^+ + e^- \rightleftharpoons Ag$ $\varphi^\ominus = 0.800$ V。如果向系统中加入 NaCl，使 AgCl 达到沉淀溶解平衡，且溶液中 Cl^- 浓度为 1 mol·L^{-1} 时，求 $\varphi(Ag^+/Ag)$。

解：查表得：

$$AgCl(s) \rightleftharpoons Ag^+ + Cl^- \qquad K_{sp}^\ominus(AgCl) = 1.77\times10^{-10}$$

当 $c(Cl^-) = 1$ mol·L^{-1} 时：

$$c(Ag^+)/c^\ominus = \frac{K_{sp}^\ominus(AgCl)}{c(Cl^-)/c^\ominus} = \frac{1.77\times10^{-10}}{1} = 1.77\times10^{-10}$$

所以

$$\varphi(Ag^+/Ag) = \varphi^\ominus(Ag^+/Ag) + \frac{2.303RT}{nF}\lg\frac{c(Ag^+)}{c^\ominus}$$

$$= 0.800\ \text{V} + 0.059\ \text{V}\lg(1.77\times10^{-10}) = 0.225\ \text{V}$$

此电极电势值，就是电对 AgCl/Ag 的标准电极电势。其电极反应为：

$$AgCl(s) + e^- \rightleftharpoons Ag(s) + Cl^-(1\ \text{mol}\cdot\text{L}^{-1}) \qquad \varphi^\ominus(AgCl/Ag) = 0.225\ \text{V}$$

$\varphi^\ominus(AgCl/Ag) < \varphi^\ominus(Ag^+/Ag)$，说明 AgCl 沉淀的生成，使 Ag^+ 的浓度降低，氧化能力下降。

9.6 电极电势的应用

9.6.1 判断氧化还原反应的方向

由热力学知，等温定压条件下，$\Delta_r G_m < 0$ 的过程自发进行。对氧化还原反应，体系吉布斯自由能变等于系统对外做的最大有用功，对电池反应等于原电池做的最大电功，即 $\Delta_r G_m = W_{max} = -nF\varepsilon$。

当反应的 $\Delta_r G_m < 0$ 时，则 $\varepsilon > 0$，即 $\varphi_+ > \varphi_-$，电池反应能自发进行；

当 $\Delta_r G_m > 0$ 时，则 $\varepsilon < 0$，即 $\varphi_+ < \varphi_-$，电池反应正向不能自发进行，逆向自发；

当 $\Delta_r G_m = 0$ 时，则 $\varepsilon = 0$，即 $\varphi_+ = \varphi_-$，电池反应处于平衡态。

如果电池中的各物质处于标准状态时，应为 $\Delta_r G_m^\ominus = -nF\varepsilon^\ominus$。

这时反应自发的判据应为：

当反应的 $\Delta_r G_m^\ominus < 0$ 时，则 $\varepsilon^\ominus > 0$，即 $\varphi_+^\ominus > \varphi_-^\ominus$，电池反应能自发进行；

当 $\Delta_r G_m^\ominus > 0$ 时，则 $\varepsilon^\ominus < 0$，即 $\varphi_+^\ominus < \varphi_-^\ominus$，电池反应正向不能自发进行，逆向自发；

当 $\Delta_r G_m^\ominus = 0$ 时，则 $\varepsilon^\ominus = 0$，即 $\varphi_+^\ominus = \varphi_-^\ominus$，电池反应处于平衡态。

例 9-9 已知 $\varphi^\ominus(Sn^{2+}/Sn) = -0.136$ V，$\varphi^\ominus(Pb^{2+}/Pb) = -0.126$ V。分别判断反应 $Pb^{2+} + Sn = Pb + Sn^{2+}$ 在标准状态下及 Pb^{2+} 浓度为 0.1 mol·L^{-1}，Sn^{2+} 浓度为 1.00 mol·L^{-1}

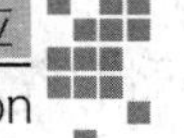

时的反应方向。

解：(1)在标准状态下：

$$\varepsilon^{\ominus}=\varphi^{\ominus}(Pb^{2+}/Pb)-\varphi^{\ominus}(Sn^{2+}/Sn)=-0.126\ V-(-0.136\ V)=0.010\ V$$

计算结果表明，在标准状态下，反应可从左向右自发进行。但因 $\varepsilon^{\ominus}$ 很小，离子浓度的改变很容易改变自发反应的方向。

(2)当 $c(Pb^{2+})=0.01\ mol\cdot L^{-1}$，$c(Sn^{2+})=1.00\ mol\cdot L^{-1}$ 时：

$$\begin{aligned}\varphi(Pb^{2+}/Pb)&=\varphi^{\ominus}(Pb^{2+}/Pb)+\frac{2.303RT}{nF}\lg\frac{c(Pb^{2+})}{c^{\ominus}}\\&=-0.126\ V+\frac{0.059\ V}{n}\lg 0.1\\&=-0.156\ V\end{aligned}$$

$$\varphi(Sn^{2+}/Sn)=\varphi^{\ominus}(Sn^{2+}/Sn)=-0.136\ V$$

因为 $\varphi(Pb^{2+}/Pb)<\varphi(Sn^{2+}/Sn)$，所以逆反应自发进行。

改变物质的浓度，可以改变反应的方向。但这种情况只有在 $-0.2\ V<\varepsilon^{\ominus}<0.2\ V$ 时，也就是两极间标准电极电势相差较小时才有可能实现。

在从上到下标准电极电势由小到大排列的标准电极电势表中，还可得出这样的结论：电极电势表左下方的物质能和右上方的物质发生反应，称为对角线规则。不符合此对角线关系的物质就不能自发地反应。

9.6.2 判断氧化还原反应的限度

平衡常数 $K^{\ominus}$ 的大小表明反应进行的限度。利用氧化还原反应的标准电极电势($\varphi^{\ominus}$)与平衡常数($K^{\ominus}$)之间的关系计算出氧化还原反应的标准平衡常数，以此判断氧化还原反应进行的程度。

9.6.3 比较氧化剂或还原剂的相对强弱

在水溶液中进行的氧化还原反应，可用电极电势 φ 或 $\varphi^{\ominus}$ 直接比较氧化剂或还原剂的相对强弱。当 φ 或 $\varphi^{\ominus}$ 越高，电对中氧化态的氧化能力越强，还原态的还原能力越弱；当 φ 或 $\varphi^{\ominus}$ 越低，则还原态的还原能力越强，而氧化态的氧化能力越弱。需要注意，如 $\varphi^{\ominus}$ 只能用于比较标准状态下电对氧化还原能力的相对强弱。非标准状态下，用 φ 来比较，φ 由 Nernst 方程求出。

在电极电势从上到下由小到大排列的标准电极电势表中，则右上方的还原型是最强的还原剂，左下方的氧化型是最强的氧化剂。

9.7 元素电势图及其应用

9.7.1 元素电势图

由左至右，把同一种元素的不同氧化态由高到低排列起来，并标明各电对间的标准电极电势,这样的图称为元素电势图。元素电势图直观地表明了元素各氧化态物质在水溶液中标准状态下的氧化还原性。例如锡元素电势图如下：

$$Sn^{4+} \xrightarrow{0.515\ V} Sn^{2+} \xrightarrow{-0.137\ 5\ V} Sn$$

根据介质条件不同,元素电势图分为酸性介质和碱性介质两种,在使用时应加以注意。

9.7.2 元素电势图的应用

1.判断歧化反应能否发生

若 A、B、C 是某元素三种不同的氧化态,其电势图如下：

$$A \xrightarrow{\varphi^{\ominus}_{左}} B \xrightarrow{\varphi^{\ominus}_{右}} C$$

如果 B 能发生歧化反应,则 B→C 为得电子反应,B/C 电对作正极;B→A 为失电子反应,则 A/B 电对作负极。电池标准电动势为：

$$\varepsilon^{\ominus} = \varphi^{\ominus}_{+} - \varphi^{\ominus}_{-} = \varphi^{\ominus}_{右} - \varphi^{\ominus}_{左} > 0 \qquad 即\ \varphi^{\ominus}_{右} > \varphi^{\ominus}_{左}$$

如果 B 不能发生歧化反应,则

$$\varepsilon^{\ominus} = \varphi^{\ominus}_{右} - \varphi^{\ominus}_{左} < 0 \qquad 即\ \varphi^{\ominus}_{右} < \varphi^{\ominus}_{左}$$

所以,若 $\varphi^{\ominus}_{右} > \varphi^{\ominus}_{左}$,则中间氧化态的物质能发生歧化反应。反之,则不能发生歧化反应。例如铜元素的电势图为：

$$Cu^{2+} \xrightarrow{0.153\ V} Cu^{+} \xrightarrow{0.522\ V} Cu$$

$\varphi^{\ominus}_{左} = \varphi^{\ominus}(Cu^{2+}/Cu^{+}) = 0.153\ V$,$\varphi^{\ominus}_{右} = \varphi^{\ominus}(Cu^{+}/Cu) = 0.522\ V$,$\varphi^{\ominus}_{右} > \varphi^{\ominus}_{左}$,则 Cu^{+} 可以发生歧化反应,即

$$2Cu^{+} \rightleftharpoons Cu^{2+} + Cu$$

再如铁的元素电势图：

$$Fe^{3+} \xrightarrow{0.771\ V} Fe^{2+} \xrightarrow{-0.447\ V} Fe$$

因 $\varphi^{\ominus}_{右} < \varphi^{\ominus}_{左}$,所以 Fe^{3+} 是比 Fe^{2+} 强的氧化剂,Fe 是比 Fe^{2+} 强的还原剂。只能发生如下反应：

$$2Fe^{3+} + Fe \rightleftharpoons 3Fe^{2+}$$

即酸性介质中 Fe^{2+} 不能发生歧化反应。

2.求未知的标准电极电势

下图中,已知相邻电对的标准电极电势和电极反应电荷数分别为 $\varphi^{\ominus}_{1}$、$\varphi^{\ominus}_{2}$、$\varphi^{\ominus}_{3}$ 和 n_1、n_2、n_3,求电对 M_a/ M_d 的标准电极电势 $\varphi^{\ominus}$。

$$\underbrace{M_a \xrightarrow[n_1]{\varphi^{\ominus}_{1}} M_b \xrightarrow[n_2]{\varphi^{\ominus}_{2}} M_c \xrightarrow[n_3]{\varphi^{\ominus}_{3}} M_d}_{\varphi^{\ominus}}$$

将相邻电对的电极分别与标准氢电极组成原电池，根据 $\Delta_r G^{\ominus} = -nF\varepsilon^{\ominus}$ 可得：

$$\Delta_r G_1^{\ominus} = -n_1 F\varphi_1^{\ominus}$$
$$\Delta_r G_2^{\ominus} = -n_2 F\varphi_2^{\ominus}$$
$$\Delta_r G_3^{\ominus} = -n_3 F\varphi_3^{\ominus}$$
$$\Delta_r G_m^{\ominus} = -n_1 F\varphi^{\ominus}$$

其中 $n = n_1 + n_2 + n_3, \Delta_r G_m^{\ominus} = \Delta_r G_1^{\ominus} + \Delta_r G_2^{\ominus} + \Delta_r G_3^{\ominus}$

则 $\Delta_r G_m^{\ominus} = -nF\varphi^{\ominus} = -(n_1 + n_2 + n_3)F\varphi^{\ominus}$

整理得

$$\varphi^{\ominus} = \frac{n_1\varphi_1^{\ominus} + n_2\varphi_2^{\ominus} + n_3\varphi_3^{\ominus}}{n_1 + n_2 + n_3} \tag{9-8}$$

根据式(9-8)，便可根据几个已知电对的标准电极电势，求另一电对的标准电极电势。

例 9-10 已知溴元素在碱性介质中的电势图：

$$BrO_3^- \xrightarrow{0.54\ V} BrO^- \xrightarrow{0.45\ V} Br_2 \xrightarrow{1.08\ V} Br^-$$

计算 $\varphi^{\ominus}(BrO_3^-/Br^-) = ?$

解：$\varphi^{\ominus}(BrO_3^-/Br^-) = \dfrac{n_1\varphi_1^{\ominus} + n_2\varphi_2^{\ominus} + n_3\varphi_3^{\ominus}}{n_1 + n_2 + n_3} = \dfrac{4 \times 0.54\ V + 1 \times 0.45\ V + 1 \times 1.08\ V}{4+1+1}$

$= 0.62(V)$

9.8 几种常见元素及其化合物的氧化还原反应及应用

9.8.1 卤素

F、Cl、Br、I、At 是ⅦA 族元素，总称卤族元素或卤素，其中砹为放射性元素。

卤素在酸、碱性介质中的标准电极电势图如下：

$$\varphi_A^{\ominus}:\quad ClO_4^- \xrightarrow{1.19\ V} ClO_3^- \xrightarrow{1.14\ V} HClO \xrightarrow{1.61\ V} Cl_2 \xrightarrow{1.36\ V} Cl^-$$

（ClO_3^- 至 Cl_2：1.47 V）

$$BrO_4^- \xrightarrow{1.76\ V} BrO_3^- \xrightarrow{1.49\ V} HBrO \xrightarrow{1.59\ V} Br_2 \xrightarrow{1.06\ V} Br^-$$

（BrO_3^- 至 Br_2：1.51 V）

$$H_5IO_6 \xrightarrow{1.70\ V} \underbrace{IO_3^- \xrightarrow{1.14\ V} HIO \xrightarrow{1.44\ V} I_2}_{1.20\ V} \xrightarrow{0.54\ V} I^-$$

$$\varphi_B^\ominus:\quad ClO_4^- \xrightarrow{0.36\ V} \underbrace{ClO_3^- \xrightarrow{0.50\ V} ClO^- \xrightarrow{0.50\ V} Cl_2}_{0.48\ V} \xrightarrow{1.36\ V} Cl^-$$

$$BrO_4^- \xrightarrow{0.93\ V} \underbrace{BrO_3^- \xrightarrow{0.54\ V} BrO^- \xrightarrow{0.45\ V} Br_2}_{0.52\ V} \xrightarrow{1.06\ V} Br^-$$

$$H_5IO_6 \xrightarrow{0.70\ V} \underbrace{IO_3^- \xrightarrow{1.14\ V} IO^- \xrightarrow{0.45\ V} I_2}_{0.20\ V} \xrightarrow{0.54\ V} I^-$$

由电势图可知，卤素是活泼非金属，其典型化学性质是强氧化性，随着卤素原子序数的增加，氧化性逐渐减弱。例如，F_2 能剧烈地和所有金属化合；Cl_2 几乎和所有金属化合；Br_2 比 Cl_2 不活泼，能和除贵金属以外的所有其他金属化合；I_2 更不如 Br_2 活泼。卤素和非金属的作用，也是呈现这样的规律。除 O_2、N_2、稀有气体(除 Xe)外，所有非金属都能和 F_2 直接化合；和 Cl_2 不能直接化合的还有 C、稀有气体；至于 Br_2 和 I_2，在通常情况下，与非金属化合能力更不如 Cl_2。

卤素与水的反应有两种类型：

$$\text{氧化反应}\quad 2F_2 + 2H_2O = 4HF + O_2\uparrow$$
$$\text{歧化反应}\quad X_2 + H_2O = HXO + HX$$

只有 F_2 可以氧化水中的氧，其他卤素发生歧化反应。

卤素与水反应的平衡常数分别是：$K^\ominus(Cl_2)=4.8\times10^{-4}$、$K^\ominus(Br_2)=5.0\times10^{-9}$、$K^\ominus(I_2)=3.0\times10^{-13}$。

由于 $K^\ominus$ 很小，人们将其水溶液称为“氯水”、“溴水”和“碘水”。碱存在时，X_2 在 H_2O 中发生歧化反应：

$$X_2 + 2OH^- = X^- + XO^- + H_2O$$
$$3X_2 + 6OH^- = 5X^- + XO_3^- + 3H_2O$$

Cl_2 在 20℃时只有前一反应进行，70℃时后一反应才进行得很快；Br_2 在高于 20℃时两个反应都进行很快，0℃时后一反应才较缓慢；I_2 在 0℃时后一反应也进行得很快，所以 I_2 与碱反应只能得到碘酸盐。

卤酸盐在酸性介质中是较强的氧化剂，它们能氧化卤离子，生成相应的卤素：

$$XO_3^- + 5X^- + 6H^+ = 3X_2 + 3H_2O$$

9.8.2 氧和硫

1.氧气和臭氧

氧元素电势图如下：

$$\varphi_A^{\ominus}: \quad O_2 \xrightarrow{0.695\ V} H_2O_2 \xrightarrow{1.76\ V} H_2O \qquad (O_2 \to H_2O:\ 1.229\ V)$$

$$\varphi_B^{\ominus}: \quad O_2 \xrightarrow{-0.076\ V} HO_2^- \xrightarrow{0.88\ V} OH^-$$

氧气主要存在于空气中，是无色无味、反应活性很高的气体。O_2 分子具有顺磁性，离解能较大。

$$O_2 = 2O \qquad \Delta_r H_m^{\ominus} = 498.3\ kJ \cdot mol^{-1}$$

所以在常温下，O_2 反应性能较差。在加热或高温条件下，除卤素、稀有气体和少数金属外，氧可以和所有元素直接化合，并放出大量的热。

$$4Al + 3O_2 \xlongequal{\triangle} 2Al_2O_3 \qquad \Delta_r H_m^{\ominus} = -3\ 350\ kJ \cdot mol^{-1}$$

$$4P + 5O_2 \xlongequal{\triangle} 2P_2O_5 \qquad \Delta_r H_m^{\ominus} = -2\ 984\ kJ \cdot mol^{-1}$$

O_2 作为氧化剂的反应，有些是在水溶液中进行的，这时 O_2 还原为水。

$$O_2 + 4H^+ + 4e^- = 2H_2O \qquad \varphi^{\ominus} = 1.229\ V$$

臭氧 O_3 是 O_2 的同素异形体，唯一的极性单质。常温常压下，臭氧是淡蓝色、有鱼腥味的气体。臭氧不稳定，常温下缓慢分解，200℃以上迅速分解。

$$2O_3 = 3O_2 \qquad \Delta_r G_m^{\ominus} = -326\ kJ \cdot mol^{-1}$$

臭氧比氧气有更强的氧化性：

酸性介质：$O_3 + 2H^+ + 2e^- = O_2 + H_2O \qquad \varphi^{\ominus} = 2.07\ V$

碱性介质：$O_3 + H_2O + 2e^- = O_2 + 2OH^- \qquad \varphi^{\ominus} = 1.24\ V$

臭氧可将某些难以氧化的单质和化合物氧化：

$$2Ag + 2O_3 = Ag_2O_2 + 2O_2$$

$$O_3 + XeO_3 + 2H_2O = H_4XeO_6 + O_2$$

臭氧能将 I^- 迅速而定量地氧化至 I_2，该反应被用来测定 O_3 的含量：

$$O_3 + 2I^- + H_2O = I_2 + O_2 + 2OH^-$$

臭氧的氧化性被用于漂白、除臭、杀菌和处理含酚、苯等的工业废水。处理电镀工业含 CN^- 废液时基于以下反应：

$$O_3 + CN^- = OCN^- + O_2$$

$$2OCN^- + 2O_3 = 2CO_2 + N_2 + 2O_2 + 2e^-$$

2. 过氧化氢

H_2O_2 俗称双氧水，是用途最广的过氧化物。过氧化氢氧化性强，还原性弱，是一种“清洁的”氧化剂和还原剂。

H_2O_2 作氧化剂的反应有：

$$H_2O_2+2I^-+2H^+=I_2+2H_2O$$ （用于 H_2O_2 的检出和测定）

$$H_2O_2+2Fe^{2+}+2H^+=2Fe^{3+}+2H_2O$$

$$3HO_2^-+2Cr(OH)_4^-=2CrO_4^{2-}+5H_2O+OH^-$$

$$4H_2O_2+PbS(\text{黑})=PbSO_4\downarrow(\text{白})+4H_2O$$

H_2O_2 遇到强氧化剂时可做还原剂，如：

$$5H_2O_2+2MnO_4^-+6H^+=2Mn^{2+}+5O_2\uparrow+8H_2O$$

高纯 H_2O_2 在不太高的温度下还是相当稳定的。在 325 K 时，90％H_2O_2 每小时仅分解 0.001％。它的分解与温度、杂质、光照和介质等有密切关系。温度高于 426 K 时：

$$2H_2O_2(l)=2H_2O(l)+O_2\uparrow(g) \quad \Delta_r H_m^{\ominus}=-195.9\ kJ\cdot mol^{-1}$$

在碱性介质中的分解速率远比在酸性介质中快。

市售 H_2O_2 约为 30％的水溶液，为了阻止分解常采取的防范措施有：用棕色瓶装，放置在避光及阴凉处，有时加入少量 Na_2SnO_3 或 $Na_4P_2O_7$ 作稳定剂。

3. 硫的化合物

H_2S 是无色、有臭鸡蛋味、剧毒气体，稍溶于水，水溶液呈酸性，为二元弱酸，具有还原性。空气中 H_2S 的体积分数达 0.05％就能闻到其味，如含有 0.1％，就会引起头痛、头晕。大量吸入会造成中毒死亡。

H_2S 与空气中的 O_2 反应：

空气充足　　$2H_2S+3O_2=2SO_2+H_2O$

空气不充足　　$2H_2S+O_2=2S+2H_2O$

H_2S 与中等强度氧化剂作用：

$$H_2S+2Fe^{3+}=S\downarrow+3Fe^{2+}+2H^+$$

H_2S 与强氧化剂反应：

$$H_2S+4X_2(Cl_2,Br_2)+4H_2O=H_2SO_4+8HX$$

$$5H_2S+2MnO_4^-+6H^+=2Mn^{2+}+5S\downarrow+8H_2O$$

$$H_2S+2MnO_4^-+6H^+=2Mn^{2+}+SO_4^{2-}+4H_2O$$

氢硫酸是硫化氢的水溶液，置于空气中的氢硫酸因被空气氧化而变浑浊：

$$2H_2S(aq)+O_2=2S\downarrow+2H_2O$$

但气体 H_2S 在常温下不发生这个反应。

SO_2 为无色、具有刺激臭味的气体，熔点 －76℃，沸点 11℃，容易液化，液态 SO_2 是一种良好的非水溶剂。SO_2 中 S 的氧化数为+4，是 S 的中间氧化态。因此，它既可作为氧化剂，又可作为还原剂，但还原性强于氧化性，只有在遇到强还原剂情况下，SO_2 才呈现氧化性。SO_2 作为还原剂时，本身被氧化为氧化数+6 的产物；SO_2 作为氧化剂时，一般被还原为 S。

$$2SO_2+O_2=2SO_3$$
$$SO_2+2H_2S=3S\downarrow+2H_2O$$
$$SO_2+2CO=S\downarrow+2CO_2$$

和 SO_2 一样，H_2SO_3 及其盐都具有还原性，并强于 SO_2。亚硫酸盐的还原性更强于 H_2SO_3，空气中的 O_2 就能使它们氧化为硫酸盐或 H_2SO_4。

$$2Na_2SO_3+O_2=2Na_2SO_4$$
$$2H_2SO_3+O_2=2H_2SO_4$$

因此，保存 H_2SO_3 及其盐时，应防止空气的进入。此外，H_2SO_3 及其盐还易迅速被强氧化剂所氧化，例如：

$$H_2O+Cl_2+Na_2SO_3=2NaCl+H_2SO_4$$

所以印染工业上常需用 Na_2SO_3 或 $NaHSO_3$ 作为除氯剂，除去布匹漂白后残留的 Cl_2。

与 SO_2 类似，H_2SO_3 及其盐只有遇到强还原剂时才表现出氧化性。例如：

$$2H_2S+H_2SO_3=3S\downarrow+3H_2O$$

浓 H_2SO_4 是一个相当强的氧化剂，特别是在加热时，它能氧化很多金属和非金属。它将金属和非金属氧化为相应的氧化物，金属氧化物与 H_2SO_4 作用生成硫酸盐。浓 H_2SO_4 作为氧化剂时，本身可被还原为 SO_2、S 或 H_2S。它和非金属一般被还原为 SO_2。它和金属作用时，其被还原程度与金属的活泼性有关，不活泼金属，还原性弱，只能将 H_2SO_4 还原为 SO_2，活泼金属还原性强，可以将 H_2SO_4 还原为单质 S，甚至 H_2S。

$$C+2H_2SO_4(浓)=CO_2\uparrow+2SO_2\uparrow+2H_2O$$
$$Cu+2H_2SO_4(浓)=CuSO_4+SO_2\uparrow+2H_2O$$
$$Zn+2H_2SO_4(浓)=ZnSO_4+SO_2\uparrow+2H_2O$$
$$3Zn+4H_2SO_4(浓)=3ZnSO_4+S\downarrow+4H_2O$$
$$4Zn+5H_2SO_4(浓)=4ZnSO_4+H_2S\uparrow+4H_2O$$

把 S 和 Na_2SO_3 溶液一同煮沸，则生成硫代硫酸钠 $Na_2S_2O_3$：

$$S+Na_2SO_3=Na_2S_2O_3$$

硫代硫酸盐是一个还原剂。强度不同的氧化剂作用于 $S_2O_3^{2-}$，可得到不同的产物。在遇到强氧化剂(Cl_2)时，被氧化为硫酸盐：

$$S_2O_3^{2-}+4Cl_2+5H_2O=2SO_4^{2-}+10H^++8Cl^-$$

因此，$Na_2S_2O_3$ 可作为布匹漂白后的除氯剂。与中等强度的氧化剂如 I_2、Fe^{3+} 作用时，

$S_2O_3^{2-}$ 被定量氧化成连四硫酸盐 $S_4O_6^{2-}$：

$$2S_2O_3^{2-}+I_2=S_4O_6^{2-}+2I^-$$

硫代硫酸盐还具有配位性，用于照相上作定影剂。溶解未感光的 AgBr，就是利用硫代硫酸盐可与 Ag^+ 生成稳定的配离子$[Ag(S_2O_3)_2]^{3-}$的性质：

$$2Na_2S_2O_3+AgBr=Na_3[Ag(S_2O_3)_2]+NaBr$$

硫代硫酸盐在中性或碱性溶液中稳定，遇酸即迅速分解：

$$S_2O_3^{2-}+2H^+=S\downarrow+SO_2\uparrow+H_2O$$

而亚硫酸盐遇酸只放出 SO_2，这是硫代硫酸盐和亚硫酸盐的区别。

过硫酸及其盐含有过氧键—O—O—，看作是 H_2O_2 的衍生物。从结构上看，过硫酸中 S 的氧化数为+6，过氧键上 O 的氧化数为-1，具有强氧化性。因此，过二硫酸盐能将 I^- 氧化为 I_2；将 Mn^{2+} 氧化为 MnO_4^-，只是该反应速率较慢，需加热或用 Ag^+、Cu^{2+} 等重金属离子为催化剂：

$$S_2O_8^{2-}+2I^-=2SO_4^{2-}+I_2\downarrow$$

$$5S_2O_8^{2-}+2Mn^{2+}+8H_2O\overset{\triangle}{=}10SO_4^{2-}+2MnO_4^-+16H^+$$

9.8.3 氮、砷

1. 氮

氨分子中 N 的氧化数为-3，是 N 的最低氧化态，所以 NH_3 具有还原性，其被氧化的产物除与氧化剂本性有关以外，还与反应的外界条件有关。

以 NH_3 与氧化剂(Cl_2、O_2、NaClO)的反应为例。

氨与 Cl_2 反应时被氧化为 N_2：

$$2NH_3+3Cl_2=N_2+6HCl$$

氨与 O_2 的反应，当温度与催化剂等外界条件不同时产物有所不同：

$$4NH_3+3O_2=2N_2\uparrow+6H_2O$$
$$4NH_3+5O_2=4NO\uparrow+6H_2O$$

氨与 NaClO 反应：

$$3NH_3+NaClO=N_2H_4(\text{联氨})+NaCl+H_2O$$

联氨又名肼，是无色液体，其中 N 的氧化数为-2，是强还原剂。燃烧时放出大量热，可作火箭推进剂。

固态铵盐加热均易分解，组成铵盐的酸的性质决定其分解产物。由没有氧化性的酸或氧化性不够强的酸组成的铵盐，其热分解产物取决于酸有无挥发性。若为非挥发性酸，加热时放出氨，而酸则残留在加热的容器中，例如$(NH_4)_2SO_4$ 和$(NH_4)_3PO_4$；若为挥发性酸，加热时氨和酸同时逸出，遇冷时又重新结合，例如 NH_4Cl。利用这种特点可将不纯的氯化铵加

热分解提纯。由氧化性的酸组成的铵盐，则加热分解产生的氨被氧化性酸氧化成氮或氮的氧化物。例如 NH_4NO_3、NH_4NO_2 等。

$$NH_4NO_2 \xlongequal{\triangle} N_2\uparrow + 2H_2O$$

$$NH_4NO_3 \xlongequal{220℃} N_2O\uparrow + 2H_2O$$

温度更高则硝酸铵以另一种方式分解，同时放出大量的热：

$$2NH_4NO_3(s) \xlongequal{300℃} 2N_2(g) + O_2(g) + 4H_2O(g) \quad \Delta_r H_m^{\ominus}(573\ K) = -236.1\ kJ\cdot mol^{-1}$$

由于该热分解反应产生大量的气体和热量，如果在密闭的容器中进行，则气体热膨胀就会引起爆炸，因此硝酸铵可用于制造炸药。

NO 分子中氮的氧化数为+2，所以既有氧化性，又有还原性。例如氧化剂高锰酸钾能将 NO 氧化成 NO_3^-。

$$10NO + 6KMnO_4 + 9H_2SO_4 = 6MnSO_4 + 10HNO_3 + 3K_2SO_4 + 4H_2O$$

红热的铁、镍、碳等还原剂又能将 NO 还原成 N_2：

$$2Ni + 2NO = 2NiO + N_2$$
$$C + 2NO = CO_2 + N_2$$

NO_2 分子中氮的氧化数为+4，既有氧化性又有还原性，但以氧化性为主。钾遇 NO_2 立即起火；红热的碳、赤磷等在其中起火燃烧。其他如铁、铜、H_2S 等均能被 NO_2 所氧化。在这些反应中，NO_2 还原成 NO。

$$2NO_2 + K = KNO_3 + NO$$
$$2NO_2 + C = CO_2 + 2NO$$
$$NO_2 + H_2S = S\downarrow + H_2O + NO$$

遇强氧化剂，NO_2 呈还原性。例如 NO_2 与臭氧、高锰酸钾等溶液作用：

$$2NO_2 + O_3 = N_2O_5 + O_2$$
$$5NO_2 + KMnO_4 + H_2O = Mn(NO_3)_2 + KNO_3 + 2HNO_3$$

从标准电极电势可以看出在溶液中 NO_2 的较强氧化性和较弱还原性。

$$NO_2 + H^+ + e^- = HNO_2 \qquad \varphi^{\ominus} = 1.07\ V$$
$$NO_3^- + 2H^+ + e^- = NO_2 + H_2O \qquad \varphi^{\ominus} = 0.81\ V$$

NO_2 可以发生歧化反应。NO_2 溶于水中歧化为硝酸和亚硝酸，溶于强碱中得硝酸盐和亚硝酸盐：

$$2NO_2 + H_2O = HNO_2 + HNO_3$$
$$2NO_2 + 2NaOH = NaNO_2 + NaNO_3 + H_2O$$

由于亚硝酸不稳定，受热即分解为硝酸和一氧化氮，因此 NO_2 在热水中歧化反应为：

$$3NO_2 + H_2O(\text{热}) = NO + 2HNO_3$$

在亚硝酸和亚硝酸盐分子中氮的氧化数为+3，处于中间氧化态，所以它们既有氧化性又有还原性。从 $\varphi^{\ominus}$（酸性介质）数据判断，HNO_2 的氧化性强于它的还原性。

$$HNO_2 + H^+ + e^- = NO + H_2O \qquad \varphi^{\ominus} = 1.00\ V$$

$$NO_3^- + 3H^+ + 2e^- = HNO_2 + H_2O \qquad \varphi^{\ominus} = 0.94\ V$$

亚硝酸及其盐在酸性介质中主要表现为氧化性，能将 KI 氧化成单质碘：

$$2HNO_2 + 2KI + H_2SO_4 = 2NO\uparrow + I_2\downarrow + K_2SO_4 + 2H_2O$$

$$2NaNO_2 + 2KI + 2H_2SO_4 = 2NO\uparrow + I_2\downarrow + Na_2SO_4 + K_2SO_4 + 2H_2O$$

这个反应可以定量测定亚硝酸盐。

亚硝酸及其盐只有遇强氧化剂才被氧化。例如与高锰酸钾反应：

$$5HNO_2 + 2MnO_4^- + H^+ = 5NO_3^- + 2Mn^{2+} + 3H_2O$$

$$5NO_2^- + 2MnO_4^- + 6H^+ = 5NO_3^- + 2Mn^{2+} + 3H_2O$$

纯硝酸为无色液体，熔点−42℃，沸点 83℃。溶有过多 NO_2 的浓 HNO_3 叫发烟硝酸。硝酸可以任何比例与水混合，浓硝酸中主要存在 HNO_3 分子，稀硝酸主要存在 NO_3^-。稀硝酸溶液比较稳定，而浓硝酸不稳定，见光或加热，即按下式分解：

$$4HNO_3(\text{浓}) = 4NO_2\uparrow + O_2\uparrow + 2H_2O$$

分解产生的 NO_2 溶于浓硝酸中，使它的颜色呈黄色到红色（NO_2 含量多颜色深）。

硝酸是一种强氧化剂，这是由于硝酸分子中氮处于最高氧化态。它被还原的产物可能是：NO_2、NO_2^-、NO、N_2O、N_2 或 NH_3 等。硝酸被还原的产物是相当复杂的，其被还原的程度与还原剂（活泼金属、不活泼金属、非金属）的性质有关外，还与硝酸的浓度有关。通常所用市售硝酸为含 HNO_3 68%，密度为 1.42 $g \cdot cm^{-3}$，约 16 $mol \cdot L^{-1}$。稀硝酸为 6 $mol \cdot L^{-1}$ 或 6 $mol \cdot L^{-1}$ 以下；极稀硝酸为 1 $mol \cdot L^{-1}$ 以下。

硝酸能与许多非金属硫、磷、碳、硼等反应，不论浓、稀硝酸，它被还原的产物主要是 NO。

硝酸几乎能与所有的金属（Au、Pt、Rh、Ir 等除外）反应，其被还原产物比较复杂。以硝酸与铁反应为例，随 HNO_3 浓度增大，产物中 NH_3（在酸性介质中以 NH_4^+ 形式出现）含量逐渐减少，而 NO 相对含量增多，当硝酸浓度增至 40% 时 NH_3 已消失，此时主要产物为 NO，其次为 NO_2 和极微量的 N_2O。当硝酸浓度增至 56% 时，其还原产物主要是 NO_2。当硝酸浓度再增大至 68% 时，则不再与铁反应，因为浓硝酸使铁表面生成一层致密的氧化物阻止了金属的进一步氧化。金属铝亦有类似现象。现在一般用铝制槽车来盛装浓硝酸作为储存和运输工具，而稀硝酸不行，必须用不锈钢容器。可见同一种金属与不同浓度的硝酸反应，其还原产物不同。

金属的活泼性不同，硝酸的浓度也不同，其情况更为复杂。例如：

$$Cu + 4HNO_3(\text{浓}) = Cu(NO_3)_2 + 2NO_2\uparrow + 2H_2O$$

$$Mg + 4HNO_3(\text{浓}) = Mg(NO_3)_2 + 2NO_2\uparrow + 2H_2O$$

$$3Cu + 8HNO_3(\text{稀}) = 3Cu(NO_3)_2 + 2NO\uparrow + 4H_2O$$

$$4Mg+10HNO_3(稀)=4Mg(NO_3)_2+N_2O\uparrow+5H_2O$$
$$4Mg+10HNO_3(极稀)=4Mg(NO_3)_2+NH_4NO_3+3H_2O$$

可见，浓硝酸不论与活泼或不活泼金属反应，一般皆被还原到 NO_2；稀硝酸与不活泼金属反应一般被还原到NO，若与活泼金属反应则到 N_2O；极稀硝酸和活泼金属作用，则被还原为 NH_4^+ 盐，也就是说，硝酸愈稀，金属愈活泼，硝酸被还原的程度愈大。

浓硝酸氧化性强，被还原程度小，稀硝酸氧化性弱些，但被还原程度却越稀越大，这可能是由于氮的氧化物与硝酸间存在着下列平衡关系：

$$NO+2HNO_3=3NO_2+H_2O$$

随着 HNO_3 浓度增大，平衡向右移动，当浓度减小时，平衡向左移动。随着 HNO_3 浓度下降，氧化能力减弱，以致极稀硝酸不可能将 NH_4^+ 进一步氧化。

浓硝酸氧化性强，稀硝酸氧化性弱，还可以从硝酸与盐酸的反应得到例证：

$$HNO_3(浓)+3HCl(浓)=NOCl+Cl_2+2H_2O$$

浓硝酸可以氧化盐酸产生氯气，同时生成氯化亚硝酰，稀硝酸则不能。1体积浓硝酸和3体积的浓盐酸的混合物称为王水。金、铂等贵金属不为单独的酸所溶解，却可溶于王水，这主要是由于王水中存在着大量 Cl^-，Cl^- 与金属离子结合成配离子的缘故：

$$3Pt+4NO_3^-+18Cl^-+16H^+=3[PtCl_6]^-+4NO\uparrow+8H_2O$$
$$Au+NO_3^-+4Cl^-+4H^+=[AuCl_4]^-+NO\uparrow+2H_2O$$

此外，浓硝酸溶液中存在着硝酰离子 $NO_2{}^+$：

$$2HNO_3=NO_2^++H_2O+NO_3^-$$

从而可以取代有机化合物分子中一个或几个氢原子，称为硝基取代反应或硝化作用。例如三个硝基取代甲苯上三个氢原子而形成三硝基甲苯，即TNT，是一种烈性炸药。

$$CH_3C_6H_5+3HNO_3=CH_3C_6H_2(NO_2)_3+3H_2O$$

硝酸是强酸，在稀溶液中完全电离。硝酸和碱作用生成硝酸盐，其水溶液没有氧化性。室温下，所有的硝酸盐都十分稳定，加热则发生分解，分解产物因金属离子的不同而有差异。硝酸盐分解有三种方式(硝酸铵除外)：

(1)生成亚硝酸盐，放出 O_2。碱金属和碱土金属硝酸盐(位于金属活动顺序Mg前面)。

(2)生成氧化物，放出 NO_2 及 O_2。重金属硝酸盐(位于金属活动顺序Mg与Cu之间)。

(3)生成金属，放出 NO_2 及 O_2。不活泼金属的硝酸盐(位于金属活动顺序Cu后面)。

固体硝酸盐热分解都能放出 O_2，所以高温时它们是氧化剂。它们与可燃物混合，受热则急剧燃烧甚至爆炸，因此硝酸盐用于烟火制造中。但通常都用 KNO_3，因为除 KNO_3 外，许多硝酸盐在空气中都易吸水潮解。

硝酸盐的水溶液经酸化后，即具有氧化性。硝酸根离子在强酸性溶液中，能被硫酸亚铁还原成NO，而生成的NO又与过量的硫酸亚铁进行加合反应生成棕色的 $[Fe(NO)]SO_4$：

$$NO_3^-+3Fe^{2+}+4H^+=3Fe^{3+}+NO\uparrow+2H_2O$$
$$NO+FeSO_4=[Fe(NO)]SO_4$$

当所用强酸为浓硫酸，在 H_2SO_4 与溶液交界面上出现棕色环。这个反应可用来鉴定 NO_3^-，称为棕色环试验。

亚硝酸根离子也有同样反应，但亚硝酸根在弱酸性（如醋酸）溶液中与过量硫酸亚铁反应即可生成 $[Fe(NO)]SO_4$，而使溶液呈棕色。由于 NO_2^- 对 NO_3^- 的鉴定有干扰，因此当有 NO_2^- 存在时，应先加入 NH_4Cl 共热，以消除 NO_2^- 干扰。

$$NH_4^+ + NO_2^- = N_2\uparrow + 2H_2O$$

2. 砷

砷的氧化物中以 As_2O_3（俗称砒霜）最重要，它是制备其他砷化合物的原料，是白色粉状物体，剧毒，致死量为 0.1 g。主要用于制造杀虫剂、除草剂及含砷药物。As_2O_3 微溶于水，在热水中溶解度稍大，生成 H_3AsO_3，亚砷酸仅存在于溶液中。As_2O_3 两性偏酸性，因此它易溶于碱生成亚砷酸盐，也可溶于酸：

$$As_2O_3 + 6NaOH = 2Na_3AsO_3 + 3H_2O$$

$$As_2O_3 + 6HCl = 2AsCl_3 + 3H_2O$$

砷元素电势图如下：

$$\varphi_A^\ominus: \quad H_3AsO_4 \xrightarrow{0.56\ V} HAsO_2 \xrightarrow{0.248\ V} As$$

$$\varphi_B^\ominus: \quad AsO_4^{3-} \xrightarrow{-0.71\ V} AsO_2^- \xrightarrow{-0.68\ V} As$$

在碱性介质中，亚砷酸盐是一种较强的还原剂：

$$AsO_4^{3-} + 2H_2O + 2e^- = AsO_2^- + 4OH^- \qquad \varphi^\ominus = -0.71\ V$$

在碱性溶液中 AsO_2^- 能定量地将单质碘还原成碘化物：

$$NaAsO_2 + 4NaOH + I_2 = Na_3AsO_4 + 2NaI + 2H_2O$$

在酸性溶液中砷酸是氧化剂，因此在酸性溶液中上述反应就向相反的方向进行，As(V) 氧化 I^- 为 I_2：

$$H_3AsO_4 + 2NaI + 2HCl = HAsO_2 + 2NaCl + I_2 + 2H_2O$$

9.8.4 氯化亚锡

$SnCl_2$ 是常见的还原剂，锡元素电势图如下：

$$\varphi_A^\ominus: Sn^{4+} \xrightarrow{0.151\ V} Sn^{2+} \xrightarrow{-0.137\ 5\ V} Sn$$

$$\varphi_B^\ominus: Sn(OH)_6^{2-} \xrightarrow{-0.93\ V} HSnO_2^- \xrightarrow{-0.909\ V} Sn$$

由电极电势知，无论在酸性或碱性介质中 Sn(Ⅳ)的氧化能力都很弱，而 Sn^{2+} 却是很强的还原剂。$SnCl_2$ 能同 $HgCl_2$ 反应，生成先白后灰到黑的沉淀，这是检验 Sn^{2+} 的特征反应。

$$SnCl_2 + 2HgCl_2 = SnCl_4 + Hg_2Cl_2\downarrow \text{（白色）}$$

$$SnCl_2 + Hg_2Cl_2 = SnCl_4 + 2Hg\downarrow \text{（黑色）}$$

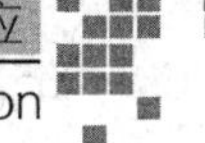

$SnCl_2$ 极易水解：

$$SnCl_2+H_2O=Sn(OH)Cl\downarrow+HCl$$

所以在配制 $SnCl_2$ 溶液时，要将 $SnCl_2$ 首先溶于浓盐酸后再用水稀释到所需浓度。$SnCl_2$ 有还原性，所以易被空气中的 O_2 氧化，为防止 $SnCl_2$ 溶液受空气中的 O_2 氧化而变质，常加入少量金属锡粒。

$$Sn^{4+}+Sn=2Sn^{2+}$$

9.8.5 铬和锰

1. 铬

铬为第四周期ⅥB族元素。熔点、沸点高，是最硬的金属。其表面易生成致密的氧化物保护膜，因而在空气和水中相当稳定。Cr 的价电子构型为 $3d^54s^1$，可形成氧化数+2、+3、+6 的化合物，其中+3、+6 的化合物较常见。Cr 的化合物主要有氧化物、氢氧化物、含氧酸及盐类。

其化合物的性质特点是：不同酸碱性条件下，同一氧化态以不同形态存在，并且颜色不同，不同氧化态间可以相互转化。

(1)水溶液中，Cr(Ⅲ)通常以 Cr^{3+} 和 CrO_2^-(或写作 $Cr(OH)_4^-$)形式存在，Cr(Ⅵ)通常以 CrO_4^{2-} 或 $Cr_2O_7^{2-}$ 形式存在。它们的颜色不同，酸碱性也明显不同，但在一定 pH 条件下，可以发生酸碱转化反应。在 Cr(Ⅲ)溶液(如 $CrCl_3\cdot 6H_2O$)中，缓慢加入 NaOH 或氨水(只有在 NH_4Cl 存在下与浓氨水反应，才形成氨配离子)，可析出绿色的 $Cr(OH)_3$ 沉淀，碱溶液过量时，沉淀消失，变为亮绿色溶液。显然，$Cr(OH)_3$ 呈两性：

$$Cr^{3+}+3OH^-=Cr(OH)_3\downarrow$$
$$Cr(OH)_3+3H^+=Cr^{3+}+3H_2O$$
$$Cr(OH)_3+OH^-=Cr(OH)_4^-$$

在酸性溶液中，Cr(Ⅲ)以 Cr^{3+} 形式为主；在碱性溶液中，以 CrO_2^-(或写作 $Cr(OH)_4^-$)形式为主。也就是说，Cr(Ⅲ)盐有两类，即阳离子 Cr^{3+} 盐和阴离子 CrO_2^- 盐。

在 Cr(Ⅵ)溶液(如 K_2CrO_4)加酸，生成橙红色的 $Cr_2O_7^{2-}$。反之，在 $Cr_2O_7^{2-}$ 溶液中加碱，则生成黄色的 CrO_4^{2-}。也就是说，在 Cr(Ⅵ)的含氧酸根水溶液中，存在着下列酸碱平衡：

$$2CrO_4^{2-}(\text{黄色})+2H^+=Cr_2O_7^{2-}(\text{橙红色})+H_2O \qquad K^{\ominus}=4.2\times10^{14}$$

在酸性溶液中，Cr(Ⅵ)以 $Cr_2O_7^{2-}$ 形式为主；碱性溶液中以 CrO_4^{2-} 形式为主。从上述平衡关系可知，在 $Cr_2O_7^{2-}$ 溶液中存在一定量的 CrO_4^{2-}。一般铬酸盐比重铬酸盐更难溶于水，因此，若向 CrO_4^{2-} 溶液或 $Cr_2O_7^{2-}$ 溶液加入某些金属阳离子的易溶盐，如 Ag^+、Ba^{2+}、Pb^{2+} 等能得到相应的铬酸盐沉淀。如

$$Cr_2O_7^{2-}+H_2O+2Pb^{2+}=2H^++2PbCrO_4\downarrow(\text{黄色})$$

铬酸盐一般易溶于强酸。这是由于增加了酸度后，使 CrO_4^{2-} 和 $Cr_2O_7^{2-}$ 之间的转化向 $Cr_2O_7^{2-}$ 方向移动，$c(CrO_4^{2-})$浓度降低，随之沉淀发生溶解。

(2)Cr(Ⅲ)和 Cr(Ⅵ)的氧化还原转化。铬元素电势图如下：

$$\varphi_A^{\ominus}:\quad Cr_2O_7^{2-}\ \xrightarrow{1.332\ V}\ Cr^{3+}\ \xrightarrow{-0.744\ V}\ Cr$$

$$\varphi_B^{\ominus}:\quad CrO_4^{2-}\ \xrightarrow{-0.12\ V}\ Cr(OH)_4^-\ \xrightarrow{-1.2\ V}\ Cr$$

从以上数据可知，Cr(Ⅲ)既具有还原性，又具有氧化性，但以还原性为主。Cr(Ⅵ)具有氧化性。在一定条件下，它们可以相互转化。

在碱性溶液中，$Cr(OH)_4^-$ 还原性较强，容易被氧化，中等强度的氧化剂，如 H_2O_2、$NaClO$、Cl_2 等可将它氧化为铬酸盐。例如：

$$2Cr(OH)_4^- + 3HO_2^- = 2CrO_4^{2-} + 5H_2O + OH^-$$

利用这一反应可鉴定溶液中的 Cr(Ⅲ)。

在酸性溶液中，Cr^{3+} 的还原性较弱，必须用强氧化剂，如过二硫酸铵$(NH_4)_2S_2O_8$、高锰酸钾 $KMnO_4$ 等才能将 Cr^{3+} 氧化为 $Cr_2O_7^{2-}$：

$$2Cr^{3+} + 3S_2O_8^{2-} + 7H_2O = Cr_2O_7^{2-} + 6SO_4^{2-} + 14H^+$$

在酸性溶液中，$Cr_2O_7^{2-}$ 的氧化性较强，可以把 H_2S、SO_3^{2-}、Fe^{2+}、I^- 等分别氧化为 S、SO_4^{2-}、Fe^{3+}、I_2，加热时还可将浓 HCl 氧化为 Cl_2，本身转化为 Cr^{3+}。例如：

$$Cr_2O_7^{2-} + 6Fe^{2+} + 14H^+ = 6Fe^{3+} + 2Cr^{3+} + 7H_2O$$

$$K_2Cr_2O_7 + 14HCl(浓) = 2KCl + 2CrCl_3 + 3Cl_2\uparrow + 7H_2O$$

前一反应在分析化学上常用来测定 Fe 的含量。

在酸性溶液中，$Cr_2O_7^{2-}$ 还可以将 H_2O_2 氧化：

$$Cr_2O_7^{2-} + 3H_2O_2 + 8H^+ = 2Cr^{3+} + 3O_2\uparrow + 7H_2O$$

但在反应过程中先生成蓝色的中间产物过氧化铬 CrO_5(其中含有两个过氧键—O—O—，$Cr(O_2)_2O$)。

$$Cr_2O_7^{2-} + 4H_2O_2 + 4H^+ = 2CrO_5(蓝色) + 5H_2O$$

CrO_5 不稳定，易分解放出 O_2，同时形成 Cr^{3+}。如果在反应体系中加入乙醚或戊醇溶液，并在低温下反应，便能得到 CrO_5 的特征蓝色。Cr(Ⅵ)与 H_2O_2 的显色反应是一个很重要的反应，据此可鉴定 Cr(Ⅵ)离子。

2. 锰

Mn 是第四周期ⅦB 族元素，价电子构型为 $3d^54s^2$，可形成+2、+3、+4、+5、+6、+7 的多种化合物。研究表明，一些含锰化合物参加反应的过程中经常有 Mn(Ⅲ)形成，植物光合作用也经常有 Mn(Ⅲ)参与。酸性条件下 Mn(Ⅱ)比较稳定，这和 Mn(Ⅱ)离子的 d 电子是半充满有关。Mn(Ⅳ)、Mn(Ⅶ)化合物的化合物都具有氧化性，Mn(Ⅵ)离子在水溶液中有明显的歧化趋势。

锰元素的标准电势图如下：

$\varphi_A^\ominus$：

$$MnO_4^- \xrightarrow{0.56\ V} MnO_4^{2-} \xrightarrow{2.26\ V} MnO_2 \xrightarrow{0.95\ V} Mn^{3+} \xrightarrow{1.51\ V} Mn^{2+} \xrightarrow{-1.185\ V} Mn$$

（$MnO_4^- \to MnO_2$：1.679 V；$MnO_4^- \to Mn^{2+}$：1.51 V）

$\varphi_B^\ominus$：

$$MnO_4^- \xrightarrow{0.56\ V} MnO_4^{2-} \xrightarrow{0.60\ V} MnO_2 \xrightarrow{-0.20\ V} Mn(OH)_3 \xrightarrow{-0.10\ V} Mn(OH)_2 \xrightarrow{-1.56\ V} Mn$$

（$MnO_4^- \to MnO_2$：0.59 V）

Mn(Ⅱ)在水溶液中以$[Mn(H_2O)_6]^{2+}$（淡红色）形式存在。在碱性介质中，Mn(Ⅱ)具有较强的还原性，而在酸性介质中Mn(Ⅱ)相当稳定，只有强氧化剂（如$NaBiO_3$、PbO_2）在热溶液中才能氧化Mn(Ⅱ)。

在Mn^{2+}溶液中缓慢加入NaOH溶液或氨水溶液（无NH_4^+），都能生成碱性的白色$Mn(OH)_2$沉淀。

$$Mn^{2+} + 2OH^- = Mn(OH)_2 \downarrow$$

碱性溶液中$Mn(OH)_2$很不稳定，易被空气中的O_2所氧化，甚至于溶于水中的少量O_2也能将其氧化成褐色$MnO(OH)_2$（MnO_2的水合物）。

$$MnO_2 + 2H_2O + 2e^- = Mn(OH)_2 + 2OH^- \qquad \varphi_B^\ominus = -0.05\ V$$

$$O_2 + 2H_2O + 4e^- = 4OH^- \qquad \varphi_B^\ominus = 0.401\ V$$

$$2Mn(OH)_2 + O_2 = 2MnO_2 + 2H_2O$$

低浓度的Mn^{2+}溶液酸化后与足够的强氧化剂$NaBiO_3$或PbO_2共热，溶液中出现MnO_4^-的特征紫红色。这是Mn^{2+}的特征反应，据此可检验溶液中微量Mn^{2+}。

$$2Mn^{2+} + 5PbO_2 + 4H^+ = 2MnO_4^- + 5Pb^{2+} + 2H_2O$$

$$2Mn^{2+} + 5NaBiO_3 + 14H^+ = 2MnO_4^- + 5Bi^{3+} + 5Na^+ + 7H_2O$$

常见Mn(Ⅳ)以氧化物MnO_2形式存在。由于Mn(Ⅳ)处于锰元素的中间氧化态，既具有氧化性，又具有还原性。在酸性介质中，MnO_2以氧化性为主，在碱性介质中以还原性为主。

大家所熟知的实验室制取Cl_2的方法就是利用了MnO_2的氧化性：

$$MnO_2 + 4HCl(浓) = MnCl_2 + Cl_2 \uparrow + 2H_2O$$

在强碱性介质和熔融的情况下，MnO_2能被空气中的O_2氧化为MnO_4^{2-}：

$$2MnO_2 + 4KOH + O_2 = 2K_2MnO_4 + 2H_2O$$

它也是工业上从软锰矿MnO_2制Mn化合物的第一步反应。实验室中，经常用$KClO_3$

代替 O_2 进行强化反应：

$$3MnO_2+6KOH+KClO_3=3K_2MnO_4+KCl+3H_2O$$

Mn(Ⅵ)以 MnO_4^{2-}(绿色)形式在强碱性溶液中稳定存在。在酸性、中性溶液中发生下列歧化反应：

$$3MnO_4^{2-}+2H_2O=2MnO_4^-+MnO_2+4OH^-$$

在 MnO_4^{2-} 溶液中加入酸或通入 CO_2，都有利于 MnO_4^{2-} 的歧化反应：

$$3MnO_4^{2-}+2CO_2=2MnO_4^-+MnO_2+2CO_3^{2-}$$

相反，MnO_4^- 和 MnO_2 在 40%KOH 溶液中共热，也可制得 MnO_4^{2-}。这是由于平衡向着逆反应方向移动的结果。

Mn(Ⅶ)以 MnO_4^-(紫红色)形式在中性或微碱性溶液中稳定存在。在酸性介质中 MnO_4^- 氧化性强于 $Cr_2O_7^{2-}$，常被用来氧化 Fe^{2+}、SO_3^{2-}、H_2S、I^-、Sn^{2+} 等。在中性、碱性介质中 MnO_4^- 也具有氧化性，因而 MnO_4^- 是一种适用于 pH 范围很广的氧化剂。但在不同介质中，MnO_4^- 被还原产物因溶液酸度不同而异。例如，MnO_4^- 和 SO_3^{2-} 在不同介质中发生下列反应：

酸性：　$2MnO_4^-+5SO_3^{2-}+6H^+=2Mn^{2+}+5SO_4^{2-}+3H_2O$

近中性、弱碱性：　$2MnO_4^-+3SO_3^{2-}+H_2O=2MnO_2\downarrow+3SO_4^{2-}+2OH^-$

强碱性：　$2MnO_4^-+SO_3^{2-}+2OH^-=2MnO_4^{2-}+SO_4^{2-}+H_2O$

MnO_4^- 在酸性溶液中不稳定，缓慢地按下式分解：

$$4MnO_4^-+4H^+=4MnO_2\downarrow+3O_2\uparrow+2H_2O$$

MnO_4^- 在碱性溶液中，则按下式分解：

$$4MnO_4^-+4OH^-=4MnO_4^{2-}+O_2\uparrow+2H_2O$$

光对 MnO_4^- 的分解起催化作用，所以实验室中的 $KMnO_4$ 经常保存在棕色瓶中。

9.8.6 铜和汞

1. 铜

铜是ⅠB族元素，化学性质不活泼。铜器在含有 CO_2 的潮湿空气中，表面会生成一层“铜绿”$Cu_2(OH)_2CO_3$。

$$2Cu+O_2+H_2O+CO_2=Cu(OH)_2CuCO_3$$

Cu(Ⅰ)可形成较稳定的配合物，如$[Cu(CN)_2]^-$，从而使 Cu 的活泼性增强。例如，在 KCN 或 NaCN 的碱性溶液中，Cu 能被空气中的 O_2 所氧化。

$$4Cu+O_2+2H_2O+8CN^-=4[Cu(CN)_2]^-+4OH^-$$

Cu 在含 CN^- 的碱性溶液中，还能置换水中的 H_2：

$$2Cu+2H_2O+4CN^- = 2[Cu(CN)_2]^- +2OH^- +H_2\uparrow$$

这是由于金属离子形成配离子后，φ 降低，金属单质的还原性增强所致。有关标准电极电势如下：

$$[Cu(CN)_2]^- +e^- = Cu+2CN^- \qquad \varphi^{\ominus} = -0.43\ V$$

$Cu(OH)_2$ 微显两性，但以碱性为主，它易溶于酸，也能溶于过量的浓碱溶液中。

$$Cu(OH)_2+2OH^-(浓) = [Cu(OH)_4]^{2-}$$

$[Cu(OH)_4]^{2-}$ 能解离出少量 Cu^{2+}，它可被葡萄糖还原成暗红色的 Cu_2O，医学上用此反应可以检验糖尿病。

$$2Cu^{2+} +4OH^- +C_6H_{12}O_6(葡萄糖) = Cu_2O\downarrow +C_6H_{12}O_7(葡萄糖酸)+2H_2O$$

Cu(Ⅱ)表现较强的氧化性。向 Cu(Ⅱ)溶液中加入 KI 不能生成 CuI_2，而是发生氧化还原反应生成 CuI 沉淀：

$$2Cu^{2+} +4I^- = 2CuI\downarrow +I_2$$

由于 CuI 的溶度积很小，使 Cu^{2+} 的氧化性增强，反应得以顺利地向生成 CuI 的方向进行。这一反应进行得很完全，因而可以通过此反应用碘量法来测定溶液中 Cu^{2+} 的含量。Cu(I)的其他卤化物也可以在有卤素离子存在的条件下，向 Cu^{2+} 的溶液中加入还原剂（如 SO_2、Sn^{2+}、Cu 等）而沉淀出来，例如：

$$2Cu^{2+} +2X^- +SO_2+2H_2O = 2CuX\downarrow +4H^+ +SO_4^{2-}$$

2. 汞

汞是ⅡB 族元素，（又称水银）是金属单质中熔点最低，常温下唯一为液态的金属，有流动性。在 0～200℃之间，Hg 的膨胀系数随温度升高而均匀不变，又不浸润玻璃，所以可用来制温度计。在室温下 Hg 的蒸气压很低，适宜于制造气压计。所有可溶性 Hg 化合物都有毒，空气中即使有微量 Hg 蒸气也是有害的，在容器中 Hg 的上面加些水可防止 Hg 的挥发。使用大量 Hg 时，必须注意通风。若有溅落，必须尽量把 Hg 收集起来，然后再撒上硫黄粉，以使 Hg 形成极难溶的 HgS。

$HgCl_2$ 熔点低，易升华，所以也称升汞。剧毒，内服 0.2～0.4 g，即可致死，但适量使用可以消毒。1∶1 000 的稀溶液常用于消毒外科手术刀。

$HgCl_2$ 为针状晶体，可溶于水，由于 $HgCl_2$ 是共价性分子，呈直线型 Cl—Hg—Cl，在水中 $HgCl_2$ 很少解离，而稍有水解。$HgCl_2$ 与氨水作用，发生氨解反应，产生 $HgNH_2Cl$ 白色沉淀。$HgCl_2$ 的水解和氨解反应有相似之处：

$$Cl—Hg—Cl + H_2O = Cl—Hg—OH\downarrow + HCl$$
$$Cl—Hg—Cl + 2NH_3 = Cl—Hg—NH_2\downarrow + NH_4Cl$$

在酸性溶液中 $HgCl_2$ 是较强的氧化剂，例如与 $SnCl_2$ 反应可得到亚汞盐，与过量还原剂的进一步作用可得到单质 Hg：

$$2HgCl_2 + SnCl_2(\text{适量}) = Hg_2Cl_2\downarrow + SnCl_4$$
$$Hg_2Cl_2 + SnCl_2(\text{过量}) = 2Hg + SnCl_4$$

这个反应可用来检验 Hg^{2+}，也可鉴定 Sn^{2+}。

Hg_2Cl_2 是不溶于水的白色固体，无毒性，有甜味，故也称甘汞。常用的甘汞电极中含有 Hg_2Cl_2。Hg_2Cl_2 在医药上曾用作利尿剂。Hg_2Cl_2 加热或见光易分解：

$$Hg_2Cl_2 \xlongequal{\text{光或}\triangle} HgCl_2 + Hg$$

Hg^{2+} 和适量 I^- 可生成红色 HgI_2 沉淀，和过量的 I^- 生成无色稳定的 $[HgI_4]^{2-}$：

$$Hg^{2+} + 2I^-(\text{适量}) = HgI_2\downarrow(\text{红色})$$
$$HgI_2 + 2I^-(\text{过量}) = [HgI_4]^{2-}(\text{无色})$$

含 $[HgI_4]^{2-}$ 的碱性溶液称为奈斯勒(Nessler)试剂，是用来检验 NH_4^+ 或 NH_3 的试剂，它遇 NH_4^+ 或 NH_3 形成红棕色沉淀。

$$2[HgI_4]^{2-} + NH_3\cdot H_2O + 3OH^- = [OHgHgNH_2]I\downarrow + 3H_2O + 7I^-$$

在亚汞盐溶液中加入少量 KI 溶液，生成黄绿色 Hg_2I_2 沉淀。继续加入 KI 溶液，则发生歧化反应生成 $[HgI_4]^{2-}$ 和灰黑色的 Hg。

$$Hg_2^{2+} + 2I^-(\text{适量}) = Hg_2I_2\downarrow$$
$$Hg_2I_2 + 2I^-(\text{过量}) = [HgI_4]^{2-} + Hg$$

Hg(Ⅰ)和 Hg(Ⅱ)在一定条件下可以互相转化。

水溶液中，Hg 元素电势图如下：

$$\varphi_A^{\ominus}: \quad Hg^{2+} \xrightarrow{0.908\ V} Hg_2^{2+} \xrightarrow{0.796\ V} Hg$$

可见，水溶液中 Hg_2^{2+} 不易歧化，即 Hg_2^{2+} 可以在水溶液中稳定存在。相反，逆歧化反应是比较容易进行的。比如，水溶液中，将 $Hg(NO_3)_2$ 和 Hg 混合，可生成 $Hg_2(NO_3)_2$：

$$Hg(NO_3)_2 + Hg = Hg_2(NO_3)_2$$

因此，可利用汞盐与 Hg 反应来制取亚汞盐。例如，甘汞(Hg_2Cl_2)通常可通过固体升汞($HgCl_2$)和金属 Hg 研磨来制备：

$$HgCl_2 + Hg = Hg_2Cl_2$$

水溶液中 Hg^{2+}、Hg_2^{2+}、Hg 之间存在如下平衡：

$$Hg^{2+} + Hg = Hg_2^{2+} \qquad K^{\ominus} = 142$$

$K^{\ominus}$ 表明上述反应虽有一定的向右反应趋势，但仍能通过改变浓度的方法，使平衡向左移动，即由 Hg(Ⅰ)转化为 Hg(Ⅱ)。其条件是溶液中 $c(Hg_2^{2+})/c(Hg^{2+}) > 142$。这样的条件不难达到，因为 Hg(Ⅱ)易生成配离子或难溶化合物，结果使溶液中 $c(Hg^{2+})$ 大大降低，从而发生 Hg(Ⅰ)的歧化反应。

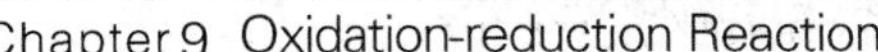

例如 Hg_2Cl_2 和氨水反应，可得到 $HgNH_2Cl$（氨基氯化汞）和 Hg，该反应可用来检验 Hg_2^{2+}：

$$Hg_2Cl_2+2NH_3=HgNH_2Cl\downarrow+Hg\downarrow+NH_4Cl$$

又如，在 $Hg_2(NO_3)_2$ 溶液中通入 H_2S 气体，开始生成 Hg_2S（$K_{sp}^{\ominus}=1.0\times10^{-47}$），随即歧化为更难溶的 HgS（$K_{sp}^{\ominus}=4.0\times10^{-53}$）和 Hg。

$$Hg_2(NO_3)_2+H_2S=Hg_2S\downarrow+2HNO_3$$
$$Hg_2S=HgS+Hg$$

大多数 Hg(Ⅰ)的歧化反应开始发生的是 Hg(Ⅰ)的沉淀反应或配位反应，然后 Hg(Ⅰ)的难溶物或配离子见光受热歧化为 Hg(Ⅱ)的化合物和 Hg。前者的反应促进了后者。

□ 本章小结

反应过程中元素氧化数发生改变的反应称为氧化还原反应。在氧化还原反应中，失去电子氧化数升高被氧化的物种是还原剂；得到电子氧化数降低被还原的物种是氧化剂。电极电势 φ 可以反映各物种在水溶液中氧化还原能力的强弱。φ 越大，电对中氧化型物质的氧化性越强，还原型物质的还原性越弱；φ 越小，电对中还原型物质的还原性越强，氧化型物质的氧化性越弱。如果电极反应中氧化型或还原型物种形成难溶电解质、配合物、弱酸或弱碱时，都能使电极电势改变。

将同一元素不同氧化数的物种组成的各电对的标准电极电势以图的形式（从左到右，氧化数由高而低）表示出来，即为元素电势图。利用元素电势图可判断能否发生歧化反应，也可从相邻电对的 $\varphi^{\ominus}$ 求算另一未知电对的 $\varphi^{\ominus}$。

□ 习　　题

9-1　写出下列化合物中 S 原子的氧化数：

H_2SO_4　　$Na_2S_2O_3$　　$S_4O_6^{2-}$　　$K_2S_2O_8$

9-2　配平下列电极反应：

(1) $MnO_4^- \longrightarrow Mn^{2+}$（酸性介质）

(2) $MnO_4^- \longrightarrow MnO_2$（中性介质）

(3) $Cr_2O_7^{2-} \longrightarrow Cr^{3+}$（酸性介质）

(4) $H_2O_2 \longrightarrow O_2$（碱性介质）

(5) $I_2 \longrightarrow IO_3^-$（碱性介质）

9-3　用离子电子法配平下列在酸性溶液中所发生的反应方程式：

(1) $Fe^{2+}+NO_3^- \longrightarrow Fe^{3+}+NO_2$

(2) $Cr_2O_7^{2-}+H_2O_2 \longrightarrow Cr^{3+}+O_2$

(3) $MnO_4^{2-} \longrightarrow MnO_4^-+MnO_2$

(4)$Sn^{2+} + O_2 \longrightarrow Sn^{4+} + H_2O$

(5)$CuS + NO_3^- \longrightarrow Cu^{2+} + SO_4^{2-} + NO$

(6)$Zn + NO_3^- \longrightarrow Zn^{2+} + NH_4^+ + H^+$

9-4 用离子电子法配平下列在碱性溶液中所发生的反应方程式：

(1)$Al + NO_3^- \longrightarrow Al(OH)_4^- + NH_3$

(2)$CuO + NH_3 \longrightarrow Cu + N_2$

(3)$Fe(OH)_2 + H_2O_2 \longrightarrow Fe(OH)_3$

(4)$MnO_2 + H_2O_2 \longrightarrow MnO_4^{2-}$

9-5 对于反应 $A(s) + B^{2+}(aq) \rightleftharpoons A^{2+}(aq) + B(s)$，已知初始系统中只有 B(s) 和 A^{2+}，且 A^{2+} 的初始浓度为 0.06 mol·L^{-1}，平衡时 B^{2+} 的浓度为 0.02 mol·L^{-1}，计算上述反应在 298 K 时的 $K^{\ominus}$、$\varepsilon^{\ominus}$、$\Delta_r G_m^{\ominus}$。

9-6 原电池(－)Co|$Co^{2+}(c_1)$ ‖ $Ni^{2+}(c_2)$|Ni(＋)，计算它的电动势 ε；Co^{2+} 浓度增大至 Ni^{2+} 浓度的多少倍时，电动势 E 值为零？已知 $\varphi^{\ominus}(Ni^{2+}/Ni) = -0.257$ V，$\varphi^{\ominus}(Co^{2+}/Co) = -0.277$ V。

9-7 将铜片插在盛有 0.2 mol·L^{-1} 的 $CuSO_4$ 溶液中，银片插在有 0.5 mol·L^{-1} 的 $AgNO_3$ 溶液中组成原电池。(1)写出该原电池符号；(2)写出电极反应和电池反应；(3)求该电池的电动势。

9-8 由电极(1)：H^+(0.1 mol·L^{-1})|H_2(100 kPa)和电极(2)：H^+($x$mol·L^{-1})|H_2(100 kPa)组成原电池(浓差电池)，测得电动势为 0.012 V，若(1)为正极和(1)为负极时，x 各为多少？

9-9 计算电对 $Cr_2O_7^{2-}/Cr^{3+}$ 在 H^+ 浓度为 0.10 mol·L^{-1}，$Cr_2O_7^{2-}$、Cr^{3+} 浓度均为 1.0 mol·L^{-1} 时的电极电势，并指出在此条件下 $Cr_2O_7^{2-}$ 能否将浓度均为 1.0 mol·L^{-1} 的 Cl^-、Br^-、I^- 氧化？

9-10 如果向 $Ag^+ + e^- \rightleftharpoons Ag$ 电极溶液中加入 K_2CrO_4，当 Ag_2CrO_4 达沉淀溶解平衡时，CrO_4^{2-} 浓度为 1 mol·L^{-1}，求 $\varphi^{\ominus}(Ag_2CrO_4/Ag)$。

9-11 计算反应 $Hg_2^{2+} \rightleftharpoons Hg^{2+} + Hg$ 在 298 K 时标准平衡常数及溶液中 Hg^{2+} 与 Hg_2^{2+} 浓度之比。

9-12 已知在碱性条件下碘元素的电势图

$$H_5IO_6 \xrightarrow{0.70\ V} IO_3^- \xrightarrow{0.14\ V} IO^- \xrightarrow{0.45\ V} I_2$$

试回答：(1)碘的哪种氧化态能发生歧化反应？写出歧化反应方程式。

(2)求 $\varphi^{\ominus}(H_5IO_6/I_2)$。

Chapter 10 第10章

配位反应

Coordination Reaction

配位化合物是一类由中心原子和配位体组成的化合物。对配合物的研究可以追溯到200多年前。公认的最早发现的配合物是18世纪初普鲁士人用作染料的普鲁士蓝，其化学式为 $Fe_4[Fe(CN)_6]_3$。随着 $CoCl_3 \cdot 6NH_3$、$PtCl_2 \cdot 4NH_3$ 等化合物的发现，1893年，瑞士化学家维尔纳(Werner A)提出了配位理论学说，配位化学的研究得到了迅速的发展。20世纪以来，由于结构化学的发展和各种物理化学方法的应用，配位化学已经成为化学中一个十分活跃的研究领域，并已渗透到有机化学、分析化学、物理化学、量子化学、生物化学等许多学科中，形成了如金属有机化学、生物无机化学等边缘学科，使配合物的应用更趋广泛，在化学合成、分离，新材料的制备，生物和医学等方面发挥出重要的作用。本章主要介绍有关配合物的基本概念、配合物在溶液中的解离平衡及其有关的多重平衡。

【学习要求】

- 掌握配合物的组成、结构及螯合物等概念。
- 掌握配合物的命名法，能够根据化学式命名配合物。
- 掌握配合物价键理论要点，能够正确判断中心原子的杂化方式、配合物的空间构型等。
- 掌握配合物稳定常数的概念，能进行有关计算。
- 掌握配位平衡及配体酸效应、中心原子水解、沉淀、氧化还原等因素对配位平衡的影响，并能进行有关计算。

10.1 配位化合物的基本概念

10.1.1 配位化合物的定义

在 $CuSO_4$ 溶液中加入过量的氨水后溶液会变成深蓝色，将此 $CuSO_4 \cdot 4NH_3$ 水溶液和 $CuSO_4$ 溶液进行试验对比，可以得到以下的现象和结果，详见表10-1。

表 10-1 $CuSO_4$ 和 $CuSO_4 \cdot 4NH_3$ 溶液的性质比较

加入试剂	$CuSO_4$ 水溶液	$CuSO_4 \cdot 4NH_3$ 水溶液
$BaCl_2$	有 $BaSO_4$ 沉淀析出	有 $BaSO_4$ 沉淀析出
NaOH,加热	有 $Cu(OH)_2$ 沉淀析出	无 $Cu(OH)_2$ 沉淀析出

据此可以发现,两种溶液中 SO_4^{2-} 的化学行为是一样的,均自由存在于水溶液中,能与 Ba^{2+} 结合成 $BaSO_4$ 沉淀。然而,Cu^{2+} 在两溶液中的化学行为却不一样。在 $CuSO_4$ 水溶液中 Cu^{2+} 能与 OH^- 形成 $Cu(OH)_2$ 沉淀,说明 $CuSO_4$ 水溶液中存在可自由移动的游离 Cu^{2+};而在 $CuSO_4 \cdot 4NH_3$ 水溶液中加入 NaOH,既无 $Cu(OH)_2$ 沉淀析出,也无 NH_3 气体产生,这表明 $CuSO_4 \cdot 4NH_3$ 溶液中几乎没有自由的 Cu^{2+} 和 NH_3 分子存在。实际上,经分析证明 $CuSO_4 \cdot 4NH_3$ 晶体的结构式应该表示为 $[Cu(NH_3)_4]SO_4$,Cu^{2+} 与 NH_3 通过配位键形成了稳定复杂的配离子 $[Cu(NH_3)_4]^{2+}$,它作为一个整体不仅能稳定存在于溶液中,也能存在于晶体中。这种复杂结构单元称为配位个体。

配位个体可以是电中性分子,也可以是带电荷的离子。中性配位个体称为配位分子,如 $[Ni(CO)_4]$、$[Fe(CO)_5]$ 等;带电荷的配位个体称为配离子,带正电荷的配离子称为配阳离子,如 $[Co(NH_3)_6]^{3+}$,带负电荷的配离子称为配阴离子,如 $[Fe(CN)_6]^{3-}$。

含有配位个体的化合物称为配位化合物,简称配合物,如 $[Co(NH_3)_6]Cl_3$、$[Cu(NH_3)_4]SO_4$ 和 $K_3[Fe(CN)_6]$ 等。

1980 年中国化学会公布的《无机化学命名原则》,为配合物下的定义为:"配位化合物是由可以给出孤对电子或多个不定域电子的一定数目的离子或分子(称为配体)和具有接受孤对电子或多个不定域电子的空位的原子或离子(统称中心原子)按一定的组成和空间构型所形成的化合物。"

10.1.2 配位化合物的组成

配位化合物一般由内界和外界两部分组成。内界为配位化合物的主要特征部分,在化学式中一般用方括号表明。方括号外的称为外界,内界和外界以离子键结合,如图 10-1 所示。配位化合物也可以无外界。

$[Cu \quad (NH_3)_4] \quad SO_4$

中心原子 配体 外界

内界(配离子)

配合物

图 10-1 配位化合物的组成

位于配位个体结构中心的原子或离子统称为中心原子,与中心原子结合的分子、离子称为配体。

1. 中心原子

中心原子是配位化合物内界中位于其几何结构中心的原子或离子,是配离子的核心,又叫形成体。中心原子一般为具有空轨道的带正电荷的金属离子,以过渡金属离子居多,如 Fe^{3+}、Co^{3+}、Ni^{2+}、Cu^{2+}、Zn^{2+}、Ag^+ 等;也可以是电中性的原子或带负电荷的阴离子,如 $[Fe(CO)_5]$ 和 $[Ni(CO)_4]$ 中的 Fe 和 Ni 氧化数均为 0,而如 $H[Co(CO)_4]$ 和 $H_2[Fe(CO)_4]$ 中的 Co 和 Fe 的氧化数分别为 −1 和 −2。此外,还有一些处于高氧化数的非金属元素也可作为中心原子,如 $[BF_4]^-$ 中的 B(Ⅲ)、$[SiF_6]^{2-}$ 中的 Si(Ⅳ)以及 $[PF_6]^-$ 中的 P(Ⅴ)等。

如果配位个体中只含有一个中心原子,我们称之为单核配合物;而含有两个或两个以上中心原子的配合物称为双核或多核配合物。

2. 配体和配位原子

配体是配位个体中，位于形成体周围并沿一定方向与中心原子直接成键的离子或分子。常见的配体主要是阴离子配体如 F^-、Cl^-、OH^-、CN^-、SCN^-（硫氰酸根）、NCS^-（异硫氰酸根）、$S_2O_3^{2-}$、$C_2O_4^{2-}$、NO_2^-（硝基）、ONO^-（亚硝酸根）等和中性分子配体如 NH_3、H_2O、CO（羰基）、NO（亚硝酰基）、en（乙二胺）等。

配体中与形成体直接结合的原子称为配位原子。例如 H_2O 和 $C_2O_4^{2-}$ 中的 O，NH_3 中的 N，CN^- 中的 C，SCN^- 中的 S，NCS^- 中的 N，NO_2^- 中的 N 等。

根据一个配体所含配位原子个数的不同，配体可分为两种类型。若一个配体只含一个配位原子，则称为单齿配体，如 NH_3、H_2O、Cl^-、$S_2O_3^{2-}$、NO_2^- 等；若一个配体含有两个或两个以上的配位原子，则称为双齿或多齿配体，如 en、EDTA（乙二胺四乙酸）、$C_2O_4^{2-}$ 等。

一些常见的配位体列于表 10-2。

表 10-2 常见的配位体

类型	配位原子	实　例
单齿配位	C	CO，C_2H_4，CNR（R代表烃基），CN^-
	N	NH_3，NO，NR_3，RNH_2，C_5H_5N（吡啶，简写为Py）NCS^-，NH_2^-，NO_2^-
	O	ROH，R_2O，H_2O，R_2SO，OH^-，$RCOO^-$，ONO^-，SO_4^{2-}，CO_3^{2-}
	P	PH_3，PR_3，PX_3（X代表卤素），PR_2^-
	S	R_2S，RSH，$S_2O_3^{2-}$
	X	F^-，Cl^-，Br^-，I^-
双齿	N	乙二胺（en） $H_2\ddot{N}—CH_2—CH_2—\ddot{N}H_2$，联吡啶（bipy） $\ddot{N}H_5C_5—C_5H_5\ddot{N}$
	O	草酸根$C_2O_4^{2-}$，乙酰丙酮离子（$acac^-$） $[H_3C—C(=\ddot{O})—CH—C(=\ddot{O})—CH_3]^-$
三齿	N	二乙基三胺（dien） $H_2\ddot{N}—CH_2—CH_2—\ddot{N}H—CH_2—CH_2—\ddot{N}H_2$
四齿	N	氨基三乙酸 $\ddot{N}(CH_2CO\ddot{O}H)_3$
五齿	N，O	乙二胺三乙酸根离子 $[{}^-\ddot{O}(O=)C—CH_2—\ddot{N}H—CH_2—CH_2—\ddot{N}—[CH_2—C(=O)\ddot{O}^-]_2]^{3-}$
六齿	N，O	乙二胺四乙酸根离子 $[[{}^-\ddot{O}(O=)C—CH_2]_2—\ddot{N}—CH_2—CH_2—\ddot{N}—[CH_2—C(=O)\ddot{O}^-]_2]^{4-}$

3. 配位数

配位数(coordination number,缩写为 C. N.)是直接与中心原子结合的配位原子的总数。对于单齿配体形成的配位个体,配位数等于配体总数,如在$[Co(NH_3)_3(H_2O)_2Cl]Cl_2$中,$Co^{3+}$配位数为 6;对于多齿配体形成的配位个体,配位数不等于配体总数,如在$[Ni(en)_2]^{2+}$中,每个乙二胺分子含有两个配位原子,所以Ni^{2+}配位数为 4。中心原子的配位数一般为 2、4、6、8,其中以 4 和 6 最常见。

中心原子的配位数同中心原子本身和配体的性质(半径、电荷以及它们之间的相互作用等)有关系。此外,配位数还和配合物形成时的条件,如浓度、温度等有关。一般中心原子的半径越大,其周围可以容纳的配体也越多,配位数就越高。例如,处于ⅢA 族的Al^{3+}(r 为 50 pm)和B^{3+}(r 为 20 pm),与F^-配位时形成的配离子分别为$[AlF_6]^{3-}$和$[BF_4]^-$。不过,这条规律也不是绝对的,有的中心原子半径过大,反而削弱了对配体的吸引作用造成配位数下降,例如$CdCl_4^{2-}$和$HgCl_4^{2-}$。反之,如果配体的半径越大,则配位数就越小。例如,Al^{3+}与F^-结合可形成$[AlF_6]^{3-}$,而和Cl^-、Br^-却只能形成$[AlCl_4]^-$和$[AlBr_4]^-$。另一方面,中心原子电荷越高,则吸引配体的能力增加,有利于增大配位数。如 Pt(Ⅱ)和 Pt(Ⅲ)与Cl^-分别形成$[PtCl_4]^{2-}$和$[PtCl_6]^{3-}$。配体负电荷增加,虽然能增强和中心原子的引力,但同时配体之间的斥力也增加,总的结果是配位数减小,如Co^{2+}与H_2O和Cl^-分别形成$[Co(H_2O)_6]^{2+}$和$[CoCl_4]^{2-}$。

此外,如果增大配体的浓度,则可以形成高配位数的配合物。例如,Fe^{3+}和SCN^-形成的配合物会随着SCN^-浓度的不断升高,配位数从 1 递变到 6。温度对配位数的影响一般为温度升高,配位数会减小。产生这种变化的原因在于温度越高,分子的振动越剧烈,配位键的强度越弱。

4. 配离子的电荷

配离子的电荷数等于中心原子和配位体总电荷的代数和,如$[CoCl_4]^{2-}$的电荷为:$(+2)+(-1)\times4=-2$,而在$[Cu(NH_3)_4]^{2+}$中,由于NH_3是中性分子,所以配离子的电荷就是中心原子所带的电荷数:$(+2)+4\times0=+2$。前面提到过,如果配位个体是带电荷的,则必须有与之带相反电荷的外界离子存在组成完整的配合物,因此整个配合物是呈电中性的。这样我们也可以由外界离子的电荷数来推断出配离子的电荷数。例如$K_3[Fe(CN)_6]$中,外界有 3 个K^+,可知配离子$[Fe(CN)_6]^{3-}$带 3 个单位的负电荷,从而可进一步推断出中心原子是Fe^{3+}。

10.1.3 配位化合物的基本类型

配合物数量繁多,有多种分类方法。根据其组成和特点,可以分为简单配合物、螯合物和特殊配合物三类。

1. 简单配合物

包含由单齿配体与一个中心原子所形成的配位个体的配合物称为简单配合物。这里仅要求配体是单齿的,并不限制配体的种类和数量。例如,$[Co(NH_3)_3(H_2O)(NO_2)Cl]Cl$中,配体的种类和数量分别是 4 和 6,但因为都是单齿配体,且中心原子只有一个,因此它是简单配合物。简单配合物的特点是:配合物中只有一个中心原子,每个配体中都只有一个配位原子与中心原子成键。

2. 螯合物

当多齿配体同时提供两个或两个以上的配位原子与中心原子配位时,必然形成一种具

有环状结构的配合物。例如 $C_2O_4^{2-}$ 是一个双齿配体，当它与 Cu^{2+} 配位时，能同时用两个 O 原子与 Cu^{2+} 键合。$C_2O_4^{2-}$ 中的两个 O 原子就像螃蟹的两个螯，把 Cu^{2+} 紧紧钳住，如图 10-2 所示。因此我们把这类配合物称为螯合物。这类多齿配体称为螯合剂，螯合剂与中心原子的反应称为螯合反应。通常环主链上有几个原子就称几元环。如 $C_2O_4^{2-}$ 与 Cu^{2+} 形成的环状结构中有 5 个原子，称为五元环。大多数情况下，环状化合物以五元环和六元环最为稳定，而三元环和四元环因为环的张力过大一般不能稳定存在。例如：联氨分子（$NH_2—NH_2$）虽然也有两个配位原子，但是如果两个 N 原子都与中心原子键合，生成的将是一种三元环结构的配合物，很不稳定。因此，联胺分子不能作为螯合剂。

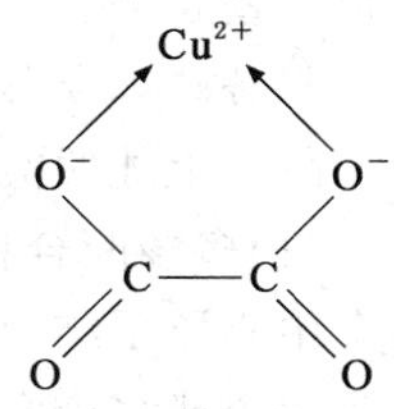

图 10-2 螯合物的螯合示意图

对于同一种配位原子，多齿配体与金属原子形成的螯合物，比单齿配体形成的配合物的稳定性要高得多。这种由于环状结构的形成而使螯合物具有特殊稳定性的现象叫作螯合效应。螯合物的稳定性可以从结构的角度以及热力学的角度予以说明。从结构的角度来看，螯合物的螯环大多是五元环和六元环。根据 Bexeyer 张力学说，对于有机环状化合物，两个键的夹角接近于正四面体碳原子间的夹角（109.5°）时张力最小，结构最稳定。而五元环、六元环键角接近 109.5°，张力较小，易于成键。

从热力学的角度来看，在水溶液中完成的配位反应可以看成是螯合剂与原有水合离子中配位体 H_2O 之间的配体取代反应。反应的标准吉布斯自由能变化由两部分构成，$\Delta_r G_m^\ominus = \Delta_r H_m^\ominus - T\Delta_r S_m^\ominus$，反应的焓变 $\Delta_r H_m^\ominus$ 主要来源于反应前后键能的变化，一般是负值，而 $\Delta_r S_m^\ominus$ 则决定于系统的混乱程度。以形成配离子 $[Cu(NH_3)_4]^{2+}$ 和 $[Cu(en)_2]^{2+}$ 为例，在溶液中存在如下的配位解离平衡：

$$[Cu(H_2O)_4]^{2+} + 4NH_3 = [Cu(NH_3)_4]^{2+} + 4H_2O \quad (1)$$

$$[Cu(H_2O)_4]^{2+} + 2en = [Cu(en)_2]^{2+} + 4H_2O \quad (2)$$

对于(1)、(2)两个反应，都是由四个 O→Cu 配位键变成四个 N→Cu 配位键，因此，键能的变化两者差不多，即 $\Delta_r H_m^\ominus(1)$ 和 $\Delta_r H_m^\ominus(2)$ 差别不大。但是两个反应的 $\Delta_r S_m^\ominus$ 有很大的区别。(1)式中，反应前后的粒子数目均为 5 个，体系混乱度的改变不十分明显，而(2)式中，由于 1 个 en 分子可以置换出 2 个 H_2O 分子，粒子数由反应前的 3 个增加到 5 个，反应后体系的熵有明显的增大，并使 $\Delta_r G_m^\ominus$ 成为较大负值，故反应更容易进行。

螯环的数目对螯合物的稳定性也有很大的影响。螯环数越多，螯合效应越强，螯合物越稳定。如果配体的齿数越多，螯环数也越多。例如，乙二胺四乙酸根（EDTA，简写成 Y^{4-}）与 Ca^{2+} 形成具有 5 个五元环的 1∶1(M∶L)螯合物，如图 10-3 所示。说明 Y^{4-} 具有很强的配位能力，形成的螯合物很稳定，不能与一般配体形成配离子的金属离子，如 Li^+、Na^+、Mg^{2+} 等都能与

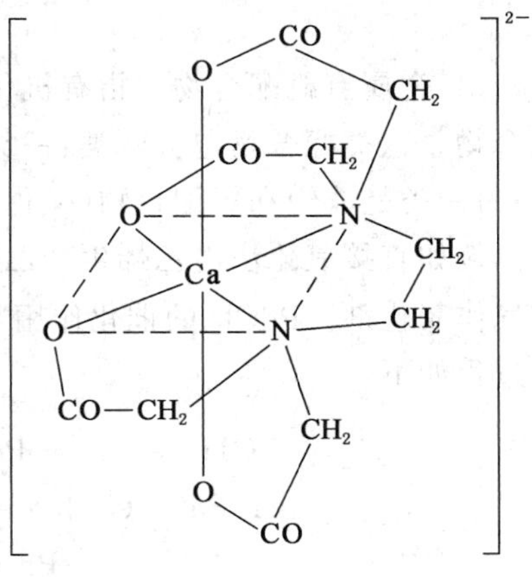

图 10-3 $[CaY]^{2-}$ 的结构

其形成螯合物。

3. 特殊配合物

除了上述两类配合物以外，还有其他类型。

(1)多核配合物　在一个配位个体中有两个或两个以上的中心原子，即一个配体同时和多个中心原子结合所形成的配合物称为多核配合物。一些孤对电子对数大于一的配原子可以和两个或多个金属原子配位。例如 Fe^{3+} 在水溶液中发生水解，会生成一种双聚体结构的配离子，该配离子就是多核配合物，如图 10-4 所示。

(2)金属羰合物　金属羰基配合物是由过渡金属与配体一氧化碳所形成的一类配合物。在近代无机化学中，这类配合物无论在理论研究还是实际应用中都占有特殊重要的地位。金属羰基配合物有两个特点：配体与形成体之间形成的化学键非常强，如在$[Fe(CO)_5]$中 Fe—C 键的平均键能为 118 $kJ \cdot mol^{-1}$；在这类配合物中，形成体总是呈现出较低的氧化数，通常氧化数为 0，有时也呈现较低的正氧化数，甚至负氧化数。

羰合物无论在结构和性质上都比较特殊，熔点、沸点一般不高，较易挥发，不溶于水，易溶于有机溶剂。羰基配合物被广泛应用于制纯金属。羰合物有毒，使用时需注意安全。

(3)原子簇状配合物　至少含有两个中心原子，并含有金属-金属(M—M)键的配合物称为原子簇状配合物，简称簇合物。如图 10-5 所示，$Mn_2(CO)_{10}$ 为簇合物，形成簇合物的金属原子主要是过渡金属。

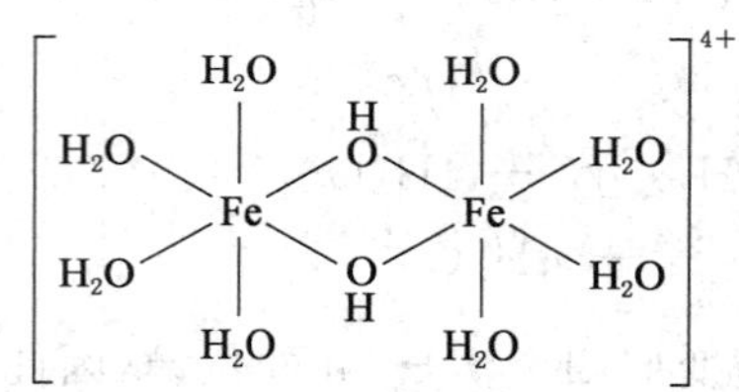

图 10-4　多核配合物的结构

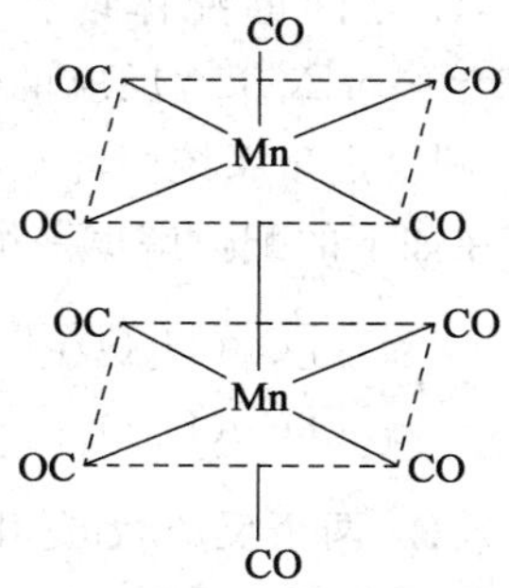

图 10-5　$Mn_2(CO)_{10}$ 的结构

(4)金属有机配合物　指有机化合物与金属原子生成配位键的配合物，又称为有机金属配合物。这类配合物包含两类：一类是金属与碳直接以 σ 键结合，如 C_6H_5HgCl、HC≡CAg 等；另一类是非饱和烃配合物(又称 π 键配合物)，指金属与有机化合物中的 π 电子形成配位键。例如直接氧化法由乙烯生产乙醛，该法以 $PdCl_2$ 为催化剂，$CuCl_2$ 为助催化剂，用氧气或空气作氧化剂。$PdCl_2$ 的催化作用与生成中间配离子$[PdCl_3 \cdot CH_2=CH_2]^-$密切相关。反应过程如下：

$$CH_2=CH_2+PdCl_2+HCl=H[PdCl_3(CH_2=CH_2)]$$

$$H[PdCl_3(CH_2=CH_2)]+H_2O=CH_3CHO+Pd+3HCl$$

$$Pd+2CuCl_2=PdCl_2+2CuCl$$

$$4CuCl+O_2+4HCl=4CuCl_2+2H_2O$$

此外，还有一些结构和性质很特殊的配合物，如同多酸、杂多酸型配合物以及金属大环多醚配合物等。总之，配合物种类新颖繁多，而且不断出现新类型，因而对其分类无严格界限。

10.1.4 配位化合物的系统命名

配合物通常结构比较复杂，数目也很多，并且每年都不断地有新合成的配合物出现。因此，目前普遍采取系统命名法对其进行命名。这种命名的方法仍然服从一般无机化合物的命名原则，即当配合物的外界为简单阴离子时，如 X^-、OH^- 等，称为"某化某"；若外界为复杂的阴离子，如 SO_4^{2-}、NO_3^- 等，则称为"某酸某"；若外界为阳离子，配离子为阴离子时可将整个配离子看成一个复杂酸根离子，称为"某酸某"；若外界阳离子为 H^+ 时，则称为"某某酸"。

和一般的无机化合物相比，配合物命名的复杂之处主要在于它的内界部分。对于这一部分的命名通常按照如下的顺序进行：

配体数→配体名称→"合" 中心原子(离子)名称→氧化数

配体数用中文数字一、二、三……表示；中心原子氧化数用罗马数字表示，并放置在小括弧"( )"内。没有外界的配合物，中心原子的氧化数为 0 时可不标明。若配位单元中有几种配体时，则不同配体之间用"·"隔开，按序列出。不同配体的命名顺序规则为：

(1)先阴离子后中性分子，如 F^-→H_2O。

(2)无机与有机配体命名顺序为：先无机，后有机，如 H_2O→en。

(3)同类配体的命名，按配位原子元素符号的英文字母顺序排列，如 NH_3→H_2O。

(4)同类配体中若配位原子又相同，则含原子数少的配体排在前面，如 NO_2→NH_3。

(5)同类配体中若配位原子和原子数目均相同，则在结构式中与配位原子相连原子的元素符号在英文字母中在前的排在前面，如 NH_2→NO_2。

需指出的是某些配体的化学式相同，但提供的配位原子不同，其名称也不同，如—NO_2(以 N 配位)称为硝基；—ONO(以 O 配位)称为亚硝酸根；—SCN(以 S 配位)称为硫氰酸根；—NCS(以 N 配位)称为异硫氰酸根。

下面分别举例说明：

(1)含配阳离子的配合物命名

$[Pt(NO_2)(NH_3)(NH_2OH)(Py)]Cl_2$	氯化硝基·氨·羟胺·吡啶合铂(Ⅱ)
$[CrCl_2(NH_3)_4]Cl \cdot 2H_2O$	二水合氯化二氯·四氨合铬(Ⅲ)
$[Co(ONO)(NH_3)_5]SO_4$	硫酸亚硝酸根·五氨合钴(Ⅲ)
$[CrCl(NO_2)(en)_2]SCN$	硫氰酸氯·硝基·二(乙二胺)合钴(Ⅲ)
$[Co(ONO)(NH_3)_3(H_2O)_2]Cl_2$	二氯化亚硝酸根·三氨·二水合钴(Ⅲ)

(2)含配阴离子的配合物命名

$H[PtCl_3(NH_3)]$	三氯·一氨合铂(Ⅱ)酸
$K_3[FeCl(NO_2)(C_2O_4)_2]$	氯·硝基·二草酸根合铁(Ⅲ)酸钾
$K_3[Fe(CN)_6]$	六氰合铁(Ⅲ)酸钾

(3)没有外界的配合物命名

$[Ni(CO)_4]$	四羰基合镍
$[PtCl_4(NH_3)_2]$	四氯·二氨合铂(Ⅳ)
$[Cr(OH)_3(H_2O)(en)]$	三羟基·水·乙二胺合铬(Ⅲ)
cis-$[PtCl_2(Ph_3P)_2]$	顺-二氯·二(三苯基膦)合铂(Ⅱ)

还有一些常见的配合物通常用其习惯名称或俗称,如:

$[Cu(NH_3)_4]^{2-}$	铜氨配离子
$[Ag(NH_3)_2]^+$	银氨配离子
$K_3[Fe(CN)_6]$	铁氰化钾或赤血盐
$K_4[Fe(CN)_6]$	亚铁氰化钾或黄血盐
$H_2[SiF_6]$	氟硅酸
$H_2[PtCl_6]$	氯铂酸

10.1.5 配位化合物的异构现象

配合物异构指的是组成配合物的原子种类和数量相同,但是结构和性质却不同的现象。配合物的异构现象非常普遍,通常可将其分为两类:结构异构和空间异构。

1. 结构异构

化学结构异构是指配合物的化学式相同但原子的排列顺序不同的异构现象。例如,$CoBrSO_4(NH_3)_5$有红色和紫色两种异构体。红色的可与 $AgNO_3$ 溶液反应,其中的溴可全部生成 AgBr 沉淀,故它的化学式为$[Co(SO_4)(NH_3)_5]Br$;紫色的可与 $BaCl_2$ 溶液反应,其中的硫酸根可全部生成 $BaSO_4$ 沉淀,故其化学式为$[CoBr(NH_3)_5]SO_4$。又如,$CrCl_3(H_2O)_6$ 有$[Cr(H_2O)_6]Cl_3$(紫色)、$[CrCl(H_2O)_5]Cl_2 \cdot H_2O$(亮绿色)和$[CrCl_2(H_2O)_4]Cl \cdot 2H_2O$(暗绿色)三种构造异构体。

2. 空间异构

空间异构是指化学式和原子排列次序都相同,而原子在空间的排列方向不同而造成的异构现象。空间异构分为顺反异构和旋光异构两种。

(1)几何异构　对于 4 配位的平面正方形配合物,如果结构式可以简写为$[MX_2Y_2]$就会出现顺式和反式两种不同的结构:两个相同的配位体在一边的为顺式,处于对角位置的为反式。例如:$[PtCl_2(NH_3)_2]$就分顺铂和反铂两种结构,它们的空间结构如图 10-6 所示:

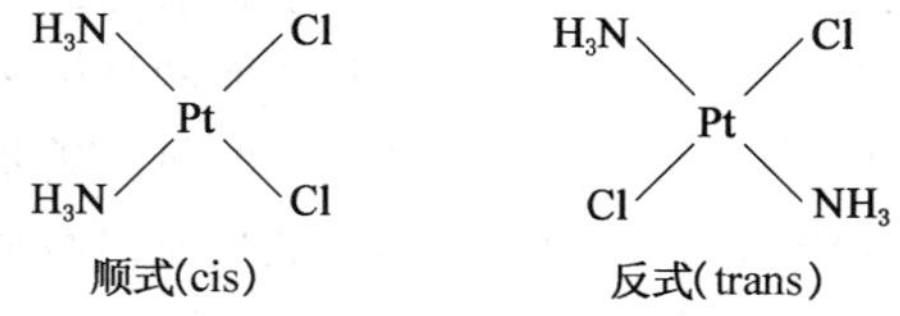

图 10-6　$[PtCl_2(NH_3)_2]$的顺反异结构

这两种结构的配合物在性质和功能上都有所不同,顺铂为极性分子呈棕黄色,两个顺位

的 Cl^- 可以被草酸根 $C_2O_4^{2-}$ 取代生成[$Pt(NH_3)_2(C_2O_4)$]螯合物，并且可以作为治癌药物；而反铂为非极性分子，呈淡黄色，不能发生 $C_2O_4^{2-}$ 的取代反应，没有生物活性。

结构式为[MX_4Y_2]的 6 配位八面体配合物也存在这种顺反异构，如[$CoCl_2(NH_3)_4$]$^+$的顺-反异构体(图 10-7)：顺式为紫色，反式为绿色。

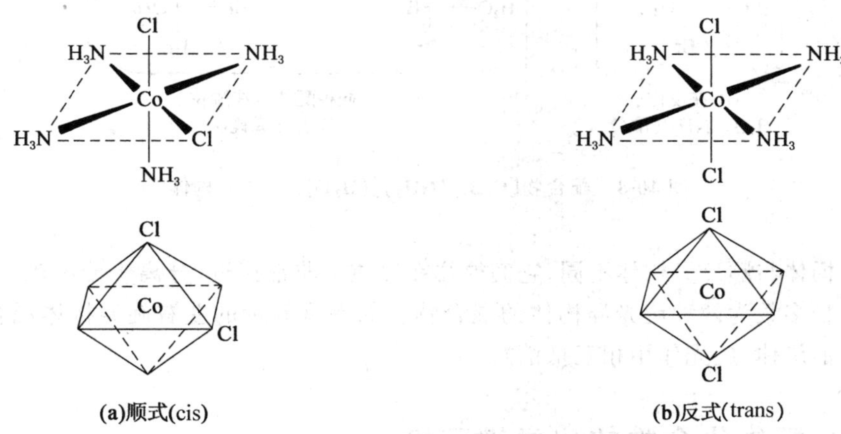

图 10-7 [$CoCl_2(NH_3)_4$]$^+$的顺反异结构

(2)旋光异构 如果两个异构体之间为一种镜面关系，就像人的左右手一样，这种异构称为旋光异构。具有旋光活性的分子又被称为手性分子。旋光活性指的是可以旋转偏振光的本领，我们通常把在单一平面上振动的光叫作平面偏振光(简称偏振光)，当一束偏振光通过具有旋光活性的物质时，偏振光的偏振面会发生一定角度(θ)的旋转。

如果偏振面是顺时针旋转，我们称之为右旋体；如果是逆时针旋转，我们称之为左旋体。互为旋光异构体的两种分子其中一种如为右旋体则另一种必为左旋体。下面以[$CrBr_2(NH_3)_2(H_2O)_2$]$^+$为例加以说明。

配合物[$CrBr_2(NH_3)_2(H_2O)_2$]$^+$有六种不同的异构体(图 10-8)：(a)结构中同种的配体都处于反位；(b)～(d)中则是各有一种配体处于反位，其他两种处于顺位；而在(e)和(f)两种结构中，同种配体都处于顺位，但是它们又不能重合且互为镜像，因此这两种异构体应互为旋光异构体。对于具有反位配位体的(a)～(d)结构来说，虽然也能找到其镜面结构，但是把它们的镜面结构旋转相应的角度就会和原结构重叠，因而两者其实为同一物。

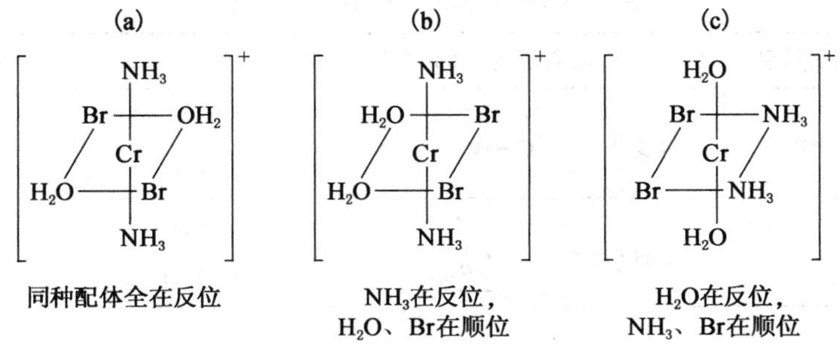

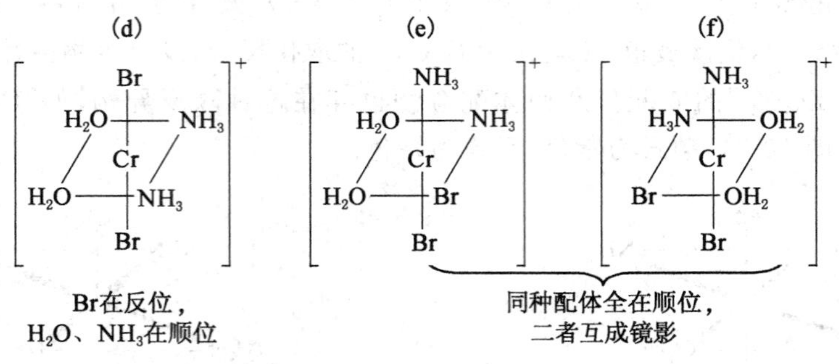

图 10-8　配合物$[CrBr_2(NH_3)_2(H_2O)_2]^+$的异构体

旋光异构体与顺反异构体不同，它们往往在性质上非常接近，分离十分困难。通常我们得到的化合物多数为两种旋光异构体的混合物。如果是等量的左右旋异构体混合，则混合物又叫作外消旋体(旋光作用相互抵消)。

10.2　配位化合物的化学键理论

配位化合物的化学键理论主要是关于配合物中心原子和配体之间的成键以及配位个体的结构的理论，主要有价键理论、晶体场理论、分子轨道理论和配位场理论。本节仅介绍价键理论。

10.2.1　价键理论的要点

配位化合物的价键理论的要点是：

(1)配体的配位原子都含有未成键的孤对电子。

(2)中心原子的价电子层必须有空的原子轨道，且在形成配合物时进行杂化。常见的杂化有 sp、sp^2、sp^3、dsp^2、dsp^3、d^2sp^3、sp^3d^2 等类型。

(3)配位原子含孤对电子的轨道与中心原子的空杂化轨道重叠形成配位键。

10.2.2　配位化合物空间构型与中心原子的杂化方式

常见配离子的空间构型和杂化方式见表 10-3。

表 10-3　配合物的配位数和空间结构

配位数	杂化类型	配离子的空间构型	示例
2	sp	直线形	$[Ag(NH_3)_2]^+$ $[Ag(CN)_2]^-$
3	sp^2	平面三角形	$[CuCl_3]^{2-}$ $[HgI_3]^-$

续表 10-3

配位数	杂化类型	配离子的空间构型	示例
4	sp^3	正四面体 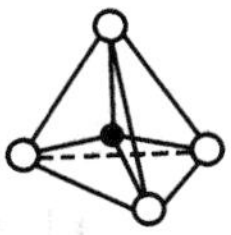	$[ZnCl_4]^{2-}$ $[BF_4]^-$ $[Cd(NH_3)_4]^{2+}$ $[Ni(NH_3)_4]^{2+}$
	dsp^2	平面正方形 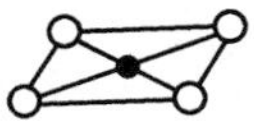	$[AuF_4]^-$ $[Ni(CN)_4]^{2-}$ $[Pt(NH_3)_2Cl_2]$ $[Cu(NH_3)_4]^{2+}$
5	dsp^3	三角双锥 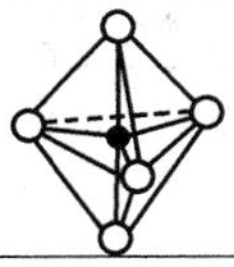	$[Fe(CO)_5]$ $[CuCl_5]^{3-}$
6	sp^3d^2	正八面体 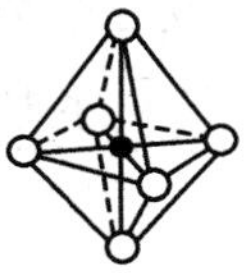	$[Ti(H_2O)_6]^{3+}$ $[FeF_6]^{3-}$ $[Mn(H_2O)_6]^{2+}$
	d^2sp^3		$[Fe(CN)_6]^{3-}$ $[Co(NH_3)_6]^{3+}$ $[Cr(NH_3)_6]^{3+}$

(1)配位数为 2 的配位化合物，例如$[Ag(NH_3)_2]^+$。实验测定，该配合物为直线构型。Ag^+的电子组态为$4s^24p^64d^{10}5s^05p^0$。价键理论认为，与 NH_3 生成配合物时，Ag^+中全空的 5s 原子轨道与 1 个全空的 5p 原子轨道发生等性 sp 杂化，形成 2 个空的 sp 杂化轨道，分别接受两个 N 原子提供的孤对电子形成两个配位键，从而形成了直线形的配离子$[Ag(NH_3)_2]^+$。

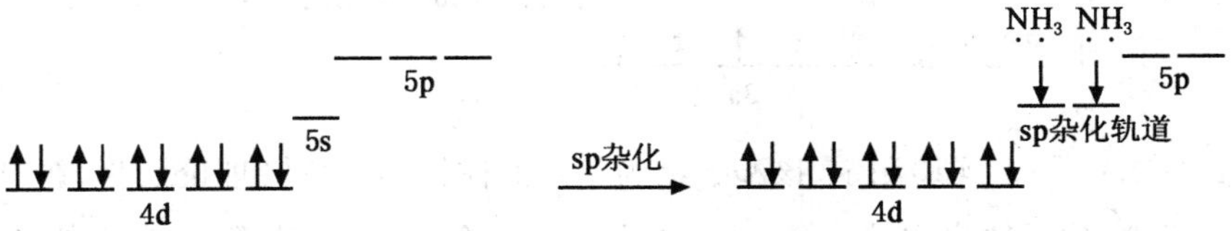

4d 5s 5p —sp杂化→ 4d，NH_3 NH_3，sp杂化轨道，5p

(2)配位数为 4 的配位化合物，例如$[Zn(NH_3)_4]^{2+}$。实验测定，该配合物为正四面体构型。Zn^{2+}的电子组态为$3s^23p^63d^{10}4s^04p^0$。价键理论认为，与 NH_3 生成配合物时，Zn^{2+}中全空的 4s 原子轨道与 3 个全空的 4p 原子轨道发生等性 sp^3 杂化，形成 4 个空的 sp^3 杂化轨道，分别接受 4 个 N 原子提供的孤对电子形成 4 个配位键，从而形成了正四面体形的配离子$[Zn(NH_3)_4]^{2+}$。

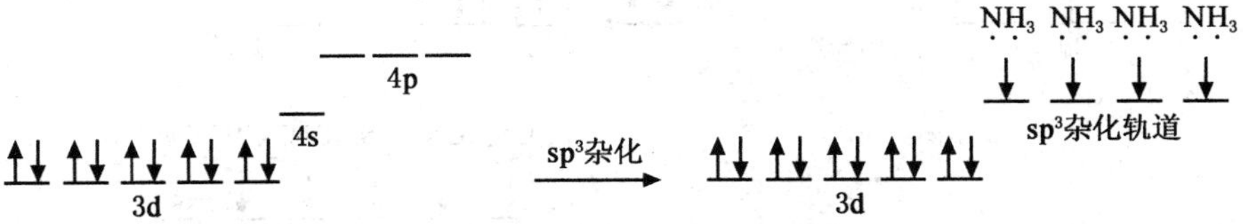

3d 4s 4p —sp^3杂化→ 3d，NH_3 NH_3 NH_3 NH_3，sp^3杂化轨道

又如$[Ni(CN)_4]^{2-}$。实验测定，该配合物为平面正方形构型。Ni^{2+}的电子组态为$3s^23p^63d^84s^04p^0$。价键理论认为，与 CN^- 生成配合物时，Ni^{2+}中内层的 8 个 3d 电子重排到

4 个 3d 原子轨道中，空出的 1 个 3d 轨道与 1 个 4s 轨道及 2 个 4p 轨道发生 dsp^2 杂化，形成 4 个空的 dsp^2 杂化轨道，分别接受 4 个 C 原子提供的孤对电子形成 4 个配位键，从而形成了平面正方形的配离子$[Ni(CN)_4]^{2-}$。

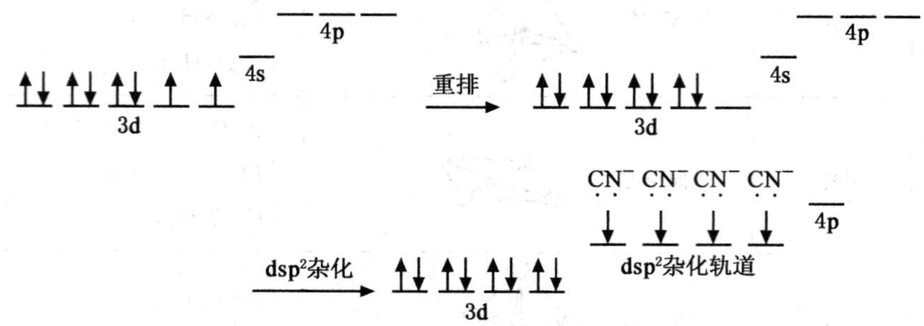

(3)配位数为 6 的配位化合物，例如$[FeF_6]^{3-}$。实验测定，该配合物为正八面体构型。Fe^{3+} 的电子组态为 $3s^2 3p^6 3d^5 4s^0 4p^0 4d^0$。价键理论认为，在与 F^- 形成配合物时，Fe^{3+} 中全空的 1 个 4s 原子轨道与 3 个全空的 4p 原子轨道及 2 个全空的 4d 原子轨道发生等性 sp^3d^2 杂化，形成 6 个空的 sp^3d^2 杂化轨道，分别接受 6 个 F 原子提供的孤对电子形成 6 个配位键，从而形成了正八面体形的配离子$[FeF_6]^{3-}$。

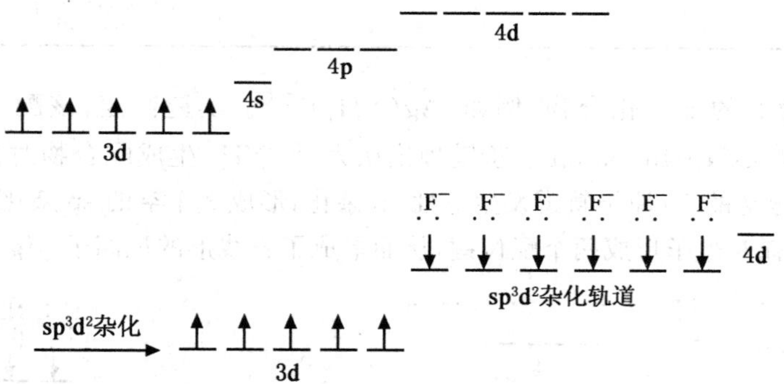

又如$[Fe(CN)_6]^{3-}$。实验测定，该配合物为正八面体构型。价键理论认为，在与 CN^- 形成配合物时，Fe^{3+} 3d 原子轨道中的 5 个 3d 电子重排到 3 个 3d 原子轨道中，空出的 2 个 3d 轨道与 1 个 4s 轨道及 3 个 4p 轨道发生 d^2sp^3 杂化，形成 6 个空的 d^2sp^3 杂化轨道，分别接受 6 个 C 原子提供的孤对电子形成 6 个配位键，从而形成了正八面体形的配离子$[Fe(CN)_6]^{3-}$。

10.2.3 内轨型配位化合物与外轨型配位化合物

中心原子采用什么样的杂化轨道与配位体成键，不仅与中心原子本身的性质有关，还和配位体中配位原子的电负性有关。中心原子的杂化轨道类型有 sp、sp^2、sp^3、dsp^2、sp^3d^2、d^2sp^3 等，根据参与杂化的轨道能级的不同，可把配合物分为外轨型和内轨型两种。中心原子若全部利用外层轨道，如 ns np nd 轨道杂化形成的配合物称为外轨型配合物；若部分利用内层轨道，如 $(n-1)d$ ns np 轨道杂化形成的配合物则称为内轨型配合物。

在形成配合物时，中心原子何时进行内轨型杂化，何时进行外轨型杂化，主要与以下两个因素有关：

(1)中心原子的电子构型　内层没有 d 电子或 d 原子轨道全充满(d^{10})的离子，只形成外轨型配合物；其他构型的过渡元素离子，既可形成内轨型配合物，又可形成外轨型配合物。例如，Zn^{2+} 的电子构型为 $3s^23p^63d^{10}4s^04p^0$，3d 亚层全充满，较稳定，腾出一个 3d 轨道进行 dsp^2 杂化形成的配离子不稳定，所以$[Zn(NH_3)_4]^{2+}$ 中 Zn^{2+} 进行 sp^3 杂化，形成外轨型配位化合物。Fe^{3+} 的电子构型为 $3s^23p^63d^54s^04p^0$，3d 亚层 5 个简并轨道内有 5 个电子，可以进行外轨型的 sp^3d^2 杂化；另外，3d 亚层 5 个电子也可以重排后进行内轨型的 d^2sp^3 杂化。此时杂化方式主要决定于配体的性质。

(2)配位原子的电负性　一般情况下，当配位原子电负性很大，不易给出电子对时，中心原子价层原子轨道中的电子不发生重排，通常形成外轨型配位化合物，如 F^-、H_2O、SCN^- 等；当配位原子电负性较小，容易给出电子对时，可使中心原子价层原子轨道中的 d 电子发生重排，通常形成内轨型配位化合物，如 CN^-、CO 等。

内轨型配合物和外轨型配合物在性质上有明显差异。由于$(n-1)d$ 比 nd 轨道的能量低，故内轨型配合物一般比外轨型配合物键能大，在水中不易解离。内轨型配合物相对外轨型配合物更稳定。

内轨、外轨的确定，是通过测定配合物的磁性来实现的。配离子磁性的大小用磁矩 μ 表示。若配离子中含有单电子，配离子就表现一定的顺磁性，反之则表现为反磁性。配离子中单电子数目越多，配离子的磁性越强，磁矩 μ 越大；配离子中单电子数目越少，配离子的磁性越弱，磁矩 μ 越小。磁矩 μ 与单电子数目 n 的关系为：

$$\mu=\sqrt{n(n+2)}$$

磁矩 μ 的单位为 Bohr 磁子，表示为 B. M. 。例如$[FeF_6]^{3-}$ 的 $\mu=5.92\mu_0$，磁矩 μ 较大，单电子数 $n=5$，所以为外轨型；配离子$[Fe(CN)_4]^{3-}$ 的 $\mu=1.73$B. M.，磁矩 μ 较小，单电子数 $n=1$，所以为内轨型的 d^2sp^3。

价键理论的优点是化学键的概念明确，它在解释许多配合物的配位数和几何构型方面是比较成功的。另外，价键理论提出了内、外轨配合物的概念，可以预测一部分配合物的稳定性。但是，价键理论有其一定的局限性，它主要表现在以下几个方面：

①不能解释配合物的光谱性质，如不能说明为什么配合物具有不同的颜色。

②不能解释$[Cu(H_2O)_4]^{2+}$ 等配合物的结构及稳定性。经测定，$[Cu(H_2O)_4]^{2+}$ 的空间

构型为平面正方形，说明 Cu^{2+} 为 dsp^2 杂化，这样原本处于 3d 轨道上的一个单电子必然将被激发到 4p 轨道上，那么这个电子的能量会升高，稳定性下降，很容易失去。

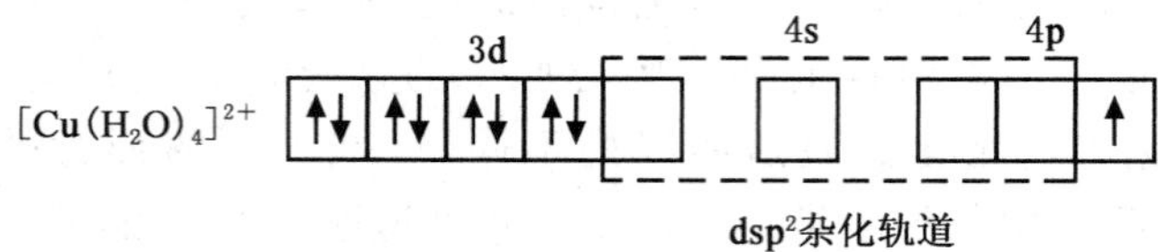

③价键理论只是定性理论，不能定量或半定量地解释配合物的性质。例如，价键理论无法解释第四周期过渡元素与同一种配体形成相同空间结构配离子的相对稳定性。

为了弥补价键理论的不足，人们提出了其他一些理论以期得到满意的解释，如晶体场理论、分子轨道理论等，在此不做介绍，请查阅相关文献。

10.3 配位化合物在水溶液中的稳定性和配位平衡

10.3.1 配离子的稳定常数

我们知道，如果往 $[Cu(NH_3)_4]SO_4$ 溶液中加 NaOH 溶液，观察不到蓝色 $Cu(OH)_2$ 沉淀的产生，这似乎说明了在 $[Cu(NH_3)_4]SO_4$ 溶液中已经不存在游离的 Cu^{2+} 了。但是，如果改用 Na_2S 溶液作沉淀剂，却能发现有黑色的 CuS 沉淀生成。这表明溶液中仍存在少量的 Cu^{2+}，也就是说，溶液中必存在下列平衡过程：

$$Cu^{2+}(aq) + 4NH_3(aq) \rightleftharpoons [Cu(NH_3)_4]^{2+}(aq)$$

一方面 Cu^{2+} 与 NH_3 分子配位形成 $[Cu(NH_3)_4]^{2+}$，另一方面 $[Cu(NH_3)_4]^{2+}$ 又离解为 Cu^{2+} 和 NH_3。当离解反应和配位反应速率相等时，达到平衡状态，即配位离解平衡。根据化学平衡原理，该反应的标准平衡常数表达式为：

$$K^{\ominus} = \frac{c([Cu(NH_3)_4]^{2+})/c^{\ominus}}{\{c(Cu^{2+})/c^{\ominus}\} \cdot \{c(NH_3)/c^{\ominus}\}^4} = K_f^{\ominus}$$

由于 $K_f^{\ominus}$ 表示了配离子的稳定程度，所以称为配离子的稳定常数，也可用 $K_{稳}^{\ominus}$ 表示。$K_f^{\ominus}$ 越大，说明配位反应进行越完全，离解反应越不容易发生，配离子稳定性越大。常见配离子的 $K_f^{\ominus}$ 列于附录Ⅵ，可供查阅。

对于相同类型的配合物，其稳定性可以由稳定常数 $K_f^{\ominus}$ 的大小直接加以比较。例如，分别在含有 $[Ag(CN)_2]^-$ 和 $[Ag(NH_3)_2]^+$ 的溶液中加入 KI，结果前者没有明显的变化而后者会生成 AgI 沉淀。这说明 $[Ag(CN)_2]^-$ 比 $[Ag(NH_3)_2]^+$ 稳定。比较它们的 $K_f^{\ominus}$ 发现，$[Ag(CN)_2]^-$ 的 $K_f^{\ominus}(1.3\times10^{21})$ 远大于 $[Ag(NH_3)_2]^+$ 的 $K_f^{\ominus}(1.1\times10^{7})$。对于不同类型的配合物，不能直接用 $K_f^{\ominus}$ 来比较它们的稳定性，应该通过计算结果说明。

配合物离解反应的平衡常数用 $K_d^{\ominus}$ 或 $K_{不稳}^{\ominus}$ 表示。如

$$[Cu(NH_3)_4]^{2+}(aq) \rightleftharpoons Cu^{2+}(aq) + 4NH_3(aq)$$

$$K_d^{\ominus} = \frac{\{c(Cu^{2+})/c^{\ominus}\} \cdot \{c(NH_3)/c^{\ominus}\}^4}{c([Cu(NH_3)_4]^{2+})/c^{\ominus}}$$

对同一配离子，$K_f^\ominus \cdot K_d^\ominus = 1$。

实际上，配位反应是分步进行的，每步都有其平衡常数。如上述配位反应可表示如下：

$$Cu^{2+}(aq) + NH_3(aq) \rightleftharpoons [Cu(NH_3)]^{2+}(aq)$$

$$K_1^\ominus = \frac{c([Cu(NH_3)]^{2+})/c^\ominus}{\{c(Cu^{2+})/c^\ominus\} \cdot \{c(NH_3)/c^\ominus\}}$$

$$[Cu(NH_3)]^{2+}(aq) + NH_3(aq) \rightleftharpoons [Cu(NH_3)_2]^{2+}(aq)$$

$$K_2^\ominus = \frac{c([Cu(NH_3)_2]^{2+})/c^\ominus}{\{c([Cu(NH_3)]^{2+})/c^\ominus\} \cdot \{c(NH_3)/c^\ominus\}}$$

$$[Cu(NH_3)_2]^{2+}(aq) + NH_3(aq) \rightleftharpoons [Cu(NH_3)_3]^{2+}(aq)$$

$$K_3^\ominus = \frac{c([Cu(NH_3)_3]^{2+})/c^\ominus}{\{c([Cu(NH_3)_2]^{2+})/c^\ominus\} \cdot \{c(NH_3)/c^\ominus\}}$$

$$[Cu(NH_3)_3]^{2+}(aq) + NH_3(aq) \rightleftharpoons [Cu(NH_3)_4]^{2+}(aq)$$

$$K_4^\ominus = \frac{c([Cu(NH_3)_4]^{2+})/c^\ominus}{\{c([Cu(NH_3)_3]^{2+})/c^\ominus\} \cdot \{c(NH_3)/c^\ominus\}}$$

$K_1^\ominus$、$K_2^\ominus$、$K_3^\ominus$、$K_4^\ominus$…称为逐级稳定常数。通常条件下 $K_1^\ominus > K_2^\ominus > K_3^\ominus > K_4^\ominus > \cdots$，但逐级稳定常数相差不大。配离子的稳定常数等于各逐级稳定常数的乘积。

从$[Cu(NH_3)_4]^{2+}$逐级稳定常数的数值可以看出，各级稳定常数的差别并不大(这与弱酸弱碱多级解离情况不同)，说明各级配离子在体系中都占有不小的比例。在实际工作中，通过加入过量的配体，使平衡强烈右移，最终溶液中配离子主要以最高配位数形式存在，而其他形式的配离子浓度可忽略不计，从而使有关近似计算大为简化。

10.3.2 配位平衡的计算

利用配合物的稳定常数，可以计算出配合物溶液中某一离子的浓度，也可以判断配位反应进行的方向和程度。

例 10-1 试比较：含 0.01 $mol \cdot L^{-1} NH_3$ 和 0.1 $mol \cdot L^{-1} Ag(NH_3)_2^+$ 溶液中，Ag^+ 浓度为多少？含 0.01 $mol \cdot L^{-1} CN^-$ 和 0.1 $mol \cdot L^{-1}$ $Ag(CN)_2^-$ 溶液中，Ag^+ 浓度为多少？已知：$K_f^\ominus([Ag(NH_3)_2]^+) = 1.1 \times 10^7$，$K_f^\ominus([Ag(CN)_2]^-) = 1.3 \times 10^{21}$

解：设在含 $Ag(NH_3)_2{}^+$ 与 NH_3 溶液中，$c(Ag^+) = x\ mol \cdot L^{-1}$

	Ag^+	+	$2NH_3$	=	$[Ag(NH_3)_2]^+$
起始时 $c/c^\ominus$			0.01		0.1
平衡时 $c/c^\ominus$	x		$0.01 + 2x$		$0.1 - x$

则有：

$$K_f^\ominus([Ag(NH_3)_2]^+)=\frac{c([Ag(NH_3)_2]^{2+})/c^\ominus}{\{c(NH_3)/c^\ominus\}^2\cdot\{c(Ag^+)/c^\ominus\}}=\frac{0.1-x}{x(0.01+2x)^2}=1.1\times10^7$$

$K_f^\ominus([Ag(CN)_2]^-)$较大，$x$ 很小，故有 $0.1-x\approx0.1, 0.01+2x\approx0.01$

$$\frac{0.1}{x\cdot(0.01)^2}\approx1.1\times10^7$$

$$c(Ag^+)=x=\frac{0.1}{1.1\times10^7\times10^{-4}}=9.09\times10^{-5}(mol\cdot L^{-1})$$

解得：$c(Ag^+)=9.09\times10^{-5}mol\cdot L^{-1}$

平衡后溶液中 Ag^+ 浓度为 9.09×10^{-5} $mol\cdot L^{-1}$。

同理

	Ag^+	+	$2CN^-$	=	$[Ag(CN)_2]^-$
起始时 $c/c^\ominus$			0.01		0.1
平衡时 $c/c^\ominus$	y		$0.01+2y$		$0.1-y$

$$K_f^\ominus([Ag(CN)_2]^-)=\frac{c([Ag(CN)_2]^-)/c^\ominus}{\{c(CN^-)/c^\ominus\}^2\cdot\{c(Ag^+)/c^\ominus\}}=\frac{0.1-y}{y(0.01+2y)^2}=1.3\times10^{21}$$

$K_f^\ominus([Ag(CN)_2]^-)$较大，$y$ 很小，故有 $0.1-y\approx0.1, 0.01+2y\approx0.01$

解得 $c(Ag^+)=7.69\times10^{-19}mol\cdot L^{-1}$

平衡后溶液中 Ag^+ 浓度为 7.69×10^{-19} $mol\cdot L^{-1}$。

例 10-2 0.1 $mol\cdot L^{-1}$ $AgNO_3(aq)$与 0.5 $mol\cdot L^{-1}$ $NH_3\cdot H_2O$ 等体积混合，问平衡时，溶液中各物种的浓度是多少？

解：由于等体积混合，混合后反应前

$c(Ag^+)=0.1\ mol\cdot L^{-1}/2=0.05\ mol\cdot L^{-1}$，$c(NH_3)=0.5\ mol\cdot L^{-1}/2=0.25\ mol\cdot L^{-1}$

$K_f^\ominus([Ag(NH_3)_2]^+)$较大，可以认为 Ag^+ 与过量的 NH_3 完全反应，生成了 0.05 $mol\cdot L^{-1}$ $[Ag(NH_3)_2]^+(aq)$

设平衡时溶液中的 $c(Ag^+)=x\ mol\cdot L^{-1}$

	Ag^+	+	$2NH_3$	=	$[Ag(NH_3)_2]^+$
平衡时 $c/c^\ominus$	x		$0.15+2x$		$0.05-x$

$$K_f^\ominus([Ag(NH_3)_2]^+)=\frac{c([Ag(NH_3)_2]^{2+})/c^\ominus}{\{c(NH_3)/c^\ominus\}^2\cdot\{c(Ag^+)/c^\ominus\}}=\frac{0.05-x}{x(0.15+2x)^2}=1.1\times10^7$$

$K_f^\ominus([Ag(NH_3)_2]^+)$较大，$x$ 很小，故有：

$$x=\frac{0.05}{1.1\times10^7\times(0.15)^2}=2.02\times10^{-7}$$

$c(Ag^+)=2.02\times10^{-7}\ mol\cdot L^{-1}$，　$c(NH_3)\approx0.15\ mol\cdot L^{-1}$

$c([Ag(NH_3)_2]^+)=0.05\ mol\cdot L^{-1}$，$c(NO_3^-)\approx0.05\ mol\cdot L^{-1}$

10.3.3 配位平衡的移动

配位平衡是建立在一定条件下的动态平衡。当外界条件改变时，原来的平衡就被破坏，配位反应会在新的条件下建立起新的平衡。下面主要讨论溶液的 pH、沉淀反应、氧化还原反应等对配位平衡移动的影响。

1. 配位平衡与酸碱平衡

配合物中配体大多为弱碱，它们能与外加的酸生成相应的弱酸而使配位平衡发生移动，使配合物稳定性降低。大多数过渡金属离子在水溶液中要发生水解反应，如果溶液的 pH 越高，水解程度越高。中心原子可以与碱反应生成氢氧化物的难溶电解质，使配合物稳定性降低。这两种使配合物稳定性降低的作用分别称为配体酸效应和中心原子水解效应。

例如，在含有$[FeF_6]^{3-}$的溶液中加入强酸，会发生下列反应并达到平衡

$$[FeF_6]^{3-}(aq)+6H^+(aq)\rightleftharpoons Fe^{3+}(aq)+6HF(aq)$$

$$K^\ominus=\frac{\{c(Fe^{3+})/c^\ominus\}\cdot\{c(HF)/c^\ominus\}^6}{\{c([FeF_6]^{3-})/c^\ominus\}\cdot\{c(H^+)/c^\ominus\}^6}=\frac{1}{K_f^\ominus([FeF_6]^{3-})\cdot\{K_a^\ominus(HF)\}^6}$$

$$=\frac{1}{1.0\times10^{16}\times(3.53\times10^{-4})^6}=5.17\times10^4$$

加入强酸，$[FeF_6]^{3-}$解离的配体 F^- 与 H^+ 作用生成了 HF，使平衡向右移动，配合物的稳定性降低。

例如，在含有$[FeF_6]^{3-}$的溶液中加入强碱，会发生下列反应并达到平衡

$$[FeF_6]^{3-}(aq)+3OH^-(aq)\rightleftharpoons Fe(OH)_3(s)+6F^-(aq)$$

$$K^\ominus=\frac{\{c(F^-)/c^\ominus\}^6}{\{c([FeF_6]^{3-})/c^\ominus\}\cdot\{c(OH^-)/c^\ominus\}^3}=\frac{1}{K_f^\ominus([FeF_6]^{3-})\cdot K_{sp}^\ominus(Fe(OH)_3)}$$

$$=\frac{1}{1.0\times10^{16}\times(2.64\times10^{-39})}=3.79\times10^{12}$$

加入强碱，$[FeF_6]^{3-}$解离的 Fe^{3+} 与 OH^- 作用生成 $Fe(OH)_3$ 难溶物，使平衡向右移动，配合物的稳定性降低。

2. 配位平衡与沉淀平衡

在某些难溶盐的沉淀中，加入配位剂可形成配离子而使沉淀溶解，而在有些配合物溶液中加入某种沉淀剂后，又会生成沉淀，使得配离子被破坏。这是沉淀平衡和配位平衡相互影响的结果，也可以看成是沉淀剂和配位剂共同争夺金属离子的过程。利用配离子的稳定常数和沉淀的溶度积常数，可具体分析和判断反应进行的方向。

例如，在$[Cu(NH_3)_4]^{2+}$的溶液中加入 Na_2S，可以生成 CuS 黑色沉淀：

$$[Cu(NH_3)_4]^{2+}(aq)+S^{2-}(aq)\rightleftharpoons CuS(s)+4NH_3(aq)$$

$$K^{\ominus}=\frac{\{c(NH_3)/c^{\ominus}\}^4}{\{c([Cu(NH_3)_4]^{2+})/c^{\ominus}\}\cdot\{c(S^{2-})/c^{\ominus}\}}$$

$$=\frac{\{c(NH_3)/c^{\ominus}\}^4}{\{c([Cu(NH_3)_4]^{2+})/c^{\ominus}\}\cdot\{c(S^{2-})/c^{\ominus}\}}\times\frac{c(Cu^{2+})/c^{\ominus}}{c(Cu^{2+})/c^{\ominus}}$$

$$=\frac{1}{K_f^{\ominus}([Cu(NH_3)_4]^{2+})\cdot K_{sp}^{\ominus}(CuS)}$$

在难溶电解质中加入能与阳离子生成配离子的溶液，可以通过生成配离子使沉淀溶解。例如，在 AgBr(s)加入 $Na_2S_2O_3$ 溶液，可以使 AgBr 溶解：

$$AgBr(s)+2S_2O_3^{2-}(aq)=[Ag(S_2O_3)_2]^{3-}(aq)+Br^-(aq)$$

$$K^{\ominus}=\frac{\{c([Ag(S_2O_3)_2]^{3-})/c^{\ominus}\}\cdot\{c(Br^-)/c^{\ominus}\}}{\{c(S_2O_3^{2-})/c^{\ominus}\}^2}$$

$$=\frac{\{c([Ag(S_2O_3)_2]^{3-})/c^{\ominus}\}\cdot\{c(Br^-)/c^{\ominus}\}}{\{c(S_2O_3^{2-})/c^{\ominus}\}^2}\times\frac{c(Ag^+)/c^{\ominus}}{c(Ag^+)/c^{\ominus}}$$

$$=K_f^{\ominus}([Ag(S_2O_3)_2]^{3-})\cdot K_{sp}^{\ominus}(AgBr)$$

例 10-3 欲使 0.10 mol AgBr 溶解于 1.0 L 氨水，所需氨水的最低浓度是多少？若溶于 1.0 L $Na_2S_2O_3$ 溶液，$Na_2S_2O_3$ 的最低浓度又是多少？

解：(1)
$$AgBr(s)+2NH_3=[Ag(NH_3)_2]^++Br^-$$

$$K^{\ominus}=\frac{\{c([Ag(NH_3)_2]^+)/c^{\ominus}\}\cdot\{c(Br^-)/c^{\ominus}\}}{\{c(NH_3)/c^{\ominus}\}^2}$$

$$=K_f^{\ominus}([Ag(NH_3)_2]^+)\cdot K_{sp}^{\ominus}(AgBr)$$

$$=1.1\times10^7\times5.35\times10^{-13}=5.9\times10^{-6}$$

据题意知 AgBr 完全溶解时

$$c([Ag(NH_3)_2]^+)=c(Br^-)\approx0.10\ mol\cdot L^{-1}$$

代入上式得
$$\frac{0.1\times0.1}{\{c(NH_3)/c^{\ominus}\}^2}=5.9\times10^{-6}$$

解得：
$$c(NH_3)=41.2\ mol\cdot L^{-1}$$

$$c(NH_3)_{最低}=41.2+0.1\times2=41.4\ mol\cdot L^{-1}$$

计算结果表明，要将 0.10 mol AgBr 溶解于 1.0 L 氨水，氨水的浓度至少要达到 41.2 mol·L^{-1}，但市售的氨水的最大浓度约为 15.6 mol·L^{-1}，所以 AgBr 沉淀不能被氨水完全溶解。

(2)
$$AgBr(s)+2S_2O_3^{2-}(aq)=[Ag(S_2O_3)_2]^{3-}(aq)+Br^-(aq)$$

$$K^{\ominus}=\frac{\{c([Ag(S_2O_3)_2]^{3-})/c^{\ominus}\}\cdot\{c(Br^-)/c^{\ominus}\}}{\{c(S_2O_3^{2-})/c^{\ominus}\}^2}$$

$$= K_f^{\ominus}([Ag(S_2O_3)_2]^{3-}) \cdot K_{sp}^{\ominus}(AgBr)$$
$$= 3.2\times10^{13}\times5.35\times10^{-13} = 11.7$$

方法同(1)，可得

$$c(S_2O_3^{2-}) = 0.024\ mol \cdot L^{-1}$$
$$c(S_2O_3^{2-})_{最低} = 0.024 + 0.1\times2 = 0.224\ mol \cdot L^{-1}$$

AgBr 沉淀可溶解于 $Na_2S_2O_3$ 溶液中。

3.配位平衡与氧化还原平衡

在氧化还原反应体系中，当加入配位剂时，由于金属离子和配位剂形成稳定的配离子，使金属离子的浓度大大降低，从而引起电极电势的变化，使氧化还原平衡发生移动，甚至会改变反应进行的方向。如在 Fe^{3+} 溶液中加入 I^-，Fe^{3+} 将 I^- 氧化为 I_2：

$$Fe^{3+} + I^- = I_2 + Fe^{2+}$$

如果在此溶液中加入 NaF，则 F^- 与 Fe^{3+} 生成 FeF_3 配合物，降低了 Fe^{3+} 的浓度，减弱了 Fe^{3+} 的氧化能力，结果使反应逆向进行：

$$2Fe^{2+} + I_2 + 6F^- = 2FeF_3 + 2I^-$$

我们知道，电对 Fe^{3+}/Fe^{2+} 的标准电极电势为 0.771 V，对应的电极方程式是：

$$Fe^{3+} + e^- = Fe^{2+}$$

当加入 NaF 后，生成了配合物 FeF_3，Fe^{3+}/Fe^{2+} 电对就转化成了 FeF_3/Fe^{2+} 电对，电极方程式也转化为：

$$FeF_3 + e^- = Fe^{2+} + 3F^-$$

FeF_3/Fe^{2+} 电极的标准电极电势可以根据能斯特方程式计算：

$$\varphi^{\ominus}(FeF_3/Fe^{2+}) = \varphi^{\ominus}(Fe^{3+}/Fe^{2+}) - 0.059\ V\ lg\ K_f^{\ominus}(FeF_3) = 0.06\ V$$

可见，当生成了 FeF_3 后，铁电极的电极电势下降，不能再氧化 I^- 离子($\varphi^{\ominus}(I_2/I^-) = 0.54$ V)。

例 10-4 已知 $\varphi^{\ominus}(Ag^+/Ag) = 0.799$ V，$K_f^{\ominus}([Ag(NH_3)_2]^+) = 1.1\times10^7$，求电极 $[Ag(NH_3)_2]^+/Ag$ 的标准电极电势。

解：当 $[Ag(NH_3)_2]^+$ 达到解离平衡时，溶液中 Ag^+ 的浓度可由配位平衡：

$$Ag^+ + 2NH_3 = [Ag(NH_3)_2]^+$$
$$K_f^{\ominus}([Ag(NH_3)_2]^+) = \frac{c([Ag(NH_3)_2]^{2+})/c^{\ominus}}{\{c(NH_3)/c^{\ominus}\}^2 \cdot \{c(Ag^+)/c^{\ominus}\}} = 1.1\times10^7$$

根据题意在标准态下，配离子$[Ag(NH_3)_2]^+$和配体NH_3的浓度均为$1\ mol \cdot L^{-1}$，则

$$c(Ag^+)/c^{\ominus}=\frac{c([Ag(NH_3)_2]^{2+})/c^{\ominus}}{K_f^{\ominus} \cdot \{c(NH_3)/c^{\ominus}\}^2}=\frac{1}{1.1\times10^7}=9.1\times10^{-8}$$

根据 Nernst 方程，得

$$\varphi(Ag^+/Ag)=\varphi^{\ominus}(Ag^+/Ag)+\frac{2.303RT}{nF}\lg\frac{c(Ag^+)}{c^{\ominus}}$$

$$=0.799\ V+0.059\ V\lg(9.1\times10^{-8})=0.38\ V$$

即 $$\varphi^{\ominus}([Ag(NH_3)_2]^+/Ag)=0.38(V)$$

4. 配合物之间的转化

一种配体取代配离子中原有配体，并生成一种新的配离子的反应称为配体取代反应。如：在含Fe^{3+}的溶液中加入 NaF，会生成$[FeF_6]^{3-}$配离子，其实这个反应的本质是F^-取代了$[Fe(H_2O)_6]^{3+}$中的配体H_2O而生成了一种新的配离子$[FeF_6]^{3-}$。配体取代反应进行的方向和程度取决于两种配离子的稳定常数及两种配离子的初始浓度，取代反应一般向着生成更稳定的配离子方向进行。

例如，往一盛有$Fe_2(SO_4)_3$溶液的试管中，依次加入 HCl、NH_4SCN、NH_4F和$(NH_4)_2C_2O_4$溶液，可观察到试管中的颜色变化由浅黄色→黄色→血红色→无色→浅黄色，表明依次发生了下列反应：

$$[Fe(H_2O)_6]^{3+}+6Cl^-=[FeCl_6]^{3-}+6H_2O$$
浅黄色　　　　黄色

$$[FeCl_6]^{3-}+6SCN^-=[Fe(SCN)_6]^{3-}+6Cl^-$$
黄色　　　　血红色

$$[Fe(SCN)_6]^{3-}+6F^-=[FeF_6]^{3-}+6SCN^-$$
血红色　　　　无色

$$[FeF_6]^{3-}+3C_2O_4^{2-}=[Fe(C_2O_4)_3]^{3-}+6F^-$$
无色　　　　浅黄色

上述配离子的稳定性由$[Fe(H_2O)_6]^{3+}$→$[FeCl_6]^{3-}$→$[Fe(SCN)_6]^{3-}$→$[FeF_6]^{3-}$→$[Fe(C_2O_4)_3]^{3-}$依次增大。

例 10-5　通过计算说明，向血红色的$Fe(SCN)_3$溶液中加饱和NH_4F溶液，会有何种现象出现？

解：查表得　$K_f^{\ominus}([FeF_3])=1.1\times10^{12}$，　$K_f^{\ominus}([Fe(SCN)_3])=4.0\times10^5$

$$Fe(SCN)_3+3F^-=[FeF_3]+3SCN^-$$

可用反应平衡常数来估计反应进行的趋势。

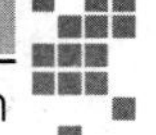

$$K^{\ominus}=\frac{K_f^{\ominus}([FeF_3])}{K_f^{\ominus}([Fe(SCN)_3])}=\frac{1.1\times10^{12}}{4.0\times10^{5}}=2.8\times10^{6}$$

可见，转化反应的平衡常数非常大，反应正向趋势很大。所以向血红色的 $Fe(SCN)_3$ 溶液中加饱和 NH_4F 溶液后，会使溶液的血红色消失。

例 10-6 先将 1 L 浓度为 0.6 $mol\cdot L^{-1}$ 氨水和 1 L 浓度为 0.06 $mol\cdot L^{-1}$ $NiSO_4$ 溶液混合，然后再加入 1 L 浓度为 0.6 $mol\cdot L^{-1}$ 乙二胺，并使其充分混合。试求反应达到平衡时，$[Ni(NH_3)_6]^{2+}$ 和 $[Ni(en)_3]^{2+}$ 的浓度以及 NH_3 和乙二胺的浓度比。

解：查表得 $K_f^{\ominus}([Ni(en)_3]^{2+})=1.9\times10^{18}$，$K_f^{\ominus}([Ni(NH_3)_6]^{2+})=7.9\times10^{8}$

$$[Ni(NH_3)_6]^{2+}+3en=[Ni(en)_3]^{2+}+6NH_3$$

反应总平衡常 $K^{\ominus}=\frac{K_f^{\ominus}(Ni(en)_3]^{2+})}{K_f^{\ominus}([Ni(NH_3)_6])}$

$$=\frac{1.9\times10^{18}}{7.9\times10^{8}}=2.4\times10^{9}$$

设 $[Ni(NH_3)_6]^{2+}$ 平衡时的浓度为 x $mol\cdot L^{-1}$，

	$[Ni(NH_3)_6]^{2+}$	+	3en	=	$[Ni(en)_3]^{2+}$	+	$6NH_3$
混合后反应前/$(mol\cdot L^{-1})$			0.2				0.2
平衡时/$(mol\cdot L^{-1})$	x		$0.2-3(0.02-x)$ $=0.14+3x$		$0.02-x$		$0.2-6x$

由于反应平衡常数大，Ni^{2+} 几乎全部生成了 $[Ni(en)_3]^{2+}$，x 极小，则

$c([Ni(en)_3]^{2+})\approx0.02\ mol\cdot L^{-1}$，$c(en)\approx0.14\ mol\cdot L^{-1}$，$c(NH_3)\approx0.2\ mol\cdot L^{-1}$

代入平衡关系式

$$K^{\ominus}=\frac{\{c([Ni(en)_3]^{2+})/c^{\ominus}\}\cdot\{c(NH_3)/c^{\ominus}\}^6}{\{c([Ni(NH_3)_6]^{2+})/c^{\ominus}\}\cdot\{c(en)/c^{\ominus}\}^3}=\frac{0.02\times0.2^6}{x\times0.14^3}=2.4\times10^{9}$$

解之得 $c([Ni(NH_3)_6]^{2+})=x=1.2\times10^{-11}\ mol\cdot L^{-1}$

$$c([Ni(en)_2]^{2+})=0.02\ mol\cdot L^{-1}$$

$$c(NH_3)/c(en)=0.2/0.14=1.43$$

10.4 配位化合物在生物医药领域的重要应用

配合物在生物医药领域有着重要的应用。金属中毒治疗、抗癌药物开发等引发了人们对配合物越来越多的关注。

1. 配合物在正常生命活动中作用和意义

人体内存在许多配合物，生命现象与许多配位反应密切相关。人体中的必需微量元素 Mn、Fe、Co、Zn、Cu 等都是以配合物的形式存在于体内，各有其特殊的生理功能。如人体内

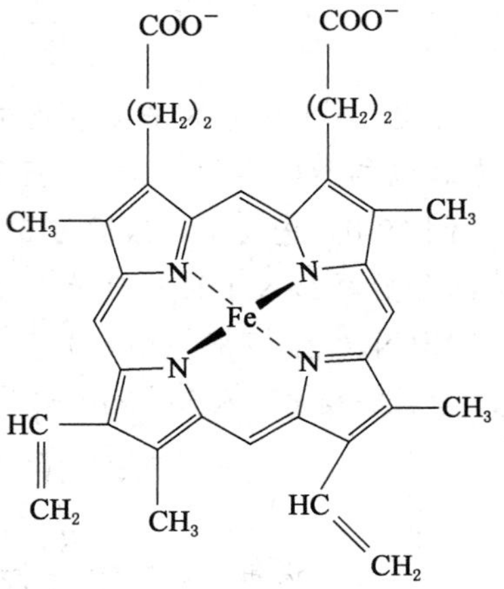

输送 O_2 和 CO_2 的血红蛋白(Hb)是亚铁血红素和一个球蛋白构成,血红素就是 Fe^{2+} 的卟啉配合物。血红素中 Fe^{2+} 与 6 个配位原子形成八面体配合物(图 10-9)。原卟啉空腔中处于正方形顶点的 4 个 N 原子占去 4 个配位数,第 5 个是球蛋白末端组氨酸咪唑基中的 N 原子,处于正方形上方,Fe^{2+} 的第 6 个配位位置由水分子占据。它能可逆的被 O_2 置换,形成氧合血红蛋白($Hb \cdot O_2$)。

$$Hb \cdot H_2O + O_2 = Hb \cdot O_2 + H_2O$$

正常生理条件下,肺部血液被 O_2 饱和(O_2 的分压为 20.26 kPa),上述平衡几乎完全向右移动。在动脉供血的组织中,O_2 的分压下降,平衡向左移动放出供体内代谢需要的 O_2。然后,血红蛋白与代谢产物 CO_2 结合,输送到肺部释放掉 CO_2,再进行下一轮运输。

图 10-9　血红素的结构

CO 能与血红蛋白形成更稳定的配位个体,使下述平衡向右移动

$$[Hb \cdot O_2](aq) + CO(g) = [Hb \cdot CO](aq) + O_2(g)$$

即使肺部中 CO 分压仅为总压力的 1/1 000,CO 与血红蛋白的配位个体仍能优先生成,使组织供氧中断,最终因肌体麻痹而导致死亡。为抢救 CO 中毒者,医学上有时采用高压氧气疗法,将病人置于纯氧密封舱中,高压的氧气可使溶于血液的氧气增多,使反应逆向进行,达到解除 CO 中毒的目的。

另外,含 Co^{3+} 的维生素 B_{12}、含 Zn^{2+} 的胰岛素、含 Cu^{2+} 的铜蓝蛋白等也都具有重要的生理功能,它们对于生命活动都是必需的。

2. 配合物在疾病治疗及药物开发中的应用

生物配位化学的另一方面,是研究微量金属在人体生命活动中的作用和体内金属离子间的平衡。现已知道,微量元素的失调将引起慢性病,例如镉离子过量与高血压、锂的缺失与精神病发作均有一定联系。利用配合反应可带入体内所需的元素和帮助排除有害元素。大家最为熟知的一种金属配合物药物就是顺铂 *cis*-$Pt(NH_3)_2Cl_2$(cisplatin)。这是一种临床广泛使用的抗癌药物,主要用于治疗睾丸癌。顺铂的抗癌机理被认为是:顺铂进入人体内经过运输、水解以后与 DNA 结合,生成稳定的配合物,从而阻止了 DNA 的复制和转录,最终使得细胞死亡。顺铂与 DNA 的结合主要是通过与 DNA 上鸟嘌呤和腺嘌呤的 N7 键合完成的,可以分为三种形式,分别是链内交联、链间交联和 DNA-蛋白间交联,见图 10-10。对顺铂抗癌机理的研究有利于找到金属药物结构与疗效间的相互关系,也为合成和筛选新的抗癌药物提供了依据。

配合物可作为药物治疗许多疾病。例如用枸橼酸(柠檬酸)钠针剂治疗铅中毒,使铅转变为稳定无毒的可溶性配离子$[Pb(C_6H_5O_7)]^-$,从肾脏排出体外;注射 $Na_2[CaY]$治疗职业性铅中毒,Pb^{2+} 可生成比 CaY^{2-} 更稳定的配离子 PbY^{2-} 排出体外。又如,EDTA 的钙盐是排除人体内 U、Th、Pu、Sr 等放射性元素的高效解毒剂等。

还有自然界中存在的某些抗生素,例如,缬氨霉素能选择性的与某些碱金属离子形成配

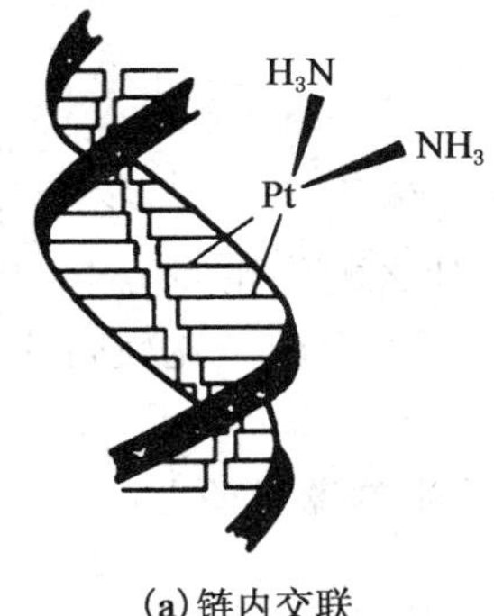

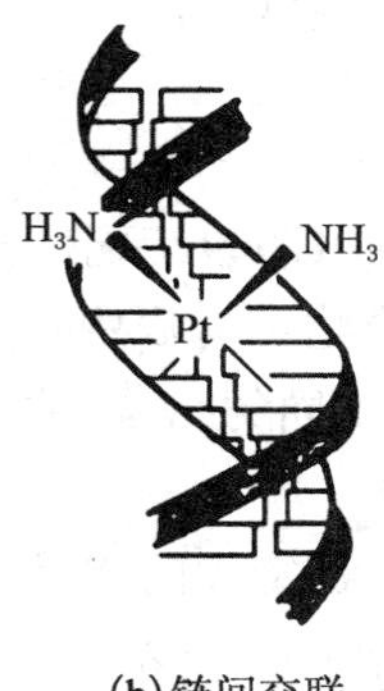

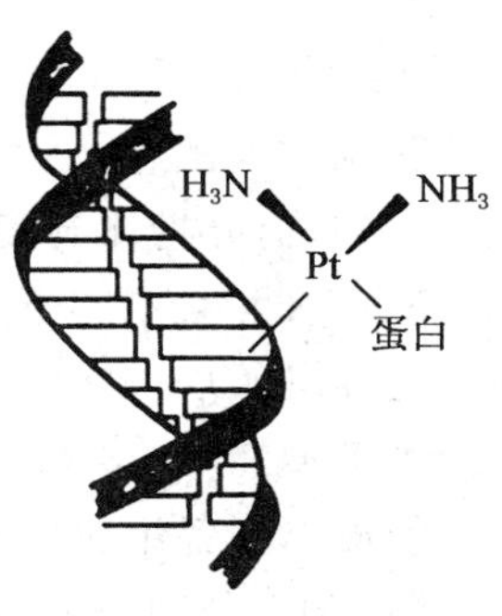

(a)链内交联　　(b)链间交联　　(c)DNA-蛋白间交联

图 10-10　顺铂与 DNA 结合方式

合物，并具有选择性的输送钾离子透过生物膜的功能。

3. 配合物在农业科学中的重要作用

叶绿素是 Mg^{2+} 的配合物，植物进行光合作用依靠叶绿素进行；固氮酶的固氮作用，是固氮菌借助于含铁、钼蛋白质配合物将空气中的 N_2 固定并还原为 NH_3；土壤中的 P 常与 Fe、Al 等金属离子形成难溶的磷酸盐而不能被植物吸收。为了提高土壤中可溶性磷的含量，可施入有机肥，其中的复杂腐殖酸可 Fe^{3+}、Al^{3+} 形成螯合物，这时磷就被重新释放出来，被植物应用。

□ 本章小结

配位化合物是由可以给出孤对电子的一定数目的配体（离子或分子）与具有能够接受孤对电子的空轨道的中心原子之间以配位键结合，并按一定的组成和空间构型所形成的化合物。直接与中心原子结合的配位原子的数目称为中心原子的配位数。只含有一个配位原子的配体称为单齿配体，含有两个或多个配位原子的配体称为多齿配体。多齿配体与中心原子形成的具有环状结构的配合物称为螯合物，螯合物通常比简单配合物稳定。

价键理论认为，生成配合物时，中心原子价层的空轨道发生杂化，杂化轨道与配体中配位原子含有孤电子对的轨道重叠，形成配位键，使中心原子与配体键合。若中心原子全部以外层轨道（ns、np、nd 等）参与杂化和成键，这样得到的配合物称为外轨型配位化合物。若中心原子的（$n-1$）d 等内层轨道参与杂化和成键，这样得到的配合物称为内轨型配位化合物。

配离子在水溶液中稳定性可用稳定常数 $K_f^\ominus$ 表示。配位反应与酸碱反应、沉淀反应、氧化还原反应是相互影响的。

□ 习　题

10-1　解释下列名词

(1)中心原子　　(2)配位数

(3)配位原子　　(4)配位体

(5)螯合效应　　　　　　(6)磁矩

(7)内轨型和外轨型配合物

10-2　区别下列概念

(1)几何异构体与旋光异构体　(2)单齿配体与多齿配体

10-3　EDTA 与金属离子形成的配合物具有哪些特点？为什么配位比多为 1∶1？

10-4　已知$[Pd(Cl)_2(OH)_2]$有两种不同的结构，成键电子所占据的杂化轨道应该是哪种类型？

10-5　预测下列各组所形成的配离子稳定性的相对大小，并简单说明理由。

(1)Al^{3+} 分别与 F^- 和 Cl^- 配合；

(2)Cu^{2+} 分别与 NH_3 和乙二胺配合；

(3)Cu^{2+} 分别与 NH_2CH_2COOH 和 CH_3COOH 配合。

10-6　为什么在水溶液中，Co^{3+} 能氧化水，而$[Co(NH_3)_6]^{3+}$ 却不能？

10-7　下列说法是否正确？不正确的请说明理由。

(1)配合物必须由内界和外界两部分组成

(2)只有金属离子才能作为配合物的中心原子

(3)配体的数目就是中心原子的配位数

(4)配离子的电荷数等于中心原子的电荷数

(5)配离子的几何构型取决于中心原子所采用的杂化轨道类型

(6)对于两个配离子，$K_f^{\ominus}$ 大的配离子的稳定性大

(7)配位剂浓度越大，生成配离子的配位数就越大

(8)螯合物的稳定性比具有相同配位原子的简单配合物要高

(9)内轨型配合物一定比外轨型配合物稳定

10-8　命名下列配合物，并指明中心原子及其配位数和配体：

$[Ni(NH_3)_4]Cl_2$　　$[CrCl_2(H_2O)_4]Cl$　　$[Co(NH_3)_4(H_2O)_2]SO_4$

$K_2Na[Co(ONO)_6]$　　$[Co(en)_3]Cl_3$　　$Ni(CO)_4$

$K_2[PtCl_6]$　　$[Ni(C_2O_4)(NH_3)_2]$　　$[CrCl_3(H_2O)(Py)_2]$

10-9　根据下列配合物的名称写出它们的化学式：

二硫代硫酸根合银(Ⅰ)酸钠　　三硝基・三氨合钴(Ⅲ)

二水合溴化二溴・四水合铬(Ⅲ)　　六氯合锑(Ⅴ)酸氨

二氯・二羟・二氨合铂(Ⅳ)　　氯化二氯・四水合钴(Ⅲ)

10-10　指出下列配合物的空间结构并画出它们可能存在的立体异构体

$[Pt(NH_3)_2(NO_2)Cl]$　　$[Pt(Py)(NH_3)BrCl]$　　$[Ni(NH_3)_2Cl_2]$

$[Co(NH_3)(en)Cl_3]$　　$[Pt(NH_3)_2(OH)_2Cl_2]$　　$[Co(NH_3)_3(OH)_3]$

10-11　CN^- 分别与 Ag^+、Ni^{2+}、Zn^{2+} 和 Fe^{3+} 形成配离子，根据价键理论讨论其杂化轨道类型、几何构型和磁性。

10-12　已知四种钴氨配合物的组成如下：

$CoCl_3 \cdot 6NH_3$(橙黄色)　　$CoCl_3 \cdot 4NH_3$(绿色)

$CoCl_3 \cdot 5NH_3$(紫色)　　$CoCl_3 \cdot 3NH_3$(绿色)

若用 $AgNO_3$ 溶液沉淀上述各配合物中的 Cl^-，所得沉淀的含氯量依次相当于总含氯量的 3/3、1/3、2/3、0。根据这一实验事实确定这四种钴氨配合物的化学式及名称。

10-13 计算下列反应的平衡常数并估计反应进行的趋势。

(1) $Ag_2S + 4CN^- = 2[Ag(CN)_2]^- + S^{2-}$

(2) $[Cu(NH_3)_4]^{2+} + 4H^+ = Cu^{2+} + 4NH_4^+$

(3) $[Ag(S_2O_3)_2]^{3-} + Cl^- = AgCl + 2S_2O_3^{2-}$

10-14 计算 100 mL 浓度为 1 $mol \cdot L^{-1}$ 的氨水中能溶解固体 AgBr 多少克？

10-15 10 mL 0.05 $mol \cdot L^{-1}$ $[Ag(NH_3)_2]^+$ 溶液与 1.0 mL 0.10 $mol \cdot L^{-1}$ 的 NaCl 溶液混合，问此混合液中 NH_3 浓度至少要多大，才不至于 AgCl 沉淀析出？

10-16 有一混合溶液含有 0.1 $mol \cdot L^{-1}$ 的自由 NH_3、0.01 $mol \cdot L^{-1}$ NH_4Cl 和 0.15 $mol \cdot L^{-1}$ $[Cu(NH_3)_4]^{2+}$，试问这个溶液中有无 $Cu(OH)_2$ 沉淀生成？

10-17 将铜电极浸在含有 1.00 $mol \cdot L^{-1}$ 氨水和 1.00 $mol \cdot L^{-1}$ $[Cu(NH_3)_4]^{2+}$ 配离子的溶液中，用标准氢电极作正极，测得两电极间的电势差（即该原电池的电动势）为 0.030 V，计算 $[Cu(NH_3)_4]^{2+}$ 的稳定常数，并说明能否用铜器储存氨水？

第 5 部分

化学在我们身边

PART 5

CHEMISTRY AROUND US

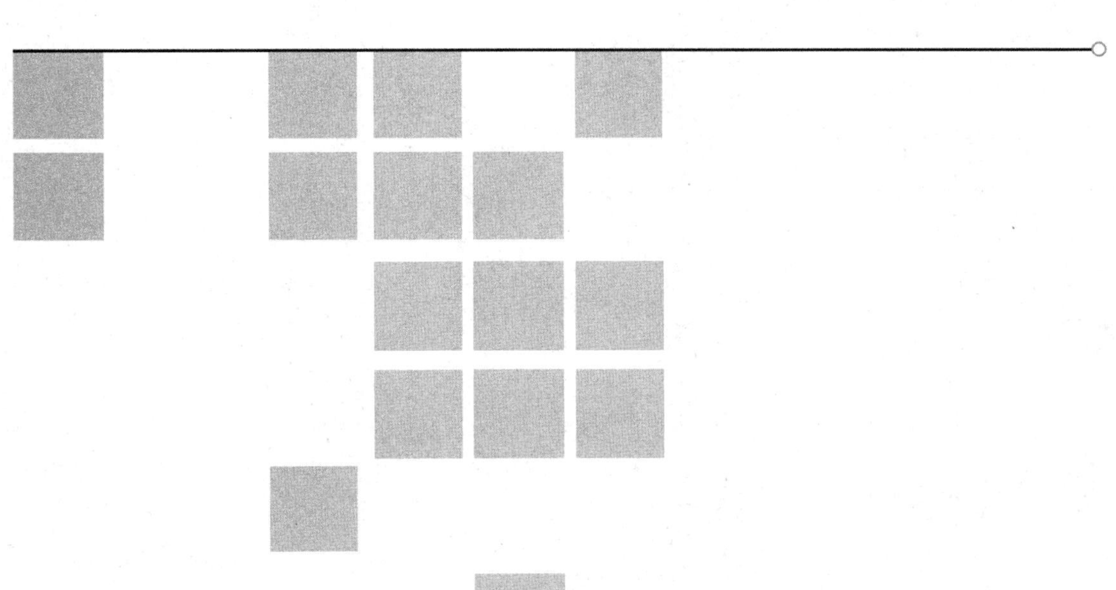

化学作为中心学科，从衣食住行到高科技太空探险，从古文明的纸墨笔到现代高科技的计算技术都与化学有着密不可分的联系。能源、材料、生命和信息等社会普遍关注的热点问题，其产生、发展乃至最终解决，都离不开化学。随着人类文明的不断进步，化学为人类创造了无数物质财富，是人类不可或缺的。但不知从何时起，人们对于“化学”有了妖魔化的心态，环境污染、果蔬的农药残留、频繁发生的食品安全事故使人们谈“化学”色变，化学品简直成了“毒药”的同义词。因此，使人们客观、准确、全面地了解化学及它在社会发展中的作用是化学工作者义不容辞的责任。

本部分分为两章，以社会普遍关注的能源、材料、生命和健康等话题为出发点，精选素材，深入浅出地介绍错综复杂的社会话题与丰富多彩的化学世界的关联，分别叙述化学在人类生存和发展中的重要地位，强调化学作为一门自然学科，究竟是带给人们危害还是造福人类，完全在于人类如何利用和操控它。本部分旨在宣传和普及化学知识，唤起和激励学生对化学的兴趣，调动他们学化学、用化学、研究化学的积极性。

Chapter 11 第11章

化学与生活

Chemistry and Life

随着科学的发展，人类的进步，我们的日常生活越来越离不开化学。我们体内的蛋白质、核酸、糖类、脂肪等都是化学物质，他们能够保证身体机能的正常运行。我们的衣、食、住、行同样离不开化学物质。我们利用天然的化学物质或者人工合成的高分子化学物质做成既美观又实用的衣物，我们向食物中添加各种化学物质使食物更加美味、营养，我们合成各种性能的建筑材料，使我们家居生活更加安逸、享受，我们的交通工具越来越先进，越来越安全，这也得益于先进材料的开发利用。高科技信息材料的改进使我们飞驰在信息高速路上。因此我们的生活时时处处离不开化学。

【学习要求】

- 了解化学元素与人体健康。
- 了解丰富多彩的生活材料。
- 了解食物中添加的常用化学物质。

11.1 化学元素与人体健康

人体是由化学元素组成的，组成人体的元素有 60 多种。其中最常见的有 20 多种。有些元素参与了生命过程的一个或多个环节，我们把它称为必需元素。必需元素在人体中维持着一定的含量范围，每种元素的含量范围均由生命过程本身决定。当体内缺乏某种必需元素，含量超过允许的范围或者某些必需元素比例关系失调时，会引起生理性变化，严重的会导致疾病的发生，甚至死亡。

必需元素约占人体总量的 99.95%，其中，11 种元素的含量超过体重的 0.05%，称为常量元素。常量元素约占人体总重量的 99.3%，含量由高到低依次为 O, C, H, N, Ca, P, S, K, Na, Cl, Mg，其中，C，H, O 和 N 四种元素占人体体重的 96%。

其他必需元素含量低于体重的 0.01%，称为微量元素，目前大量科学家普遍认为人体内含有 17 种微量元素，分别是 Zn, Cu, Co, Cr, Mn, Mo, Fe, I, Se, Ni, Sn, F, Si, V, As, B, Br。下面介绍化学元素在人体中的作用。

11.1.1 人体中常量元素

1. 氢

氢占人体总质量的10%。可以说,氢无处不在,它和其他元素一起构成了人体中的水、蛋白质、脂肪、核酸、糖类和酶等。研究发现,这些生物大分子之间,甚至是分子内部都存在大量的氢键,例如蛋白质的肽链之间靠氢键和其他的一些弱的分子间作用力来维持,氢键一旦被破坏,这些物质的部分功能就会丧失。此外,人体要保持正常的生理功能,体液如唾液、胃液、血液等都有一个合适的酸碱度,即体液中氢离子含量保持合适的浓度范围。

2. 碳

人体质量的96%由C,H,O,N组成。有机物的基本骨架由碳和氢组成,碳和氢构成了丰富多彩的有机界,没有碳,就没有生命物质。有机物主要包括烃类、醇、酚、醚、醛、酮、羧酸及其衍生物,生物大分子如蛋白质、核酸、糖类等都是由这些含碳基团按照不同的次序连接而成的,在生物体内参与着生命的各个生理过程。体重70 kg的成人含碳量16 kg。

碳的重要氧化物是一氧化碳和二氧化碳 。

一氧化碳是无色、无臭、剧毒的气体,是各种有机化合物的基础原料。一氧化碳的毒性源于它的配位能力,一氧化碳与血红蛋白的结合力大约是氧与血红蛋白结合力的1 000倍。CO进入体内,与血红蛋白结合,使血红蛋白失去了运输氧的能力,从而发生CO中毒。空气中CO达0.1%体积时,就会引起中毒。

空气中CO_2来源于各种燃料的燃烧、矿物分解、动物呼吸等过程。CO_2几乎没有毒性,可以用作碳酸饮料和灭火器。二氧化碳容易吸收红外线,所以大气中的CO_2有保温作用,大气中的CO_2保持太阳热量的作用,称为温室效应。大量的CO_2排入大气使地球变暖,严重影响了自然界的生态平衡。

3. 氧

氧是构成水和空气的元素,它还是蛋白质、核酸、糖、细胞膜等的生物成分,是生命不可缺少的物质。

大气中的氧是植物利用二氧化碳和水光合作用的产物。大约13亿年前,大气中基本没有氧。现在通过光合作用,植物供给的氧估计每年可达10^{11} t。

任何生命都离不开氧,氧是活性很强的物质,可以同卤素及除金、银、铂以外的金属直接反应生成氧化物。在人体中,氧气主要参与氧化过程,释放能量,供人体利用。

氧的同素异形体是臭氧,它是浅蓝色的气体,液化后呈深蓝色。在氧的气流中轻轻放电即可得到10%的臭氧。距地球25 km的稀薄大气中含有臭氧层,臭氧因能吸收太阳放射出的紫外线,保护地球生物免受紫外线的侵害。近年来,人类制造的氟利昂(甲烷、乙烷和丙烷等饱和烃的卤代物的总称,可分为CFC,HCFC,HFC等4类)类物质以及超音速飞机的飞行与大气层内的核爆发产生的氮氧化物正在不断破坏臭氧层。因此全球推荐使用无氟冰箱。

臭氧的氧化性被用于漂白、除臭、杀菌等。

4. 硫

硫也属于ⅥA族元素,与氧化学性质相近。

硫是组成蛋氨酸和半胱氨酸的基本元素,在几乎所有蛋白质中都有这两种氨基酸。维

生素 B_1 属于有机硫化合物。

硫在空气中燃烧，得到 SO_2。SO_2 为无色，有刺激性臭味的气体。6%的 SO_2 溶液可以用以治疗扁桃体炎和驱除寄生虫。

5. 氮和磷

氮是蛋白质和核酸的重要组成元素之一，而磷是人和脊椎动物的骨和牙的重要成分——羟基磷灰石的组成部分，对生物体的遗传代谢、生长发育、能量供应等方面是不可缺少的。同时，氮和磷也是植物生长的营养元素。

含磷的有机物会使神经中毒，常作为杀虫剂和化学武器而被利用，使人类间接地受到伤害。

6. 氯

氯是体液的主要阴离子，胃酸中含氯，可以激活蛋白质消化酶。胰液和胆汁分泌的帮助消化的物质，是由氯的钠盐和钾盐形成的。

7. 钠和钾

氯化钠俗名食盐，世界年产量 6 000 万 t，在食品工业中作为调味品，是人类每天必需摄取的营养物质，维持着红细胞的形态和细胞的离子平衡。另外，氯化钠大量用作金属钠、氢氧化钠、碳酸钠的生产原料。

碳酸氢钠俗称发酵苏打，可以用作发酵剂，另外，可以中和胃里过多的胃酸，还可用于灭火器，与酸反应生成 CO_2 泡沫覆盖火焰，起灭火作用。

Na^+，K^+ 易与具有多基配位能力的冠醚有机大分子形成较稳定的配合物，如，Na^+ 与15-冠-5 形成稳定的配合物，K^+ 与 18-冠-6 形成稳定的配合物。Na^+，K^+ 还能与结构与冠醚类似的缬氨酶键合形成配合物，这种键合使 Na^+，K^+ 在生命过程中具有重要的作用，它们是维持体内渗透压、血液、体液的酸碱度和肌肉以及神经的应激性物质，其中钠调节细胞外液，钾与细胞内液的各种调节有关。在起着隔离作用的细胞膜内外，钾和钠保持着相当的浓度。

钾的生理作用很多，如多种蛋白质的合成、细胞内外水的运输、维持生命的信号传递等。在生物体内，植物中钾的含量比钠高，而动物则相反，钠的含量更高一些。

8. 镁和钙

镁在生命体中起着至关重要的作用。在人体内，镁以磷酸盐、碳酸盐的形式分布于骨头和肌肉中。镁对蛋白质、核酸、类脂化合物的酶合成的活化、软骨和骨的生长以及维持脑和甲状腺机能非常重要。

在植物中，Mg^{2+} 与卟啉键合形成自然界中非常重要的配合物——叶绿素，叶绿素在光合作用中起催化作用。在动物体内，镁是许多酶的辅基。

在人体内，骨头的正常形成需要足够的钙和磷酸。钙也是构成生物体膜的重要成分，使膜保持稳定性和渗透性。科学研究还发现，钙与肌肉的刺激与收缩有关，血液中钙含量低，会引起痉挛。此外，钙对多数酶的调节和活化，或者阻遏起作用，比如血液凝固反应等。

11.1.2 人体中的微量元素

微量元素是在人体中含量很少的必需元素。人体维持生命活动的"必需微量元素"，约占体重的1%。每种微量元素含量均小于0.01%，它们是铁、铜、锌、锰、碘、钴、钼、硒、氟、钡等 10 多种。

微量元素与人体的健康有密切的关系，它的浓度、价态和摄入肌体的途径等都对人体健康有影响；并且，微量元素之间，微量元素与蛋白质、酶、脂肪和维生素之间都存在着相互依存的比例关系，任何两者之间比例失调都可能导致疾病的产生。

1. 过渡金属元素

人体必需的微量元素中，Zn，Cu，Co，Cr，Mn，Mo，Fe，Ni，V 均为过渡金属元素。

(1)铜和锌　铜是人体代谢过程中的必需元素，影响着生物体内酶的活动和氧化还原过程。食物中的铜离子在胃肠被吸收，与血清中的血浆铜蓝蛋白及清蛋白等蛋白结合，输送到体内各组织。人体内若缺乏铜，会引起贫血、毛发异常，甚至可产生白化病、骨和动脉异常、脑障碍，有研究证明缺铜可引起心脏增大、血管变弱、心肌变性、心肌肥厚等症状，人类长期缺铜会引起心脏病。若过剩，则会引起肝硬化、腹泻、呕吐、运动障碍和知觉神经障碍等。

锌分布在人体各组织，有着重要的生理功能，生物体内存在着许多种锌酶和锌激活酶，它们参与生命过程的各个方面。如它参与植物细胞的呼吸过程，近年来，还发现了与细胞的发生与分化的重要遗传信息的保存、控制、调节有关的锌蛋白质。锌也是胰岛素的主要成分。缺锌会影响很多酶的活性，使生长发育受阻、免疫功能低下、智力低下、异食癖等。锌过量会引起头昏、呕吐、腹泻、刺激肿瘤生长等。

(2)铁、钴和镍　铁是哺乳动物的血液和交换氧所必需的。没有铁，血红蛋白就不能制造出来，氧就不能得到输送。植物缺铁会萎黄，人体缺铁则会贫血。如体内吸收一些与铁配位能力比 O_2 强的物质，如 CO 等，它们占据血红蛋白中氧的位置，血红蛋白失去运输氧的能力，发生中毒。人体缺铁，钴会进一步被吸收。

钴存在于肉和奶类制品中，每人每天通过食物摄入 0.05～1.8 mg 钴。被摄入的钴主要存在于骨骼，肝脏和胰脏中。Co 是维生素 B_{12} 的成分在人体内发挥其生理作用，其生化作用是刺激造血，促进动物血红蛋白的合成、促进胃肠道内铁的吸收、防止脂肪在肝骨沉积。

人若缺钴，就会引起巨细胞性的贫血，并影响蛋白质、氨基酸、辅酶及脂蛋白的合成。

镍存在于 DNA(脱氧核糖核酸)和 RNA(核糖核酸)中，适量的镍对 DNA 及 RNA 发挥正常的生理功能是必需的。但科学家一致认为，镍具有很强的致癌作用。

(3)钒　钒具有一定的生物学活性，是人体必需的微量元素之一。钒对造血过程有一定的积极作用，钒可抑制体内胆固醇的合成，有降低血压的作用。动物缺钒可引起体内胆固醇含量增加、生长迟缓、骨质异常。钒还参与脂类的新陈代谢过程。海鞘类动物血液是绿色的原因是它们体内运载氧的是钒血红素。现已证明，钒是土壤中某些固氮菌所必需的。

(4)铬和钼　铬和钼在生物界有着很重要的作用。铬是人和动物糖、脂肪、胆固醇代谢作用所必需的元素。Cr(Ⅲ)使胰岛素发挥正常功能，但 Cr(Ⅵ)对人体有毒，它通过干扰重要的酶系统，损伤肝、肾、肺等组织。体内铬含量高会引起肺癌、鼻膜穿孔，体内缺乏铬容易引起糖尿病、糖代谢紊乱、粥样动脉硬化、心血管病。

Cr^{3+} 对人体的生理功能，据当前大量研究成果表明，主要是对葡萄糖类和类脂代谢以及对于一些系统中氨基酸的利用是非常必需的。因此，缺铬易导致胰岛素的生活活性降低，从而发生糖尿病。1959 年生物医学家默茨证实，铬是葡萄糖代谢过程中胰岛素的利用所必需的一种要素。对于一些由于饮水中铬含量低的地区患蛋白质缺乏症的儿童，用铬剂进行治疗后,恢复了他们对葡萄糖的正常消化力。目前人类对铬的需要量尚未见到明确的报道,从摄取和吸收的情况来看,每天摄入 50～110 mg 是足以满足生理需要的。

钼是生物生长的关键元素,铁钼蛋白在自然界固氮催化过程中起着决定性作用。没有它们,植物就无法从自然界直接获得氮肥。

一般饮水中钼含量很低,一般低于 1 mg·L^{-1},这也是人体缺钼的原因之一。缺钼地区的人群食道癌发病率较高。我国食道癌集中高发区的调查资料表明,病区饮水中以缺钼、铜、锌、锰是其特征,钼摄入过多或缺乏会引起龋齿、肾结石、营养不良。

(5)锰　锰对植物的呼吸和光合作用起着重要的影响。锰(Ⅱ)在动物体内,多存在于肝脏中,影响着组织的氧化还原和血液循环过程。

锰参与造血过程,并在胚胎的早期发挥作用。各种贫血的病人,锰多半降低,缺锰地区,癌症的发病率高。有人在研究中还发现动脉硬化患者,是由于心脏的主动脉中缺锰,因此动脉硬化与人体内缺锰有关。另外,在精氨酸酶、脯氨酸钛酶的组成中,锰是不可缺少的部分,它还参与脂肪代谢过程。

2.人体中的非金属元素

(1)氟(F)、溴(Br)和碘(I)　氟是人体所必需的微量元素。氟对人体的生理功能,主要是在牙齿及骨骼的形成、结缔组织的结构以及钙和磷的代谢中有重要作用。在适当的 pH 下氟有助于钙、磷形成羟基磷灰石,促进成骨过程,可以预防骨质疏松症。氟可与牙齿的珐琅质作用生成不溶于酸的物质,具有预防龋齿,保护牙齿健康的功能。然而过量氟会干扰钙磷的代谢,造成氟斑牙,得氟骨病。

溴麻痹大脑的运动神经,因此少量的溴化钾作为抗癫痫药,可以抑制痉挛。

碘是甲状腺的成分,人体缺碘,可以导致一系列的生化紊乱及生理异常,如甲状腺肿大、智力低下、得大脖子病;但补充大剂量的碘,又会引起甲状腺中毒症,会导致甲亢。

(2)硅　硅参与早期骨骼的形成,在关节软骨和结缔组织形成过程中也起作用。研究发现,二氧化硅对人体有害,会引起矽肺,导致肺纤维化,诱发癌症。

(3)砷　砷的化合物一般是有毒的。一致认为,砷的毒性源于砷和人体内的半胱氨酸的巯基结合,阻碍了酶或蛋白质的功能。无机砷毒性较强,而有机砷毒性较小。砷化物可有效治疗多种皮肤病和阿米巴痢疾。尽管砷化物有毒,它却常用于药品生产中。

砷在人体中也是必需的,极微量的砷有促进新陈代谢的作用,对于正常的成年人,体内总量 20～30 mg。

(4)硒　硒作为人体所需微量元素,在防癌、抗癌、预防和治疗心血管疾病、克山病和大骨节病等方面的重要作用已为世人所公认,是保持人体健康的必需营养性微量元素。硒在人体内的主要功能:首先硒是组成各种谷胱甘肽过氧化酶的一个重要元素,参与辅酶 A 和辅酶 Q 的合成,以保护细胞膜的结构,其次是具有抗氧化性,能够有效地阻止诱发各种癌症的过氧化物的游离基的形成。有报道指出:硒的抗氧化作用与维生素 E 相似,且效力更大,此外硒还能逆转镉元素的有害的生理效应。中国科学院克山病防治队,根据国内、外研究成果,认为成年人每日最低需硒量为 0.03～0.068 mg,推荐每日 0.04 mg。人体缺硒容易引起心血管病、克山病、肝病、诱发癌症等;但是过量摄取硒,由于蛋白质和核酸等中的硫原子被硒原子置换,使得正常的机能无法进行,硫化物的代谢被抑制,从而产生毒素,导致头痛、精神错乱、肌肉萎缩、过量中毒致命。

3. 有毒有害元素

随着工业的发展和自然资源的开发利用，越来越多的元素通过食物、大气、水进入人体。有些元素对人类无害。有些元素进入体内后，在一定的浓度范围内对人体有益，可是超过一定范围后就可能对身体有害，如 As、B 是生命必需的微量元素，浓度在合适的范围内对人体有益，但是这个范围很窄，稍微过量就可能带来极大的毒性。有些元素进入体内会产生积累，干扰正常的代谢活动，对身体造成极大的伤害，导致疾病甚至死亡，如重金属元素 Hg、Cd、Pb 等。

(1)铅　铅及其化合物都有毒，其毒性随溶解度的增大而增加。铅盐毒性主要是 Pb^{2+} 与蛋白质分子中(—SH)作用生成难溶物，影响正常的代谢。过量摄入铅，会引起慢性中毒，危害造血系统、心血管、神经系统和肾脏。与铅形成稳定配合物的 EDTA 制剂能有效减轻铅引起的急性中毒，反应如下：

$$Ca(EDTA)^{2-} + Pb^{2+} = Pb(EDTA)^{2-} + Ca^{2+}$$

(2)镉　镉是剧毒元素，在体内积蓄造成慢性中毒。镉通过各种方式进入生物体内，由于其生物半衰期很长，会产生积累。镉中毒会引起严重的肝、肾损伤、肺病甚至死亡。积聚在人体中的镉能破坏人体内的钙，使受害者骨头逐渐变形，导致骨痛病。

(3)汞　汞化合物无论是在生物体内，还是在环境中，金属汞、无机汞、有机汞之间可以相互转换，在生物体内的代谢和毒性也因化学形态不同而不同。

汞是工业排放的严重污染物。Hg^{2+} 与体内巯蛋白有极强的结合力，是水溶性汞盐产生剧毒的原因。Hg^{2+} 能使肾脏组织严重受损，致使它们丧失排除废物的能力。脂溶性的有机汞比无机汞有更大的毒性，如甲基汞易被人体吸收，但不易降解和排泄，容易在大脑中积累。

(4)砷　砷的污染主要来源于煤的燃烧，冶炼厂黄铁矿焙烧、炼焦、炼钢等。

砷在体内积蓄造成慢性中毒，抑制酶的活性，引起糖代谢停止，危害中枢神经，引发癌症。

微量的砷对人体有益，但是 As(Ⅲ)的毒性很大，稍微过量就有生命危险，As(Ⅴ)的毒性很小，不过，在体内可被还原成 As(Ⅲ)。

(5)铝　人体长期摄入过量的铝，会使胃酸降低，胃液分泌减少，导致腹胀、厌食和消化不良，并可加速衰老。铝化合物沉积在骨骼中，造成骨质疏松；沉积于大脑，使脑组织发生器质性病变，出现记忆力衰退、智力障碍、严重的可导致痴呆。

微量元素对人体必不可少，但是在人体内必须保持一种特殊的平衡状态，一旦平衡被破坏，就会影响健康。至于某种元素对人体是有益还是无害则是相对的，关键在于适量，至于多少才是适量，以及它们在人体中的生理功能和形成的结构如何等，都值得我们作进一步的研究。

11.2　丰富多彩的生活材料

材料是人类生产生活的物质基础，随着科学技术的发展和人们生活水平的不断提高，传统的材料得到了发展，大量的新型材料也不断涌现。

11.2.1 五光十色的无机颜料

无机颜料也叫矿物颜料，主要由金属、金属盐类及金属氧化物或硫化物组成。色泽有红、黄、蓝、白、黑等，是将天然矿产品经过一系列物理加工和化学反应处理后制得。

无机颜料具有许多优异的性能：如遮盖力好、耐光性好、耐热性高、不易分解等特点。无机颜料的主要作用是着色保护，另外，有些颜料还有着特殊的作用。如炭黑、氧化锌、立德粉大量用于橡胶，除作为着色剂和填充剂之外，还能提高橡胶制品的耐磨性和抗裂性。还有些无机颜料具有防锈的作用，如红丹(Pb_3O_4)、锌铬黄、钼酸锌、锶铬黄、云母氧化铁等。

颜料因分子结构和成分不同，其物理性质和化学性质存在较大的差异。评价一种颜料的品质，需要从物理性能和化学成分的各个方面来考察。这些方面包括纯度、色光、着色力、遮盖力、细度、吸油量、含水量、耐光性、耐热性、水渗性、油渗性、耐酸碱性、耐有机溶剂性等。

1. 白色颜料

白色颜料可以用几种不同的金属来制备，如钛、铅、锌、钡、锑等。白色的无机颜料在油漆中主要用来降低漆膜的透明度或提高其光散射能力。

(1)钛白颜料　钛白颜料是主要的白色颜料，其主要化学成分是二氧化钛，二氧化钛是多晶型化合物，在自然界中存在三种晶态：四方晶系的锐钛型、金红石型和斜方晶系的板钛型，锐钛型、金红石型用途最广。二氧化钛性质极为稳定，常温下几乎不与其他元素和化合物作用，不溶于水、脂肪、有机酸、盐酸和硝酸，也不溶于碱，可以溶于氢氟酸，高温下溶于浓硫酸。

钛白具有优异的颜料特性，占世界颜料消耗总量的50%以上，白色颜料消耗总量的80%以上，主要用于涂料、塑料、造纸工业当中。此外，超细二氧化钛还可以用作催化剂、紫外线吸收剂、化妆品等，也可用于制造光敏材料、电子元件、抗静电塑料和记录纸的导电层。

(2)锌白颜料　锌白颜料的主要成分是氧化锌，氧化锌为白色无定形或六方晶系结晶，有吸收紫外线的能力和在空气中吸收湿气和二氧化碳的性质，不溶于水，易溶于酸或强碱，属于两性化合物。

氧化锌大量使用在橡胶工业中，可以增加橡胶制品的耐磨性和弹性。根据其吸收紫外线的特性可制备防晒橡胶用品。在涂料中添加氧化锌，还可以起到抑制真菌、防酶、防粉化、提高耐久性的作用。此外，氧化锌可以用作多种化工原料的中间体，并用于陶瓷、玻璃及纺织工业。一些品质优秀的静电复印材料含有经特殊处理过的氧化锌。

氧化锌也可以用于计算机的储存器，医用软膏中的防腐剂和饲料添加剂。

(3)锌钡白　锌钡白俗称立德粉，也是一种白色颜料，其化学式为$BaSO_4 ZnS$，白色粉末，具有良好的耐碱性。

锌钡白大量用于涂料工业，可以制成水浆涂料、乳胶漆和配制耐碱涂料，用于橡胶制品中，可起到增白与提高强度的作用。由于锌钡白遮盖力好，与其他有色颜料能很好配伍，可用于制油墨，在绘画颜料和造纸方面应用很广泛。

(4)锑白颜料　锑白颜料的主要成分是三氧化二锑，三氧化二锑是一种两性化合物，不溶于水，溶于盐酸、浓硫酸、浓硝酸，也可溶于碱。

三氧化二锑可用于涂料、搪瓷、橡胶、塑料、染织工业，另外，还被广泛用于阻燃剂、填充剂和催化剂。

2. 红色颜料

(1)铁红　铁红的分子式 Fe_2O_3，为粉红色粉末，在各种介质中有良好的分散性、遮盖力、着色力较强。对紫外线有良好的屏蔽作用，具有良好的耐热、耐光、耐碱性，但溶于热的强酸中。其晶相有 α-Fe_2O_3，γ-Fe_2O_3。

铁红主要用作彩色混凝土，其次用于涂料工业。γ-Fe_2O_3 可用作磁性材料。利用铁红对紫外线的屏蔽作用，可做塑料、橡胶、人造革和化学纤维的着色剂、抗老化剂。在医药和化妆品方面也有少量应用。

(2)镉红　镉红按组成分硫硒化镉红和汞镉红。硫硒化镉红的主要成分是 CdS 和 CdSe，汞镉红的主要成分是 CdS 和 HgS。镉红颜料的红色随着硒化镉和硫化汞含量的增加而增加。

镉红主要用于陶瓷、搪瓷、玻璃、绘画颜料和塑料的着色。镉红在高温下易氧化变色，也可用作示温颜料。

(3)银朱　银朱又称朱砂，主要成分是硫化汞，硫化汞有两种晶型，一种为六方晶型呈红色，另一种为立方晶型，呈黑色。红色硫化汞不溶于稀酸、稀碱、水、乙醇，在王水中析出硫黄，遮盖力和着色力较好，但是耐光性差。

银朱主要用于朱漆、印油和绘画颜料，也可用于塑料、橡胶制品的着色。

(4)钼镉红　钼镉红由钼酸铅、铬酸铅、硫酸铅组成，三者分子比发生变化，可得到橘红至红色的不同品种的颜料。钼镉红主要用于涂料工业和油墨。

3. 黄色颜料

黄色无机颜料主要有四类：分别是铁黄、铬黄、铅铬黄、钛镍黄。

(1)铁黄　铁黄又称羟基铁黄，化学式为 $Fe_2O_3 \cdot H_2O$ 或 $Fe_2O_2(OH)_2$，不溶于碱，微溶于稀酸，完全溶于浓盐酸。铁黄具有较高的着色力和遮盖力，具有耐光、耐腐蚀性。

铁黄主要用于涂料工业造漆、建筑工业的墙面粉饰和人造大理石的着色，用作绘画颜料、皮革和橡胶的着色剂，另外，还可用于化工生产中的催化剂。

(2)镉黄　镉黄的化学成分为硫化镉。铬黄不溶于水、有机溶剂、碱溶液，微溶于稀酸可溶于浓酸。铬黄的着色力强，有良好的耐光和耐碱性。广泛用于搪瓷、陶瓷、玻璃、涂料和塑料的着色，也用作荧光材料和绘画材料。

(3)铅铬黄　铅铬黄的主要成分为 $PbCrO_4$、$PbSO_4$ 和 $PbCrO_4$、PbO。根据镉组分含量和制造条件的不同，可以配制出从柠檬黄至橘黄的一系列色泽。铅铬黄色泽鲜明，遮盖力、着色力强，具有耐热和耐大气影响的性能，不溶于水和油，溶于酸和碱，在日光下久晒颜色会变暗。

铅铬黄主要用于涂料、油墨、橡胶、塑料、文教用品等工业。

(4)钛镍黄　钛镍黄的主要成分 TiO_2-NiO-Sb_2O_5。钛镍黄具有良好的稳定性，不溶于水，酸、碱中不与任何氧化剂和还原剂发生反应，耐热性、耐久性较好，安全无毒。缺点是色浅、分散性差，经常和有机颜料配合使用。

钛镍黄主要用作高温涂料、在高温下注塑的塑料着色及卷钢涂料、车辆和飞机的涂料。

4. 蓝色颜料

(1)钴蓝　钴蓝的主要成分是 CoO 和 Al_2O_3，具有鲜明的特色和耐久性、耐酸碱及各种溶剂、无毒，钴蓝颜料主要用于陶瓷、搪瓷、玻璃及耐高温的塑料及工程塑料的着色以及绘画颜料。

(2)铁蓝　铁蓝的主要成分是 $Fe_4[Fe(CN)_6]_3$，铁蓝有很强的着色力和耐光性、不耐碱、不与稀酸反应，浓酸会使其分解。铁蓝是一种廉价的蓝色颜料，大量用于涂料和油墨。

(3)群青　群青的主要成分 $Na_6Al_4Si_6S_4O_{20}$，不溶于水，耐碱、耐高温、不耐酸，着色力、遮盖力较低。

群青用于消除白色涂料、白色颜料、纸浆、棉纤维中的黄色光，有增白作用。用作绘画颜料和调色剂，另外，可用作抗老化剂、催化剂和吸附剂。

5. 防锈颜料

铅系和铬系颜料具有良好的防锈性能，但是由于铅铬对人体的危害，使用越来越受限制，无毒、高效的防锈颜料的开发成为发展的方向。下面简要介绍一下目前市场上出现了一些防锈颜料。

改性偏硼酸钡具有防锈、防霉、防菌、防污染、抗粉化、防变色、阻燃等多种功能，主要用于涂料、造纸和陶瓷工业。

磷酸盐类颜料包括很多种，使用较广的是磷酸锌和三聚磷酸二氢铝。磷酸锌不溶于水，可溶于无机酸、乙酸和氨水中。稳定性、耐水性和防蚀性较好，并具有阻燃和闪光效果，容易调色、无毒性。三聚磷酸二氢铝不溶于水，能在铁底材表面形成覆盖膜而使铁底材受到保护，具有良好的稳定性，广泛用于输油管道、船舶、车辆、化工设备的防锈蚀处理。

云母氧化铁的化学成分 Fe_2O_3，具有较高的化学稳定性，耐高温、防锈蚀。大量用于要求不透水、防护性能强的底漆和面漆以及高温环境下防腐钢材的面漆。

11.2.2　食品添加剂

食品添加剂是指为改善食品品质和色、香、味，以及为防腐和加工工艺的需要而加入食品中的化学物质，可以是合成或天然物质。天然食品添加剂是指利用动植物或微生物的代谢产物为原料，经提取而获得的天然物质。合成的食品添加剂是利用化学手段，经氧化、还原、缩合、聚合、成盐等合成反应而得到的物质。

我国食品添加剂使用卫生标准将食品添加剂分成 22 类：防腐剂、抗氧化剂、发色剂、漂白剂、酸味剂、凝固剂、疏松剂、增稠剂、消泡剂、甜味剂、着色剂、乳化剂、品质改良剂、抗结剂、增味剂、酶制剂、被膜剂、发泡剂、保鲜剂、香料、营养强化剂、其他添加剂。

随着食品工业的迅猛发展，食品添加剂种类日益繁多，食品添加剂已达万种以上。下面介绍最常见的几种无机食品添加剂。

1. 防腐剂

防腐剂主要用于防止食品储存、流通过程中，由于微生物、繁殖引起的变质。无机食品防腐剂主要有二氧化硫、焦亚硫酸钠(钾)、次磷酸钠、高锰酸钾、过氧化氢等。

焦亚硫酸钠主要用在葡萄酒和果酒中，最大用量 0.25 $g\cdot kg^{-1}$。

高锰酸钾是一种强的氧化剂有漂白、除臭和防腐作用。主要用于酒和淀粉脱色、除臭用，最大用量 0.5 $g\cdot kg^{-1}$，酒中残留量不得超过 0.002 $g\cdot kg^{-1}$。另外，高锰酸钾还可用于医药上消毒、脱臭；织物的漂白，木材的保护和着色等。

次磷酸钠的分子式为 $NaH_2PO_2\cdot H_2O$，水溶液呈中性，是强的还原剂，能还原金、银、铂、汞、砷的盐类成为单质。在食品工业中作食品防腐剂，也可作抗氧化剂。因是强还原剂，还可用在化学电镀和医药上。

2. 发色剂

在食品生产和加工过程中，能与食品的某些成分发生作用，使食品呈现喜人色泽的物质称为发色剂。可用于肉制品、蔬菜、果实。用作发色剂的物质基本上都是无机物，如亚硝酸钠、亚硝酸钾、硝酸钾、硫酸亚铁等。

亚硝酸钠主要用于肉制品的加工，最大使用量 0.15 $g\cdot kg^{-1}$，残留量肉类罐头不得超过 0.05 $g\cdot kg^{-1}$，肉制品不得超过 0.03 $g\cdot kg^{-1}$。

亚硝酸钠也可作为织物染色的媒染剂；丝绸、亚麻的漂白剂；金属热处理剂；钢材、电镀缓蚀剂；氰化物中毒的解毒剂；还可以制造硝基化合物及偶氮染料。

硫酸亚铁又称绿矾，在潮湿的空气中吸潮，被空气氧化成黄色和铁锈色，溶液中有氧存在时，逐渐氧化为硫酸铁。硫酸亚铁可与蔬菜中的色素形成稳定的配合物，防止因有机酸而引起变色。可以作为茄子、海带、黑豆、糖煮蚕豆等的发色剂，另外，硫酸亚铁也是常用的铁营养强化剂，容易吸收，利用率高。工业上硫酸亚铁用于制造铁、墨水、氧化铁红及靛青，用作净水剂、消毒剂、防腐剂等。

3. 漂白剂

为消除食品加工过程中或物质本身的不受人喜欢的颜色，需要加入漂白剂。漂白剂能破坏或抑制食品中的发色物质，使色素褪色，将有色物分解为无色物。根据漂白剂的化学性质，把漂白剂分为两大类：还原漂白剂和氧化漂白剂。

亚硫酸钠与着色物作用，将其还原，显示强烈的漂白作用。根据国家使用卫生标准，亚硫酸钠可用于蜜饯、饼干、罐头、葡萄糖、食糖、冰糖、竹笋、蘑菇等的漂白。最大使用量为 0.6 $g\cdot kg^{-1}$。

亚硫酸钠也可用作防腐剂和抗氧化剂，用亚硫酸溶液浸渍果实或喷洒于果实上，能达到抗氧化和保持香味的目的。在化学工业上，亚硫酸钠可作化学纤维的稳定剂，织物漂白、染漂脱氧，照相显影保护剂，苯胺染料和香料还原剂，造纸木质素脱除剂等。

焦亚硫酸钠又称偏重亚硫酸钠，分子式 $Na_2S_2O_5$。露置空气中，易氧化变质，并不断放出 SO_2 生成相应的盐。与烧碱或纯碱作用生成亚硫酸钠。

在食品工业上，焦亚硫酸钠主要用作漂白剂、防腐剂和疏松剂。在蜜饯、饼干、罐头、葡萄糖、冰糖、蘑菇、竹笋等中，最大使用量为 0.45 $g\cdot kg^{-1}$。做防腐剂在葡萄酒、果酒中最大使用量为 0.25 $g\cdot kg^{-1}$，SO_2 残留量不得超过 0.05 $g\cdot kg^{-1}$。

另外，焦亚硫酸钠还可用于制革、织物以及有机物的漂白，印染的媒染剂，照相用还原剂，电镀中用于含铬废水处理。

4. 品质改良剂

在食品生产和加工中能提高和改善食品品质的食品添加剂称之为品质改良剂。品质改良剂是通过保水、保湿、黏结、填充、增塑、稠化、增容、改变流变性质和螯合金属离子等来改变食品品质。磷酸盐是使用最广的食品品种改良剂，包括正磷酸盐、焦磷酸盐、聚磷酸盐和偏磷酸盐。最常用的化合物有六偏磷酸钠、三聚磷酸钠、磷酸二氢钠、焦磷酸钠、焦磷酸二氢二钠、磷酸二氢钙等。

磷酸盐作为品质改良剂，能起到保水、保鲜、抗结缓冲和乳化分解的作用，从而可以改善食品的品质。在肉、鱼类制品和面食加工中应用广泛，可以提高肉的持水性，增进结着力，使肉质保持鲜嫩。用于饮料、奶制品、豆制品、面食、肉类等的品质改良，也可用于水果、蔬菜。目前食品工业中，复合磷酸盐的应用越来越广，即几种磷酸盐按照一定配比形成不同的复合磷酸盐品质改良剂，使得其具有多种功能和协调作用。

5. 酸味剂

为改善食品风味，增进食欲，同时抑制微生物生长、护色、改良黏度和流变性，提高内在质量、防腐、抗氧化和延长保质期，需要向食品中加入酸味剂。酸味即主要来自于果酸。世界上使用的酸味剂有二十多种，主要是有机酸，如柠檬酸、富马酸、苹果酸、酒石酸、乳酸、乙酸等。磷酸是食用酸中唯一的无机酸。磷酸主要用于调味料、罐头和可乐饮料，做可乐饮料时，用量达到 0.02％～0.06％。

国内医药行业、食用植物油、巧克力、果酱和制糖行业等也会使用一定量的磷酸。食品磷酸除用于酸味剂外，还起到防腐、抗氧化的作用。

6. 营养强化剂

营养强化剂是为提高食品的营养价值而添加的维生素、氨基酸、无机盐等。

无机营养强化剂主要是矿物质和微量元素，如微量元素钙、镁、铁、铜、锌、碘、磷等，以有机盐类或者磷酸盐、碳酸盐的形式加入到食品中。

营养强化剂不仅能提高食品的营养质量，而且还可提高食品的感官质量，改善其保藏性能。

11.2.3 生物无机化学产品

随着科技的发展，人们生活水平的提高，追求自然美，健康美，保护环境的意识越来越强。日用洗涤品、化妆品和表面活性剂、医药、食品工业等也逐渐趋向于使用纯天然、环保型物质，我们称之为日用生物无机化学品。

日用生物无机化学品是从天然产物中提取的物质，发挥着其独特的功能。如蚕沙中提取的叶绿素可用于牙膏和漱口水除臭剂，鸡冠中提取的透明质酸具有卓越的保湿功能，添加到护肤品中，可以促使皮肤光滑、柔嫩延缓衰老。柠檬酸锌具有溶解结石和抑制菌斑钙化的作用。将 SOD 添加到化妆品中，可以防辐射、抗紫外线，对治疗雀斑、皮炎、痤疮等有显著的治疗效果。下面以透明质酸和海藻酸钠为例说明其在日常生活中的应用。

1. 透明质酸与透明质酸钠

透明质酸缩写为 HA，HA 是由(1,4)D-葡萄糖醛酸-β-(1,3)D-N-乙酰葡萄糖胺的双糖重复单元连接构成的一种酸性黏多糖。透明质酸钠(SH)是由透明质酸羧基与钠金属离子形成的盐。HA 普遍存在于动物和人体内，可以以鸡冠或人的脐带为原料提取或用发酵法制备 HA。HA 被誉为“分子海绵”，可吸收和保持自身质量上千倍的水分，是世界公认的最优良的保湿剂之一。作为保湿因子,添加到日用化妆品中,能使皮肤保持湿润、光滑、富有弹性、细腻、抗皱、防皱、有延缓皮肤衰老的作用。此外可以作为化妆品中的乳化剂、增稠剂、香精固定剂等。透明质酸钠(SH)是由透明质酸羧基与钠金属离子形成的盐,广泛用于医药方面,在眼科手术中作黏弹性保护剂,作为一种新型的生物医用材料,可以治疗各种关节炎,使病人关节疼痛得到缓解,促进软骨修复,加速伤口愈合。SH经交联后,形成不同分子量和溶解度的大分子聚合物,可作为软组织中的填充物用于软组织修复、美容、隆乳等手术。

2. 藻酸和海藻酸钠

海藻酸是存在于海带、海藻等褐藻胶质中的一种酸性多糖。海藻酸溶于碱性溶液,形成海藻酸钠,通过化学反应,还可以得到海藻酸钾盐、铵盐、钙盐、镁盐。

在日用化工中,海藻酸钠作为牙膏配方中常用的黏结剂,防止牙膏的粉末成分与凝体成分分离,赋予牙膏适当的弹性。配方中用量一般为1%～2%。

海藻酸钠是高黏度胶体物质,亲水性强。在食品工业中,可以作为高分子表面活性剂。如,可以作为稳定剂、增稠剂、乳化剂、分散剂、胶凝剂、薄膜剂等,用于罐头、冰淇淋、面条的增稠;饮料、油脂的乳化稳定;糖果的防粘包装。

医药上,海藻酸钠可作为外科敷料,具有止血作用,还可以做牙模材料。低聚海藻酸钠可以制成血浆代用品,临床上用于创伤失血,手术后循环系统的稳定。此外,还可以作为重金属和放射性同位素促排剂,降低人体对重金属和放射性同位素的吸收,用作肿瘤患者放射治疗的辅助剂。海藻酸钠还可以作为药物制剂赋形剂、减肥剂等。

3. 叶绿素、叶绿素铜、叶绿素铜钠

叶绿素是广泛存在于绿色植物和光合细菌生物体中的一类重要的镁卟啉配合物。商品叶绿素有脂溶性叶绿素铜和水溶性的叶绿素铜钠。

叶绿素铜钠色泽明亮、对光和热较稳定,具有收敛、除臭作用,已用做牙膏、漱口剂的防臭添加剂。在食品工业中,可以用作着色剂和除臭剂。由于叶绿素的安全性,也可用作药物制剂的着色剂。

11.3 功能材料

材料、信息、能源是现代文明的三大支柱。随着科学的发展,具有各种特殊功能的材料相继问世。如具有特殊的光学、电磁学、声学、热学等功能的材料已应用于航天技术及日常生活当中。生物技术的发展使得人类的生活质量得到提高,信息技术的发展使我们的生活更加丰富多彩。下面仅从生物材料和信息材料介绍材料对人类生活的影响。

11.3.1 生物材料

生物材料是指作为生物体部分功能或形态修复的材料。由于生物材料是与生物体组织联系或植入活体内起某种生物功能的材料,因此生物材料必须具有良好的生物相容性和相应的生物稳定性。这就要求生物材料无毒、无致癌性,不使血液凝固或发生溶血,对生物组织不产生变态反应和不良反应;同时抗腐蚀能力强,容易成型,便于临床操作。

到目前为止,研究最多的具有重要应用价值的生物材料主要包括三大类。

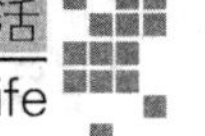

1. 磷酸盐类生物材料

磷酸盐类生物材料具有良好的生物相容性和生物稳定性，是生物材料中最重要的一大类。包括羟基磷灰石材料和磷酸钙水泥骨料。

羟基磷灰石(HA)的分子式 $Ca_{10}(PO_4)_6(OH)_2$，是构成脊椎动物和人体硬组织的无机成分。在 HA 中，其 Ca/P 为 1.67，与人骨一致。羟基磷灰石的烧结体对骨骼和牙齿的组织具有很好的生物相容性，将其植入人体，能使新生骨和植入体结合。其固执的形成能力，与烧结温度和颗粒大小有关。

磷酸钙水泥(CPC)骨料由固液两相组成，固相是几种磷酸钙盐的混合物，液相是蒸馏水、生理盐水或者稀磷酸等。CPC 的特点是生物相容性好，生物化学性能稳定，在人体环境中逐渐被组织吸收，并产生骨齿再生的效果，已成为新一代硬组织修复材料。

2. 聚磷腈系生物材料

聚磷腈系生物材料是一类骨架由磷和氮原子交替排列键合的无机高分子化合物。聚磷腈聚合物的架构多样性，使其赋予新奇优良的特性。

将生物活性基团连接到聚磷腈聚合物上制成生物医学高分子材料，可以解决人造生物医学材料的相容性问题。例如聚氟代烷氧基磷腈和聚芳氧基磷腈制造人工瓣膜、人造血管、人造皮和其他代用器官既有良好的生物相容性，又比四氟乙烯具有更高的抗血栓性。

3. 氧化铝类生物陶瓷材料

实验表明，氧化铝类生物陶瓷是一种长期使用并获得较好效果的实用植入材料。单晶氧化铝、多晶氧化铝和多孔氧化铝等都可用于人工肩关节、膝关节、肘关节、足关节等的填充材料，也是人工齿根的材料。

由 CaO-Al_2O_3-P_2O_5 组成的微孔性生物陶瓷材料是一种良好的骨填充材料。植入骨缺损部，6～9 个月后空隙被新生骨填满，具有良好的力学稳定性和生物相容性。

生物材料的发展促进了医学的发展，使病人减轻痛苦，延长了生命，生活质量得到提高。

11.3.2 信息材料

信息技术已成为世界各国实现政治、经济、文化发展目标最重要的技术，对人类社会生活的各个领域产生了广泛而深刻的影响。

信息技术与化学的紧密联系表现在通过各种化学合成手段制造出功能各异的信息材料。根据实现功能的方法，信息材料可分为电子材料、光电子材料、光学材料等。电子材料包括半导体材料、介电材料、压电材料、热释电材料、磁性材料等。光电子材料包括电光、声光、磁光和非线性光学材料。光学材料主要有激光材料和光学纤维。

半导体材料中，硅的应用占 90%以上。锗主要应用于探测器中。化合物半导体 GaAs、InP 和 GaP 等已在高速器件、充电器件和光电子集成方面获得了应用。

介电材料主要用于制造电容器，要求电阻率高、介电常数大、介电损耗小，一般使用材料是云母、TiO_2、Ta_2O_5、$CaTiO_3$、$MgTiO_3$、$ZrTiO_3$、$BaTiO_3$ 及其改性晶界电容器。

压电材料主要用于信号处理、存储、显示、接收和发射。水晶和电气石是最早使用的晶体压电材料。以后又发展了 $BaTiO_3$ 压电陶瓷等，此后发展成二成分、三成分或更多成分的复合压电陶瓷材料。

随温度变化在材料的两端出现电压或产生电流的材料叫热释电材料，主要有热释电陶瓷及其薄膜。热释电陶瓷主要是改性的 Pb(Zr,Ti)O_3。热释电陶瓷薄膜主要有 $PbTiO_3$ 和四方 $PbZr_xTi_{1-x}O_3$ 薄膜等。磁性材料采用合金系统、氧化物系统材料，有单晶、多晶和薄膜等状态。发展最快的是磁性薄膜材料。

传统的电光材料有 $LiNbO_3$、$LiTaO_3$、$Bi_{12}GeO_{20}$、$kNbO_3$ 等无机晶体材料。随着信息技术的要求的提高，晶体的生长技术得到进一步优化和提高，另外也发现了性能更好的新型半导体电光材料，如 GaAs、InP、InAs、InSb 等。

声光材料分玻璃和晶体两大类。声光玻璃有熔融石英、致密燧石玻璃、硫系玻璃和碲系玻璃等几类。一些新的具有良好的声光特性的电光晶体已被合成。

磁光材料包括两大类：非金属磁光材料、金属磁光材料。非金属磁光材料有石榴石型铁氧体 $Y_3Fe_5O_{12}$(YIG)系，稀土化合物 EuO、EuS；铬卤化合物 $CrCl_3$、$CrBr_3$ 等。金属磁光材料包括 MnBi 系、MnAlGe 系等。

非线性光学材料用于频率转换，如具有高功率激光频率转换用无机晶体：$KTiOPO_4$(KTP)、KH_2PO_4(KDP)等，低功率激光频率转换用无机晶体 $KNbO_3$、$Ba_2NaNb_5O_{15}$ 等。

激光材料大部分由基质材料和激活离子组成，激光材料很多，目前使用的主要是红宝石(Al_2O_3 : Cr^{3+})、掺钕钇石榴石($Y_3Al_5O_{12}$: Nb^{3+})、掺钕铝酸钇($YAlO_3$: Nd^{3+})和钕玻璃。

光学纤维材料有石英光纤和非氧化物玻璃材料。适应光纤的最新进展是稀土掺杂光纤、稀土的掺入能实现激光激发和放大。非氧化物玻璃光纤有卤化物玻璃光纤、硫系玻璃光纤、硫卤化物玻璃光纤等。

习　题

11-1　简述微量元素对人体健康的影响。

11-2　根据个人体会，从衣、食、住、行四个方面说明化学对现代生活的影响。

11-3　查阅资料，综述某一种信息材料的新进展。

Chapter 12 第12章

化学与环境

Chemistry and Environment

根据《中华人民共和国环境保护法》，环境是指“大气、水、土地、矿藏、森林、草原、野生动物、野生植物、水生生物、名胜古迹、风景游览区、温泉、疗养区、自然保护区及生活居住区等。”事实上，环境的范围泛指与人类活动相关的所有外界因素之和。而且随着社会的发展和科学技术的进步，环境的范围也在不断拓展，例如，现在有的学者将月球视为人类生存的环境，未来火星也有可能成为人类生存的环境。

环境污染一般指由于人为的因素，环境的构成或状态发生变化，扰乱和破坏了生态系统以及危害了人们的正常生活条件。具体来讲，由于人类的生活及生产活动，产生的大量有害物质对大气、水质和土壤的污染，超越了其自净能力，破坏了环境的机能，并达到了致害的程度。生物界的生态系统遭到不适当的扰乱和破坏；一切无法再生或取代的资源被滥采滥用；以及由于固体废物、噪声、振动、地面沉降和景观的破坏等造成对环境的损害等，统称为环境污染。

在整个历史进程中，人与环境相互依存相互作用，在从自然环境中摄取生存所必需物质的同时，人类的生产和生活过程又不断地排放废物，使自然环境不断发生变化，并造成环境污染。自20世纪50年代以来，这种污染随着社会生产力和科学技术的突飞猛进、人口数量的激增而加剧，致使世界各国尤其是发达国家的环境污染日益突出，公害频发。如英国伦敦的烟雾事件、美国洛杉矶光化学烟雾事件、日本的甲基汞效应等。此外臭氧层破坏、酸雨等问题已成为全球性环境问题。

环境污染不仅危害人类的生命健康，而且阻碍生产力的发展，因此引起人们的极大关注，并强烈推动人们开展保护环境、控制污染源和污染防治的研究。本章将对大气、水、土壤的污染及防治等问题作一概述。

【学习要求】

- 了解大气的主要污染源及防治措施。
- 了解水体的主要污染源及防治措施。
- 了解土壤的主要污染源及防治措施。

12.1 大气污染及其防治

12.1.1 大气的组成及垂直分布

大气指的是覆盖在地球表面，生物赖以生存的那一层空气组成的大气圈。虽然大气只占地球总质量的百万分之一，但是它却对地球上的生命和气候起着非常重要的作用：人们从中汲取新陈代谢所需要的氧气；植物从中得到光合作用所需要的二氧化碳；水蒸气的循环运动支配着全球的气候变化。大气是多种气体的混合物，就其组成可分为恒定的、可变的和不定的三种。

恒定的组分是指大气中78.09%(体积)的氮、20.95%的氧、0.93%的氩，以及微量的氦、氖、氪、氙。上述比例在地球表面各地几乎可视为恒定的。

可变的组分是指大气中的二氧化碳和水蒸气，其含量受季节、气象以及人们生产和生活活动的影响而发生改变。通常情况下，二氧化碳含量为0.02%～0.04%，水蒸气含量为4%以下。

含有上述恒定组分和可变组分的空气，就是清洁空气。

不定的组分是指大气中的煤烟、尘埃、硫氧化物、氮氧化物、碳氧化物、碳氢化合物等物质，它们来源于自然界的火山爆发、森林火灾、地震、海啸等自然灾害和人类从事各种生产、生活活动向大气排放的各种物质。这些不定组分达到一定浓度将会对人类及生物等造成危害，这也是造成大气污染的主要原因。

按大气的物理性质和垂直分布的特性，一般把大气分成五层。由下而上，分别是对流层、平流层、中间层、暖层和逸散层。

对流层位于大气圈的最低层，从地表到10～12 km高度范围，其厚度约为15 km。对流层的气体密度较大，占大气总质量的75%以上，水汽的90%以上也集中在该层。对流层与人类的关系最为密切，是主要天气现象(云、雾、风、降雨等)和污染物活动区域。在对流层里由于地表对太阳辐射的吸收，温度的变化是下热上冷，大约平均每上升1 km温度降低6℃。这种上冷下热的温度梯度造成空气的强烈对流：下部空气因热膨胀而上升，上部空气因冷收缩而向下运动，这种对流有利于污染物的稀释和扩散。

平流层距地面17～55 km，这一层空气稀薄，臭氧浓度较大，可达10 $mg \cdot kg^{-1}$。臭氧能大量吸收紫外线，阻挡太阳过量的紫外线到达地表层，使地球生物免受紫外线辐射的伤害。平流层大气的垂直对流很弱，主要为大气平流运动，大气层稳定，透明度高，气象现象很少发生，其温度分布随高度而增加。污染物进入平流层将造成长期停留的现象，会产生严重危害。

在平流层上，距地面55～85 km的区域称中间层，其温度随高度的增加而降低。这一层的大气吸收光辐射，发生激烈的光化学反应。

暖层(或热层)距地面85～800 km，该层因受强烈的太阳辐射和宇宙射线的作用，气体分子电离产生大量离子，故又称电离层，电离层具有将无线电波反射回地球的能力，使无线电波能绕地球曲面远距离传播。

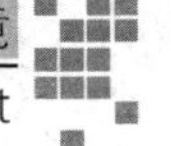

逸散层位于电离层上方。该层大气极为稀薄，密度极小，受地心的引力也极小，气体分子及其他微粒极易向太空扩散。

12.1.2 大气中的主要污染物

1.粉尘

粉尘是飘浮在大气中的固体颗粒物，具有来源广泛，成分各异，大小不一等特点。其天然来源主要是指风沙、地球表面的岩石风化、火山爆发、森林火灾等燃烧过程、海水溅沫和生物排放等一次颗粒物，以及自然排放的 H_2S、NH_3、NO_x 等气体经化学转化而形成的二次颗粒物；人为来源主要是指来自人类各种生产、生活活动排放的液态或固态的颗粒物，以及排放的废气经化学转化而形成的二次颗粒物。粉尘按其颗粒大小可分为降尘和飘尘两类。降尘的颗粒直径一般大于 10 μm，能较快降落到地面；飘尘直径一般小于 10 μm，常以气溶胶形式长时间飘浮在空中。粉尘对人体危害很大，因为粉尘的颗粒小、比表面积大、极易吸附其他物质并为污染物提供催化作用的表面，从而引起二次污染。二次污染的危害远比几种污染物毒性的简单加和严重。

世界卫生组织指出可吸入颗粒(particulate matter，PM)是构成全球空气污染的最大威胁。PM 是一种由细小颗粒和液滴组成的复杂混合物，成分包括酸、有机化合物、金属元素和土壤扬尘微粒。PM 来自于火山爆发、森林火灾、沙尘暴以及海盐雾化等自然活动与人类活动。粗颗粒($PM_{2.5\sim10}$)的直径在 2.5～10 μm，细颗粒就是通常所说的 $PM_{2.5}$，其直径小于 2.5 μm；直径小于 0.1 μm 的颗粒为超细颗粒。大于 10 μm 的颗粒通常被鼻黏膜等上呼吸道保护机制物理拦截，对人类的影响较小；PM_{10} 实际上包括 $PM_{2.5\sim10}$、$PM_{2.5}$ 和 $PM_{0.1}$ 三种类型的颗粒，对人类的呼吸、心脑血管等系统产生较大危害。人长期吸入含有粉尘(尤其是吸入了有害物质的粉尘)的空气，会引发鼻炎、慢性支气管炎、胸痛、咳嗽、呼吸困难甚至肺癌等病症。据测定，一般城市每 100 g 粉尘约吸附 5 μg 的 3,4-苯并芘，癌症发病率远远高于农村人口 1～3 倍。

发生于 1952 年的英国伦敦烟雾事件，实际上就是粉尘、SO_2 和水滴协同作用形成二次污染的结果。来自煤烟中的炭粒以及 Fe_3O_4、SiO_2、Al_2O_3 等粉尘形成雾滴的核心，其巨大的表面积催化了 SO_2 的氧化作用，其反应为：

$$SO_2 + 1/2O_2 \xlongequal{h\nu} SO_3$$

煤烟颗粒中的金属离子如 Fe^{2+}、Mg^{2+} 等，则可由雾滴的核心进入溶液，也能催化水中 SO_2 的氧化作用，反应如下：

$$SO_2 + H_2O = H_2SO_3$$

$$H_2SO_3 + 1/2O_2 = H_2SO_4$$

因此，当这三种成分达到一定浓度时，便很快形成硫酸雾。该酸雾滴的大小刚好能通过呼吸道沉积到肺中，可溶性物质则进入血液及肺组织，造成呼吸困难，危及心脏，形成慢性或急性疾病，甚至死亡。

粉尘对气象也可造成影响，导致大气的能见度降低，减少日光辐射，并对大气起着制冷作用；金属表面的粉尘则容易吸湿，造成金属腐蚀。

粉尘污染在我国较为严重，每年由燃煤产生的烟尘排放量相当大，主要集中在工业发达的大、中城市。

2. 氮氧化物(NO_x)和光化学烟雾

氮氧化物种类很多，但在大气中有害的主要是NO和NO_2氮氧化物。大气中的氮氧化物主要来自燃料（煤和石油）的燃烧过程，特别是汽车、飞机排放的尾气中含有较大量氮氧化物，如仅一架超音速运输喷气发动机，每小时排出的气体中就有203 kg的NO气体。此外，生产硝酸和使用硝酸的工厂也常有大量氮氧化物排入大气。燃料燃烧时，空气中的N_2与O_2在高温下反应，生成NO。

$$N_2(g)+O_2(g)=2NO(g)$$

这一反应在300℃以下很难发生，而在1 500℃以上，NO的生成量显著增加；燃烧温度越高、氧浓度（或分压）越大、反应时间越长，生成的NO量越多。因此，凡属高温燃烧的场所，均可能成为NO的发生源。

在大气中，NO转变为NO_2的反应速率很大：

$$NO(g)+1/2O_2(g)=NO_2(g) \qquad \Delta_r H_m^{\ominus}=-57.05\ kJ\cdot mol^{-1}$$

该反应为一放热反应，因此温度降低对生成NO_2有利。NO还能与O_3反应，消耗臭氧：

$$NO(g)+O_3(g)=NO_2(g)+O_2(g)$$

NO_2溶于水生后成硝酸：

$$2NO_2+H_2O=HNO_3+HNO_2$$
$$3HNO_2=HNO_3+2NO+H_2O$$

因此，大气中的氮氧化物以NO_2为主，在潮湿空气中，能生成硝酸雾，危害很大。

NO是无色无味的气体，能刺激呼吸系统，并能与血红素结合形成亚硝基血红素而引起中毒，高浓度急性中毒会使人的中枢神经受损，引起痉挛和麻痹。NO_2为红棕色有特殊刺激性气体，它的毒性比NO高4～5倍；能严重刺激呼吸系统，使血红素硝化，浓度大时可导致死亡。NO_2和NO的危害还表现为它们能形成酸雨，引起"二次污染"，并在平流层中破坏臭氧层。NO、NO_2还能强烈地吸收紫外线，成为光化学烟雾的重要引发剂之一。

光化学烟雾是大气污染中一种较为严重的污染。它是由于汽车排放的尾气和石油化工厂排出的废气（NO、NO_2以及碳氢化物）污染了大气，被污染的大气在高温、无风、湿度小的气象条件下，受太阳光紫外线强烈照射而发生一系列光化学反应，产生臭氧、PAN（过氧乙酰硝酸酯）等刺激性物质，形成的一种淡蓝色的"烟雾"。光化学烟雾最早发生在洛杉矶（1943年），所以又叫洛杉矶型烟雾，在其污染最严重时，2 d内就导致400名65岁以上老人死亡。此后在北美、日本、澳大利亚、欧洲部分地区，以及我国兰州西固石油化工厂区也先后出现过这种烟雾。

研究表明，光化学烟雾主要发生在阳光强烈的夏、秋季节。随着光化学反应的不断进行，反应生成物不断蓄积，光化学烟雾的浓度不断升高，3～4 h后达到最大值，污染的高峰出

现在中午或稍后。可能由于日光照射情况不同，除了淡蓝色之外，光化学烟雾有时带紫色，有时带褐色。光化学烟雾可随气流飘移数百公里，使远离城市的农村庄稼也受到损害。

光化学烟雾产生的机理极为复杂，一般认为有如下过程：

首先，被污染空气中的 NO_2 发生光分解：

$$NO_2 = NO\cdot + O\cdot$$

然后，污染空气中存在的许多有机物，被空气中的 O_2、O_3、NO_2 氧化成其他有机物及自由基，并导致有毒物质的产生。

反应产生的臭氧、各种游离基、过氧硝基烷、过氧亚硝基烷、过氧酰基硝酸酯、过氧酰基亚硝酸酯等有毒物质，是光化学烟雾的主要成分，均具有强氧化性、强刺激性及强致癌性。这些产物凝聚成浅蓝色烟雾，使大气能见度降低，并引起人眼睛红肿、喉咙痛、肺气肿、动脉硬化等疾病，严重时可致人死亡。光化学烟雾对植物的损害也十分严重，使大片树林枯死，葡萄、柑橘等作物严重减产，还会促使橡胶和塑料制品老化、脆裂，加速涂料、纺织品和金属的腐蚀等。

3. 硫氧化物(SO_x)和酸雨

硫氧化物主要是指 SO_2 和 SO_3。它们大多来自含硫燃料(煤含硫 0.5%～5%，石油含硫 0.5%～3%)的燃烧过程以及硫化物矿石的焙烧、冶炼过程。

排入大气的硫氧化物，最初几乎都是二氧化硫。由于 SO_2 分布广、排放量大，通常以它作为大气污染的重要指标。当 SO_2 物质的量达 0.3×10^{-6} 时，会对植物造成严重伤害；达到 8×10^{-6} 时，会使人感到难受，刺激呼吸系统黏膜，引发支气管炎、哮喘、肺气肿等疾病。

SO_2 对金属及其制品造成腐蚀，使纸制品、纺织品、皮革制品变质、变脆和破碎。还可使一些建筑物、金属塑像受到破坏。

SO_2 在大气中不稳定，最多只能存在 1～2 d。SO_2 可转化为 SO_3：

$$SO_2(g) + O_2(g) = SO_3(g)$$

无催化剂时 SO_2 转化为 SO_3 的速率很慢，大气中 SO_2 的转化率通常不到 1%，但是大气中的粉尘会起到催化作用，使其转化率达到 5%甚至更多。如果大气中 SO_2 含量增加，大气中的 O_3 和 H_2O_2 可将其氧化成 SO_3，SO_3 与水蒸气作用形成硫酸烟雾，溶入雨水就形成硫酸。当雨水的 pH 小于 5.6 时就形成酸雨，此时一般认为大气遭受了污染。此外，氮氧化物(NO_x)在大气中反应生成硝酸溶入雨水，也是形成酸雨的重要原因之一。

酸雨给人类生产和生活造成很大危害。酸雨使自然水体酸化，导致细菌对水体中有机物残体的分解速率降低，使水质变坏，造成鱼虾死亡，也是导致恐龙灭绝的原因之一；酸雨降至陆地使土壤酸化，肥力降低，农作物和树木、森林受害，整个生态平衡遭到破坏；酸雨容易腐蚀水泥、大理石，并能加速金属腐蚀，从而损害建筑物、露天雕刻以及许多古代遗迹；酸雨还加速了桥梁、水坝、工业设备、供水管网等材料的腐蚀；酸雨对人体的影响主要是刺激眼睛和呼吸器官，导致红眼病、支气管炎和咳嗽，严重的还可诱发肺病。

酸雨对环境的污染已超越国界限制，中国的酸雨问题在重庆、武汉等地较为突出，仅重庆市 1981 年全年降雨 pH 的平均值为 4.6，10 场雨中有 8 场是酸雨。酸雨在我国的危害面积已占全国的 40%左右，并呈逐步加重的趋势。世界上主要形成了三大酸雨区：北欧酸雨区、北美酸雨区、东亚酸雨区。

4.碳氧化物(CO_x)和温室效应

碳氧化物中的污染物主要是CO,大气中的CO绝大多数来自燃料的不完全燃烧和汽车尾气等。在大气中CO转化为CO_2的趋势很大,其氧化反应的$K^{\ominus}$相当大,

$$CO(g)+1/2O_2(g)=CO_2(g) \qquad K^{\ominus}=2\times10^{45}(298\ K)$$

但其反应速率极小,因此,在大气中CO能稳定存在,滞留时间可以长达2~3年。而且在温度很高时,CO_2还会分解成CO和O_2。CO是无色、无味、无臭的气体,极易使人在不知不觉的情况下中毒。CO一旦被人们吸入肺部,极易与血红蛋白结合,使血红蛋白失去携氧能力,导致体内缺氧,引起恶心、头痛、昏迷,严重时会损伤智力直到窒息死亡。

CO_2在自然界中本不是有害气体,但由于人类生产活动规模空前扩大,向大气中排放大量的CO_2,导致大气微量成分的改变。二氧化碳能吸收地面的长波辐射,对地球起着保温作用,这种现象被称为"温室效应"。如果大气中CO_2含量增加,温室效应也会随之增强。除了二氧化碳外,臭氧、甲烷、一氧化二氮、氟利昂等也是能够导致温室效应的气体。

温室效应引发的全变暖球会导致以下问题:海平面上升;气候反常,海洋风暴增多;土地干旱,沙漠化面积增大;地球上的病虫害加剧;人类脑炎等传染病的扩大等。科学家们预言:到2050年,地球表面气温上升约4℃,海平面将上升20~140 cm,这将对岛国、群岛以及各国沿海城市构成很大威胁,有的甚至会被淹没。

5.氯氟烷烃(CFC)与臭氧层破坏

氯氟烷烃是指含氯、氟的烃类化合物,又称"氟利昂",是一类化学性质稳定的人工合成物质,在大气中不易分解,寿命长达几十至几百年。CFC是完全的工业生产物质,其产量一直在增加,用量也随之增大。氟利昂种类有$CFCl_3$(代号CFC-11)、CF_2Cl_2(代号CFC-12)、$C_2HF_2Cl_3$(代号CFC-13)等,其中CFC-11可作塑料膨胀剂,CFC-12是冰箱、空调的制冷剂。氯氟烷烃在大气的对流层中较稳定,但由于在使用过程中不停地向大气层逸散,当进入大气平流层后,受到强烈的紫外线照射,会发生光分解,产生氯游离基Cl·,分解产物能与臭氧层中的臭氧分子作用,消耗臭氧。主要反应如下:

$$CFCl_3 \rightarrow \cdot CFCl_2 + Cl\cdot$$
$$Cl\cdot + O_3 \rightarrow ClO\cdot + O_2$$
$$ClO\cdot + O_3 \rightarrow Cl\cdot + 2\ O_2$$

这样,氯氟烷烃在臭氧层中以远远快于O_3生成的速率分解O_3分子,一个CFC分子可消耗成千上万个臭氧分子,造成臭氧层的破坏。

过去由于人类的活动不曾达到平流层的高度,所以臭氧层一直发挥着天然屏障的作用,吸收了99%的太阳紫外线,起着保护人类乃至自然界生态平衡的作用。但是近年来,人们发现臭氧层正在变薄,而且出现空洞。据观测,1987年10月,南极上空的臭氧浓度下降到了1957—1978年间的一半,臭氧空洞面积则扩大到足以覆盖整个欧洲大陆。到1995年,南极臭氧层空洞面积已大至相当于一个北美洲的面积,其空洞边缘几乎达到了南美洲的霍恩角。到2000年9月,南极上空的臭氧层空洞面积达到2 830万km^2,相当于美国领土面积的3倍,北极上空也开始出现了"小洞"。

臭氧层变薄和出现空洞，意味着有更多的紫外线到达地面。紫外线会对人类皮肤、眼睛和免疫系统造成损伤，使皮肤癌患者增多，还会增加患白内障的机会；有研究表明，不同植物接受过度紫外线照射，会导致植物出现各种症状，甚至萎缩、死亡；紫外辐射的增加还会加速建筑、喷涂、包装及电线电缆等所用材料，尤其是高分子材料的降解和老化变质。由于这一破坏作用造成的损失，估计全球每年达到数十亿美元。因此，臭氧层的破坏，引起了人们的高度关注。

为了保护臭氧层免遭破坏，国际社会因此积极采取行动，先后于1985年和1987年制定了《保护臭氧层维也纳公约》和《关于消耗臭氧层物质的蒙特利尔议定书》，对两大类破坏臭氧层的氯氟烃以及含溴氯氟烃的生产进行控制，我国也参加了上述两个公约。环保冰箱和空调机应运而生，就是贯彻该公约的具体体现。

12.1.3 大气污染的防治

在解决大气污染问题中，物理方法和化学方法起着重要的作用，目前对大气污染的防治技术简介如下：

(1)粉尘　大气污染物中粉尘是最危险的物质，可以采用不同方法将它去除。机械除尘法是利用机械力(重力、惯性力、离心力等)将尘粒从气流中分离出来；洗涤除尘法是用水洗涤含尘气体，气体中的尘粒与液滴(或液膜)接触碰撞而被俘获，并随水流走；过滤除尘法是将含尘气体通过过滤材料，把尘粒阻留下来。

(2)SO_2　研究表明，煤的气化和液化以及重油脱硫，均是减少 SO_2 的好方法。但由于工艺复杂，费用昂贵，有一定局限性。对于燃烧后生成较高浓度的 SO_2($>3.5\%$)，可用来制硫酸。低浓度 SO_2 的处理方法，可选择适当的碱性化学试剂作为吸收剂与其反应。如用 NaOH 溶液来吸收，得到的 Na_2SO_3 可供造纸厂使用。

发达国家广泛采用烟气脱硫装置，我国目前应用不广，原因是投资高和运行费用大。但从改善大气质量来看，实行烟气脱硫势在必行。

(3)氮氧化物　NO_x 比 SO_2 的清除更困难，原因是前者不易反应。比较可行的方法是用催化还原法，在柱状催化剂上与 SO_2、CO、NH_3 和 CH_4 等还原性气体反应，把 NO_x 还原成 N_2。

(4)CO　可以通过改进燃烧设备和燃烧方法以减少CO的排放数量，也可以通过改变燃料的结构和成分以减少或消除CO的排放。

(5)碳氢化合物　碳氢化合物的排放可用焚烧、吸附、吸收和凝结等方法来控制，吸附可用活性炭作吸附剂，吸附后的活性炭可以再生。

目前我国城市和区域大气污染已十分严重，并有日益恶化的趋势，而形成这种状况的原因是由于耗能大、能源结构不合理、污染源不断增加、来源复杂以及污染物种类繁多等多种因素。因此，只靠单项治理或末端治理措施不能有效解决大气污染问题，必须从城市和区域的整体出发，统一规划并综合运用各种手段及措施，才可能有效地控制大气污染。一般可采取的方法有：

①改革能源结构，积极开发太阳能、地热能、海洋能、风能等无污染能源，或采用天然气、沼气等相对低污染的能源。

②改进燃煤技术和能源供应办法，逐步采取区域采暖、集中供热的方法，既能提高燃烧效率，又能降低有害气体的排放量。

③采用无污染或低污染的工业生产工艺。

④及时清理和合理处置工业、生活和建筑废渣，减少地面扬尘。

⑤加强企业管理，注意节约能源和开展资源综合利用，并注意减少事故性排放。

⑥植树造林，这是治理大气污染和绿化环境行之有效的一种方法。植物不仅能吸收 CO_2 产生 O_2，而且作为天然的吸尘器，对 SO_2、光化学烟雾也有一定的吸收能力，对粉尘还有很大的阻挡和过滤作用。此外，森林还能调节气温，保持水土，减弱噪声，对保护环境、改善环境都能发挥重要作用。

⑦强化大气环境质量管理，开展环境分析方法和方法标准化的研究，建立高灵敏度、高选择性、快速、自动化程度高的监测方法。

12.2 水污染及其防治

12.2.1 水体污染

水是生命之源。地球上总水量约为 13.6×10^{18} t，其中海洋咸水约占97%以上，冰川水约占2%，真正可被直接利用的地面和地下的淡水总量仅占0.63%。人类的各种用水基本上都是淡水，因此淡水资源相当宝贵。

所谓水体污染，是指大量的污染物质进入水体，含量超过了水体自净能力，降低了水体的使用价值，危害人体健康或破坏生态环境的水质恶化现象。水体污染包括自然污染和人为污染，而后者是主要的。人为污染是人类生活和生产活动中产生的废水对水体的污染，它们包括生活污水、工业污水、农田排水和矿山排水以及废渣、垃圾倾倒于水中或经雨水淋洗流入水中等造成的污染。

污染水质的物质种类繁多，包括有机和无机的有毒物质、需氧污染物、难降解有机物、放射性物质、石油类物质、热污染及病原微生物等。这些物质进入水体后，有些污染物还会互相作用产生新的有害物质。下面就几类主要污染物质加以简述。

1. 无机污染物

污染水体的无机污染物主要是指重金属、氟、氰化物、酸、碱、盐等。

污染水体的重金属有汞、镉、铅、铬、砷、铜等。其中，以汞毒性最大，镉次之，铅、铬也有相当的毒性。20世纪50年代发生的日本“水俣病”事件就是汞污染。除工业污染源以外，城市生活垃圾场中往往含有高含量的汞，主要来源于废弃的电池、日光灯管、温度计等日用品。非金属砷的毒性与重金属相似，通常把它与重金属一起考虑。重金属不能被微生物降解(分解)，一旦被生物吸收便会长期滞留在体内。当重金属流入水体后，常常通过食物链在生物体内积累富集，对人类和其他生物有积累性中毒的作用。水体中的重金属含量是判断水质污染的一个重要指标，一般饮用水中汞含量不得超过 0.001 $mg\cdot L^{-1}$，镉含量不得超过 0.1 $mg\cdot L^{-1}$。

废水中的氟污染仅次于大气污染环境。磷矿石加工、铝和钢铁的冶炼以及煤的燃烧过

程是氟的主要污染源。因此，在磷肥厂、铝厂、钢铁厂以及氟石矿区周围的环境通常氟污染都非常严重。氟对人体的危害性不容忽视，轻则影响牙齿和骨头的发育，出现氟化骨症、氟斑牙等慢性氟中毒，使骨头密度过硬较易骨折。

无机污染物中的氰化物（KCN、NaCN）是一种极毒物质，口腔黏膜吸进约 50 mg 氢氰酸瞬间即可致死。氰化物以各种形式存在水中，主要来自电镀废水、煤气厂废水、炼焦炼油厂和有色金属冶炼厂废水等。一般饮用水中含氰（以 CN^- 计）不得超过 0.01 $mg \cdot L^{-1}$，地面水不得超过 0.1 $mg \cdot L^{-1}$。酸污染主要来自冶金、金属加工的酸洗工序、合成纤维、酸性造纸等工业废水。碱污染主要来自碱法造纸的黑液，印染、制革、制碱、化纤、化工以及炼油等工业生产过程的废水。水体遭到酸、碱污染后，水体的 pH 值发生改变，影响水中微生物的生长，使水体自净能力受到阻碍，影响水生生物，导致对生态系统的不良影响。酸、碱污染还会导致水下各种设施和船舶的腐蚀。

2. 有机污染物

有机污染物中，碳水化合物、脂肪、蛋白质等无毒；酚、多环芳烃、多氯联苯、有机氯农药、有机磷农药等有毒。它们在水中有的能被好氧微生物降解，有的则难以降解。

（1）耗氧有机物　生活污水和某些工业废水中所含的碳水化合物、脂肪、蛋白质等有机物可在微生物作用下最终分解为简单的无机物质。这些有机物在分解过程中要消耗水中的溶解氧，因此称它们为耗氧有机物。耗氧有机物排入水体后，在被好氧微生物分解时，会使水中溶解氧急剧下降，从而影响水体中的鱼类和其他水生生物的正常生活，甚至会使鱼类和其他水生生物因缺氧而死亡。如果水体中溶解氧被耗尽，这些有机物又会被厌氧微生物分解，产生甲烷、硫化氢、氨等恶臭物质，即发生腐败现象，使水变质。

（2）难降解有机物　在水中很难被微生物分解的有机物称为难降解有机物。多氯联苯、多氯代二噁英、有机氯农药、有机磷农药等都是有剧毒的难降解有机物。它们进入水体后会长期存在，即使由于水体的稀释作用而使浓度变小，它们也会因为能被水生生物吸收，通过食物链逐渐富集，在人体内积累而产生毒害。

（3）石油类污染物　近年来石油对水质的污染问题十分突出，特别是海湾及近海水域。石油或其制品进入海洋等水域后，对水体质量有很大影响，已引起广泛关注。石油对水体的主要污染物是各种烃类化合物——烷烃、环烷烃、芳香烃等。在石油的开采、炼制、贮运、使用过程中，原油和各种石油制品进入环境而造成污染，其中包括通过河流排入海洋的废油、船舶排放和事故溢油、海底油田泄漏和井喷事故等等。当前，石油对海洋的污染已成为世界性的环境问题。

石油是复杂的碳氢化合物，是难降解有机物。它能在各种水生生物体内积累富集，即使是微量的石油也能使鱼、虾、贝、蟹等水产品带有石油味，降低其食用价值。石油比水轻又不溶于水，能在水面上形成很大面积的薄膜覆盖层，阻止大气中的氧溶解于水中，造成水体的溶解氧减少，甚至产生水质腐败，严重危害各种水生生物。此外，油膜还能堵塞鱼的鳃，使鱼呼吸困难，甚至死亡。用含油污水灌溉，会使农产品带有石油味，甚至因油膜黏附在作物上而使之枯死。

（4）表面活性剂　表面活性剂是分子中同时具有亲水性基团和疏水性基团的一类物质，大量应用于卫生用品及洗涤工业领域。表面活性剂主要以各种废水进入水体，不仅直接危害水生环境，而且抑制其他有毒物质的降解，导致水质的严重污染。由于它含有很强的亲水基团，不仅本身亲水，也使其他不溶于水的物质长期分散于水体而随水流迁移。表面活性剂进入地下水时，会改变水的卫生指标，影响腐生微生物群落、植物群落和水体自净过程。阳离子表面活性剂具有一定的杀菌能力，在浓度高时能够破坏水体的微生物群落。洗涤剂对油性物质有很强的溶解能力，能使鱼的味觉器官遭到破坏，使鱼类丧失避开毒物和觅食的能力而难以生存。

3. 水体的富营养化

流入水体中的生活污水、工业废水、农田排水中常含有氮、磷等植物生长所必需的元素。当这些营养元素流经湖泊、水库、河口、海湾等水流缓慢的封闭性或半封闭性区域时，停留时间较长，导致水生生物迅速繁殖。这种在水体中由于生物营养元素(N、P、K)含量的增多，致使水体中藻类及浮游生物异常增殖，藻类占据越来越大的湖泊空间，使水体透明度下降，水体溶解氧量下降，水质恶化，鱼类及其他生物大量死亡的现象称为水体“富营养化”。这是水体污染的一种形式。

水体发生“富营养化”时，藻类生长过于旺盛，水体的溶解氧急剧下降，鱼类大量死亡，动植物的遗骸在水底腐烂沉积，水体发臭，水质恶化。“赤潮”是海洋中浮游生物暴发性增殖、聚集而引起的水体变色的一种有害的生态异常现象，是海洋水体“富营养化”的表现。赤潮最初在日本海湾发现，后来我国也发生过 40 多起，近几十年来，由于工农业生产迅速发展，污水大量排放流入海洋，致使发达国家的赤潮与日俱增，给海洋资源、渔业和养殖业带来巨大损失。人们如果经常食用含有赤潮毒素的贝类海产品，会造成疾病甚至死亡。

4. 放射性污染

由于原子能工业的发展，放射性矿藏的开采，核试验和核电站的建立以及同位素在医学、工业、研究等领域的应用，使放射性废水、废物显著增加。若直接排入环境，不仅影响环境的水质，还会污染水生生物和流经的土壤，并可能通过食物链对人产生内照射，引起各种辐射病。污染水体中最危险的放射性物质有锶-90、钡-137 等。它们的半衰期长，化学性质与组成人体的某些主要元素如钙、钾相似，经水和食物进入人体后，增加人体内的辐射剂量，可引起遗传变异或癌症等。

5. 热污染

向水体排放大量温度较高的污水，使水体因温度升高而造成一系列危害，称为水体的热污染，主要来源于火力发电厂和许多工业排放的冷却水。热污染可使水体温度升高，加快水体中化学反应的速率，提高藻类的繁殖速度，使水体“富营养化”程度加快。如果水体温度过高，很多水生生物不能生存，即使水温不很高，不至于杀死水中生物，但因温度升高，水中氧的溶解度大幅下降，也会导致许多水生生物因缺氧而死亡。

除上述几种水污染以外，还有带有各种病菌、病毒、寄生虫等病原微生物的污水污染。

12.2.2 水污染的防治

目前，水污染和滥用水资源已使净水严重缺乏，人类的生存已面临严重挑战。防治水污染，首先必须加强对水资源的保护和管理，制定并执行水质标准和废水排放标准。其次，改进工艺，减小或不用有毒物质，限制有害物质的排放量，采用循环水、冷却水重复利用或分级分段使用，减少废水排放量和浓度。第三，对污水进行净化，使其中有毒、有害物质分离出去，或转化为无害物。第四，建立污水处理厂，处理生活和工业废水，根据处理后的水质，或排放或加以利用。

污水净化处理的方法很多，一般分为物理法、化学法和生物法 3 种。

1. 物理法

根据污水和废水中所含污染物的物理性质不同，通过沉淀、过滤、吸附、浮选、离心、蒸馏和反渗透等物理作用，将水中悬浮物、胶体物和油类分离出去的方法，从而使污水净化。

反渗透法是把污水与纯水用半透膜隔开，在污水上施加高于渗透压的压力，加速水分子从污水中向纯水方向渗透，这样可将污水浓缩而抽提出纯水，再利用其他方法处理少量浓缩的污物。此法净化效果很好，但不适于处理大量污水。

2. 化学法

利用化学手段，通过沉淀、中和、氧化还原、配位等方法，将各种污染物从污水中分离出来，或将其转化为无害物质，如：

(1)中和法　对酸性废水可采用石灰、石灰石、电石渣来中和；碱性污水则可通入烟道气(含 CO_2、SO_2 等酸性氧化物气体)中和；对水体中重金属离子可采用中和凝聚法，通过调节 pH 值，使重金属离子生成难溶氢氧化物沉淀而除去。此外，在含磷和氮的污水中，也可通过酸碱中和法去除氮、磷。

例如在含磷酸盐的污水中加入石灰：

$$5Ca(OH)_2+3HPO_4^{2-}=Ca_5(OH)(PO_4)_3\downarrow+3H_2O+6OH^-$$

在碱性条件下(pH>11.3)，氨氮呈游离氨形态，在除氨塔中吹脱逸出：

$$NH_4^++OH^-=NH_3\uparrow+H_2O$$

用石灰法除氮、磷和大肠杆菌的效率分别为 85%、98%和 99%。

(2)混凝法(化学凝聚法)　废水中如有不易沉降的细小胶粒，可加混凝剂，如硫酸铝、硫酸铁等，使胶体聚沉。

(3)氧化还原法　利用氧化还原反应，使溶解在污水中的有毒有害物质转化为无毒或毒性小的物质。例如用空气、漂白粉、氯气除去污水中的氰、HS^- 等物质；含有 $Cr_2O_7^{2-}$ 的镀铬废水中加入 $FeSO_4$ 或 $NaSO_3$，然后加入碱，使 Cr^{3+} 生成 $Cr(OH)_3$ 沉淀除去，Fe 也随之除去。

(4)离子交换法　当污水量较小，或有毒物质浓度较低时，可用离子交换树脂与污水中有害离子进行交换，使污水在得到净化的同时，又可回收其中的贵重金属。此法中离子交换树脂在处理后可以重复使用。

3. 生物法

该法利用微生物的生物化学作用，将复杂的有机物分解为简单物质，将有害物转化为无毒物质，使污水得以净化。如目前应用较广的生化曝气池，即是将污水放入池中一定时间，加入驯化的微生物，通过生物新陈代谢后，将达标的处理水引入农田再进一步净化。生物法处理各类污水效果良好，而且价格低廉，应用广泛，适用于大量污水的处理。但因微生物生命活动与其生存环境密切相关，而污水的水质、水量和环境温度的变化，常会导致生物处理效果不稳定。

12.3 土壤污染及其防治

12.3.1 土壤的污染

土壤是地球陆地表面的疏松层，是地球上生物赖以生存、生长及活动的不可缺少的重要物质。土壤是由土壤矿物质、有机质、土壤微生物、水分和空气等组成的一个十分复杂的系统。从生态学的观点看，土壤是物质的分解者（主要是土壤微生物）的栖息场所，是物质循环的主要环节。从环境污染的观点看，土壤既是污染的场所，也是缓和及减少污染的场所，因此防治土壤污染具有十分重要的意义。

土壤污染是指进入土壤中的有害、有毒物质超出土壤的自净能力，导致土壤的物理、化学和生物性质发生改变的现象。当排入土壤中的污染物质超过了土壤环境的自净能力时，将影响土壤的正常功能或用途，甚至引起生态变异或生态平衡的破坏，从而使作物产量和质量下降，最终影响人体健康。土壤污染比较隐蔽，不易直观觉察，往往是通过农产品质量和人体健康才最终反映出来。土壤一旦被污染往往很难恢复，有时只能被迫改变用途或放弃。

土壤污染来自多方面。一是工业污染源，即工矿企业排放的废水、废气、废渣。二是农药污染源，主要是不合理地施入土壤的化学农药、化肥、有机肥以及残留于土壤中的农用地膜等。三是生物污染源，如含有致病的各种病原微生物和寄生虫的生活污水、医院污水、垃圾以及被病原菌污染的河水等，未经无害处理，而直接灌溉土地。四是气体中污染物受重力作用沉降，或随雨雪落入地表渗入土壤之内。工业废水和生活污水对土壤的污染最为普遍。

土壤中的污染物主要为：

1. 重金属

污染土壤的重金属主要有镉、汞、铬、铅、砷等生物毒性显著的元素，以及锌、铜、镍、钴、锡等毒性一般的重金属。工业排放的镉，主要通过高温挥发和冲刷溶解作用，在大气、水体和土壤中扩散。镉容易在作物体内积累。在酸性土壤中，镉的溶解度大，更易对植物造成毒害，而在碱性土壤中，镉容易形成难溶的氢氧化物。因此向被镉污染的土壤中施用石灰或磷肥，可减轻镉的污染。

汞污染是由于施用有机汞农药及工业排放造成的。汞污染物的生物毒性以烷基汞最强，其次是无机汞。汞对植物产生的危害，主要是烷基汞和蛋白质中的巯基结合，使某些酶的功能受到破坏。

土壤中铬的来源主要是工业排放的含铬废水、废渣以及废气中颗粒态的铬。微量铬有利于植物生长，高浓度的铬会抑制植物正常生长，其中Cr(Ⅵ)毒性较大，对动植物都有害。

砷是磷肥中的一种杂质，施磷肥和含砷农药可造成土壤砷污染。砷是以3价还是5价形态存在于土壤中，主要取决于土壤的氧化还原电势。微量的砷对植物生长是有利的，但过量砷（大于10 $mg \cdot kg^{-1}$）对植物有害。例如，土壤中无机砷的添加量达12 $\mu g \cdot L^{-1}$ 时，水稻生长就受到抑制，加入量达40 $\mu g \cdot L^{-1}$ 时，水稻的产量减少50%，加入量增至160 $\mu g \cdot L^{-1}$ 时，水稻则不能生长。有机砷化物（如甲基砷酸钙）对植物毒性更大，土壤中有机砷含量仅0.7 $\mu g \cdot L^{-1}$ 时，水稻就颗粒无收。

重金属在土壤环境中的化学行为具有如下特点:重金属的价态不同,其活性和毒性也不同;易发生水解反应生成氢氧化物,也可生成硫化物、碳酸盐、磷酸盐等沉淀物,在土壤中不易迁移,且积累于土壤中;可以生成溶解度较大的配位化合物或螯合物,并在土壤环境中迁移。

2. 固体废弃物

土壤中的固体废弃物可分为矿业废物、工业废物、农业废物、放射性废物和城市垃圾等。固体废物及其淋洗液中的有害物质,包括重金属、有毒化学物质和病菌等经日晒、雨淋,很容易随沥滤液浸出而进入土壤,破坏或改变土壤的结构和理化性质,导致土壤品质变劣,阻碍土壤微生物的活动,影响植物根系的正常生长,甚至使土壤的生态平衡遭到破坏。"白色污染"属于固体废弃物污染,是指饭盒、地膜、方便袋、包装袋等白色难降解的有机物,在地下存在100年之久也不消失,引起土壤污染,影响农业生产。"白色污染"已成为继水污染、大气污染之后的第三大社会公害,目前已引起社会各界的广泛关注。

3. 农药

不合理地施用农药,会造成土壤污染。农药对土壤的污染程度与农药的稳定性、土壤性质、施用农药的次数和用量等有关。稳定性高的农药在土壤中残留时间长,对土壤污染严重。如DDT、六六六等,施用1年后土壤中仍残留26%~80%,特别是在腐殖质和其他有机物质含量高的土壤里残留时间更长。

进入土壤环境中的农药可以通过挥发、扩散而迁移入大气,引起大气污染;或随水分向四周移动(地表径流)或向深层土壤移动(淋溶),从而造成地表水和地下水污染;或者被土壤胶体及有机质吸附,被土壤和土壤微生物降解等;也可以通过作物的吸收,导致对农作物的污染,再通过食物链浓缩,造成农畜产品污染,进而导致对动物和人体的危害。另外,大量农药进入生态环境后,对昆虫的种类和数量影响很大,尤其是杀伤了许多无害昆虫及害虫的天敌,破坏了生态平衡。因此,农药污染已成为全球性的环境问题。

4. 肥料与污水

肥料是农业的重要生产资料。我国人地矛盾突出,并且土地氮、磷、钾养分较为缺乏。因此化肥使用量逐年增加,长期使用导致土壤胶体结构破坏,降低土壤自净能力,致使土壤污染越来越严重,尤其在集约化高产地区和农村经济发达地区更加明显。

污水灌溉可增加土壤有机质,提高土壤肥力。但污水中的酚和氰化物会使粮食和蔬菜品质变劣;硼浓度过大时可导致农作物急性中毒,造成减产或绝收;含石油污染物的废水会把多种可致癌的稠环芳烃带入土壤。污水中的重金属亦造成土壤污染。

12.3.2 土壤污染的防治

土壤污染的治理非常困难,许多污染物,特别是重金属污染物很难消除。因此最根本的方法是从各方面加强管理,尽可能消除和控制污染源,避免土壤污染。防治土壤污染,可采取下列措施:

(1)控制和消除土壤污染源　主要控制和减少工业三废(废气、废水、废渣)的排放;控制残留量高,毒性大的化学农药的使用范围、使用量和使用次数,加大新型、低毒、高效低残留量的农药的研制力度。

(2)科学合理使用化学肥料　在施用化肥时,不仅要考虑增产,同时还应把提高环境质量、控制对环境的污染作为重要原则。

(3)增加土壤环境容量　增加土壤有机质的含量,改良沙性土壤,在沙性土壤中掺杂黏土物质,可以增加和改善土壤胶体的种类和数量,增加土壤对有毒物质的吸附能力和吸附量,从而增大土壤环境容量,提高土壤的自净能力。

(4)治理受农药污染的土壤　农药对土壤的污染,主要发生于某些持留性的农药,如有机汞农药、有机氯农药等。由于它们不易被土壤微生物分解,因而可在土壤中积累,造成农药的污染。为了减轻农药对土壤的污染,应注意合理使用农药,综合采用农业的、化学的、物理的、生物的防治措施,并大力推广高效、低毒、低残留农药和生物农药。

对已被有机氯农药污染的土壤,可以通过旱作改水田或水旱轮作方式予以改良,可以使土壤中有机氯农药很快地分解排除。对于不易进行水旱轮作的田块,可以通过施用石灰以提高土壤 pH 值或用灌水提高土壤湿度,也能加速有机氯农药在土壤中的分解。

(5)受重金属污染的土壤的治理

①采用排土和客土改良。重金属污染物大多富集于地表数厘米或耕作层中,用排土法挖去上层污染土,或以未污染客土覆盖,使污染土壤得到改良。

②采用化学改良剂。施用适当化学药剂,使重金属转化为难溶性硫化物、氢氧化物及碳酸盐等,以降低其污染活性。

在酸性土壤中,可施用石灰或炉渣,提高土壤碱度,使重金属形成氢氧化物沉淀以抑制其毒性。如在含镉的污染土壤中施加石灰(1 500～3 600 $kg \cdot hm^{-2}$),可使稻米中镉含量减少 50%以上。

亲硫的重金属元素(如铬、汞、铅等),在无氧(厌气土壤中)条件下可生成硫化物沉淀。在灌水和施加绿肥以促进土壤还原的条件下,施用硫化钠或石灰硫黄合剂效果更好。

磷酸盐对抑制铬、铅等有效,对砷污染的土壤除加磷酸盐外,还可增施 $Fe_2(SO_4)_3$、$MgCl_2$ 等使其生成 $FeAsO_4$ 和 $Mg(NH_4)AsO_4$ 以固定砷。汞污染的土壤中可施用硫铜渣或铝酸盐作固定剂,也可以利用汞与巯基(—SH)亲和力强的特点,以含 12 个以上碳原子的烷基醇(硫醇)作为净化剂除去汞。

③控制土壤氧化还原条件。土壤氧化还原条件不同,可使重金属元素的氧化还原状态不同。如铬在还原性土壤中多以 Cr^{3+} 存在,氧化性土壤中则多以 Cr^{6+} 存在。运用水浆管理技术控制土壤的氧化还原条件,可增加还原性硫,使多数重金属元素生成硫化物沉淀。但在还原条件下,砷易形成亚砷酸盐,而此盐毒性更大,因此,砷污染的水田要排沟,或改种旱作物以使土壤处于氧化条件,减轻砷害。

④采用植物修复技术。筛选和培育对重金属具有超常规吸收和富集能力的特种植物,将这些植物种植在污染的土壤中,使之吸收土壤中的污染物,再将所收获的植物中的重金属元素加以回收利用。植物修复技术以其安全、廉价的特点正成为全世界研究和开发的热点。目前,世界上已发现了 400 多种超富集能力的植物。美国科学家已成功运用此法消除土壤中有害元素,如:以芥蓝菜治理镉污染,反枝苋治理铯污染,红麻和油菜治理硒污染,拟南芥治理铝污染等,既经济实用又能彻底根除污染源。研究还表明,玉米具有较强的耐镉力,并有拒绝吸收铬(Ⅵ)的能力。马铃薯、甜菜、萝卜则对镍有抵抗能力。此外,某些低等植物可

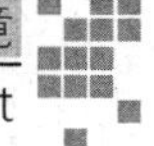

能对重金属有较强富集能力，种植这些植物可使土壤净化。

⑤采用微生物修复技术。微生物在修复被重金属污染的土壤方面有独特作用。其主要作用原理是：微生物可以降低土壤中重金属的毒性，可吸附积累重金属；微生物可以改变根际微环境，从而提高植物对重金属的吸收，挥发或固定效率。如动胶菌、蓝细菌、硫酸还原菌及某些藻类，能够产生胞外聚合物与重金属离子形成配合物。

□ 习　题

12-1　什么是光化学烟雾？简述其成因、危害及防治方法。

12-2　什么叫酸雨？它是怎样形成的？我国酸雨的危害情况如何？

12-3　什么叫温室效应？试简述温室效应的形成、后果及人类的对策。

12-4　什么是臭氧层空洞？它是怎样造成的？有什么危害性？应如何应对？

12-5　如何用化学方法除去大气污染物中的 SO_2、氮氧化物、汽车尾气中的 CO？

12-6　举例讨论水体中的主要化学污染及其对人体健康的危害。

12-7　举例说明废水中重金属离子的处理方法。

12-8　什么叫水体富营养化？其危害性如何？

12-9　废水处理有哪几种方法？

12-10　什么是“白色污染”？“白色污染”对土壤有何危害？采取何种方法才能有效防治？

12-11　土壤污染包含哪些内容？简述土壤污染的治理方法。

12-12　举例讨论化学在保护环境中的作用。

12-13　何为可吸入颗粒？$PM_{2.5}$ 的来源有哪些？简述雾霾的防治方法？

附录
Appendix

附录Ⅰ-1　SI单位制的词头

表示的因数	词头名称	词头符号	表示的因数	词头名称	词头符号
10^{18}	艾[可萨]	E(exa)	10^{-1}	分	d(deci)
10^{15}	拍[它]	P(peta)	10^{-2}	厘	c(centi)
10^{12}	太[拉]	T(tera)	10^{-3}	毫	m(milli)
10^{9}	吉[咖]	G(giga)	10^{-6}	微	μ(micro)
10^{6}	兆	M(mega)	10^{-9}	纳[诺]	n(nano)
10^{3}	千	k(kilo)	10^{-12}	皮[可]	p(pico)
10^{2}	百	h(hecto)	10^{-15}	飞[母托]	f(femto)
10^{1}	十	da(deca)	10^{-18}	阿[托]	a(atto)

附录Ⅰ-2　一些非推荐单位、导出单位与SI单位的换算

物理量	换算单位
长度	1 Å=10^{-10} m,1 in=2.54×10^{-2} m
质量	1(市)斤=0.5 kg,1(市)两=50 g,1 lb(磅)=0.454 kg,1 oz(盎司)=28.3×10^{-3} kg
压力	1 atm=760 mmHg=1.013×10^{5} Pa,1 mmHg=1 Torr=133.0 Pa 1 bar=10^{5} Pa,1 Pa=1 N·m^{-2}
温度	T(K)=t(℃)+273.15 $F(°\mathrm{F})=\frac{9}{5}T(\mathrm{K})-459.67=\frac{9}{5}t(℃)+32$
能量	1 cal=4.184 J,1 eV=1.602×10^{-19} J,1 erg=10^{-7} J
电量	1 esu(静电单位库仑)=3.335×10^{-10} C
其他	R(气体常数)=1.986 cal·K^{-1}·mol^{-1}=0.082 06 dm^{-3}·atm·K^{-1}·mol^{-1}= 8.314 J·K^{-1}·mol^{-1}=8.314 kPa·dm^{3}·K^{-1}·mol^{-1} 1 eV/粒子相当于96.5 kJ·mol^{-1},1 C·m^{-1}=12.0 J·mol^{-1} 1 D(Debye)=3.336×10^{-30} C·m

附录Ⅱ 常见物质的 $\Delta_f H_m^\ominus$、$\Delta_f G_m^\ominus$ 和 $S_m^\ominus$(298.15 K)

物 质	$\Delta_f H_m^\ominus/(kJ \cdot mol^{-1})$	$\Delta_f G_m^\ominus/(kJ \cdot mol^{-1})$	$S_m^\ominus/(J \cdot K^{-1} \cdot mol^{-1})$
Ag(s)	0	0	42.55
Ag^+(aq)	105.58	77.12	72.68
$Ag(NH_3)^{2+}$(aq)	−111.3	−17.2	245
AgCl(s)	−127.07	−109.80	96.2
AgBr(s)	−100.4	−96.9	107.1
Ag_2CrO_4(s)	−731.74	−641.83	218
AgI(s)	−61.84	−66.19	115
Ag_2O(s)	−31.1	−11.2	121
Ag_2S(s,α)	−32.59	−40.67	144.0
$AgNO_3$(s)	−124.4	−33.47	140.9
Al(s)	0	0	28.33
Al^{3+}(aq)	−531	−485	−322
$AlCl_3$(s)	−704.2	−628.9	110.7
α-Al_2O_3(s)	−1 676	−1 582	50.92
B(s,β)	0	0	5.86
B_2O_3(s)	−1 272.8	−1 193.7	53.97
BCl_3(g)	−404	−388.7	290.0
BCl_3(l)	−427.2	−387.4	206
B_2H_6(g)	35.6	86.6	232.0
Ba(s)	0	0	62.8
Ba^{2+}(aq)	−537.64	−560.74	9.6
$BaCl_2$(s)	−858.6	−810.4	123.7
BaO(s)	−548.10	−520.41	72.09
$Ba(OH)_2$(s)	−944.7	—	—
$BaCO_3$(s)	−1 216	−1 138	112
$BaSO_4$(s)	−1 473	−1 362	132
Br_2(l)	0	0	152.23
Br^-(aq)	−121.5	−104.0	82.4
Br_2(g)	30.91	3.14	245.35
HBr(g)	−36.40	−53.43	198.59
HBr(aq)	−121.5	−104.0	82.4
Ca(s)	0	0	41.2
Ca^{2+}(aq)	−542.83	−553.54	−53.1
CaF_2(s)	−1 220	−1 167	68.87
$CaCl_2$(s)	−795.8	−748.1	105
CaO(s)	−635.09	−604.04	39.75
$Ca(OH)_2$(s)	−986.09	−898.56	83.39
$CaCO_3$(s,方解石)	−1 206.9	−1 128.8	92.9

续附录Ⅱ

物　质	$\Delta_f H_m^\ominus/(kJ \cdot mol^{-1})$	$\Delta_f G_m^\ominus/(kJ \cdot mol^{-1})$	$S_m^\ominus/(J \cdot K^{-1} \cdot mol^{-1})$
$CaSO_4$(s,无水石膏)	−1 434.1	−1 321.9	107
C(石墨)	0	0	5.74
C(金刚石)	1.987	2.900	2.38
C(g)	716.68	671.21	157.99
Co(g)	−110.52	−137.15	197.56
CO_2(g)	−393.51	−394.36	213.6
CO_3^{2-}(aq)	−667.14	−527.90	−56.9
HCO_3^-(aq)	−691.99	−586.85	91.2
CO_2(aq)	−413.8	−386.0	118
H_2CO_3(aq,非电离)	−699.65	−623.16	187
CCl_4(l)	−135.4	−65.2	216.4
CH_3OH(l)	−238.7	−166.4	127
C_2H_5OH(l)	−277.7	−174.9	161
HCOOH(l)	−424.7	−361.4	129.0
CH_3COOH(l)	−484.5	−390	160
CH_3COOH(aq,非电离)	−485.76	−396.6	179
CH_3COO^-(aq)	−486.01	−369.4	86.6
CH_3CHO(l)	−192.3	−128.2	160
CH_4(g)	−74.81	−50.75	186.15
C_2H_2(g)	226.75	209.20	200.82
C_2H_4(g)	52.26	68.12	219.5
C_2H_6(g)	−84.68	−32.89	229.5
C_3H_8(g)	−103.85	−23.49	269.9
C_4H_6(g,丁二烯-1,2)	165.5	201.7	293.0
C_4H_8(g,丁烯-1)	1.17	72.04	307.4
n-C_4H_{10}(g)	−124.73	−15.71	310.0
C_6H_6(g)	82.93	129.66	269.2
C_6H_6(l)	49.03	124.50	172.8
Cl_2(g)	0	0	222.96
Cl^-(aq)	−167.16	−131.26	56.5
HCl(g)	−92.31	−95.30	186.80
ClO_3^-(aq)	−99.2	−3.3	162
Co(s,α,六方)	0	0	30.04
$Co(OH)_2$(s,桃红)	−539.7	−454.4	79
Cr(s)	0	0	23.8
Cr_2O_3(s)	−1 140	−1 058	81.2
$Cr_2O_7^{2-}$(aq)	−1 490	−1 301	262
CrO_4^{2-}(aq)	−881.2	−727.9	50.2
Cu(s)	0	0	33.15

续附录Ⅱ

物 质	$\Delta_f H_m^{\ominus}/(kJ \cdot mol^{-1})$	$\Delta_f G_m^{\ominus}/(kJ \cdot mol^{-1})$	$S_m^{\ominus}/(J \cdot K^{-1} \cdot mol^{-1})$
$Cu^+(aq)$	71.67	50.00	41
$Cu^{2+}(aq)$	64.77	65.52	−99.6
$Cu(NH_3)_4^{2+}(aq)$	−348.5	−111.3	274
$Cu_2O(s)$	−169	−146	93.14
$CuO(s)$	−157	−130	42.63
$Cu_2S(s,\alpha)$	−79.5	−86.2	121
$CuS(s)$	−53.1	−53.6	66.5
$CuSO_4(s)$	−771.36	−661.9	109
$CuSO_4(s) \cdot 5H_2O(s)$	−2 279.7	1 880.06	300
$F_2(g)$	0	0	202.7
$F^-(aq)$	−332.6	−278.8	−14
$F(g)$	78.99	61.92	158.64
$Fe(s)$	0	0	27.3
$Fe^{2+}(aq)$	−89.1	−78.87	−138
$Fe^{3+}(aq)$	−48.5	−4.6	−316
Fe_2O_3(s,赤铁矿)	−824.2	−742.2	87.40
Fe_3O_4(s,磁铁矿)	−1 120.9	−1 015.46	146.44
$H_2(g)$	0	0	130.57
$H^+(aq)$	0	0	0
$H_3O^+(aq)$	−285.85	−237.19	69.96
$Hg(g)$	61.32	31.85	174.8
HgO(s,红)	−90.83	−58.56	70.29
HgS(s,红)	−58.2	−50.6	82.4
$HgCl_2(s)$	−224	−179	146
$Hg_2Cl_2(s)$	−265.2	−210.78	192
$I_2(s)$	0	0	116.14
$I_2(g)$	62.438	19.36	260.6
$I^-(aq)$	−55.19	−51.59	111
$HI(g)$	25.9	1.30	206.48
$K(s)$	0	0	64.18
$K^+(aq)$	−252.4	−283.3	103
$KCl(s)$	−436.75	−409.2	82.59
$KI(s)$	−327.90	−324.89	106.32
$KOH(s)$	−424.76	−379.1	78.87
$KClO_3(s)$	−397.7	−296.3	143
$KMnO_4(s)$	−837.2	−737.6	171.7
$Mg(s)$	0	0	32.68
$Mg^{2+}(aq)$	−466.85	−454.8	−138
$MgCl_2(s)$	−641.32	−591.83	89.62

续附录Ⅱ

物　质	$\Delta_f H_m^\ominus/(kJ \cdot mol^{-1})$	$\Delta_f G_m^\ominus/(kJ \cdot mol^{-1})$	$S_m^\ominus/(J \cdot K^{-1} \cdot mol^{-1})$
$MgCl_2 \cdot 6H_2O(s)$	−2 499.0	−2 215.0	366
MgO(s,方镁石)	−601.70	−569.44	26.9
$Mg(OH)_2(s)$	−924.54	−833.58	63.18
$MgCO_3$(s,菱镁石)	−1 096	−1 012	65.7
$MgSO_3(s)$	−1 285	−1 171	91.6
$Mn(s,\alpha)$	0	0	32.0
$Mn^{2+}(aq)$	−220.7	−228.0	−73.6
$MnO_2(s)$	−520.03	−465.18	53.05
$MnO_4^-(aq)$	−518.4	−425.1	189.9
$MnCl_2(s)$	−481.29	−440.53	118.2
$Na(s)$	0	0	51.21
$Na^+(aq)$	−240.2	−261.89	59.0
$NaCl(s)$	−411.15	−384.15	72.13
$Na_2O(s)$	−414.2	−375.5	75.06
$NaOH(s)$	−425.61	−379.53	64.45
$Na_2CO_3(s)$	−1 130.7	−1 044.5	135.0
$NaI(s)$	−287.8	−286.1	98.53
$Na_2O_2(s)$	−510.87	−447.69	94.98
$HNO_3(l)$	−174.1	−80.79	155.6
$NO_3^-(aq)$	−207.4	−111.3	146
$NH_3(g)$	−46.11	−16.5	192.3
$NH_3 \cdot H_2O$(aq,非电离)	−366.12	−263.8	181
$NH_4^+(aq)$	−132.5	−79.37	113
$NH_4Cl(s)$	−314.4	−203.0	94.56
$NH_4NO_3(s)$	−365.6	−184.0	151.1
$(NH_4)_2SO_4(s)$	−901.90	—	187.5
$N_2(g)$	0	0	191.5
$NO(g)$	90.25	86.57	210.65
$NOBr(g)$	82.17	82.42	273.5
$NO_2(g)$	33.2	51.30	240.0
$N_2O(g)$	82.05	104.2	219.7
$N_2O_4(g)$	9.16	97.82	304.2
$N_2H_4(g)$	95.40	159.3	238.4
$N_2H_4(l)$	50.63	149.2	121.2
$NiO(s)$	−240	−212	38.0
$O_3(g)$	143	163	238.8
$O_2(g)$	0	0	205.03
$OH^-(aq)$	−229.99	−157.29	−10.8
$H_2O(l)$	−285.84	−237.19	69.94

续附录Ⅱ

物　质	$\Delta_f H_m^\ominus/(kJ \cdot mol^{-1})$	$\Delta_f G_m^\ominus/(kJ \cdot mol^{-1})$	$S_m^\ominus/(J \cdot K^{-1} \cdot mol^{-1})$
$H_2O(g)$	−241.82	−228.59	188.72
$H_2O_2(l)$	−187.8	−120.4	—
$H_2O_2(aq)$	−191.2	−134.1	144
P(s,白)	0	0	41.09
P(s,三斜,红)	−17.6	−121.1	22.8
$PCl_3(g)$	−287	−268.0	311.7
$PCl_5(s)$	−443.5	—	—
Pb(s)	0	0	64.81
$Pb^{2+}(aq)$	−1.7	−24.4	10
PbO(s,黄)	−215.33	−187.90	68.70
$PbO_2(s)$	−277.40	−217.36	68.62
$Pb_3O_4(s)$	−718.39	−601.24	211.29
$H_2S(g)$	−20.6	−33.6	205.7
$H_2S(aq)$	−40	−27.9	121
$HS^-(aq)$	−17.7	12.0	63
$S^{2-}(aq)$	33.2	85.9	−14.6
$H_2SO_4(l)$	−813.99	−690.10	156.90
$HSO_4^-(aq)$	−887.34	−756.00	132
$SO_4^{2-}(aq)$	−909.27	−744.63	20
$SO_2(g)$	−296.83	−300.19	248.1
$SO_3(g)$	−395.7	−371.1	256.6
Si(s)	0	0	18.8
SiO_2(s,石英)	−910.94	−856.67	41.84
$SiF_4(g)$	−1 614.9	−1 572.7	282.4
$SiCl_4(l)$	−687.0	−619.90	240
$SiCl_4(g)$	−657.01	−617.01	330.6
Sn(s,白)	0	0	51.55
Sn(s,灰)	−2.1	0.13	44.14
SnO(s)	−286	−257	56.5
$SnO_2(s)$	−580.7	−519.7	52.3
$SnCl_2(s)$	−325	—	—
$SnCl_4(s)$	−511.3	−440.2	259
Zn(s)	0	0	41.6
$Zn^{2+}(aq)$	−153.9	−147.0	−112
ZnO(s)	−348.3	−318.3	43.64
$ZnCl_2(aq)$	−488.19	−409.5	0.8
ZnS(s,闪锌矿)	−206.0	−201.3	57.7

注：摘自 Robert C. West. CRC Handbook Chemistry and Physics，69 ed，1988−1989，D 50～93，D 96～97。已换算成 SI 单位。

附录Ⅲ　弱酸、弱碱的离解常数 $K^{\ominus}$

弱电解质	t/℃	离解常数	弱电解质	t/℃	离解常数
H_3AsO_4	18	$K_1=5.62\times10^{-3}$	H_2S^*	18	$K_1=1.3\times10^{-7}$
	18	$K_2=1.70\times10^{-7}$		18	$K_2=7.1\times10^{-15}$
	18	$K_3=3.95\times10^{-12}$	HSO_4^-	25	1.2×10^{-2}
H_3BO_3	20	7.3×10^{-10}	H_2SO_3	18	$K_1=1.54\times10^{-2}$
HBrO	25	2.06×10^{-9}		18	$K_2=1.02\times10^{-7}$
H_2CO_3	25	$K_1=4.30\times10^{-7}$	H_2SiO_3	30	$K_1=2.2\times10^{-10}$
	25	$K_2=5.61\times10^{-11}$		30	$K_2=2\times10^{-12}$
$H_2C_2O_4$	25	$K_1=5.90\times10^{-2}$	HCOOH	25	1.77×10^{-4}
	25	$K_2=6.40\times10^{-5}$	CH_3COOH	25	1.76×10^{-5}
HCN	25	4.93×10^{-10}	$CH_2ClCOOH$	25	1.4×10^{-3}
HClO	18	2.95×10^{-8}	$CHCl_2COOH$	25	3.32×10^{-2}
H_2CrO_4	25	$K_1=1.8\times10^{-1}$	$H_3C_6H_5O_7$	20	$K_1=7.1\times10^{-4}$
	25	$K_2=3.20\times10^{-7}$	(柠檬酸)	20	$K_2=1.68\times10^{-5}$
HF	25	3.53×10^{-4}		20	$K_3=4.1\times10^{-7}$
HIO_3	25	1.69×10^{-1}	$NH_3\cdot H_2O$	25	1.77×10^{-5}
HIO	25	2.3×10^{-11}	AgOH	25	1×10^{-2}
HNO_2	12.5	4.6×10^{-4}	$Al(OH)_3$	25	$K_1=5\times10^{-9}$
NH_4^+	25	5.64×10^{-10}		25	$K_2=2\times10^{-10}$
H_2O_2	25	2.4×10^{-12}	$Be(OH)_2$	25	$K_1=1.78\times10^{-6}$
H_3PO_4	25	$K_1=7.52\times10^{-3}$		25	$K_2=2.5\times10^{-9}$
	25	$K_2=6.23\times10^{-8}$	$Ca(OH)_2$	25	$K_2=6\times10^{-2}$
	25	$K_3=2.20\times10^{-13}$	$Zn(OH)_2$	25	$K_1=8\times10^{-7}$

注：* 除 H_2S 外，数据摘自 Robert C. West. CRC Handbook Chemistry and Physics，69 ed，1988—1989，D 159～164（～0.1～0.01N）

附录Ⅳ　常见难溶电解质的溶度积 $K_{sp}^{\ominus}$（298.15 K）

难溶电解质	$K_{sp}^{\ominus}$	难溶电解质	$K_{sp}^{\ominus}$
AgCl	1.77×10^{-10}	$Al(OH)_3$	2×10^{-33}
AgBr	5.35×10^{-13}	$BaCO_3$	2.58×10^{-9}
AgI	8.51×10^{-17}	$BaSO_4$	1.07×10^{-10}
Ag_2CO_3	8.45×10^{-12}	$BaCrO_4$	1.17×10^{-10}
Ag_2CrO_4	1.12×10^{-12}	$CaCO_3$	4.96×10^{-9}
Ag_2SO_4	1.20×10^{-5}	$CaC_2O_4\cdot H_2O$	2.34×10^{-9}
$Ag_2S(\alpha)$	6.69×10^{-50}	CaF_2	1.46×10^{-10}
$Ag_2S(\beta)$	1.09×10^{-49}	$Ca_3(PO_4)_2$	2.07×10^{-33}

续附录Ⅳ

难溶电解质	$K_{sp}^{\ominus}$	难溶电解质	$K_{sp}^{\ominus}$
$CaSO_4$	7.10×10^{-5}	MnS	4.65×10^{-14}
$Cd(OH)_2$	5.27×10^{-15}	$Ni(OH)_2$	5.47×10^{-15}
CdS	1.40×10^{-29}	NiS	1.07×10^{-21}
$Co(OH)_2$(桃红)	1.09×10^{-15}	$PbCl_2$	1.17×10^{-5}
$Co(OH)_2$(蓝)	5.92×10^{-15}	$PbCO_3$	1.46×10^{-13}
CoS(α)	4.0×10^{-21}	$PbCrO_4$	1.77×10^{-14}
CoS(β)	2.0×10^{-25}	PbF_2	7.12×10^{-7}
$Cr(OH)_3$	7.0×10^{-31}	$PbSO_4$	1.82×10^{-8}
CuI	1.27×10^{-12}	PbS	9.04×10^{-29}
CuS	1.27×10^{-36}	PbI_2	8.49×10^{-9}
$Fe(OH)_2$	4.87×10^{-17}	$Pb(OH)_2$	1.42×10^{-20}
$Fe(OH)_3$	2.64×10^{-39}	$SrCO_3$	5.60×10^{-10}
FeS	1.59×10^{-19}	$SrSO_4$	3.44×10^{-7}
Hg_2Cl_2	1.45×10^{-18}	$ZnCO_3$	1.19×10^{-10}
HgS(黑)	6.44×10^{-53}	$Zn(OH)_2$(γ)	6.68×10^{-17}
$MgCO_3$	6.82×10^{-6}	$Zn(OH)_2$(β)	7.71×10^{-17}
$Mg(OH)_2$	5.61×10^{-12}	$Zn(OH)_2$(ε)	4.12×10^{-17}
$Mn(OH)_2$	2.06×10^{-13}	ZnS	2.93×10^{-25}

注:摘自 Robert C. West. CRC Handbook Chemistry and Physics,69 ed,1988—1989,B 207～208。

附录Ⅴ-1　酸性溶液中的标准电极电势 $\varphi^{\ominus}$(298.15 K)

	电　极　反　应	$\varphi^{\ominus}$/V
Ag	$AgBr+e^-=Ag+Br^-$	+0.071 33
	$AgCl+e^-=Ag+Cl^-$	+0.222 3
	$Ag_2CrO_4+2e^-=2Ag+CrO_4^{2-}$	+0.447 0
	$Ag^++e^-=Ag$	+0.799 6
Al	$Al^{3+}+3e^-=Al$	−1.662
As	$HAsO_2+3H^++3e^-=As+2H_2O$	+0.248
	$H_3AsO_4+2H^++2e^-=HAsO_2+2H_2O$	+0.560
Bi	$BiOCl+2H^++3e^-=Bi+H_2O+Cl^-$	+0.158 3
	$BiO^++2H^++3e^-=Bi+H_2O$	+0.320
Br	$Br_2+2e^-=2Br^-$	+1.066
	$BrO_3^-+6H^++5e^-=1/2Br_2+3H_2O$	+1.482
Ca	$Ca^{2+}+2e^-=Ca$	−2.868
Cl	$ClO_4^-+2H^++2e^-=ClO_3^-+H_2O$	+1.189

续附录Ⅴ-1

	电 极 反 应	$\varphi^{\ominus}/V$
	$Cl_2+2e^-=2Cl^-$	+1.358 27
	$ClO_3^-+6H^++6e^-=Cl^-+3H_2O$	+1.451
	$ClO_3^-+6H^++5e^-=1/2Cl_2+3H_2O$	+1.47
	$HClO+H^++e^-=1/2Cl_2+H_2O$	+1.611
	$ClO_3^-+3H^++2e^-=HClO_2+H_2O$	+1.214
	$ClO_2+H^++e^-=HClO_2$	+1.277
	$HClO_2+2H^++2e^-=HClO+H_2O$	+1.645
Co	$Co^{3+}+e^-=Co^{2+}$	+1.83
Cr	$Cr_2O_7^{2-}+14H^++6e^-=2Cr^{3+}+7H_2O$	+1.232
Cu	$Cu^{2+}+e^-=Cu^+$	+0.153
	$Cu^{2+}+2e^-=Cu$	+0.341 9
	$Cu^++e^-=Cu$	+0.522
Fe	$Fe^{2+}+2e^-=Fe$	−0.447
	$Fe(CN)_6^{2+}+e^-=Fe(CN)_6^{4+}$	+0.358
	$Fe^{3+}+e^-=Fe^{2+}$	+0.771
H	$2H^++e^-=H_2$	0
Hg	$Hg_2Cl_2+2e^-=2Hg+2Cl^-$	+0.281
	$Hg_2^{2+}+2e^-=2Hg$	+0.797 3
	$Hg^{2+}+2e^-=Hg$	+0.851
	$2Hg^{2+}+2e^-=Hg_2^{2+}$	+0.920
I	$I_2+2e^-=2I^-$	+0.535 5
	$I_3^-+2e^-=3I^-$	+0.536
	$IO_3^-+6H^++5e^-=1/2I_2+3H_2O$	+1.195
	$HIO+H^++e^-=1/2I_2+H_2O$	+1.439
K	$K^++e^-=K$	−2.931
Mg	$Mg^{2+}+2e^-=Mg$	−2.372
Mn	$Mn^{2+}+2e^-=Mn$	−1.185
	$MnO_4^-+e^-=MnO_4^-$	+0.558
	$MnO_2+4H^++2e^-=Mn^{2+}+2H_2O$	+1.224
	$MnO_4^-+8H^++5e^-=Mn^{2+}+4H_2O$	+1.507
	$MnO_4^-+4H^++3e^-=MnO_2+2H_2O$	+1.679
Na	$Na^++e^-=Na$	−2.71

续附录Ⅴ-1

	电 极 反 应	$\varphi^{\ominus}/V$
N	$NO_3^- + 4H^+ + 3e^- = NO + 2H_2O$	+0.957
	$2NO_3^- + 4H^+ + 2e^- = N_2O_4 + 2H_2O$	+0.803
	$HNO_2 + H^+ + e^- = NO + H_2O$	+0.983
	$N_2O_4 + 4H^+ + 4e^- = 2NO + 2H_2O$	+1.035
	$NO_3^- + 3H^+ + 2e^- = HNO_2 + H_2O$	+0.934
	$N_2O_4 + 2H^+ + 2e^- = 2HNO_2$	+1.065
O	$O_2 + 2H^+ + 2e^- = H_2O_2$	+0.695
	$H_2O_2 + 2H^+ + 2e^- = 2H_2O$	+1.776
	$O_2 + 4H^+ + 4e^- = 2H_2O$	+1.229
P	$H_3PO_4 + 2H^+ + 2e^- = H_3PO_3 + H_2O$	−0.276
Pb	$PbI_2 + 2e^- = Pb + 2I^-$	−0.365
	$PbSO_4 + 2e^- = Pb + SO_4^{2-}$	−0.358 8
	$PbCl_2 + 2e^- = Pb + 2Cl^-$	−0.267 5
	$Pb^{2+} + 2e^- = Pb$	−0.126 2
	$PbO_2 + 4H^+ + 2e^- = Pb^{2+} + 2H_2O$	+1.455
	$PbO_2 + SO_4^{2-} + 4H^+ + 2e^- = PbSO_4 + 2H_2O$	+1.691 3
S	$H_2SO_3 + 4H^+ + 4e^- = S + 3H_2O$	+0.449
	$S + 2H^+ + 2e^- = H_2S$	+0.142
	$SO_4^{2-} + 4H^+ + 2e^- = H_2SO_3 + H_2O$	+0.172
	$S_4O_6^{2-} + 2e^- = 2S_2O_3^{2-}$	+0.08
	$S_2O_8^{2-} + 2e^- = 2SO_4^{2-}$	+2.010
Sb	$Sb_2O_3 + 6H^+ + 6e^- = 2Sb + 3H_2O$	+0.152
	$Sb_2O_5 + 6H^+ + 4e^- = 2SbO^+ + 3H_2O$	+0.581
Sn	$Sn^{4+} + 2e^- = Sn^{2+}$	+0.151
V	$V(OH)_4^+ + 4H^+ + 5e^- = V + 4H_2O$	−0.254
	$VO^{2+} + 2H^+ + e^- = V^{3+} + H_2O$	+0.337
	$V(OH)_4^+ + 2H^+ + e^- = VO^{2+} + 3H_2O$	+1.00
Zn	$Zn^{2+} + 2e^- = Zn$	−0.761 8

附录Ⅴ-2　碱性溶液中的标准电极电势 $\varphi^{\ominus}$(298.15 K)

	电极反应	$\varphi^{\ominus}$/V
Ag	$Ag_2S+2e^-=2Ag+S^{2-}$	−0.691
	$Ag_2O+H_2O+2e^-=2Ag+2OH^-$	+0.342
Al	$H_2AlO_3^-+H_2O+3e^-=Al+4OH^-$	−2.33
As	$AsO_2^-+2H_2O+3e^-=As+4OH^-$	−0.68
	$AsO_4^{3-}+2H_2O+2e^-=AsO_2^-+4OH^-$	−0.71
Br	$BrO_3^-+3H_2O+6e^-=Br^-+6OH^-$	+0.61
	$BrO^-+H_2O+2e^-=Br^-+2OH^-$	+0.761
Cl	$ClO_3^-+H_2O+2e^-=ClO_2^-+2OH^-$	+0.33
	$ClO_4^-+H_2O+2e^-=ClO_3^-+2OH^-$	+0.36
	$ClO_2^-+H_2O+2e^-=ClO^-+2OH^-$	+0.66
	$ClO^-+H_2O+2e^-=Cl^-+2OH^-$	+0.81
Co	$Co(OH)_2+2e^-=Co+2OH^-$	−0.73
	$Co(NH_3)_6^{3+}+e^-=Co(NH_4)_6^{2+}$	+0.108
	$Co(OH)_3+e^-=Co(OH)_2+OH^-$	+0.17
Cr	$Cr(OH)_3+3e^-=Cr+3OH^-$	−1.48
	$CrO_2^-+2H_2O+3e^-=Cr+4OH^-$	−1.2
	$CrO_4^{2-}+4H_2O+3e^-=Cr(OH)_3+5OH^-$	−0.13
Cu	$Cu_2O+H_2O+2e^-=2Cu+2OH^-$	−0.360
Fe	$Fe(OH)_3+e^-=Fe(OH)_2+OH^-$	−0.56
H	$2H_2O+2e^-=H_2+2OH^-$	−0.827 7
Hg	$HgO+H_2O+2e^-=Hg+2OH^-$	+0.097 7
I	$IO_3^-+3H_2O+6e^-=I^-+6OH^-$	+0.26
	$IO^-+H_2O+2e^-=I^-+2OH^-$	+0.485
Mg	$Mg(OH)_2+2e^-=Mg+2OH^-$	−2.690
Mn	$Mn(OH)_2+2e^-=Mn+2OH^-$	−1.56
	$MnO_4^-+2H_2O+3e^-=MnO_2+4OH^-$	+0.595
	$MnO_4^{2-}+2H_2O+2e^-=MnO_2+4OH^-$	+0.60
N	$NO_3^-+H_2O+2e^-=NO_2^-+2OH^-$	+0.01
O	$O_2+2H_2O+4e^-=4OH^-$	+0.401
S	$S+2e^-=S^{2-}$	−0.476 27
	$SO_4^{2-}+H_2O+2e^-=SO_3^{2-}+2OH^-$	−0.93
	$2SO_3^{2-}+3H_2O+4e^-=S_2O_3^{2-}+6OH^-$	−0.571
	$S_4O_6^{2-}+2e^-=2S_2O_3^{2-}$	+0.08
Sb	$SbO_2^-+2H_2O+3e^-=Sb+4OH^-$	−0.66
Sn	$Sn(OH)_6^{2-}+2e^-=HSnO_2^-+H_2O+3OH^-$	−0.93
	$HSnO_2^-+H_2O+2e^-=Sn+3OH^-$	−0.909

注：摘自 Robert C. West. CRC Handbook of Chemistry and Physics，69 ed，1988—1989，D 151～158。

附录Ⅵ 常见配离子的稳定常数 $K_f^{\ominus}$(298.15 K)

配离子	$K_f^{\ominus}$	配离子	$K_f^{\ominus}$
$Ag(CN)_2^-$	1.3×10^{21}	$FeCl_3$	98
$Ag(NH_3)_2^+$	1.1×10^{7}	$Fe(CN)_6^{4-}$	1.0×10^{35}
$Ag(SCN)_2^-$	3.7×10^{7}	$Fe(CN)_6^{3-}$	1.0×10^{42}
$Ag(S_2O_3)_2^{3-}$	2.9×10^{13}	$Fe(C_2O_4)_3^{3-}$	2×10^{20}
$Al(C_2O_4)_3^{3-}$	2.0×10^{16}	$Fe(NCS)^{2+}$	2.2×10^{3}
AlF_6^{3-}	6.9×10^{19}	FeF_3	1.13×10^{12}
$Cd(CN)_4^{2-}$	6.0×10^{18}	$HgCl_4^{2-}$	1.2×10^{15}
$CdCl_4^{2-}$	6.3×10^{2}	$Hg(CN)_4^{2-}$	2.5×10^{41}
$Cd(NH_3)_4^{2+}$	1.3×10^{7}	HgI_4^{2-}	6.8×10^{29}
$Cd(SCN)_4^{2-}$	4.0×10^{3}	$Hg(NH_3)_4^{2+}$	1.9×10^{19}
$Co(NH_3)_6^{2+}$	1.3×10^{5}	$Ni(CN)_4^{2-}$	2.0×10^{31}
$Co(NH_3)_6^{3+}$	2×10^{35}	$Ni(NH_3)_4^{2+}$	9.1×10^{7}
$Co(NCS)_4^{2-}$	1.0×10^{3}	$Pb(CH_3COO)_4^{2-}$	3×10^{8}
$Cu(CN)_2^-$	1.0×10^{24}	$Pb(CN)_4^{2-}$	1.0×10^{11}
$Cu(CN)_4^{3-}$	2.0×10^{30}	$Zn(CN)_4^{2-}$	5×10^{16}
$Cu(NH_3)_2^+$	7.2×10^{10}	$Zn(C_2O_4)_2^{2-}$	4.0×10^{7}
$Cu(NH_3)_4^{2+}$	2.1×10^{13}	$Zn(OH)_4^{2-}$	4.6×10^{17}
		$Zn(NH_3)_4^{2+}$	2.9×10^{9}

注:摘自 Lange's Handbook of Chemistry,13 ed,1985(5):71−91。

参考文献
References

[1] 华彤文，陈景祖，等. 普通化学原理. 3 版. 北京：北京大学出版社，2005.
[2] 宋天佑，程鹏，王杏乔，等. 无机化学(上、下). 北京：高等教育出版社，2004.
[3] 赵士铎. 普通化学. 3 版. 北京：中国农业大学出版社，2008.
[4] 孙英. 普通化学. 北京：中国农业出版社，2007.
[5] 袁万钟. 无机化学. 4 版. 北京：高等教育出版社，2001.
[6] 康立娟，朴凤玉. 3 版. 北京：高等教育出版社，2014.

元素周期表

氧化态（单质的氧化态为0，未列入；常见的为红色）

以^{12}C=12为基准的相对原子质量（注+的是半衰期最长同位素的相对原子质量）

示例	
95	原子序数
Am	元素符号（红色的为放射性元素）
镅▲	元素名称（注▲的是人造元素）
$5f^7 7s^2$	价层电子构型
243.06	相对原子质量
+2 +3 +4 +5 +6	氧化态

s区元素　p区元素　d区元素　ds区元素　f区元素　稀有气体

周期＼族	1 IA	2 ⅡA	3 ⅢB	4 ⅣB	5 VB	6 ⅥB	7 ⅦB	8 Ⅷ	9 Ⅷ	10 Ⅷ	11 ⅠB	12 ⅡB	13 ⅢA	14 ⅣA	15 VA	16 ⅥA	17 ⅦA	18 ⅧA	电子层
1	1 H 氢 $1s^1$ 1.00794(7) −1 +1																	2 He 氦 $1s^2$ 4.002602(2)	K
2	3 Li 锂 $2s^1$ 6.941(2) +1	4 Be 铍 $2s^2$ 9.012182(3) +2											5 B 硼 $2s^2 2p^1$ 10.811(7) +3	6 C 碳 $2s^2 2p^2$ 12.0107(8) −4 +2 +4	7 N 氮 $2s^2 2p^3$ 14.0067(2) −3 −2 −1 +1 +2 +3 +4 +5	8 O 氧 $2s^2 2p^4$ 15.9994(3) −2 −1	9 F 氟 $2s^2 2p^5$ 18.9984032(5) −1	10 Ne 氖 $2s^2 2p^6$ 20.1797(6)	L K
3	11 Na 钠 $3s^1$ 22.989770(2) +1	12 Mg 镁 $3s^2$ 24.3050(6) +2											13 Al 铝 $3s^2 3p^1$ 26.981538(2) +3	14 Si 硅 $3s^2 3p^2$ 28.0855(3) −4 +2 +4	15 P 磷 $3s^2 3p^3$ 30.973761(2) −3 −2 +1 +3 +5	16 S 硫 $3s^2 3p^4$ 32.065(5) −2 +2 +4 +6	17 Cl 氯 $3s^2 3p^5$ 35.453(2) −1 +1 +3 +5 +7	18 Ar 氩 $3s^2 3p^6$ 39.948(1)	M L K
4	19 K 钾 $4s^1$ 39.0983(1) +1	20 Ca 钙 $4s^2$ 40.078(4) +2	21 Sc 钪 $3d^1 4s^2$ 44.955910(8) +3	22 Ti 钛 $3d^2 4s^2$ 47.867(1) −1 +2 +3 +4	23 V 钒 $3d^3 4s^2$ 50.9415 ±1 +2 +3 +4 +5	24 Cr 铬 $3d^5 4s^1$ 51.9961(6) −3 ±1 ±2 +3 +4 +5 +6	25 Mn 锰 $3d^5 4s^2$ 54.938049(9) −2 ±1 +2 ±3 +4 +5 +6 +7	26 Fe 铁 $3d^6 4s^2$ 55.845(2) −2 ±1 +2 +3 +4 +5 +6	27 Co 钴 $3d^7 4s^2$ 58.933200(9) ±1 +2 +3 +4 +5	28 Ni 镍 $3d^8 4s^2$ 58.6934(2) ±1 +2 +3 +4	29 Cu 铜 $3d^{10} 4s^1$ 63.546(3) +1 +2 +3 +4	30 Zn 锌 $3d^{10} 4s^2$ 65.409(4) +1 +2	31 Ga 镓 $4s^2 4p^1$ 69.723(1) +1 +3	32 Ge 锗 $4s^2 4p^2$ 72.64(1) +2 +4	33 As 砷 $4s^2 4p^3$ 74.92160(2) −3 +3 +5	34 Se 硒 $4s^2 4p^4$ 78.96(3) −2 +2 +4 +6	35 Br 溴 $4s^2 4p^5$ 79.904(1) −1 +1 +3 +5 +7	36 Kr 氪 $4s^2 4p^6$ 83.798(2) +2 +4	N M L K
5	37 Rb 铷 $5s^1$ 85.4678(3) +1	38 Sr 锶 $5s^2$ 87.62(1) +2	39 Y 钇 $4d^1 5s^2$ 88.90585(2) +3	40 Zr 锆 $4d^2 5s^2$ 91.224(2) +1 +2 +3 +4	41 Nb 铌 $4d^4 5s^1$ 92.90638(2) ±1 +2 +3 +4 +5	42 Mo 钼 $4d^5 5s^1$ 95.94(2) ±1 ±2 +3 +4 +5 +6	43 Tc 锝▲ $4d^5 5s^2$ 97.907$^+$ ±1 +2 +3 +4 +5 +6 +7	44 Ru 钌 $4d^7 5s^1$ 101.07(2) +1 ±2 +3 +4 +5 +6 +7 +8	45 Rh 铑 $4d^8 5s^1$ 102.90550(2) ±1 +2 +3 +4 +5 +6	46 Pd 钯 $4d^{10}$ 106.42(1) +1 +2 +3 +4	47 Ag 银 $4d^{10} 5s^1$ 107.8682(2) +1 +2 +3	48 Cd 镉 $4d^{10} 5s^2$ 112.411(8) +1 +2	49 In 铟 $5s^2 5p^1$ 114.818(3) +1 +3	50 Sn 锡 $5s^2 5p^2$ 118.710(7) +2 +4	51 Sb 锑 $5s^2 5p^3$ 121.760(1) −3 +3 +5	52 Te 碲 $5s^2 5p^4$ 127.60(3) −2 +2 +4 +6	53 I 碘 $5s^2 5p^5$ 126.90447(3) −1 +1 +3 +5 +7	54 Xe 氙 $5s^2 5p^6$ 131.293(6) +2 +4 +6 +8	O N M L K
6	55 Cs 铯 $6s^1$ 132.90545(2) +1	56 Ba 钡 $6s^2$ 137.327(7) +2	57~71 La~Lu 镧系	72 Hf 铪 $5d^2 6s^2$ 178.49(2) +1 +2 +3 +4	73 Ta 钽 $5d^3 6s^2$ 180.9479(1) ±1 +2 +3 +4 +5	74 W 钨 $5d^4 6s^2$ 183.84(1) ±1 ±2 +3 +4 +5 +6	75 Re 铼 $5d^5 6s^2$ 186.207(1) ±1 +2 +3 +4 +5 +6 +7	76 Os 锇 $5d^6 6s^2$ 190.23(3) +1 +2 +3 +4 +5 +6 +7 +8	77 Ir 铱 $5d^7 6s^2$ 192.217(3) ±1 +2 +3 +4 +5 +6	78 Pt 铂 $5d^9 6s^1$ 195.078(2) +2 +3 +4 +5 +6	79 Au 金 $5d^{10} 6s^1$ 196.96655(2) +1 +2 +3 +5	80 Hg 汞 $5d^{10} 6s^2$ 200.59(2) +1 +2 +3	81 Tl 铊 $6s^2 6p^1$ 204.3833(2) +1 +3	82 Pb 铅 $6s^2 6p^2$ 207.2(1) +2 +4	83 Bi 铋 $6s^2 6p^3$ 208.98038(2) −3 +3 +5	84 Po 钋 $6s^2 6p^4$ (208.98)$^+$ −2 +2 +3 +4 +6	85 At 砹 $6s^2 6p^5$ (209.99)$^+$ ±1 +5 +7	86 Rn 氡 $6s^2 6p^6$ (222.02)$^+$ +2	P O N M L K
7	87 Fr 钫▲ $7s^1$ (223.02)$^+$ +1	88 Ra 镭 $7s^2$ (226.03)$^+$ +2	89~103 Ac~Lr 锕系	104 Rf 𬬻▲ $6d^2 7s^2$ (261.11)$^+$	105 Db 𬭊▲ $6d^3 7s^2$ (262.11)$^+$	106 Sg 𬭳▲ $6d^4 7s^2$ (263.12)$^+$	107 Bh 𬭛▲ $6d^5 7s^2$ (264.12)$^+$	108 Hs 𬭶▲ $6d^6 7s^2$ (265.13)$^+$	109 Mt 鿏▲ $6d^7 7s^2$ (266.13)$^+$	110 Ds 𫟼▲ (281)$^+$	111 Rg 𬬭▲ (281)$^+$	112 Cn 鿔▲ (285)$^+$	113 Nh 鿭▲ (284)$^+$	114 Fl 𫓧▲ (289)$^+$	115 Mc 镆▲ (289)$^+$	116 Lv 𫟷▲ (293)$^+$	117 Ts 鿬▲ (294)$^+$	118 Og 鿫▲ (294)$^+$	Q P O N M L K

★镧系	57 La★ 镧 $5d^1 6s^2$ 138.9055(2) +3	58 Ce 铈 $4f^1 5d^1 6s^2$ 140.116(1) +2 +3 +4	59 Pr 镨 $4f^3 6s^2$ 140.90765(2) +3 +4	60 Nd 钕 $4f^4 6s^2$ 144.24(3) +2 +3 +4	61 Pm 钷▲ $4f^5 6s^2$ 144.91$^+$ +3	62 Sm 钐 $4f^6 6s^2$ 150.36(3) +2 +3	63 Eu 铕 $4f^7 6s^2$ 151.964(1) +2 +3	64 Gd 钆 $4f^7 5d^1 6s^2$ 157.25(3) +3	65 Tb 铽 $4f^9 6s^2$ 158.92534(2) +3 +4	66 Dy 镝 $4f^{10} 6s^2$ 162.500(1) +3 +4	67 Ho 钬 $4f^{11} 6s^2$ 164.93032(2) +3	68 Er 铒 $4f^{12} 6s^2$ 167.259(3) +3	69 Tm 铥 $4f^{13} 6s^2$ 168.93421(2) +2 +3	70 Yb 镱 $4f^{14} 6s^2$ 173.04(3) +2 +3	71 Lu 镥 $4f^{14} 5d^1 6s^2$ 174.967(1) +3
★锕系	89 Ac★ 锕 $6d^1 7s^2$ (227.03) +3	90 Th 钍 $6d^2 7s^2$ 232.0381(1) +3 +4	91 Pa 镤 $5f^2 6d^1 7s^2$ 231.03588(2) +3 +4 +5	92 U 铀 $5f^3 6d^1 7s^2$ 238.02891(3) +2 +3 +4 +5 +6	93 Np 镎 $5f^4 6d^1 7s^2$ (237.05)$^+$ +3 +4 +5 +6 +7	94 Pu 钚 $5f^6 7s^2$ (244.06)$^+$ +3 +4 +5 +6 +7	95 Am 镅▲ $5f^7 7s^2$ (243.06)$^+$ +2 +3 +4 +5 +6	96 Cm 锔▲ $5f^7 6d^1 7s^2$ (247.07)$^+$ +3 +4	97 Bk 锫▲ $5f^9 7s^2$ (247.07)$^+$ +3 +4	98 Cf 锎▲ $5f^{10} 7s^2$ (251.08)$^+$ +2 +3 +4	99 Es 锿▲ $5f^{11} 7s^2$ (252.08)$^+$ +2 +3	100 Fm 镄▲ $5f^{12} 7s^2$ (257.10)$^+$ +2 +3	101 Md 钔▲ $5f^{13} 7s^2$ (258.10)$^+$ +2 +3	102 No 锘▲ $5f^{14} 7s^2$ (259.10)$^+$ +2 +3	103 Lr 铹▲ $5f^{14} 6d^1 7s^2$ (260.11)$^+$ +3